SCHRIFTENREIHE FÜR GEOLOGISCHE WISSENSCHAFTEN

HEFT 18

HERAUSGEGEBEN VOM VORSTAND DER GESELLSCHAFT
FÜR GEOLOGISCHE WISSENSCHAFTEN DER DDR (GGW)

MANFRED STÖRR

Die Kaolinlagerstätten der Deutschen Demokratischen Republik

Mit 110 Abbildungen und 75 Tabellen

AKADEMIE-VERLAG · BERLIN

Schriftenr. geol. Wiss. · Berlin 18 (1983) · S. 1—226

Die Schriftenreihe für Geologische Wissenschaften erscheint in Ergänzung zur „Zeitschrift für Geologische Wissenschaften". Die Hefte werden in zwangsloser Folge herausgegeben und jeweils einem Themenkomplex gewidmet. In ihnen können sowohl umfangreichere Einzelarbeiten als auch Arbeiten mehrerer Autoren zu vielseitig interessierenden Themen veröffentlicht werden. So ergänzen sich beide Publikationsorgane sinnvoll.

Die Themen und Reihenfolge der Hefte der Schriftenreihe werden von Verlag und Herausgeber festgelegt.

Herausgeber ist der Vorstand der Gesellschaft für Geologische Wissenschaften der DDR (GGW)

- Vorsitzender der GGW: Prof. Dr. sc. nat. Manfred Störr, Ernst-Moritz-Arndt-Universität, Sektion Geologische Wissenschaften, DDR-2200 Greifswald, Friedrich-Ludwig-Jahn-Straße 17a
- Wissenschaftlicher Sekretär der GGW: Dipl.-Min. Joachim Lamprecht
- Das Sekretariat der Gesellschaft für Geologische Wissenschaften der DDR hat seinen Sitz in DDR-1040 Berlin, Invalidenstraße 43, Fernsprecher 2826490/2826460
- Mit der Herausgabe dieses Heftes beauftragt: Prof. Dr. sc. nat. Robert Lauterbach, Karl-Marx-Universität Leipzig, Sektion Physik, Fachbereich Geophysik, DDR-7010 Leipzig, Talstraße 35

Redaktion der Schriftenreihe für Geologische Wissenschaften: DDR-1055 Berlin, Dimitroffstraße 171, Fernsprecher 4365441

Redaktionelle Betreuung der Schriftenreihe: Dipl.-Geol. Erika Bielefeldt und Dipl.-Geol. Irmgard Fuhrmann.

Manuskripte und Korrespondenz erbeten an die Anschrift der Redaktion

Redaktionsschluß: 28. Juli 1981

Erschienen im Akademie-Verlag, DDR-1086 Berlin, Leipziger Straße 3–4

Lizenznummer: 202 · 100/453/82
P 180/81

Gesamtherstellung: VEB Druckhaus „Maxim Gorki", DDR-7400 Altenburg
Bestellnummer: 762 918 0 (2170/18) · LSV 3115
Printed in GDR
DDR 45,–

ISSN 0323-8946

INHALT

VORWORT

Die Kaoline spielten in der industriellen Entwicklung unseres Landes seit Jahrhunderten eine bedeutsame Rolle. Besonders die Porzellanindustrie, begonnen mit der Erfindung des europäischen Porzellans vor ca. 270 Jahren durch Böttger in Meißen, basiert auf dem einheimischen Kaolin. Aber auch für Sanitärkeramik, Fliesen, Papier, Feuerfestprodukte usw. ist der Kaolin eine Voraussetzung, auf dessen Grundlage diese Industrien wachsen konnten. Einhergehend mit der industriellen Nutzung, erlebten die wissenschaftliche Erforschung sowie die Suche und Erkundung der Kaoline und ihrer Lagerstätten vor allem in Sachsen und Thüringen eine große Blüte. Die ersten monographischen Darstellungen erschienen um die Jahrhundertwende. Rösler (1902) und etwas später Stahl (1912) mit seiner „Verbreitung der Kaolinlagerstätten in Deutschland" legten das Fundament für ihre systematische Erforschung, und viele Impulse für die wissenschaftliche Durchdringung des Problems der Kaolingenese gingen gerade von den Beobachtungen in unserem Territorium aus.

In der Zukunft wird der Kaolin ein vielseitig verwendetes Industrie-Mineral sein, das als ausreichend vorhandener Rohstoff die Basis für die Produktion traditioneller Erzeugnisse darstellt, aber in zunehmendem Maße auch für andere Einsatzgebiete erschlossen wird. Die wachsende volkswirtschaftliche Bedeutung führte zu einer verstärkten wissenschaftlichen Bearbeitung, die das theoretische Fundament für die künftige Nutzung legte. Da eine neuere zusammenfassende Darstellung der Kaoline der DDR noch aussteht, soll diese Lücke mit der vorgelegten Arbeit geschlossen werden. Es wurde auf die in Abbau befindlichen Lagerstätten und die Fragen der Geologie, Mineralogie und Rohstofftechnologie der Kaoline orientiert. Gerade in der Verknüpfung und komplexen Behandlung der theoretischen und praktischen Erkenntnisse liegt der wissenschaftliche Fortschritt.

Besondere Förderung erfuhren diese Untersuchungen durch das VEB Silikatrohstoff-Kombinat Kemmlitz. Herrn Generaldirektor Dipl.-Ing. D. Noak gilt dafür mein herzlicher Dank.

M. Störr

1. EINLEITUNG UND ÜBERBLICK ÜBER DIE KAOLINE DER DDR

1.1. Allgemeines

Kaoline sind Residualgesteine, die als Tonminerale vorwiegend Kaolinit enthalten. Sie sind in situ durch exogene Verwitterung, hydrothermale oder postvulkanische Prozesse gebildet. Verwendet werden sie je nach Zusammensetzung und Zweck als Rohkaoline oder im aufbereiteten Zustand als Schlämmkaoline. Traditionell wurde der Kaolin primär für die Porzellanherstellung genutzt, aber im Verlauf der Zeit kamen zahlreiche neue Einsatzgebiete hinzu, so daß heute der Kaolin ein universell verwendetes Industriemineral darstellt. Im Weltmaßstab werden gegenwärtig etwa 16 Mill. t Schlämmkaolin erzeugt, wovon 40—45% in der Papierindustrie, 20—25% in der keramischen Industrie und 10—15% in der Gummi- und Kabelindustrie verbraucht werden. Der Rest (20—25%) wird in einer Vielzahl von Produkten verarbeitet, z. B. in Farben und Lacken, Pharmazeutika, Insektiziden, Plasten, Düngemitteln, Futtermitteln, Glasfasern.

Die DDR ist reich an Kaolinen, und die Produktion von Schlämmkaolin hat sich vor allem in den letzten Jahrzehnten stark entwickelt, so daß der Bedarf an Kaolin weitgehend aus eigenem Aufkommen gedeckt und eine beachtliche Menge exportiert werden kann.

Die optimale Nutzung der einheimischen Rohstoffe als entscheidendem Entwicklungsfaktor für unsere Volkswirtschaft bedeutet, bezogen auf den Kaolin, aus den vorhandenen Lagerstätten bei vertretbarem ökonomischem Aufwand solche Schlämmkaoline herzustellen, die für die spezifischen Verwendungszwecke optimale Eigenschaften besitzen. Die Lagerstätten- und Rohstofforschung der Kaoline hat diesbezüglich die Aufgabe, die Kaolin-Vorräte und Ressourcen zu ermitteln und die Rohstoffe mineralogisch-technologisch so zu untersuchen, daß auf dieser Basis durch eine gezielte Aufbereitung optimale Schlämmkaoline erzeugt werden können. Im Rahmen dieser komplexen Zielstellung soll die vorliegende Arbeit einen Beitrag zur Vervollkommnung des gegenwärtigen Kenntnisstands liefern, wobei die Fragen der Kaolingenese, die Mineralogie der Rohstoffe und die Aspekte der Aufbereitung sowie Nutzung im Vordergrund stehen. Im einzelnen werden folgende Schwerpunkte behandelt: Nach einem kurzen Abriß der Geschichte der Erforschung und Nutzung der Kaoline der DDR (Abschnitt 2) werden im Abschnitt 3 Geologie und Stoffbestand der Lagerstätten dargelegt. Es wird versucht, Gesetzmäßigkeiten im Auftreten bestimmter Mineralparagenesen zu finden, insbesondere in Beziehung zum Muttergestein und zum Reifegrad der Verwitterungsprofile. Als Grundlage für die Einschätzung der Ressourcen und für die Suche und Erkundung werden die Fragen der Kaolingenese auch unter dem Gesichtspunkt der regionalgeologischen Position und der Entwicklung des Verbreitungsgebiets der Kaolinlagerstätten der DDR diskutiert.

Der Abschnitt 4 umfaßt die Gewinnung und Aufbereitung der Kaoline in Abhängigkeit von der Spezifik der Geologie und Mineralogie der Lagerstätten. Hierbei wird auch versucht, die Möglichkeiten des Einsatzes neuerer Technologien der Rohstoffveredelung wie Hochgradientmagnetscheidung, chemische Bleichung, Desaggregation usw. aufzuzeigen, vor allem unter dem Aspekt der Entwicklung neuer Rohstoffqualitäten.

Fragen der Nutzung der DDR-Kaoline werden in Abschnitt 5 dargelegt. Dabei stehen die substantielle Charakteristik der Schlämmkaoline und der Einfluß der in den Kaolinen enthaltenen Phasen auf bestimmte technologische Eigenschaften im Vordergrund.

Im Abschnitt 6 werden zusammenfassend generelle Schlußfolgerungen für die weitere Erforschung und Nutzung der Kaolinlagerstätten der DDR gezogen, wobei vor allem die notwendige Komplexität von geologischer, mineralogischer und rohstofftechnologischer Behandlung des Gesamtproblems herausgestellt wird.

1.2. Überblick über die Kaoline der DDR

Der größte Teil der auf dem Territorium der DDR auftretenden Kaoline ist durch Verwitterung entstanden, wodurch eine flächenhafte Ausbildung bedingt ist. Das Verbreitungsgebiet ist, wie folgt, umgrenzt (Abb. 1):

- Die Südgrenze verläuft etwa durch die Städte Zittau, Bautzen, Dresden, Karl-Marx-Stadt, Zwickau, Gera. Südlich dieser Linie kommen nur vereinzelt kleinere Relikte der Verwitterungskruste vor.

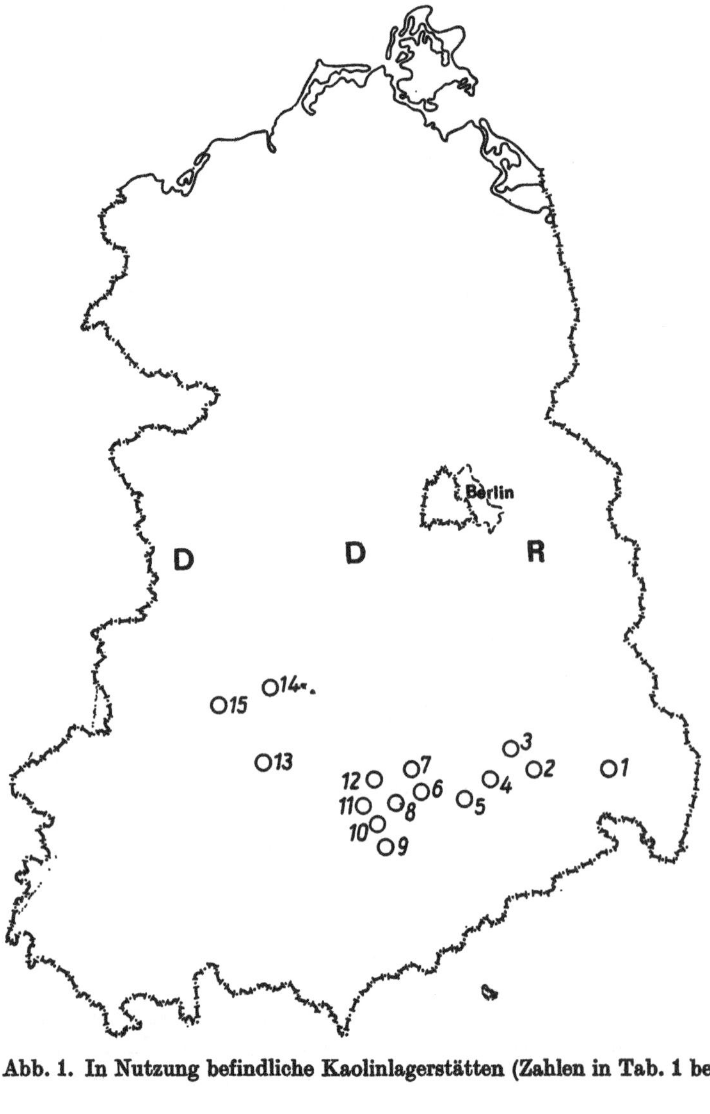

Abb. 1. In Nutzung befindliche Kaolinlagerstätten (Zahlen in Tab. 1 bezeichnet)

- Die Westgrenze streicht von Mansfeld in SSE-Richtung bis Eisenberg.
- Die Nordbegrenzung ist infolge der mächtigen Tertiär-Bedeckung gegenwärtig noch nicht fixierbar.

Die skizzierten Begrenzungen sind genetisch bedingt, nach E setzt sich die Verwitterungskruste bis in die VR Polen fort. Innerhalb des umrissenen Gebiets kann man bezüglich der Verbreitung unterscheiden:

- Gebiete mit Resten der Verwitterungskruste, wobei
  - in gering erodierten Bereichen zusammenhängende Areale von vielen km^2 und Mächtigkeiten bis zu 100 m vorkommen (Lausitz, Nordwestsachsen);
  - in stärker erodierten Bereichen isolierte, wannenartige, von frischen Gesteinen umgebene Verwitterungsbildungen, die in der Horizontalen oft nur einige 10 oder 100 m im Durchmesser und Mächtigkeiten bis zu 60 m besitzen (z. B. Raum Kemmlitz, Colditz, Bad Lausick, Meißen);
- Gebiete ohne Verwitterungskruste, wobei nicht sicher entschieden werden kann, welche primär frei waren und welche ihre Kruste durch Erosion verloren haben.

Von der Vielzahl der im Kaolinverbreitungsgebiet vorkommenden Lagerstätten werden zur Zeit 16 abgebaut, wovon acht für die Schlämmkaolinproduktion, die übrigen für die Rohkaolingewinnung genutzt werden (Abb. 1, Tab. 1). Im Jahre 1979 wurden insgesamt 1,8 Mill. t Rohkaolin gefördert, der zum Teil im Rohzustand vor allem in der Feuerfest- und Baukeramik verarbeitet oder zu Schlämmkaolin aufbereitet wird. Von den 1980 erzeugten ca. 400000 t Schlämmkaolin sind rund 50% Porzellankaolin, 35% Papierkaolin und 15% Füllstoff für verschiedene Verwendungszwecke.

Tab. 1. Lagerstätten, Primärgesteine und Verwendung der gegenwärtig genutzten Kaoline

Nr.	Lagerstätte	Primärgestein	Verwendung
1	Caminau	Granodiorit	Schlämmkaolin, Füllstoff
2	Wiesa und Jesau	Granodiorit	Rohkaolin, ff-Keramik
3	Ockrilla bei Meißen	Granit	Rohkaolin, Fliesen
4	Radeburg bei Dresden	Syenodiorit	Rohkaolin, ff-Keramik
5	Seilitz bei Meißen	Pechstein, Dobritzer Quarzporphyr	Schlämmkaolin, Porzellan
6	Kemmlitz (Tagebau Frieden, Tagebau Glückauf)	Ignimbrit Kemmlitzer Porphyr	Schlämmkaolin, Porzellan
7	Gröppendorf bei Kemmlitz	Kemmlitzer Porphyr	Schlämmkaolin, Porzellan, Rohkaolin, Fliesen und anderes
8	Dürrweitzschen	Ignimbrit	Rohkaolin, ff-Keramik
9	Nerchau	Pyroxenquarzporphyr	Rohkaolin, ff-Keramik
10	Hohnbach	Ignimbrit	Rohkaolin, ff-Keramik
11	Ballendorf	Ignimbrit	Rohkaolin, ff-Keramik
12	Förstgen	Grimmaer Porphyr	Rohkaolin, ff-Keramik
13	Salzmünde (Tagebau Fuchsberg-Süd)	Hallescher Porphyr	Schlämmkaolin, Porzellan
14	Spergau bei Merseburg	Buntsandstein	Schlämmkaolin, Porzellan
15	Röblingen	Buntsandstein	Schlämmkaolin, Porzellan, Sanitärkeramik

2. ABRISS ZUR GESCHICHTE DER NUTZUNG UND ERFORSCHUNG DER KAOLINE DER DDR

2.1. Zur Geschichte der Nutzung der Kaoline

Die gezielte wirtschaftliche Nutzung der Kaoline im Gebiet der DDR, wie wohl Europas überhaupt, setzt mit der Erfindung des europäischen Porzellans ein[1]):

1707 gelang Johann Friedrich Böttger unter Verwendung eines roten Tons von Ockrilla bei Meißen die Herstellung eines braunroten „Porzellans", des sogenannten Böttgersteinzeugs;
1708 konnte Böttger erstmalig einen weißen, dichten Scherben erzeugen und damit das erste europäische Porzellan herstellen. Er verwendete dazu den weißen Colditzer „Ton" (Porphyrkaolin von Colditz);
1709 wurde die Scherbenqualität durch Zugabe des Kaolins von Aue in Sachsen (Auer Erde, Schnorrsche Erde, benannt nach dem Grubenbesitzer Hans Veit Schnorr) wesentlich verbessert. Bemerkenswert ist, daß der Kaolin von Aue von Beginn an geschlämmt wurde. Der Versatz enthielt Auer Erde und Colditzer Ton im Verhältnis 2:1.

Die Erfindungen Böttgers veranlaßten den sächsischen Kurfürsten August II., 1710 eine Porzellanmanufaktur zu gründen, die zunächst „rothes Porcellain" herstellte, aber bereits kurze Zeit später weißes Hartporzellan produzierte.

Von der Meißener Manufaktur wurde das Arcanum streng gehütet, so daß Jahre vergingen, bevor in anderen Ländern Porzellanmanufakturen entstehen konnten (Wien 1718, Capo di Monte 1743, Chelsea 1745, Vincennes 1745). In der zweiten Hälfte des 18. Jahrhunderts entwickelten sich auch im Thüringer Wald mehrere Porzellanfabriken (älteste Volkstedter Porzellanmanufaktur 1760, Limbach 1762, Wallendorf 1764, Ilmenau 1777 und andere), die als Kaolin verschiedene Kaolinit- und Feldspat-haltige Verwitterungsbildungen, z. B. Buntsandstein-Kaoline von Steinheid, verwendeten. Der Verkauf von Auer Kaolin war 1730 durch einen königlichen Erlaß verboten worden, so daß dieser gänzlich der Meißener Manufaktur vorbehalten war.

In den folgenden Jahren wurden weitere Kaolinlagerstätten entdeckt (Abb. 2):

1725 „Gottes-Geschick-Fundgrube" bei Sosa im Erzgebirge, die wegen der begrenzten Verbreitung der weißen Erde nur wenig Bedeutung erlangte.
1731 „Weiße-Maus-Fundgrube" bei Grünstädtel im Erzgebirge, die auch nur kürzere Zeit weiße Erde für die Meißener Manufaktur lieferte.
(Die Kaoline beider genannten Lagerstätten sind an hydrothermale Gänge gebunden, in deren Umgebung das Nebengestein — Granulit — einige Meter kaolinisiert ist.)
1764 Entdeckung der Kaolin-Lagerstätte Seilitz bei Meißen, die bis heute in Abbau steht und somit wohl die älteste in Betrieb befindliche Kaolingrube Europas ist. Die Kaoline wurden zunächst in mehreren Tagebauen gewonnen, und erst ab 1825 ging man zum Tiefbau über, nachdem Mächtigkeiten des Lagers von über 20 m festgestellt worden waren. Unweit Seilitz wurde später eine weitere Lagerstätte (Pröda) gefunden und von der Prozellanfabrik Krister abgebaut. Die in Seilitz gewonnenen Kaoline wurden in der Meißener Manufaktur aufbereitet. Erst 1875 wurde bei Seilitz von der Kristerschen Porzellanfabrik eine eigene Schlämmerei errichtet.
1817 Entdeckung des Kaolins von Sornzig bei Mügeln, der von 1839 bis 1903 für die Meißener Manufaktur gewonnen wurde. Der im Tiefbau geförderte Kaolin wurde in einer am Ort befindlichen Schlämmerei aufbereitet.
1818 Gründung des Kaolinwerks Boltze bei Salzmünde/Halle.

---

[1]) Die Zusammenstellung der Angaben zur Geschichte der Nutzung der Kaoline erfolgte unter Verwendung der Festschriften „250 Jahre staatliche Porzellanmanufaktur Meißen", Meißen 1960; „200 Jahre Seilitzer Kaolin", Kemmlitz 1964, und Archivunterlagen des VEB Silikatrohstoff-Kombinat Kemmlitz.

1821 Entdeckung des Kaolins von Schletta bei Meißen. Der als Schlettaer Erde bekannte und bis vor wenigen Jahren geförderte Kaolin wurde ab 1861 in der Meißener Manufaktur zur Herstellung von technischem Porzellan verwendet. Der Abbau erfolgte in mehrjährigen Intervallen.

Im 18. und 19. Jahrhundert wurde der Bedarf an Kaolinen in der Porzellanindustrie zunächst vollständig, später zum größten Teil aus den einheimischen Gruben gedeckt (Erzgebirge, Seilitz, Schletta, Salzmünde, Sornzig, Colditz, Thüringer Wald). Im 19. Jahrhundert begann eine zunehmende Einfuhr böhmischer Kaoline, die besonders in

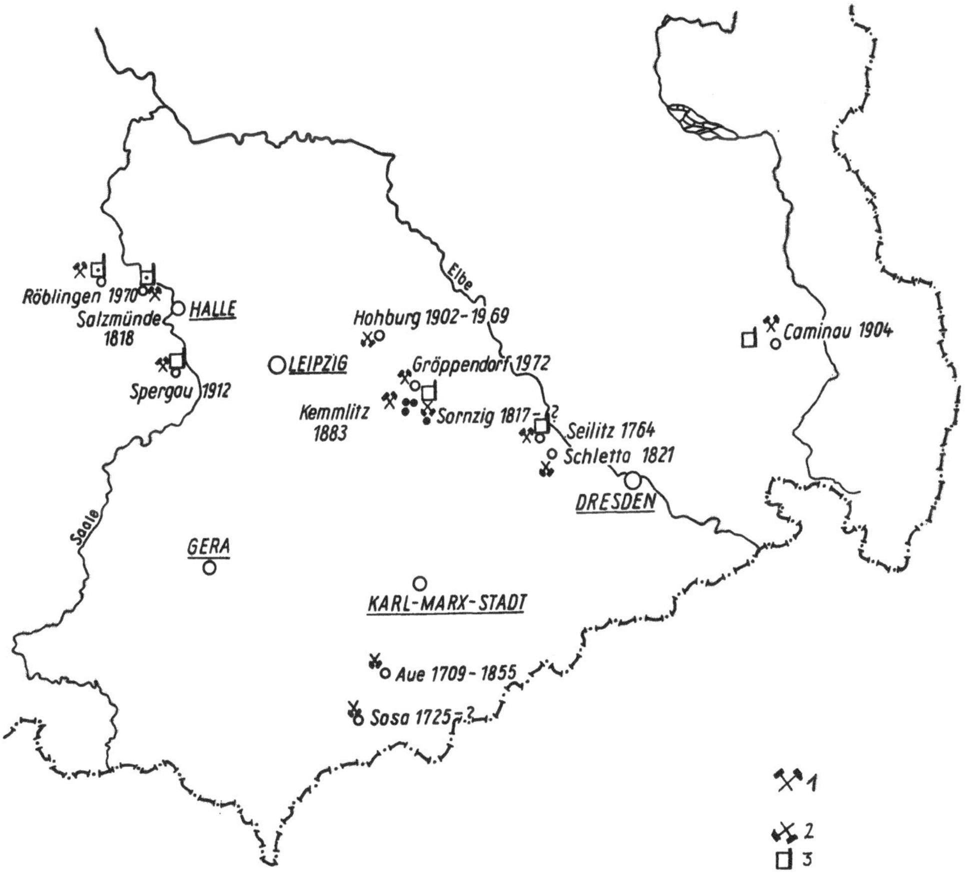

Abb. 2. Historische Daten wichtiger Kaolinlagerstätten

1 — Gruben gegenwärtig in Betrieb; 2 — Gruben stillgelegt; 3 — Aufbereitungswerke
Die Zahlen geben das Jahr des Abbaubeginns bzw. der Stillegung an.

der thüringischen Porzellanindustrie Verwendung fanden. Der wachsende Bedarf an hochwertigen Schlämmkaolinen in den letzten Jahrzehnten des 19. Jahrhunderts führte zum schnellen Aufblühen einer leistungsfähigen Kaolinindustrie, der die Entdeckung zahlreicher Kaolinlagerstätten vorausging.

1883 Gründung des Kaolinwerks Riedel in Kemmlitz, aus dem 1903 die Sächsischen Kaolinwerke und 1921 die Sächsischen Elektro-Osmose-Kaolinwerke (Seok) hervorgingen. Der Abbau erfolgte im Tiefbau, die Aufbereitung in einer Schlämmerei. Ab 1928 Fusionierung mit der Zettlitzer Kaolin-Werke AG, die 1929 99% des Gesamtkapitals besaß.

1885 Gründung des Kaolinwerks Wolf in Kemmlitz.

1898 Aufschluß der Gruben von Börtewitz bei Kemmlitz (bis 1908 H. v. Mayenburg, ab 1908 Gebrüder Balusch, Döhlau bei Halle; ab 1931 Seok).
Die Lagerstätten bei Kemmlitz wurden bereits im 18. und 19. Jahrhundert genutzt. So ist eine Rezeptur aus der Steingutfabrik Hubertusburg (Königliches Schloß) in Wermsdorf aus dem Jahre 1726 bekannt, nach der 3 Teile Kemmlitzer Erde, 2 Teile Glossener Erde, 1 Teil Pommlitzer Erde und 1,5 Teile Porphyr gemischt wurden. Mit dem Niedergang der Hubertusburger Manufaktur in der Mitte des 19. Jahrhunderts verlor sich die Kenntnis dieser Kaolinlagerstätten, so daß diese neu erschlossen werden mußten.

um 1900 Aufschluß einiger Kaolinlagerstätten in der Umgebung von Halle (Morl und Fuchsberg).

1902 Bau des Kaolinwerks Hedwigsfreude bei Hohburg, 1908 mit Freiherrlich von Schomburgschem Kaolinwerk Hohburg vereinigt.

1904 Gründung des Kaolinwerks Schiemann in Caminau.

1912 Aufnahme der Kaolinproduktion in Spergau (vorher wurde der Rohkaolin zur Ziegel- und Schamotte-Produktion verwendet), 1922 von der Firma Erbslöh & Co. übernommen.

1919 Gründung der Kaolingruben Starke & Thomas bei Kemmlitz (1921 Kaolinindustrie GmbH, 1928 Erbslöh & Co.).

Neben den genannten Kaolinwerken, die in erster Linie industrielle Schlämmkaoline produzierten, existierten eine größere Anzahl kleinerer Gruben, aus denen Rohkaoline insbesondere für Feuerfestprodukte, Bau- und Sanitärkeramik usw. gewonnen wurden.

Nach der Befreiung vom Hitlerfaschismus wurden durch Volksentscheid 1948 alle Kaolinwerke in Volkseigentum überführt. Damit war die Grundlage gegeben, daß die während des Krieges zum Teil schwer zerstörten Kaolinwerke schnell die Produktion nicht nur wieder aufnehmen, sondern wesentlich erweitern und effektiver gestalten konnten. Es bildeten sich:

1948 VEB Vereinigte Kaolin- und Tonwerke Seilitz-Löthain
1948 VEB Caminauer Kaolinwerk
1951 VEB Vereinigte Kemmlitzer Kaolinwerke
1952 VEB Vereinigte Kaolin- und Tonwerke Salzmünde.

Während der sechziger Jahre erfolgte eine weitere Konzentrierung, die 1972 zur Gründung des VEB Silikatrohstoff-Kombinat Kemmlitz führte, in dem alle Kaolinwerke neben anderen Silikatrohstoffbetrieben zusammengeschlossen sind. Nach der Übernahme der Betriebe als Volkseigentum und der schrittweisen Vereinigung der einzelnen Werke setzte eine kontinuierliche, zielgerichtete Entwicklung und Modernisierung auf allen Gebieten ein.

Bezüglich des Abbaus wurden besonders im Kemmlitzer Raum die Tiefbaubetriebe durch Tagebaue abgelöst, wodurch sowohl die schwere körperliche Arbeit unter Tage entfiel als auch die Förderung stark ansteigen konnte.

Die Aufbereitungstechnologie wurde mit der Einführung der Hydrozyklone (1954) sowie der Vakuumfiltration (1958 Bau von Filterstraßen) vervollkommnet.

Die geologische Suche, Erkundung und Bemusterung der Lagerstätten der DDR wurden planmäßig entwickelt, so daß ein großer Teil der Lagerstätten erkundet ist und Vorräte für mehrere 100 Jahre nachgewiesen werden konnten. Mit der Einrichtung einer geologischen Abteilung im Werk Kemmlitz (1958) wurden besonders die Grubenbemusterung und Qualitätssicherung auf ein hohes Niveau gehoben.

Eine wesentliche Kapazitätserweiterung wurde erreicht durch den Neubau des Kaolinwerks Caminau, die Errichtung von zwei weiteren Aufbereitungen und den Aufschluß von zwei neuen Lagerstätten — Gröppendorf (1972) und Röblingen (1970) — wobei in letzterer in Zusammenarbeit mit der Braunkohlenindustrie der im Liegenden der Kohle vorkommende Kaolin genutzt wird.

Gegenwärtig werden für die Schlämmkaolinproduktion acht Lagerstätten abgebaut (Caminau, Seilitz, Röblingen, Frieden, Glückauf, Gröppendorf, Spergau, Salzmünde), aus denen elf verschiedene Kaolinsorten hergestellt werden (Wolfka, BZ, Oka, Meka, Salzmünde spezial, Spergau, Seilitz, Caminau normal, Caminau spezial, Röblingen). Weiterhin werden acht Lagerstätten für die Rohkaolingewinnung genutzt.

Die Leistungen der Kaolinindustrie ermöglichen es, den Bedarf der Industrie mit hochwertigen Rohstoffen zu decken und darüber hinaus einen beachtlichen Anteil für den Export zur Verfügung zu stellen.

2.2. Historischer Abriß der Erforschung der Kaoline der DDR

Die Fragen nach der Genese und dem Alter der Kaoline waren bereits in den vergangenen Jahrhunderten Gegenstand intensiver wissenschaftlicher Diskussionen. In der Geschichte der Erforschung der Kaoline spielten die auf dem Territorium der DDR gelegenen Lagerstätten eine bedeutende Rolle, was damit im Zusammenhang steht, daß nach der Erfindung des europäischen Porzellans in Meißen besonders in der zweiten Hälfte des 18. Jahrhunderts die Porzellanindustrie aufblühte und so die Nachfrage nach dem begehrten Kaolin anstieg.

Zeitlich kann die Erforschung der Genese der Kaoline der DDR in drei Etappen gegliedert werden:

I. Etappe: 18. und 19. Jahrhundert, umfaßt das Sammeln erster geologischer Daten und die Herausbildung der grundlegenden Theorien zur Genese.

II. Etappe: Ab etwa 1900 bis in die dreißiger Jahre mit Präzisierung der geologischen Kenntnisse, verstärkter Einbeziehung experimenteller Befunde und Ableitung differenzierter Theorien zur Genese und zum Alter unter Einbeziehung stofflicher Untersuchungen (Chemismus).

III. Etappe: Nach 1945, umfaßt die laufenden systematischen Erkundungsarbeiten zur Aufklärung des Baus und der Verbreitung, der Tektonik und Paläogeographie der Kaolinlagerstätten sowie der tonmineralogischen und technologischen Untersuchungen.

Schon in der I. Etappe (18./19. Jh.) bildeten sich auf der Grundlage geologischer Beobachtungen und verschiedener experimenteller Befunde die noch heute existierenden grundlegenden Theorien über die Kaolingenese: die exogene (Verwitterung) und endogene (Pneumatolyse und anderes).

Werner (1791) stellte wohl als einer der ersten die These auf, daß Kaolinerde durch Verwitterung aus feldspatreichen Gesteinen entsteht. Diese Auffassung fand im 19. Jahrhundert weite Verbreitung (Bischof 1847; Roth 1893; Herrmann 1892, 1893; Sauer 1889 und andere).

Von verschiedenen Forschern wurde die „Verwitterungstheorie" weiterentwickelt oder modifiziert. So fanden die Greifswalder Professoren Cohen und Deecke (1889) in Bornholm, daß die Kaolinisierung besonders im Bereich von Störungen tiefgründiger ist, weil die Oberflächenwässer besser zirkulieren können. Mitscherlich (1835) nimmt an, daß die Kaolinisierung unter Kohlebedeckung erfolgte, wobei der in der Kohle enthaltene Pyrit zu Schwefelsäure oxydiert und die Schwefelsäure die Kaolinisierung bedingt. Andere Forscher (André 1866; Laube 1884) glaubten, daß die Kaolinisierung eine spezifische Verwitterungserscheinung der Granite sei, weil besonders Granite hochwertige Kaoline hervorbringen.

Interessante Versuche stellten Brongniart & Malaguti (1840, 1841) an, die durch Einwirkung von elektrischem Strom Feldspat zersetzten. Sie nahmen an, daß im Kontaktbereich zwischen Erzen und erzfreien Gesteinen elektrische Ströme entstehen, die die Kaolinisierung bedingen. Die Entstehung des Kaolinvorkommens von Sosa im Erzgebirge wurde durch Brongniart (1839) auf diese Weise gedeutet.

Daubree (1857, 1880) fand experimentell, daß sich Feldspat durch Einwirkung von Säuren in Kaolin umwandelte. Daraus schloß er, daß natürliche Thermen als kaolinisierende Agenzien wirken können.

Neben diesen Deutungen der Kaolinisierung als Form der Verwitterung gab es im 19. Jahrhundert auch andere, die die Kaolinisierung zu vulkanischen (Kasai 1896) oder pneumatolytischen Prozessen in Beziehung stellten. So fand Buch (1824) im Kaolin von Halle Flußspat, der nach seiner Meinung durch Flußsäuredämpfe entstanden sei. de Launay (1888), Eichstädt (1888), Davies (1892), Boase (1837), Blum (1843), Collins (1887) bringen die Kaolinisierung direkt mit pneumatolytischen Prozessen in Beziehung, die im Gefolge der Granitintrusionen eintraten und vielfach Zinn- und Turmalingreisen bildeten (Cornwall, Frankreich).

Am Ende der I. Etappe der Erforschung der Kaoline existierten somit verschiedene Auffassungen zur Kaolingenese, die sich auf bestimmte Vorkommen oder pauschal auf alle Kaoline bezogen. Wegen der damaligen unvollkommenen Aufschlußverhältnisse und der weitgehend fehlenden Kenntnis des Stoffbestands sind neben exakten Deutungen geologischer Befunde vielfach spekulative Gedanken enthalten. Es bildeten sich auch territorial bezogene, fester verwurzelte Meinungen heraus. Insbesondere in England und ebenso in Frankreich wurden die Kaoline vorwiegend, wie auch heute noch, als Folge pneumatolytischer oder hydrothermaler Prozesse gedeutet. Im damaligen Deutschland dagegen verbreitete sich vornehmlich die Auffassung der Kaolinisierung als Verwitterungsprozeß. Die Frage nach dem Alter der Kaolinisierung wurde nur randlich behandelt.

Zu Beginn unseres Jahrhunderts lebte die Diskussion über die Kaolinisierung erneut auf. Die II. Etappe begann eigentlich mit dem Erscheinen der monographischen Arbeit Röslers (1902), in der er alle Kaoline endogen (Pneumatolyse) entstanden deutete. Es folgte eine mehrere Jahre währende lebhafte Erörterung der Probleme, wobei sich die Diskussion hauptsächlich in Deutschland abspielte und sich ganz besonders auf die im Gebiet der heutigen DDR gelegenen Kaolinlagerstätten bezog, und folgende Probleme im Mittelpunkt standen:

- Erfolgt die Kaolinisierung von oben nach unten (Verwitterung) oder von unten nach oben (endogene Kaolinisierung). Von Bedeutung war, daß infolge der unzureichenden Aufschlußverhältnisse unklar blieb, ob der Kaolin in der Tiefe in frisches Muttergestein überging oder nicht.
- Ein weiteres Problem war die Frage nach den kaolinisierenden Agenzien und wie „normale“ Verwitterung von der Kaolinisierung vom Prozeß her zu unterscheiden ist. Hierbei wurde davon ausgegangen, daß die rezenten Verwitterungsprodukte neben ihrer Geringmächtigkeit vor allem mechanisch aufgelockert sind und das Eisen fixiert enthalten, während die Kaoline enteisend und im Gefüge fest sind.
- Breiten Raum nahm die Diskussion ein, unter welchen geologischen Bedingungen die Kaolinisierung erfolgte und wie sie zeitlich einzustufen ist.

Rösler (1902) hatte alle primären Kaoline auf postvulkanische, pneumatolytische und pneumatohydatogene Prozesse zurückgeführt (er unterscheidet primäre Kaoline auf Graniten usw. und sekundäre, z. B. auf Sandsteinen). Die von Rösler (1902, 1908a, b) und Weinschenk (1897a, b, 1899, 1903, 1907) verfochtenen Ansichten lösten eine heftige Diskussion aus und regten zu intensiven Untersuchungen und zur Widerlegung der sogenannten postvulkanischen Theorie an. Besonders Dammer (1903a, b) kritisierte die Ausschließlichkeit der Röslerschen und Weinschenkschen Auffassungen.

Es folgten nicht wenige Untersuchungen an den Kaolinlagerstätten, die insbesondere die Aufklärung der ungenügend bekannten geologischen Details des Baus der Kaolinlagerstätten zum Inhalt hatten. Die meisten Forscher erkannten dabei die exogene Entstehung der Kaoline; nur für den Auer Kaolin hielt man an der hydrothermalen Genese fest (Stutzer 1905), und erst in neuester Zeit wird auch hier die exogene Natur wahrscheinlich (KELLER 1978; LANGE 1978; WAGENBRETH 1978) gemacht. Einige wichtige Arbeiten seien genannt: SEEMANN (1902) bearbeitete die Kaoline der Gegend von Meißen, deren exogene Kaolinisierung er altersmäßig von Vortertiär bis rezent einstuft, und DAMMER (1903c) belegt am kaolinisierten Porphyrit von Altenburg deren exogene Natur.

Die Kaoline auf Halleschen Quarzporphyren untersuchten SELLE (1907), STREMME & SELLE (1907), WÜST (1907, 1908). Letzterer kommt zu dem Schluß (WÜST 1907, S. 23):

„Die aus Quarzporphyren hervorgegangenen Kaolinerden der Gegend von Halle a. S. sind ein Teil der Grauerdenrinde, zu welcher unmittelbar vor und während der Ablagerung des kontinentalen, braunkohlenführenden Unteroligozäns die obersten Teile der damals an der Erdoberfläche anstehenden Gesteinskörper durch vorwiegende Einwirkung von Humussäure verwitterten.“

Zu ähnlichen Resultaten gelangte BERG (1906) im damaligen Niederschlesien. Die Ansprache der Kaoline als Grauerden geht auf RAMANN (1905) zurück, nach dessen System der „klimatischen Bodenbildungen“ die Grauerden durch Kaolinisierung der Feldspäte, Bleichung und Auslaugung des Eisens gekennzeichnet sind. Später wurde für Grauerden der Begriff Podsolböden eingeführt.

Die Beziehungen zwischen Braunkohle und Kaolin wurden insbesondere von STREMME untersucht (STREMME 1908a, b, 1909a, b, 1910a, b, c, d, 1912, 1914; STREMME & ENDELL 1910; STREMME & GRUPE 1910). Die Autoren stellten fest, daß die Kaoline fast ausschließlich im Liegenden tertiärer Schichten, die zumeist Braunkohlen führten, auftraten, und leiteten aus den geologischen Beobachtungen sowie experimentellen Befunden ab, daß die Kaolinisierung von der Verwitterung unterschieden ist durch höheren Anteil von Kohlensäure und der reduzierend wirkenden organischen Substanz der Moorwässer, die die Kaolinisierung bedingen. STREMMES Schüler ENDELL (1911) untersuchte die Verwitterung von basischen Eruptivgesteinen unter Mooren und bestätigte die STREMMEsche Auffassung, daß in den Moorwässern die Kohlensäure das „kaolinisierende Agens“ war und die Humusstoffe die reduzierende Wirkung hervorriefen. Er faßt die Resultate, wie folgt, zusammen (ENDELL 1911, S. 20 und 21):

„Die Zersetzung durch Moorwasser kommt der Kaolinisierung sehr nahe. Die zersetzenden Agenzien sind Kohlensäure in wäßriger Lösung unter Luftabschluß. Die anwesenden organischen Stoffe reduzieren das Eisen. Die Kaolinisierung ist intensiver als die Verwitterung. Eisen, P_2O_5, Mg und Alkalien sowie SO_3 werden in bedeutend stärkerem Maße herausgelöst.“

Demgegenüber steht die normale Verwitterung, die, wie folgt, beschrieben wird:

„Bei der Verwitterung wirkt Kohlensäure in wäßriger Lösung in Gegenwart von Luftsauerstoff. Dadurch werden die Erdalkalien und Alkaliverbindungen herausgelöst. Bei dem Zudringen des atmosphärischen Sauerstoffs nimmt das Eisen die Form kolloidaler Eisenoxydhydrate an, doch ist die Oxydation des vorhandenen Eisenoxydules zu Oxyd nicht vollständig. Die chemische Umwandlung infolge der Verwitterung findet unter starker Wasseraufnahme statt.“

Auch WEISS (1910) kommt bei seinen Untersuchungen der ostthüringischen Kaoline zu dem Schluß, daß CO_2-haltiges Wasser (Moorwasser) das kaolinisierende Agens gewesen sei und die Kaolinisierung während der Braunkohlenbildung erfolgte.

Im Jahre 1912 erschienen die zusammenfassenden Arbeiten von STREMME und STAHL. STAHL hat insbesondere die geologischen Verhältnisse aller damals bekannten Kaolinlagerstätten in Form von Profilen und Karten dargestellt und, basierend auf dieser Dokumentation, die von STREMME entwickelten Theorien zum Kaolinisierungsprozeß geologisch begründet. Es wurden exogene und endogene Kaolinisierungen unterschieden.

Bezüglich der exogenen Kaolinisierung setzten sich durch die Arbeiten von STREMME und STAHL im damaligen Deutschland folgende Auffassungen durch:

1. Die Kaolinisierung ist durch die Kohlensäure der Braunkohlenmoorwässer unter der reduzierenden Wirkung der Huminsäuren erfolgt.

2. Die Kaoline sind altersmäßig an die Zeiten der Braunkohlenbildung (damals insbesondere als Oligozän angesehen) und hinsichtlich ihrer Verbreitung vor allem an die Randbereiche der Braunkohlenmoore sowie an kleinere isolierte Moore gebunden.

Dieser massiven Meinung, zu der sich noch Arbeiten von Hähnel (1908), Berg (1907), Rieke (1907), Müller (1910, 1911), Stahl (1911) und andere gesellten, wurden zunächst nur relativ wenige andere Auffassungen gegenübergestellt, die insbesondere den Zeitpunkt der Kaolinisierung betreffen.

Als erster drückt Barnitzke (1909) deutlich aus, daß die Kaolinisierung älter als die Kohlebildung sein muß, weil sehr oft zwischen Kohle und Kaolin noch Umlagerungsprodukte des Kaolins lagern, wie Tone, Quarzsande und Quarzite, die als Abtragungsrückstände der Kaoline gedeutet werden. Barnitzke (1909, S. 470) stellt fest:

„Die Kaolinbildung setzt ein eigenartiges Klima voraus und eine große chemische Reaktionsfähigkeit, aber geringe mechanische Abtragung. Diese Bedingungen scheinen in der Eozänzeit am besten erfüllt. Die erst in der jüngeren Kreidezeit durch allmähliche Abtragung bis auf den Porphyrgrund frei gewordene Landoberfläche erlitt unter einem gleichmäßig warmen Klima in der Eozänzeit eine äußerst geringe Abtragung, welche die Möglichkeit gewährte, daß die zu Tage anstehenden Gesteine tiefgehend und eigenartig zersetzt wurden“ ... und auf S. 473: „Wenn also Sumpfmoore oder Braunkohlenwässer für die Entstehung der Porzellanerde in Frage kommen, so sind es jedenfalls nicht solche gewesen, die mit den jetzigen liegenden oligozänen Flözen in Beziehung stehen.“

Auch Dammer (1910) verlegt die Kaolinisierung vor die Braunkohlenzeit, allerdings ungerechtfertigterweise in das Rotliegende. Die Auffassungen von Lang (1909), der die Kaolinitbildung der schwäbischen Keupersandsteine auf den Einfluß CO_2-haltiger Sickerwässer während des Keupers zurückführte, hatten keinen größeren Einfluß auf die Diskussion.

In den folgenden Jahren, insbesondere in den zwanziger Jahren, traten zahlreiche neue Aspekte hinzu. Lang (1920, 1922, 1926) legte dar, daß die Kohlensäure nur untergeordnete Bedeutung besitzt, und führte die Verwitterung der Silikate in Anlehnung an Ramann (1911) auf die hydrolytische Zersetzung zurück. Unter Einbeziehung der in den Tropen erzielten Erkenntnisse der Bodenbildung führt er die Gedanken vor allem von Wüst (1907) weiter und formuliert, daß die Deferrisation als wichtiger Teil der Kaolinisierung durch Humusstoffe (insbesondere Rohhumus) bedingt wird, die ihren Ursprung in den Braunkohlenmooren hatten. Dadurch lagern die besten eisenarmen Kaoline unter den Kohlen, bzw. in solchen Gebieten, in denen ehemals entsprechende Moore vorhanden waren.

Einen Fortschritt in der Erforschung der Kaoline brachten die Arbeiten v. Freybergs (1923, 1926a, b, c, 1927). Bei der Analyse der alten Landoberfläche Thüringens belegt v. Freyberg (1923), daß die Kaolinisierung älter als die älteste Braunkohle (Eozän) sein muß, weil bereits im Liegenden der eozänen Braunkohle die Umlagerungsprodukte der Kaolinrinde (Kaolinit-Ton, Quarzsand usw.) auftreten. Er führt dabei die Beobachtungen von Barnitzke (1909), Etzold (1912) und Linstow (1912) weiter und stuft die Kaolinisierung als regionale Verwitterung auf einer alten Landoberfläche zeitlich ab Oberkreide (Senon) bis ins Jungtertiär hineinreichend ein. Die Frage nach dem Kaolinisierungsprozeß läßt v. Freyberg offen.

Harrassowitz (1913, 1916, 1922, 1926), der sowohl zur Altersstellung wie auch zum Prozeß der Kaolinisierung und Lateritisierung besonders in seiner Monographie „Laterit“ (1926) wesentliche Erkenntnisse beisteuerte, deutet das Kaolinprofil als degradiertes Lateritprofil. Von Harrassowitz wurden paläogeomorphologische, paläoklimatische und regionalgeologische Daten interpretiert, wobei er zu folgender stratigraphischen Einordnung der Laterite (einschließlich der Kaoline) kam.

1. Kretazo-tertiäre Gruppe mit
   - tertiären Lateriten
     - jungtertiäre Verwitterungslagerstätten (Lateritverwitterung; z. B. Vogelsberg)
     - Präoligozäne Verwitterungslagerstätten (Lateritverwitterung mit nachfolgender Rohhumusdegradierung entspricht Kaolinisierung)
   - kretazischen Lateriten mit Resten der präcenomanen Verwitterungskruste in Sachsen (von PIETZSCH 1914 beschrieben) und Böhmen
2. Karbonische Gruppe
3. Einzelvorkommen (Jura, Lias, Perm).

Diese Gliederung entspricht im wesentlichen der jetzigen Alterseinstufung der Verwitterungskrusten. Bemerkenswert ist, daß HARRASSOWITZ (1916) als Bestandteile der an die alten Landoberflächen gebundenen Verwitterungskrusten bereits folgende Lagerstättenparagenese herausstellt: Bauxit, Kaolin, Ton, Brauneisen, Quarzit, Glassand, Opal, Schwerspat, Eisenmanganerze, Phosphate, wie es sich im heutigen Begriff der Formation der Verwitterungskruste in präzisierter Form findet.

Bezugnehmend auf die Erkenntnisse von GINSBURG (1912), der klar aussprach, daß die Kaolinisierung unter den Bedingungen einer atmosphärischen Verwitterung rezent zwar nicht bei uns, wohl aber in tropischen und subtropischen Gegenden zu finden sei, hat HARRASSOWITZ seinerzeit die in Deutschland vorherrschende „Braunkohlentheorie" widerlegt. Das häufige gemeinsame Auftreten von Kaolin und Kohle führt er darauf zurück, daß in Perioden tektonischer Ruhe bei feucht-warmen Klimaten sich solche Bedingungen herausbilden, die sowohl zur tiefgreifenden Verwitterung wie auch zu Kohlebildung führen.

Hinsichtlich der Kaoline im Raum Halle/Leipzig hatte bereits WALTHER (1921) die Auffassung vertreten, daß an der Wende der Kreide- und Tertiärzeit eine ausgedehnte und mächtige Verwitterungsdecke von roter Farbe (Laterit) gebildet wurde, deren oberster roter, eisenreicher Teil abgetragen wurde und deren tieferer, gebleichter Teil stellenweise erhalten geblieben ist. HARRASSOWITZ (1926) führt diese Meinung weiter; er nahm an, daß in der Oberkreide und im älteren Tertiär infolge der tektonisch ruhigen Entwicklung bei humid-tropischem Klima eine tiefgreifende Lateritverwitterung herrschte, wobei in den Senkungsräumen Moorbildungen erfolgten, die eine Degradierung, insbesondere Deferrisation und Bleichung unter reduzierenden Bedingungen bewirkten. Damit kann zugleich die Bildung der sulfidischen und karbonatischen Fe-Minerale im Kaolin erklärt werden. Diese Auffassungen von HARRASSOWITZ sind in neuester Zeit wieder aufgegriffen worden: STÖRR, SCHWERDTNER & BUCHWALD (1968), BUCHWALD (1971).

Die III. Etappe der Erforschung der Kaoline erbrachte zunächst die systematische Suche und Erkundung der Kaolinlagerstätten auf dem Territorium der DDR. Mit der Erkundungstätigkeit verbinden sich die Namen R. HOHL, CHR. ADAM, L. EISSMANN, P. BÖHME, R. HERRE, J. BUCHWALD, G. SCHWERDTNER. Im Rahmen des Such- und Erkundungsprogramms wurde ein beachtlicher Teil der bekannten Kaolinvorkommen abgebohrt, so daß eine gute Kenntnis über den geologischen Bau und die Ausdehnung dieser Kaolinlagerstätten existiert.

Seit den sechziger Jahren erfolgten verstärkt mineralogische und technologische Untersuchungen, die im wesentlichen im VEB Silikatrohstoff-Kombinat Kemmlitz und in der Sektion Geologische Wissenschaften der Ernst-Moritz-Arndt-Universität Greifswald ausgeführt wurden. Zunächst ging es vor allem um die Ermittlung des Stoffbestands und seiner Verteilung in den Lagerstätten. Weiterhin standen Fragen des Einflusses der Minerale auf die Eigenschaften der Rohstoffe in den Prozessen der Aufbereitung und Verarbeitung im Mittelpunkt des Interesses. Diese Arbeiten erbrachten eine Erweiterung der Kenntnisse zum stofflichen Aufbau der Lagerstätten. Insbesondere wurden in den Kaolinen Dreischichtsilikate identifiziert, und es wurde erkannt, daß diese infolge ihrer Eigenschaften die technologische Verhaltensweise der Rohstoffe sehr stark beeinflussen. Die Untersuchungen ermöglichten in zahlreichen Fällen eine Aufklärung der Ursachen bestimmter aufbereitungs- und verarbeitungstechnischer Eigenschaften, wie in den Kapiteln 4. und 5. dieser Arbeit dargelegt wird.

In den vergangenen dreißig Jahren hat sich eine Fülle von Daten und geologischen Befunden angesammelt, wodurch eine zusammenfassende Auswertung erforderlich und möglich wird. Ansätze für diese komplexen geologisch-mineralogischen Interpretationen sind vorhanden, unter anderem in den Publikationen von Adam (1974), Lasch (1970), Störr (1975) sowie Störr & Schwerdtner (1974, 1979). In neuester Zeit sind mit der Bearbeitung des IGCP-Projekts Nr. 23 „Genesis of Kaolin" der UNESCO auch regionale Untersuchungen ausgeführt worden, die sich in den Publikationen von Störr, Kužvart & Neuzil (1978) sowie Störr, Köster, Kužvart, Szpila & Wieden (1977) widerspiegeln, in denen die Kaolinisierungen Zentraleuropas behandelt werden.

Diese kurze Darstellung der Erforschungsgeschichte der Kaoline der DDR zeigt, daß die Forscher in ihrer Gesamtheit stets von praktischen Problemen ausgingen, deren Lösung die Klärung allgemeiner Gesetzmäßigkeiten voraussetzte. So war die Frage nach dem Prozeß der Kaolinisierung (exogen, endogen) eng verbunden mit der Strategie der Suche und Erkundung von Lagerstätten. In den letzten Jahrzehnten wird eine Entwicklung deutlich, die die optimale Nutzung der Kaolinlagerstätten anstrebt. Dabei ist hervorzuheben, daß der erfolgreichste Weg darin besteht, den Prozeß der Genese, den stofflichen Aufbau und die Beziehungen zwischen Mineral und technischen Eigenschaften der Kaoline als Einheit zu behandeln. Dieser wegen seiner Vielschichtigkeit komplizierte Weg ist für die Erforschung der Kaoline deshalb günstig, weil die Lagerstättenbeurteilung nicht nur die geologischen, sondern auch die technologischen Parameter einschließt.

3. GEOLOGIE UND MINERALOGIE DER KAOLINLAGERSTÄTTEN DER DDR

3.1. Geologischer Überblick

Perioden intensiver exogener Kaolinisierung können in der DDR verschiedenen Zeitabschnitten der Erdgeschichte zugeordnet werden. Sie zeigen sich besonders deutlich in der Kaolinitführung der Sedimentgesteine, die in der Umgebung der alten Festländer abgelagert wurden. Stratigraphisch sicher zu datierende Kaolinkrusten finden sich jedoch nur im Liegenden des Westfal D des Erzgebirgischen Beckens, im Liegenden des Cenomans im Elbsandsteingebirge und im Liegenden des Tertiärs in weiten Gebieten des Südens der DDR. Dementsprechend lassen sich unterscheiden (Abb. 3):

- Karbonische Kaolinkruste im Bereich des Erzgebirgischen Beckens. Hier sind kaolinisierte Phyllite von kontinentalen Sedimenten des Westfal D überlagert und vor der Erosion geschützt worden. Eine wirtschaftliche Bedeutung besitzen diese Kaoline nicht.
- Unterkretazische Kaolinkruste im Liegenden der Sächsisch-Böhmischen Oberkreide. Tiefgründig kaolinisiert sind Gneise des Osterzgebirges und verschiedene Sedimentgesteine sowie Eruptiva der Elbtalzone. Sie werden zumeist von kontinentalen Cenomansedimenten bedeckt. Diese Kaoline werden vereinzelt für grobkeramische Erzeugnisse genutzt.
- Oberkretazisch-tertiäre Kaolinkruste, die alle volkswirtschaftlich wichtigen Kaoline enthält und auf die näher eingegangen werden soll.

Die ursprünglich weitverbreitete Kaolinkruste wurde bereits im Verlauf des Tertiärs stark abgetragen, so daß heute nur Relikte vorliegen. Während im Liegenden der Tertiärsedimente die Kaoline flächenhaft verbreitet sind, wurden in Gebieten stärkerer Erosion die Kaoline bis auf lokale Reste entfernt. Sie bilden hier schüsselförmige Körper, die von gering zersetzten Primärgesteinen umgeben und unterlagert sind. Im jüngsten Tertiär wurden die Mittelgebirge stark herausgehoben, so daß südlich der 200-m-Isohypse nur noch sehr vereinzelt Kaoline auftreten (Abb. 3).

Die exogene Natur der Verwitterung bedingt, daß alle instabile Phasen enthaltenden Gesteine, die während der Zeit der Kaolinisierung an der damaligen Erdoberfläche anstanden, mehr oder weniger tiefgründig zu Kaolin umgewandelt sind. Die Mineralführung dieser Kaoline ist in großem Maße von der Zusammensetzung der Mutter-

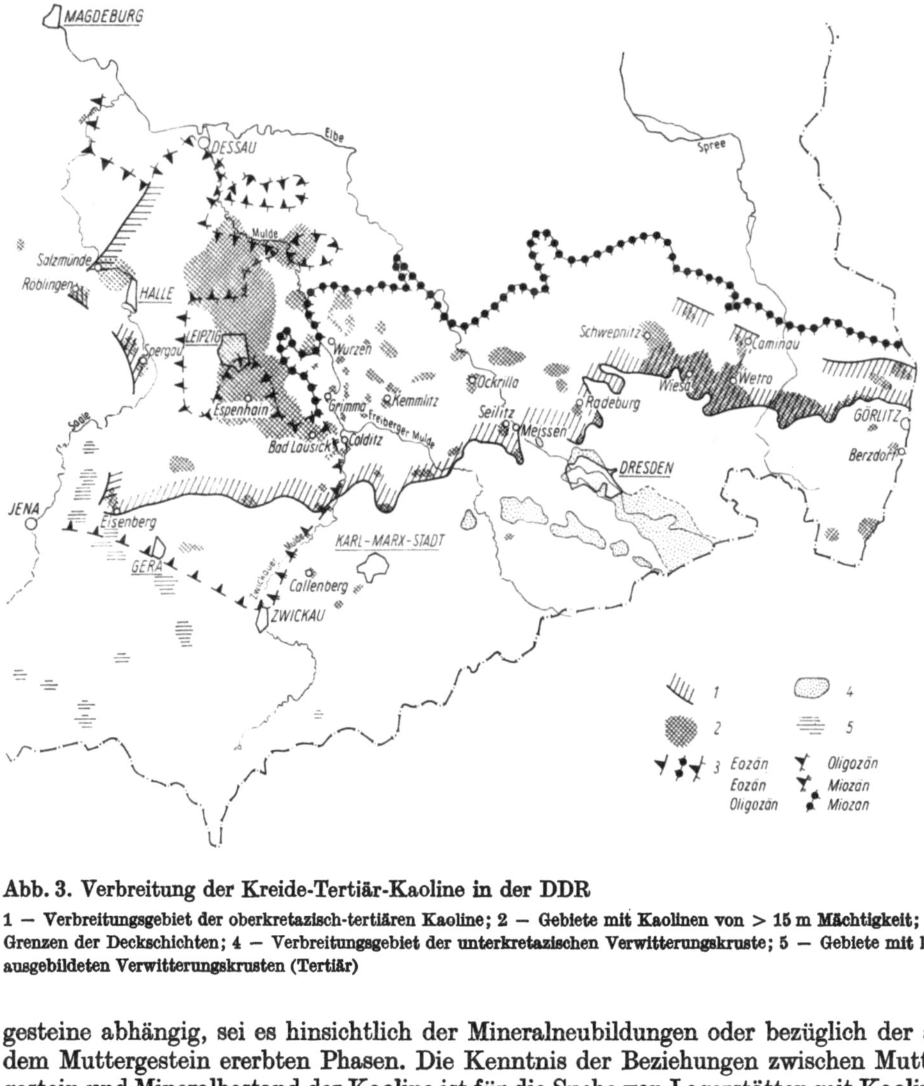

Abb. 3. Verbreitung der Kreide-Tertiär-Kaoline in der DDR

1 — Verbreitungsgebiet der oberkretazisch-tertiären Kaoline; 2 — Gebiete mit Kaolinen von > 15 m Mächtigkeit; 3 — Grenzen der Deckschichten; 4 — Verbreitungsgebiet der unterkretazischen Verwitterungskruste; 5 — Gebiete mit lokal ausgebildeten Verwitterungskrusten (Tertiär)

gesteine abhängig, sei es hinsichtlich der Mineralneubildungen oder bezüglich der aus dem Muttergestein ererbten Phasen. Die Kenntnis der Beziehungen zwischen Muttergestein und Mineralbestand der Kaoline ist für die Suche von Lagerstätten mit Kaolinen spezieller Eigenschaften sehr wesentlich.

Entsprechend der paläogeologischen Entwicklung des Gebiets befinden sich die Kaolinlagerstätten insbesondere im Verbreitungsgebiet der Saxothuringischen Zone des variszischen Grundgebirges und des jungpaläozoisch-altmesozoischen Deckgebirges.

Die wichtigsten Baueinheiten und ihre kaolinisierten Muttergesteine gehen aus Abb. 4 hervor und werden nachfolgend skizziert (von E nach W):

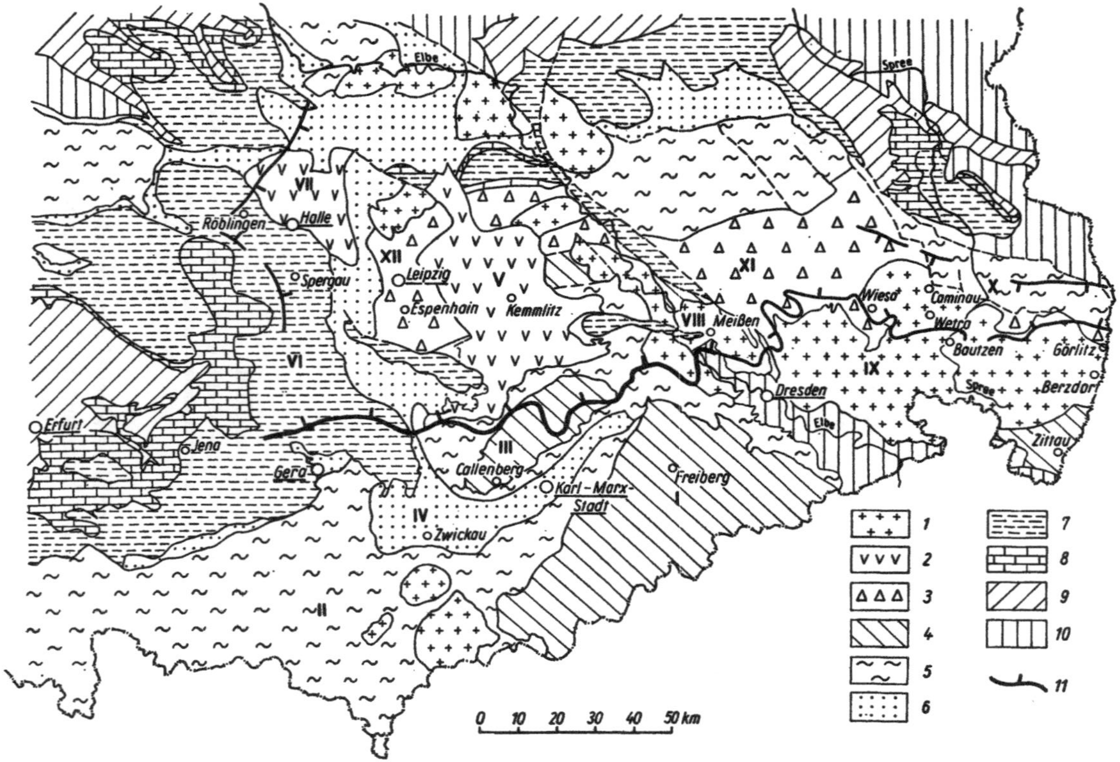

Abb. 4. Geologische Übersichtskarte des Südteils der DDR, ergänzt nach: Geologische Übersichtskarte der Bezirke Dresden, Karl-Marx-Stadt und Leipzig

1 – Granitoide; 2 – Vulkanite; 3 – Grauwacken; 4 – Metamorphite; 5 – Altpaläozoikum; 6 – Permosiles und Zechstein; 7 – Untertrias (Buntsandstein); 8 – Muschelkalk; 9 – Keuper; 10 – Kreide; 11 – Grenzen der Kaolinverbreitung

I – Erzgebirge; II – Thüringer Schiefergebirge; III – sächsisches Granulitgebirge; IV – Erzgebirgsbecken; V – nordwestsächsisches Vulkanitbecken; VI – Thüringer Triasbecken; VII – Hallescher Porphyr-Komplex; VIII – Meißener Massiv; IX – Lausitzer Granodiorit-Massiv; X – Görlitzer Schiefergebirge; XI – Grauwackengebiet von Kamenz-Radeberg; XII – Nordwestsächsische Hochscholle

Das Görlitzer Schiefergebirge baut sich aus paläozoischen Sedimenten (Kalken, Grauwacken, Quarziten, Tonschiefern) sowie Diabasen und Diabastuffen auf, die stark gefaltet und gebietsweise schwach kontaktmetamorph beeinflußt sind. Die Kaolinisierung ist nur relativ schwach und wurde gefunden auf den Muttergesteinen:

- Tonschiefer — Oberrotliegendes (Biehain)
- Tonschiefer — Oberdevon (Roter Hübel, Sproitz, Diehsa)
- Alaunschiefer — Silur (Mückenhain)
- Diabastuffe — Devon (Limbach)

Das Lausitzer Granodiorit-Massiv ist insbesondere aus jungproterozoischen und paläozoischen Granodioriten, Graniten und Anatexiten aufgebaut. Flächenhaft kaolinisiert sind die

- Granodiorite (z. B. bei Caminau, Wiesa, Neschwitz, Piskowitz, Wetro, Klix, Berzdorf)
- Granite (Oberrengersdorf).

Das Kamenz-Radeberger Grauwackengebirge ist aus fein- bis mittelkörnigen, jungproterozoischen Grauwacken aufgebaut, die weitverbreitet Kaoline tragen (z. B. bei Cunnersdorf, Biehain, Zeißholz).

Das Meißner Massiv besteht aus variszischen spät- bis postorogenen Syenodioriten, mehreren Granodioriten und Graniten, die in jungproterozoische Gneise und paläozoische Schichten intrudierten. Im Oberkarbon (Stefan) bildeten sich Vulkanite der Meißner Eruptivzone.

Wichtige Muttergesteine sind:

- Pechstein (Seilitz, Schletta)
- Dobritzer Quarzporphyr (Seilitz)
- Bi-Granit (Ockrilla)
- Syenodiorit (Radeburg).

Das sächsische Granulitgebirge ist präkambrisch angelegt und metamorphosiert, variszisch überprägt und diapirartig hochgepreßt worden. Variszische Granite sind besonders im mittleren Teil verbreitet. Von der Vielzahl der am Aufbau des Massivs beteiligten Gesteine sind verwittert:

- Granulit (Aitzendorf bei Geringswalde, Callenberg)
- Granit (Mittweida, Callenberg)
- Gabbro (Callenberg)
- Pegmatit (Callenberg)
- Serpentinit (Callenberg).

Der Nordwestsächsische Vulkanit-Komplex wurde in der Subsequenzperiode (Unterrotliegendes) der variszischen Ära gebildet. Er besteht hauptsächlich aus einer Folge Effusiva, die zum Teil als Lava, zum Teil als Asche gefördert wurden und als Porphyre bzw. Ignimbrite sowie Tuffe vorliegen. Sedimentäre Bildungen treten zurück. Die meisten Vulkanite sind Muttergesteine von Kaolinen; hervorzuheben sind:

- Rochlitzer Porphyr, Ignimbrit (z. B. Kemmlitz, Hohnbach, Dürrweitzschen, Colditz, Ballendorf)
- Kemmlitzer Porphyr (Kemmlitz, Umgebung von Oschatz)
- Grimmaer Porphyr (Förstgen)
- Pyroxenquarzporphyr, Typ Wermsdorf (Umgebung von Wermsdorf)
- Beuchaer Porphyr, Granitporphyr (Altenbach bei Wurzen)
- Porphyrit (Kemmlitz)
- Tuffe (Kemmlitz).

Der Nordsächsische Sattel im Gebiet von Leipzig baut sich insbesondere aus jungproterozoischen und altpaläozoischen Grauwacken und Tonschiefern auf, in die variszische Granite intrudiert sind. Kaoline sind verbreitet auf

- jungproterozoischen Grauwacken (z. B. Espenhain)
- Graniten (Gebiet um Leipzig).

Der Hallesche Porphyr-Komplex baut sich aus dem unterrotliegenden Unteren Halleschen Porphyr (Intrusivgestein) und dem Oberen Halleschen Porphyr (Effusivgestein) auf. Die Porphyre werden durch Sedimente (Sandsteine, Arkosen, Konglomerate und Tuffe) getrennt. Muttergesteine der Kaoline sind insbesondere die Porphyre, untergeordnet die Sedimente.

Das Ostthüringer Schiefergebirge ist aus variszisch gefalteten Sedimentgesteinen des Ordoviziums, Silurs und Devons zusammengesetzt. Kaolinisiert sind Tonschiefer verschiedenen Alters (z. B. Gera—Langenberg) und Diabase (Gefell). Letztere werden vor allem als Ockererde gewonnen.

Im jungpaläozoisch-altmesozoischen Deckgebirge in Ostthüringen und westlich von Halle, im Mügelner Becken sowie im Gebiet zwischen Leipzig—Bitterfeld—Dessau—Torgau sind insbesondere kaolinisiert:

- Arkosen und Tonschiefer des Buntsandsteins (Eisenberg, Gebiet von Zeitz, Spergau, Röblingen, Ockrilla bei Meißen)
- Konglomerate und Arkosen des Zechsteins (Altenburg/Bezirk Leipzig und im Gebiet östlich Bitterfeld)
- Muschelkalk (Bennstedt, westlich Halle)
- Porphyre (im Gebiet zwischen Leipzig und Dessau).

Im Erzgebirge, das aus epi- bis mesozonalen Metamorphiten und variszisch intrudierten Graniten aufgebaut ist, finden sich vereinzelt Kaoline auf

- Phyllit (Schöneck)
- Granit (Sosa, Niederbobritzsch, Eibenstock)
- Pegmatit bzw. pegmatitscher Granit (Aue).

Für die Genese dieser Kaoline wird einmal exogene zum anderen hydrothermale Kaolinisierung diskutiert.

3.2. Die Kaolinlagerstätten Caminau, Wiesa und Oberrengersdorf in der Oberlausitz

Die Lagerstätten Caminau und Wiesa sind typisch für Granodioritkaoline, während der Kaolin von Oberrengersdorf aus dem Königshainer Stockgranit entstand. Letztere Lagerstätte wird gegenwärtig nicht genutzt, soll aber hier behandelt werden, weil Granitkaoline in der DDR relativ selten sind.

In neuerer Zeit wurden die Lausitzer Kaoline mehrfach untersucht, so daß ein guter Überblick über die geologischen und mineralogischen Verhältnisse vorliegt: Buchwald (1967), Störr, Schwerdtner & Buchwald (1969), Lasch (1970), Buchwald (1971) Adam (1974), Störr & Buchwald (1975).

3.2.1. Geologischer Überblick

Das ca. 2800 km² große Lausitzer Granit-Granodiorit-Massiv wird im Norden durch die Innerlausitzer Hauptverwerfung zum Görlitzer Schiefergebirge, im Nordwesten durch die Hoyerswerdaer Querverwerfung zur Lausitzer Grauwackeneinheit und im Süden durch die Lausitzer Überschiebung zur Sächsisch-Böhmischen Kreidesenke begrenzt (Abb. 5).

Am Aufbau des Massivs sind insbesondere jungproterozoisch-paläozoische Granodiorite, Granite und Anatexite beteiligt. Der palingene Ostlausitzer (Seidenberger)

Granodiorit wird als eine jüngstpräkambrische Intrusion angesehen. Der jüngere Westlausitzer (Demitzer) Granodiorit stellt eine variszische Intrusion von mobilisierten Anatexiten dar. Stofflich sind zwischen beiden Granodioritvarietäten nur geringfügige Differenzierungen vorhanden (Möbus 1956).

Die im Westen und Südwesten anstehenden Anatexite (Zweiglimmergranit) entstanden jüngstpräkambrisch bis frühpaläozoisch aus jungproterozoischen Grauwacken, die weiter im Norden unbeeinflußt geblieben sind.

Die spätvariszischen Stockgranite von Königshain und Stolpen intrudierten während des Siles. Es sind feldspatreiche, glimmerarme saure Granite von relativ homogener Zusammensetzung. Im gesamten Massiv sind Ganggesteine weit verbreitet. Zahlen-

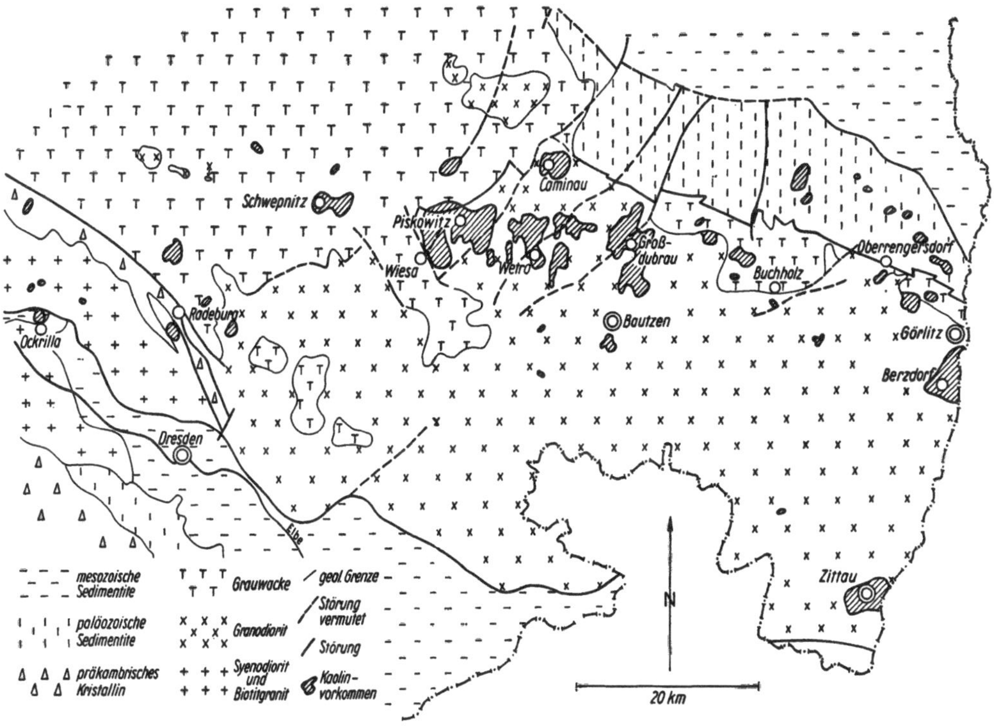

Abb. 5. Geologische Karte des Lausitzer Granodiorit-Massivs (Pietzch, Geologische Karte von Sachsen, Kaoline ergänzt)

mäßig herrschen die basischen (verschiedenartige Lamprophyre) vor, die teils jünger, teils älter als die Stockgranite sind (Möbus 1956; Gotte & Hirschmann 1973).

Das Massiv wird von einer Anzahl NW—SE und NE—SW streichender Störungen durchzogen, die variszisch angelegt sind und postvariszisch mehrfach auflebten, insbesondere zur Zeit der Oberkreide (Wernigeröder Phase), während der im Bereich der Lausitzer Überschiebung das Massiv auf die Sächsisch-Böhmische Oberkreide aufgeschoben wurde. Jüngere tektonische Aktivität wird von Viete (1960) sowie Wolf & Hirschmann (1964) zwischen Elstereiszeit bis Holsteinwarmzeit beschrieben, die zu Schollenkippungen führte und deshalb auf die Erhaltung der Kaoline Einfluß besitzt (Buchwald 1971).

Vornehmlich am Nordrand des Massivs sind von der Hoyerswerdaer Querverwerfung im Nordwesten bis zum Königshainer Stockgranit im Osten große Areale von Granodiorit-Kaolinen erhalten geblieben. Vollständige Kaolinprofile finden sich vor allem im

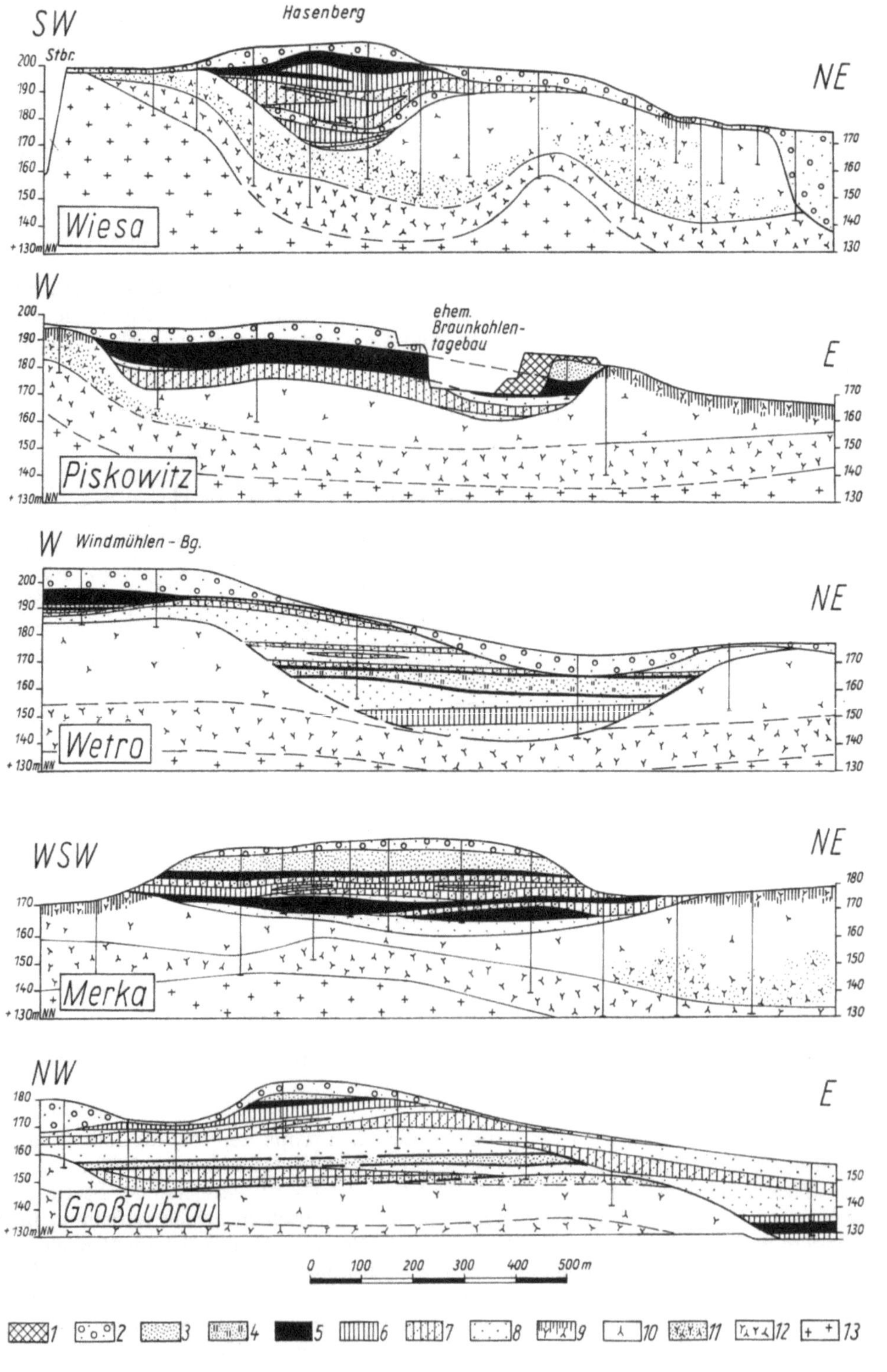

Abb. 6. Geologische Profile von Wiesa, Piskowitz, Wetro, Merka und Großdubrau (Buchwald 1971)

1 – Aufschüttungen; 2 – vorwiegend Sand und Kies (Pleistozän); 3 – brackisch-marine Sande (Tertiär); 4 – kohlige Sande (Tertiär); 5 – Braunkohle (Tertiär); 6 – Ton (Tertiär); 7 – Ton, Schluff, Sand (Tertiär); 8 – kontinentale Sande (Tertiär); 9 – Kaolin (oberflächenoxydiert); 10 – Kaolin weiß; 11 – Kaolin rot; 12 – Kaolin grün; 13 – Granodiorit

Liegenden der kontinentalen Tertiärsedimente (Oberoligozän—Miozän). Ehemalige tertiäre Flußläufe ragen wurzelartig nach S in das Massiv hinein (Abb. 6) und sind vorzugsweise mit Abtragungsprodukten der Kaolinkruste aufgefüllt (Sande, Tone). Im Bereich der Flußläufe, der isolierten kontinentalen Becken sowie im Küstenbereich kommt es zur Ausbildung des 3. Lausitzer Flöz-Horizonts. Die Braunkohle liegt nur in Ausnahmefällen direkt dem Kaolin auf, fast immer ist eine mehr oder weniger mächtige Sand-Ton-Folge zwischengelagert (Abb. 7).

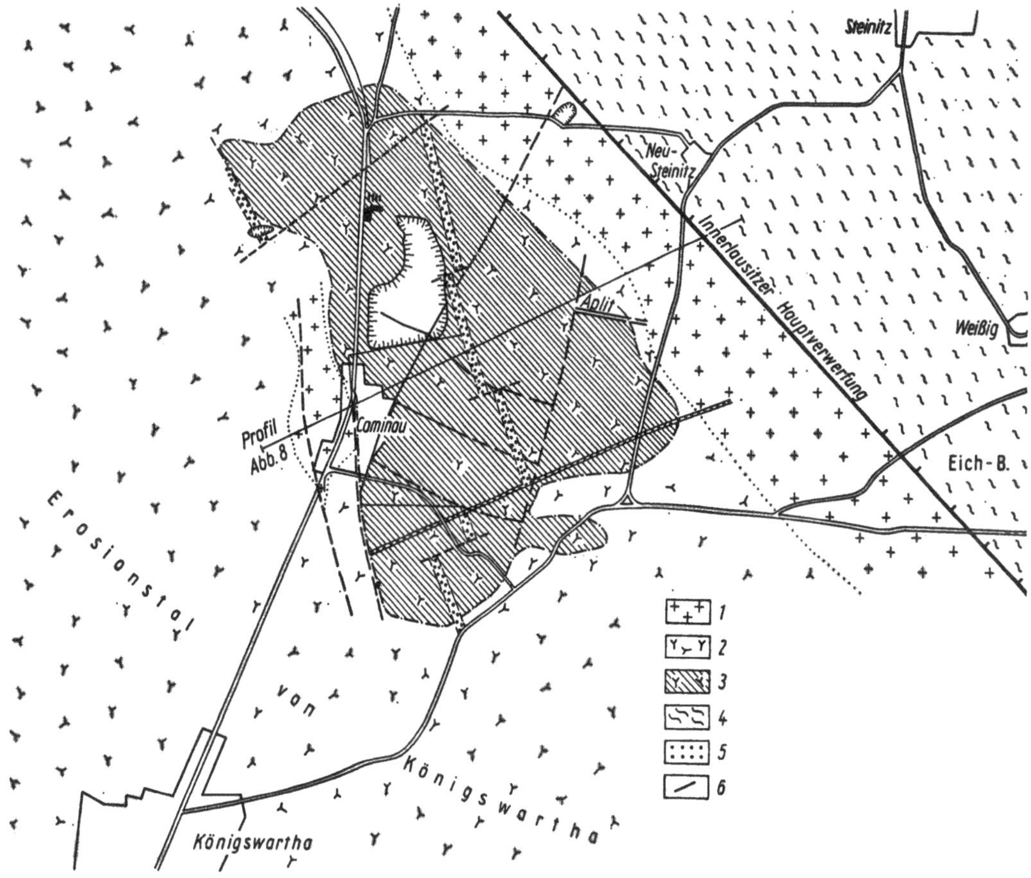

Abb. 7. Geologische Karte der Kaolin-Lagerstätte Caminau (nach Buchwald 1967 aus Störr & Buchwald 1975)

1 — Granodiorit; 2 — Kaolin; 3 — Kaolinlagerstätte; 4 — paläozoische Sedimentgesteine; 5 — Quarzgang; 6 — Störungen

3.2.2. Kaolinlagerstätte Caminau

3.2.2.1. Geologische Situation

Die Lagerstätte Caminau stellt die größte zusammenhängende Kaolinlagerstätte der DDR dar. Sie liegt östlich des Orts Caminau bei Königswartha, nördlich von Bautzen, im Norden des Westlausitzer Granodiorit-Massivs in unmittelbarer Nachbarschaft der Innerlausitzer Hauptverwerfung. Sie wird im Norden und Süden durch tiefreichende, mit pleistozänen Sedimenten ausgefüllte Erosionsrinnen begrenzt. Im Westen und Nord-

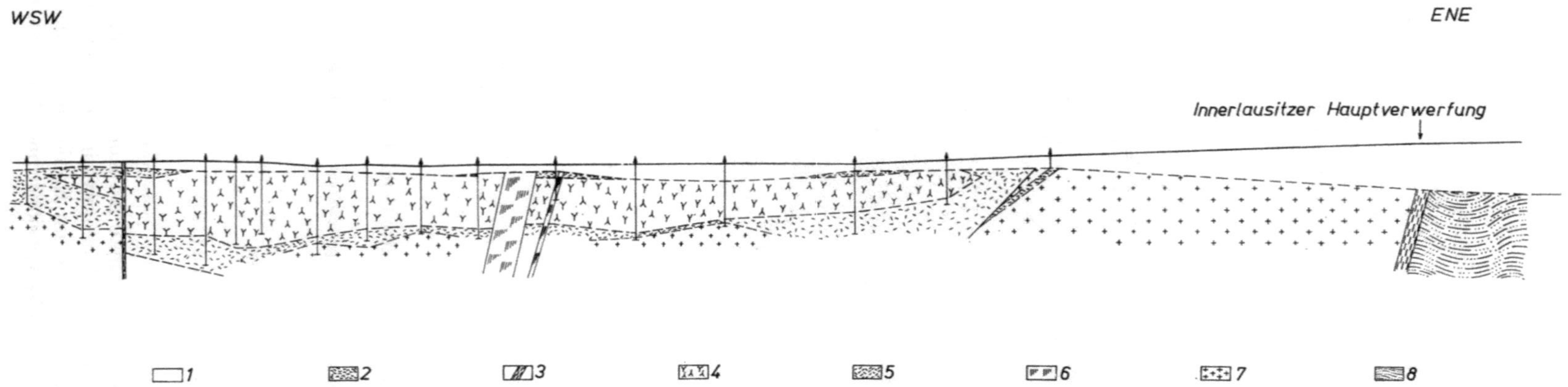

Abb. 8. Profil der Lagerstätte Caminau, nach FRANZ & MEHRHEIM (aus STÖRR & BUCHWALD 1975)
Der Schnitt entspricht der in Abb. 7 eingezeichneten Profillinie.

1 — Pleistozänsedimente; 2 — Mylonit; 3 — Störungen; 4 — Granodioritkaolin, weiß; 5 — Granodioritkaolin, grün; 6 — Quarzgang; 7 — Granodiorit; 8 — altpaläozoische Schichten

osten tritt mehr oder weniger verwittertes Primärgestein zutage (Abb. 8). In der Lagerstätte sind die beiden Zonen des Kaolinprofils sehr deutlich ausgebildet:

- Kaolinit-Zone, weiße bis graue Kaoline, 15—35 m mächtig, der oberste Teil (0—5 m) ist durch Eisenhydroxide bräunlichgelb gefärbt
- Dreischichtsilikat-Zone, grünfarbige Kaoline, bis 20 m mächtig.

Neben mehreren kaolinisierten Aplit- und Lamprophyr-Gängen kommt ein in N—S-Richtung streichender maximal 30 m mächtiger Quarzgang vor, der mehrfach durch eine Mylonit-Zone versetzt wird. Die ca. 4 m mächtige Mylonit-Zone streicht WSW—ENE und fällt 45° nach NNW ein.

Die Kaolinoberfläche ist stark glazigen beeinflußt. Neben flächenhaften unregelmäßigen Exarationen der Saale-Kaltzeit sind zahlreiche schmale Erosionsrinnen vorhanden. Die pleistozänen Deckschichten im zentralen Teil der Lagerstätte sind 4—8 m und in den randlichen Bereichen bis 25 m mächtig.

Die Liegendbegrenzung des Kaolinkörpers ist wellig-unregelmäßig (Abb. 9). Dies kann durch unterschiedlich tiefe Verwitterung oder durch junge Verwerfungen bedingt sein (Buchwald 1967, 1971).

3.2.2.2. Mineralogie der Rohkaoline

Als nutzbare Rohstoffe dienen ausschließlich die weißen bis hellgrauen Kaoline der Kaolinit-Zone. Ihre granulometrische, mineralogische und chemische Zusammensetzung ist in Tab. 2 und 3 angegeben. Charakteristisch ist, daß die Zusammensetzung der Rohstoffe im Lagerstättenbereich nur relativ geringen Schwankungen unterworfen ist, was in erster Linie auf die insgesamt recht homogene Ausbildung des Primärgesteins zurückgeführt werden kann.

Die Minerale der nutzbaren Kaoline sind wie folgt charakterisiert:

- Quarz kommt nur als Verwitterungsrest vor, zum Teil schwach korrodiert. Er ist relativ grobkörnig und tritt erst in den Kornfraktionen > 10 μm stärker in Erscheinung (Tab. 4). Dadurch ist er im Aufbereitungsprozeß nahezu vollständig entfernbar.

Tab. 2. Mineralbestand und chemische Zusammensetzung von Westlausitzer Granodiorit, Caminauer Roh- und Schlämmkaolin (Masse-%)

	Westlausitzer Granodiorit	Rohkaolin Caminau	Schlämmkaolin
Quarz	25—35	30—40	ca. 2
Plagioklas	35—50	—	—
K(Na)-Feldspat	5—25	—	—
Biotit	10—20	—	—
Kaolinit	—	45—60	80—90
Illit/Glimmer	< 3	ca. 3	10—20
Siderit	—	ca. 5	0,2—0,3
organische Substanz	—	< 0,1	0,1—0,2
SiO_2	63—68	62,0—64,5	46,8
Al_2O_3	14—16	19,0—22,9	37,1
Fe_2O_3	0,8—1,8	3,5—4,5	1,2
FeO	3,5—4,5	n. b.	n. b.
TiO_2	0,5—0,9	0,5—1,0	0,6
CaO	2,9—3,5	0,2—0,6	0,2
MgO	1,3—2,3	0,1—0,6	0,2
Na_2O	3,0—3,7	< 0,1	< 0,1
K_2O	3,1—4,6	0,3—0,6	1,0
Glühverlust	1,2—1,6	8,3—9,5	12,9

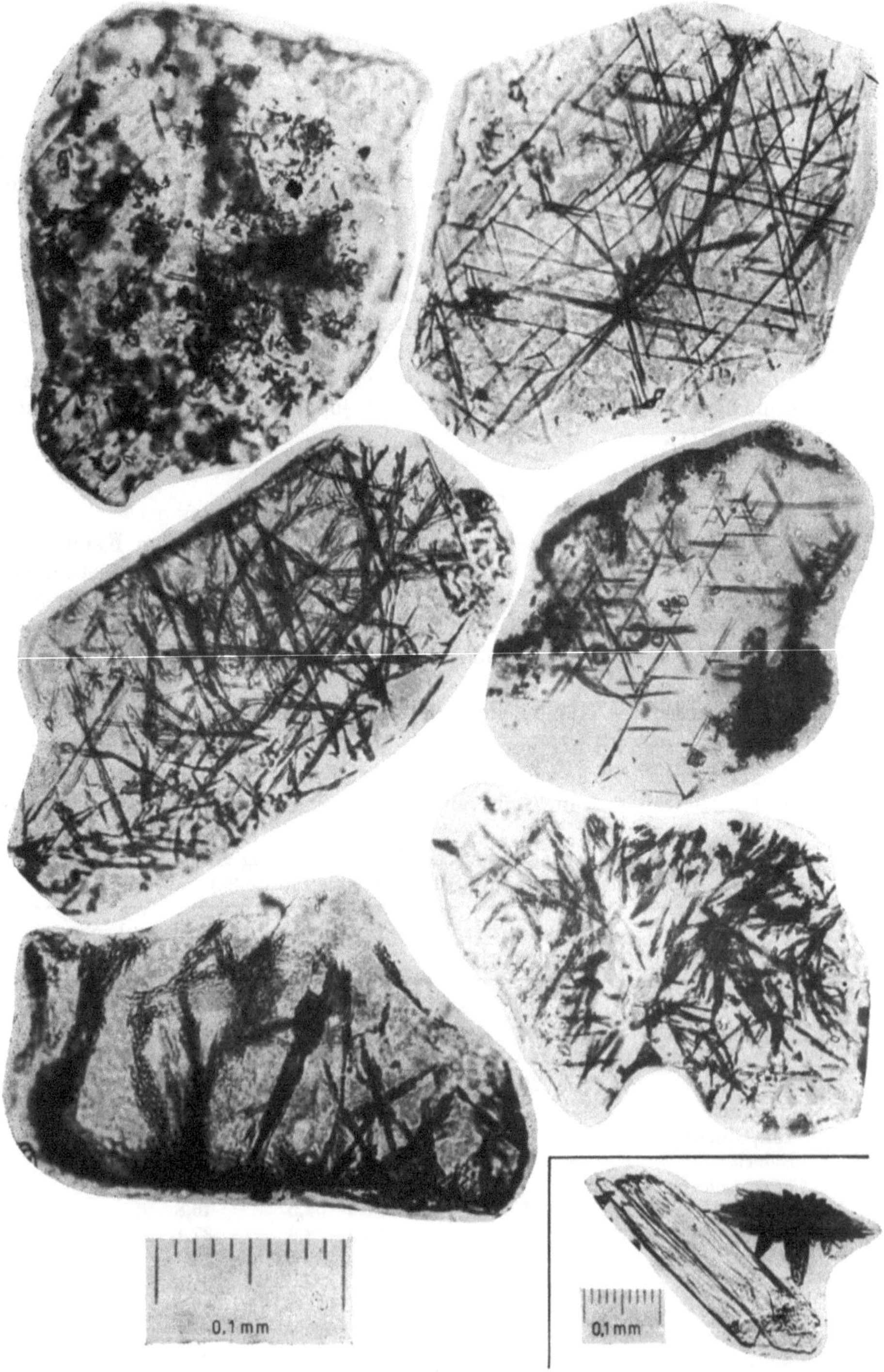

Abb. 9. Eisenmineral-Aufwachsungen auf den Basisflächen des grobkörnigen Kaolinits aus dem Kaolin von Caminau und Siderit (unten rechts)

Tab. 3. Korngrößenverteilung von Rohkaolinen der Lagerstätte Caminau (Masse-%)

Kornfraktion (µm)	Kaolinit-Zone		Dreischichtsilikat-Zone		
	weißer Kaolin (Ca 2)	grauer Kaolin (Ca 1)	hellgrüner Kaolin (Ca 13)	grüner Kaolin (Ca 12)	grüner Kaolin (Ca 11)
< 2	7,3	12,7	8,5	7,0	4,0
2–6,3	10,4	11,7	13,5	10,4	8,9
6,3–20	13,6	12,1	14,6	5,9	11,6
20–63	10,5	10,5	8,2	8,9	6,9
63–200	8,7	8,8	13,0	17,1	9,7
200–630	11,0	8,5	13,6	23,1	12,3
630–2000	22,7	17,4	23,0	24,4	29,4
> 2000	15,8	18,3	5,6	3,2	16,4

Tab. 4. Mineralverteilung in den Kornfraktionen von Caminauer Rohkaolin der Kaolinit-Zone, Probe Ca 1 (Masse-%)

Fraktion (µm)	Kaolinit		Glimmer		Quarz		Siderit	
	a	b	a	b	a	b	a	b
< 2	92	11,7	8	1,0	–	–	–	–
2–6,3	95	11,1	5	0,6	–	–	–	–
6,3–20	93	11,3	7	0,8	–	–	–	–
20–63	93	9,8	5	0,5	2	0,2	+	+
63–200	74	6,5	8	0,7	12	1,1	6	0,5
200–630	35	3,0	–	–	54	4,6	11	0,9
630–2000	9	1,5	–	–	86	15,0	5	0,9
> 2000	5	0,9	–	–	91	16,7	4	0,7

Spalte a: Anteile in der Fraktion
Spalte b: Anteil an der Gesamtprobe

– Kaolinit ist Hauptbestandteil der Fraktionen < 200 µm (Tab. 4). Den bisherigen Untersuchungen zufolge können mehrere genetische Arten unterschieden werden:

- Großschuppiger Kaolinit, angereichert in den Kornfraktionen > 20 µm, mit kleinsten Aufwachsungen von Fe-Mineralen auf den Basisflächen (Abb. 10), insbesondere im Innern der Kristallite (STÖRR 1967b). Dieser Kaolinit bildet mehr oder weniger gut orientierte Verwachsungen parallel und senkrecht zur Basis und stellt Pseudomorphosen nach Biotit dar.
- Feinkörniger Kaolinit, angereichert in den Fraktionen < 5 µm. Er besitzt eine rein-weiße Farbe (Weißgrad > 80%, Zeiss-Leukometer, Blaufilter). Dieser Kaolinit ist möglicherweise aus dem K-Feldspat entstanden. Im elektronenmikroskopischen Bild erscheint der feinkörnige Kaolinit als scharf begrenzte sechsseitige Täfelchen, die sehr oft in der Basisebene miteinander verwachsen sind (Abb. 11).
- Mittelkörniger Kaolinit, der vornehmlich in den Kornfraktionen zwischen 2 und 20 µm enthalten ist. Er bildet zumeist Verwachsungen, wobei die pseudohexagonalen Begrenzungen an den Kanten der Verwachsungen sichtbar werden. Dieser Kaolinit ist sehr wahrscheinlich über ein quellfähiges Montmorin-Mineral aus dem Plagioklas gebildet worden. Typisch für die Morphologie des mittelkörnigen Kaolinits sind Verwachsungen parallel und senkrecht zur Basis (Abb. 12), so daß relativ große Schüppchen gebildet werden.

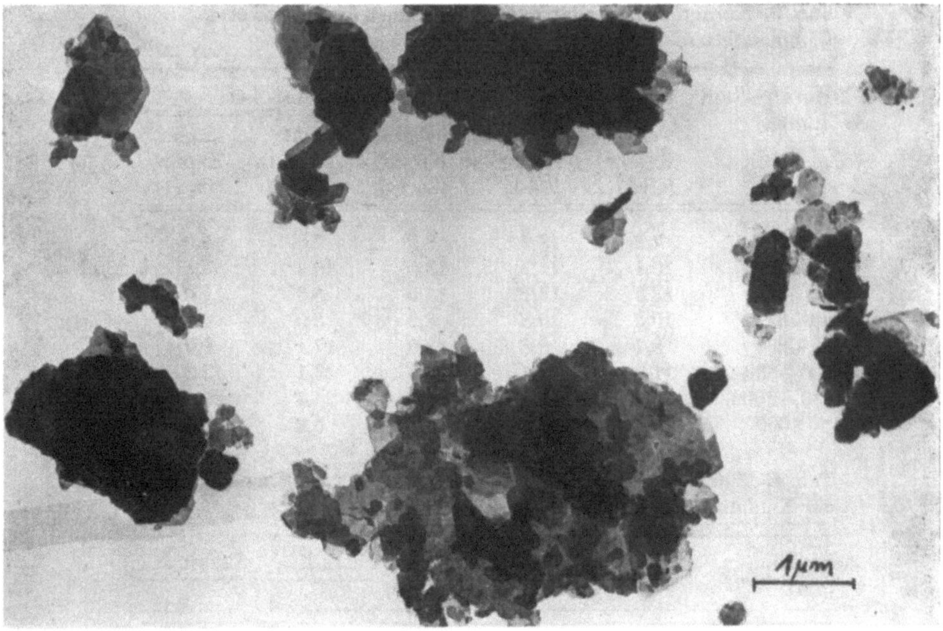

Abb. 10. Elektronenmikroskopische Aufnahme von feinkörnigem Kaolinit des Caminauer Kaolins

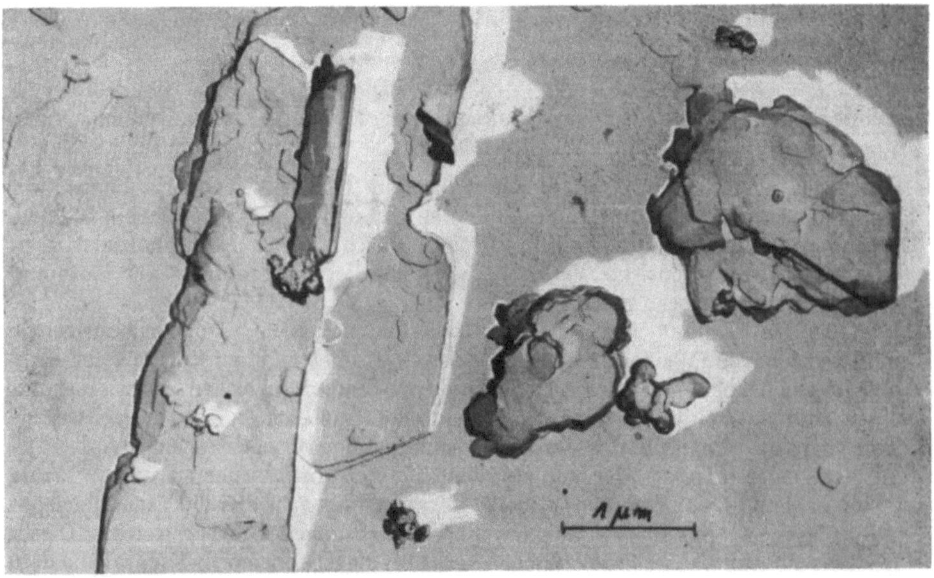

Abb. 11. Elektronenmikroskopische Aufnahme von mittelkörnigem Kaolinit des Caminauer Kaolins

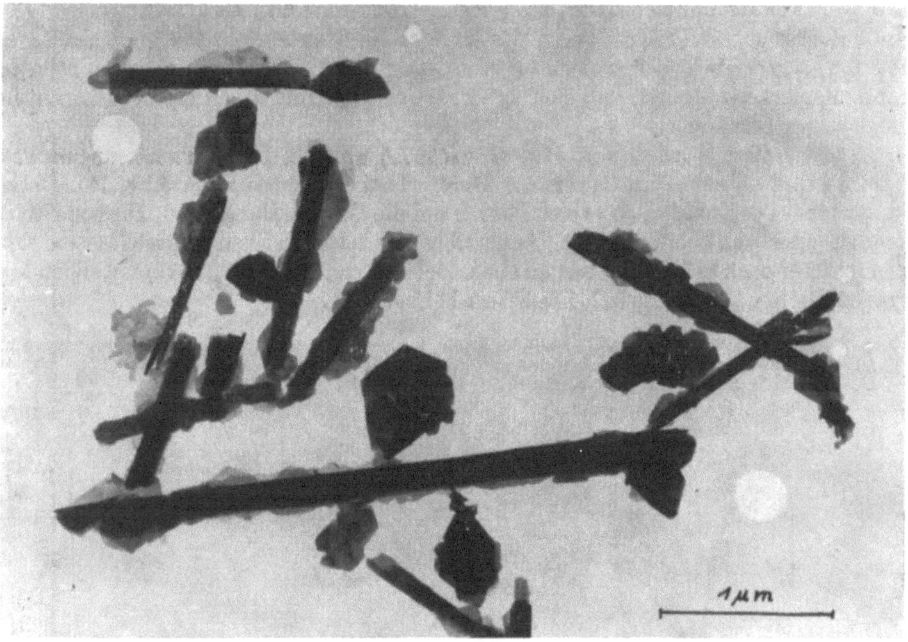

Abb. 12. Elektronenmikroskopische Aufnahme einer Halloysit-haltigen Probe des Caminauer Kaolins

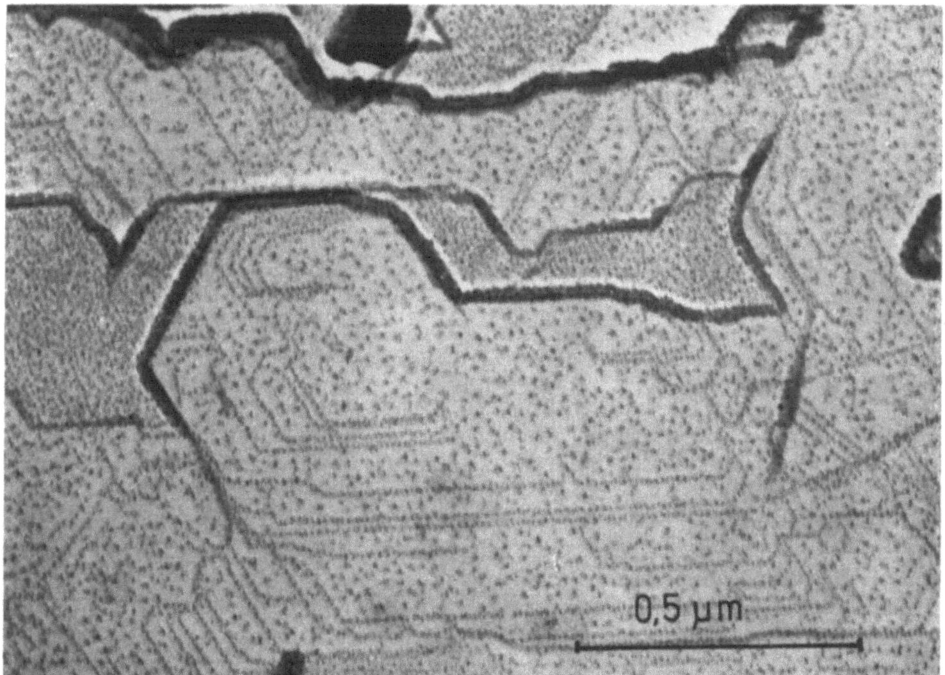

Abb. 13. Elektronenmikroskopische Aufnahme einer mit Gold dekorierten Oberfläche einer Verwachsung von Glimmer-Kaolinit mit überwiegend Kaolinit an der Oberfläche (nach HENNING 1979)

Halloysit kommt nur in sehr geringer Menge vor oder fehlt. Der Ordnungsgrad des Kaolinits ist generell recht gering, wie aus der Halbwertsbreite des 1. Basisreflexes von 0,3—0,4 ϑ sowie der schlechten Auflösung der Tripletten geschlossen werden kann. Bemerkenswert ist, daß sich der Ordnungsgrad mit zunehmender Korngröße nicht wesentlich ändert.

In neuester Zeit wurden von Henning (1979) epitaktische Verwachsungen von Kaolinit und Glimmer im Caminauer Kaolin festgestellt (Abb. 13, Abb. 14). Dabei ist zunächst noch unklar, ob es sich hierbei um die Umwandlungsprodukte von Biotit handelt oder um Neubildungen. Auch über die quantitativen Anteile lassen sich gegenwärtig noch keine Angaben machen. Bei den von Henning (1979) untersuchten Proben lag der Glimmergehalt insgesamt bei ca. 20%.

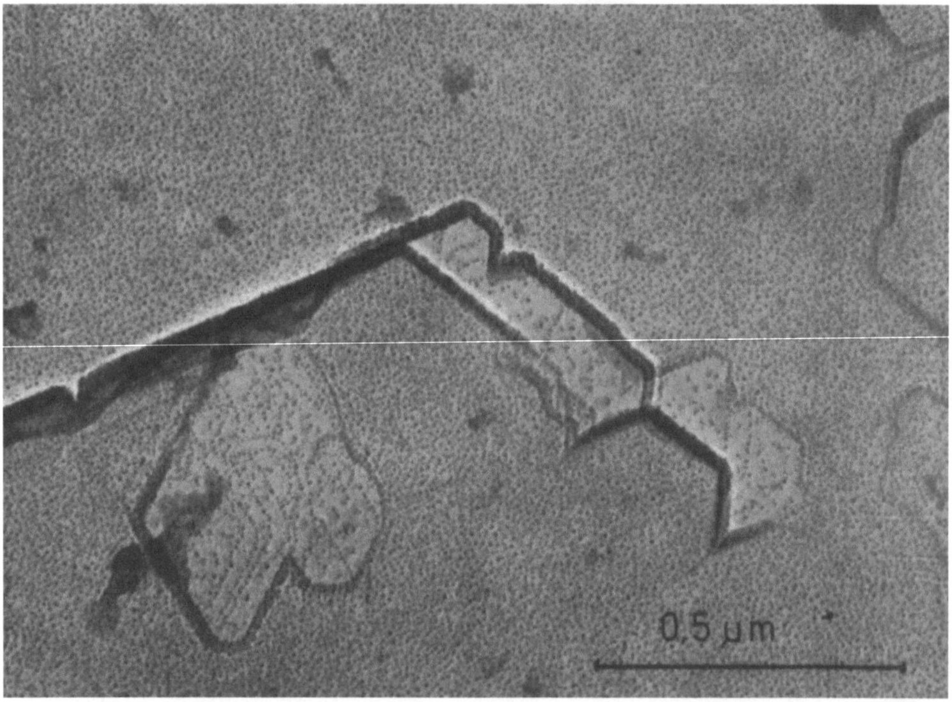

Abb. 14. Elektronenmikroskopische Aufnahme einer mit Gold dekorierten Oberfläche einer Verwachsung von Glimmer-Kaolinit mit überwiegend Glimmer an der Oberfläche (nach Henning 1979)

— Muskovit (2 M-Typ) tritt in einer Menge von < 10% im Rohkaolin auf. Die Genese des Muskovits ist unklar. Es kann sich zum einen um Verwitterungsreste des primären Muskovits aus dem Granodiorit (nach Möbus 1956 ≈ 2 Vol.-%) oder die Serizitausfüllungen der Plagioklase handeln, zum anderen um Neubildungen, wie Lasch (1970) vermutet. Weiterhin ist nicht ausgeschlossen, daß ein Teil des Glimmers in den Verwachsungen mit Kaolinit fixiert ist.
— Siderit ist als Neubildung bis maximal 5% im Rohkaolin besonders in den Kornfraktionen 20—2000 µm enthalten. Er bildet zum Teil idiomorphe Kristalle oder Bruchstücke, meist Kombinationen von steilen Skalenoedern mit Rhomboedern oder Rhomboeder allein. Zuweilen sind die Sideritkörnchen aus zahlreichen parallel gestellten Subindividuen aufgebaut oder büschelig verwachsen. Ein Teil der Sideritkristalle oder Verwachsungen ist verwittert, wobei sich feinste braune Schüppchen

(Fe-Hydroxide) bilden, die von der Ausbildung her den Aufwachsungen auf Kaolinit sehr ähneln. Das Vorkommen von Siderit in Kaolinen ist relativ häufig und unter anderem von BABUREK (1963) aus Podlesi, ČSSR, sowie von TESSIER & TURCO (1965) aus Senegal beschrieben worden.

3.2.2.3. Bemerkungen zur Mineralgenese

Im Kaolinisierungsprozeß wurden — mit Ausnahme des Quarzes — alle Plagioklase, K(Na)-Feldspäte und der Biotit umgewandelt. Aus den chemischen Analysen des Granodiorits und des Rohkaolins (Tab. 2) ist ersichtlich, daß die für die Kaolinisierung üblichen Elementmobilisierungen erfolgten, SiO_2 und Al_2O_3 blieben fixiert.

Das Kaolinprofil besitzt eine ausgeprägte Zonierung:

- Dreischichtsilikat-Zone mit Relikten der Primär-Minerale und deutlichem Übergangsbereich (maximal 2 m) zum frischen Granodiorit
- Kaolinit-Zone, in der alle unbeständigen Primär-Minerale kaolinisiert sind.

Im untersten Teil des Kaolinprofils (bis 2 m) ist der Gesteinsverband noch relativ fest. Die ersten Anzeichen der Verwitterung sind die vereinzelt auftretenden dunkelgrün gefärbten Biotite und die beginnende Zersetzung der Plagioklase. Aus dem Plagioklas bilden sich Smektite, die relativ grobschuppige Aggregate darstellen. In diesem Bereich des Kaolinprofils wird der größte Teil des Natriums entfernt.

Im weiteren Verlauf der Kaolinisierung bilden sich die grünfarbigen Kaoline, die in der Lagerstätte Caminau bis zu 20 m mächtig werden können. Die Intensität der Grünfärbung nimmt vom Liegenden zum Hangenden ab. Die Grünfärbung wird in starkem Maße von den Abbauprodukten des Biotits sowie den eisenhaltigen Smektiten hervorgerufen.

Die Biotite nehmen im Verlaufe der Kaolinisierung relativ plötzlich eine gleichmäßige grüne Farbe an. Mit fortschreitender Kaolinisierung wird die grüne Farbe blasser, und es setzt vollständige Bleichung ein, wobei sich Pseudomorphosen von Kaolinit nach Biotit bilden. Mit dem Beginn der Bleichung wird das Eisen aus dem Gitter freigesetzt, und es wird zum Teil als winzige Fe-Mineral-Aufwachsungen im Innern der neugebildeten Kaolinite fixiert. Die Smektite sind sehr unbeständig und wandeln sich bereits früh in recht grobschuppige Kaolinitaggregate um. In dieser Phase der Kaolinisierung bilden sich möglicherweise die Verwachsungen von Kaolinit mit Glimmer.

Der K(Na)-Feldspat bleibt relativ lange frisch. Zunächst werden die Körner rissig, und auf den Rissen scheidet sich Kaolinit ab. Es kann nicht entschieden werden, ob dieser Kaolinit aus dem K(Na)-Feldspat entstand oder aus zirkulierenden Lösungen ausgeschieden wurde. Erst im Bereich der intensivsten Bleichung der Biotite wandelt sich auch der K(Na)-Feldspat in Kaolinit um, wobei keine Dreischichtsilikate als Übergangsphase bemerkt wurden. Auch der Quarz wird im Verlauf der Kaolinisierung rissig und teilweise geringfügig korrodiert; die Hauptmasse des Quarzes bleibt aber erhalten.

Siderit ist bereits im untersten Teil der grünfarbigen Kaoline nachweisbar, das Eisen stammt sehr wahrscheinlich aus den kaolinisierten Smektiten und den abgebauten Biotiten.

3.2.2.4. Mineralverteilung im Rohstoffkörper

Entsprechend der Mineralverteilung in den Kornfraktionen der Rohkaoline werden durch die Klassierung nahezu der gesamte Quarz sowie die Hauptmenge des Siderits ausgetragen. Der Schlämmkaolin besteht daher zu $\approx$ 90% aus Kaolinit und zu $\approx$ 10% aus Glimmer. Diese Verhältnisse ändern sich in der Lagerstätte nur wenig, so daß aus den vollständig kaolinisierten Gesteinen der Kaolinit-Zone stets sehr kaolinitreiche, relativ konstant zusammengesetzte Schlämmkaoline gewonnen werden können.

Der Caminauer Schlämmkaolin wird im wesentlichen als Füllstoff verwendet. Bei Papierfüllstoffen spielt der Weißgrad, der generell möglichst hoch sein soll, als Qualitätskriterium eine Rolle. Innerhalb des Rohstoffkörpers ist der Weißgrad variabel, im mittleren Teil ist er am höchsten, und zum Liegenden und Hangenden hin nimmt er ab.

Die oberste Partie (bis 5 m) des Rohstoffkörpers besitzt infolge erhöhten Gehalts von färbenden Stoffen verminderte Weißgrade. Die Ursachen hierfür sind verschieden, wobei deutlich erkennbar sind:

— Einspülungen von Eisenhydroxiden aus den Hangendschichten (Pleistozän),
— erhöhte Gehalte organischer Substanzen unter überlagernden Tertiärsedimenten (kohlige Sande),
— zu Eisenhydroxiden verwitterte Siderite.

Im unteren Teil des Rohstoffkörpers nimmt der Weißgrad ebenfalls ab, wobei hier sowohl eine Zunahme des organischen Substanzgehalts als auch eine Erhöhung der Intensität der Graufärbung des Kaolins zu verzeichnen sind. Die Graufärbung wird sehr wahrscheinlich durch dispers verteilte Fe-Phasen bedingt, ein Teil dieser Phasen ist an die kaolinisierten Biotite gebunden.

Durch selektiven Abbau kann ein Kaolin mit Weißgraden von 78—80% gewonnen werden. Auf die Fragen der Erhöhung des Weißgrads wird in Kapitel 4. näher eingegangen.

3.2.3. Kaolinlagerstätte Wiesa bei Kamenz

Östlich von Kamenz im Bereich der Ortschaften Wiesa, Jessau, Nebelschütz und Thonberg existieren sieben kleinere Lagerstätten weißer Kaoline, die innerhalb ausgedehnter Areale mit grünfarbigen Granodioritkaolinen wannenförmige Rohstoffkörper bilden. Vereinzelt treten 0,2—0,1 m mächtige Lamprophyr- sowie Quarzgänge auf.

Die känozoischen Deckschichten haben generell Mächtigkeiten von etwa 5—10 m. Nur im Bereich der tertiären Flußläufe und pleistozänen Schmelzwasserrinnen steigt die Abraumdecke auf 30 m und teilweise noch mehr an. Die tertiären Sedimente gehören ins Oberoligozän und bestehen vorwiegend aus Tonen und Sanden sowie lokal erhalten gebliebenen Braunkohlen im Hangenden. Das Muttergestein des Kaolins ist Granodiorit, und der Stoffbestand entspricht prinzipiell dem Caminauer Kaolin (Tab. 5).

Eine Besonderheit ist das Auftreten von rotfarbigen Bereichen im Kaolin. Die Partien roter Kaoline sind unregelmäßig gestaltet und treten stets innerhalb der Kaolinit-Zone auf, oft lagern sie direkt über den grünlich gefärbten Kaolinen der Dreischichtsilikat-Zone. Es kommen jedoch auch rote Partien inmitten weißer Kaoline vor. Ähnliche Erscheinungen sind in anderen Lagerstätten zu beobachten, wie von Neumann (1960) aus dem Gebiet von Halle und von Buchwald (1971) aus der Lausitz beschrieben.

Zur Genese der rotfarbigen Kaoline gibt es verschiedene Meinungen. Urban (1953) deutet die rotfarbigen Kaoline in Anlehnung an Walther (1921) und Harrassowitz (1926) als die rote obere Partie des Lateritprofils (Fe-Anreicherungszone), die von hellen gebleichten Kaolinen (Bleichungszone) unterlagert wird. Nach Urban ist die Kaolinisierung demnach so abgelaufen, daß zunächst in einer Lateritisierung die roten Kaoline entstanden. Dann wurden diese Kaoline infolge einer entsprechenden Klimaänderung von einer Pflanzendecke bewachsen, was schließlich die Bleichung der obersten Partien hervorrief (weiße Kaoline). Dieser Prozeß ist vor der Braunkohlenbildung abgeschlossen. Von Buchwald (1971) wird ein ähnlicher Prozeßverlauf angenommen, jedoch die Bleichung dem Einfluß der Huminsäuren der Braunkohlenmoore zugeschrieben.

Während die genannten Autoren die Bleichung zeitlich nach der Bildung der roten Kaoline einordnen, deutet Neumann (1960) die Genese der roten Kaoline von Halle in umgekehrter Reihenfolge. Er vertritt die Meinung, daß die Bleichung und Fe-Auslaugung vor der kaolinitischen Verwitterung des Primärgesteins erfolgten und daß die roten Partien Relikte nicht gebleichter Primärgesteine sind.

Die genetische Position der rotfarbigen Kaoline bleibt gegenwärtig noch ungeklärt, wenn man davon absieht, daß sich die Hämatitbildung im oxydierenden Milieu vollzog, während in den hellen Kaolinen die Fe-Fixierung (Siderit, zuweilen Pyrit) in reduzierenden Milieu stattfand.

Tab. 5. Zusammensetzung (Masse-%) des Kaolins von Wiesa (nach LASCH 1970)

	Gesamtproben	
	Kaolin, weiß	Kaolin, grün
Kaolinit	60	27
Glimmer	15	5
Quarz	20	51
K(Na)-Feldspat	n. b.	16
Siderit	n. b.	1

	Kornfraktionen (μm)		
	< 0,63	0,63–2	2–6,3
Quarz	5	5	n. b.
Kaolinit	43	48	52
Glimmer	18	19	20
Montmorillonit-Minerale	25	—	—
Fe_2O_3	6,5	5,1	3,2
K_2O	1,8	2,6	3,5

Eine wesentliche Eisenanreicherung in bezug auf die Fe-Gehalte der Primärgesteine ist in den roten Kaolinen nicht erfolgt (z. B. Gesamteisengehalt des Granodiorits 4—7%, der roten Kaoline 4—6%, der grünen Kaoline der Dreischichtsilikat-Zone 4—5%, der weißen Kaoline der Kaolinit-Zone 3—5%).

3.2.4. Kaolinlagerstätte Oberrengersdorf bei Görlitz

Granitkaoline sind bekannt von Oberrengersdorf und Attendorf bei Görlitz. Von diesen Vorkommen wurde bis 1957 der Kaolin von Oberrengersdorf gewonnen.

Die Kenntnisse über diese Kaoline sind nur gering. Die Lagerstätte Oberrengersdorf wurde von HERRE (1957) erkundet. Sie liegt am Nordrand der Königshainer Berge und stellt einen ca. 600 m langen, maximal 200 m breiten und bis 20 m mächtigen NE—SW streichenden Körper dar, der im Bereich von Querstörungen zur Innerlausitzer Hauptverwerfung eingesunken ist und dadurch vor der Abtragung geschützt wurde (ADAM 1974). In der Lagerstätte herrschen weißgraue, weiße und gelbliche Kaoline vor, die die Kaolinit-Zone repräsentieren. Die Dreischichtsilikat-Zone zeigt grünliche und grünlichbraune Kaoline, wobei partienweise im Übergangsbereich zur Kaolinit-Zone und im Randbereich der Lagerstätte auch rote Kaoline auftreten. Das Primärgestein ist spätvariszischer Königshainer Stockgranit, der nach PIETZSCH (1962) folgenden Modalbestand aufweist (in Vol.-%): Quarz ≈ 33, Alkalifeldspat ≈ 32, Plagioklas (Albit)

$\approx$ 30, Biotit und andere $\approx$ 5. Das feldspatreiche Muttergestein liefert einen relativ fetten Rohkaolin, dessen Fe_2O_3-Gehalte in der Kaolinit-Zone generell unter 1% liegen.

Die mineralogische Untersuchung eines Bohrprofils erbrachte die in Tab. 6 zusammengestellten Resultate.

Tab. 6. Mineralbestand eines Profils der Lagerstätte Oberrengersdorf (Masse-%)

	Gestein	Mineralbestand			
		K/H	DS	Q	F
Kaolinit-Zone	10 m Kaolin, weiß bis gelblich	35–50	< 10	40–55	–
	4 m Kaolin, rot bis gelbbraun	35–50 (zuzüglich Hämatit und Goethit)	< 10	40–55	–
Dreischicht-silikat-Zone	12 m Kaolin, grau bis braun	15–30	20–25	30–50	$\approx$ 25

K/H – Kaolinit/Halloysit; DS – Dreischichtsilikate; Q – Quarz; F – Feldspat

Bemerkenswert sind die hohen Anteile von Halloysit neben dünnen, scharf begrenzten, pseudohexagonalen Kaolinitblättchen. Der Halloysit zeigt die typische Röllchenform (Abb. 15) und konnte in allen untersuchten Proben identifiziert werden. In Übereinstimmung mit Lasch (1970) wurde festgestellt, daß in der Dreischichtsilikat-Zone ein

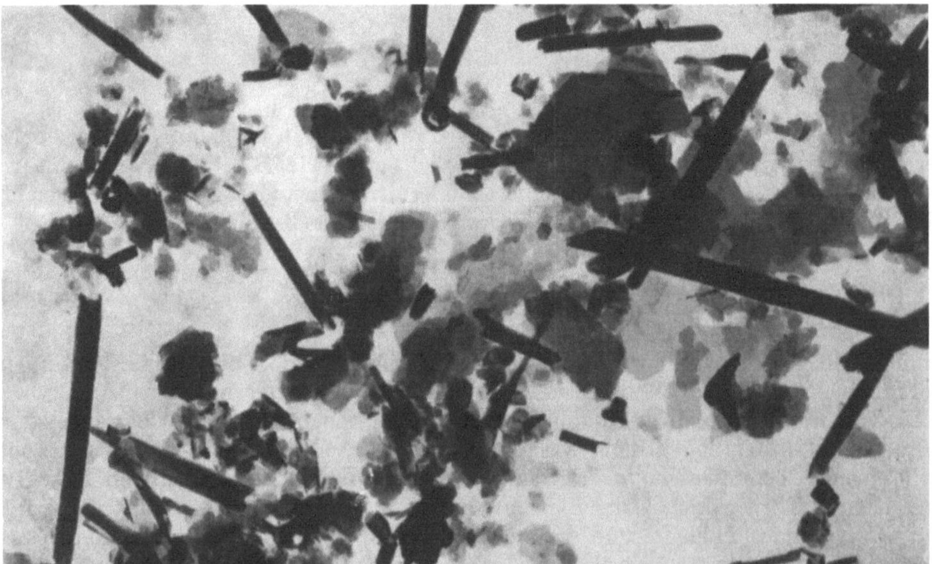

Abb. 15. Elektronenmikroskopische Aufnahme von Kaolinit und Halloysit des Kaolins von Oberrengersdorf

Illit-Montmorillonit-Mixed-Layer-Mineral (4:1) vorkommt, das in der Kaolinit-Zone fehlt. In den weißen Kaolinen treten daher nur geringe Anteile Illit/Muskovit auf (Tab. 6), deren Menge im Unterschied zu den von LASCH (1970) angegebenen Werten (17—33%) unter 10% liegt.

3.3. Die Kaolinlagerstätten Seilitz, Schletta, Ockrilla und Radeburg im Gebiet von Meißen

Von den zahlreichen Kaolinlagerstätten der Umgebung Meißens werden gegenwärtig nur vier abgebaut. Die Lagerstätte Seilitz wurde 1764 entdeckt und ist wohl die älteste in Betrieb befindliche Kaolingrube Europas. Es werden Mixed-Layer-Mineral-reiche Schlämmkaoline mit hoher Trockenbiegefestigkeit für die Porzellanindustrie produziert. Bei Ockrilla werden feldspathaltige Rohkaoline für die Fliesenherstellung gewonnen, und bei Radeburg wird in zwei Gruben Rohkaolin für Feuerfeststeine abgebaut. Die bekannte Grube bei Schletta (Schlettaer Erde) ist gegenwärtig nicht in Betrieb.

Von den genannten Kaolinlagerstätten liegen verschiedene geologisch-mineralogische Bearbeitungen vor, die Aufklärung über den Mineralbestand und dessen Verteilung in den Lagerstätten erbracht haben: RADCZEWSKI & BALDEN 1959, 1960 (Schlettaer Erde); KRANZ, WIEGMANN & HORTE 1966 (Kaolin Ockrilla); STÖRR, SCHWERDTNER, HELMCHEN & BABUREK 1967 (Lagerstätte Seilitz); STÖRR, SCHWERDTNER & BUCHWALD 1969 (gesamtes Gebiet); LASCH 1970 (Ockrilla, Radeburg); STÖRR & SCHWERDTNER 1975 (gesamtes Gebiet).

3.3.1. Geologischer Überblick über das Meißener Massiv und die Meißener Eruptiv-Zone

Das Meißener Syenodiorit-Massiv stellt einen stark differenzierten Pluton dar, der in seinem Zentralteil elliptische Gestalt zeigt. Den Rahmen des Zentralteils bilden im Osten Gneise (Äquivalente der jungproterozoischen Lausitzer Grauwacken) und im Westen vorzugsweise ordovizische und devonische Sedimente. Die Intrusion erfolgte zwischen der sudetischen Faltung und der Effusion der oberkarbonischen (Stefan) Vulkanite. Es sind mehrere Intrusionsphasen zu unterscheiden, wobei die ältesten Gesteine in den äußeren und die jüngeren in den zentralen Teilen des Plutons liegen. Die wichtigsten sind der Intrusionsfolge nach geordnet; Hornblendesyenodiorit, Biotitgranodiorit, Biotit, Hornblendegranodiorit, Riesensteingranit.

In der Nähe von Meißen wird das Massiv von der Meißener Eruptivzone durchsetzt. Sie umfaßt zwei durch das Elbtal getrennte Verbreitungsgebiete verschiedener Vulkanite (Abb. 16), die nach PIETZSCH (1962) jüngst-oberkarbonisch eingestuft und gegliedert werden in:

- Zehrener Quarzporphyr und jüngerer Felsitporphyr
- Porphyrite
- Tuffe im Hangenden des Pechsteins
- Pechstein und Dobritzer Quarzporphyr
- Tuffe im Liegenden des Pechsteins.

Während des Miozäns bildete sich das kleine Sedimentationsbecken von Löthain aus, in dem eine Folge von Sanden—Schluffen—Tonen und geringmächtigen Braunkohlen abgelagert wurde. Im Liegenden der Miozän-Sedimente und in der Umgebung ist die kaolinitische Verwitterungskruste gelegentlich erhalten geblieben (Abb. 17).

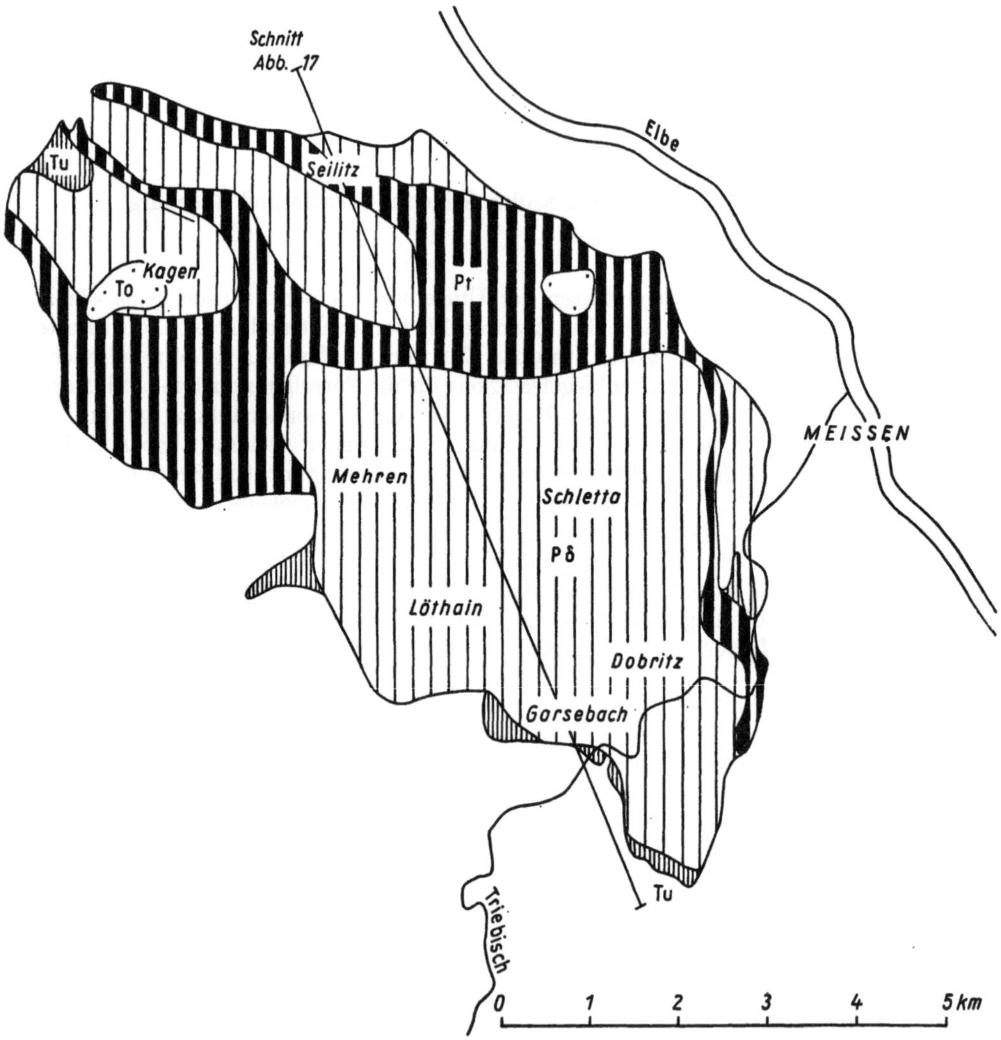

Abb. 16. Geologische Übersichtsskizze der Eruptivzone von Meißen, Pleistozän abgedeckt (ergänzt nach Pietzsch 1962)

Pδ — Pechstein, Dobritzer Quarzporphyr; Pt — Porphyrit; Tu — Kaolin; To — Tertiär(Miozän)-Verbreitung

3.3.2. Kaolinlagerstätte Seilitz

3.3.2.1. Geologische Situation

Die Lagerstätte befindet sich unmittelbar im Bereich des Ortes Seilitz, nordwestlich von Meißen. Sie wird im Osten, Norden und Nordwesten durch einen starken Geländeabfall des Grutschenbachs und seine Nebentäler begrenzt. Im Süden und Südwesten streicht im flach ansteigenden Gelände das unzersetzte Primärgestein aus. Nach W ist die Lagerstättenbegrenzung noch unklar, insbesondere inwieweit eine Verbindung mit der früher abgebauten Lagerstätte in der Nähe von Priesa vorhanden ist (Schwerdtner & Assmus 1966).

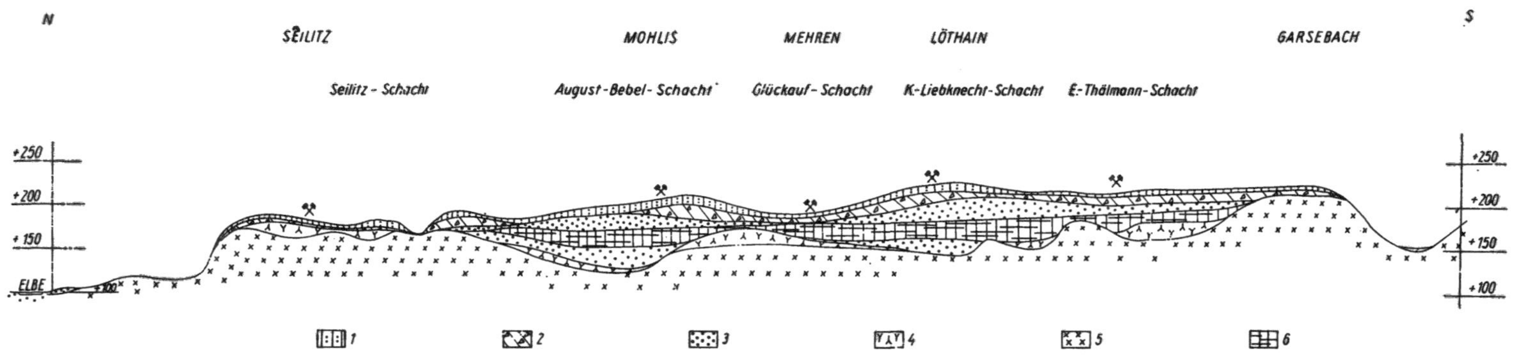

Abb. 17. Schnitt durch das Löthainer Tertiär (nach Störr & Schwerdtner 1975). Der Schnitt entspricht der in Abb. 16 eingezeichneten Profillinie.

1 — Sand, Kies (Pleistozän); 2 — Geschiebemergel (Pleistozän); 3 — Sand (Miozän); 4 — Kaolin; 5 — Kaolin-Muttergesteine (Pechstein, Dobritzer Quarzporphyr); 6 — Schluff, Ton, Braunkohle (Miozän)

Der Kaolin besitzt Mächtigkeiten bis zu 20 m. Die Liegendbegrenzung ist wie gewöhnlich uneben, so daß der Kaolinkörper durch verschiedene Primärgesteinsaufragungen gegliedert wird. Als Deckschichten treten pleistozäne Ablagerungen auf, mit dem folgenden Profil:

Löß und Lößlehm, 3—12 m, braun bis gelbbraun, feinschluffig bis schwach tonig

Geschiebemergel, bis 3 m, dunkelbraun bis graugrün, tonig, lokal mit höherem Sand- und Kiesanteil

Sand und Kiese, lokal bis 10 m, insbesondere Vertiefungen der Kaolinoberfläche ausfüllend

Kaolin, bis 20 m.

Die Kaolinmuttergesteine sind petrographisch recht mannigfaltig ausgebildet, wodurch ebenso variabel zusammengesetzte Kaoline bedingt sind. Die Pechsteine sind schwarz, braun, grün, gelb, seltener rot gefärbt und arm an ursprünglichen Ausscheidungen (Quarz, Plagioklas, Orthoklas, Biotit, Zirkon, Apatit, Diopsid). Die Menge der Einsprenglinge wechselt, überschreitet aber nur selten 5%. Die Hauptmasse des Pechsteins ist saures Gesteinsglas, das sehr häufig sphäroidische Absonderung zeigt (Tab. 7).

Tab. 7. Mineralbestand und chemische Zusammensetzung von Pechstein, Dobritzer Quarzporphyr und den ausschlämmbaren Kaolinen der Typen „Pechstein", „Felsit" und „Dobritzer Porphyr" (Masse-%). Chemische Analyse des schwarzen Pechsteins nach REINISCH (1928)

	Schwarzer Pechstein	Dobritzer Porphyr	Schlämmkaolin Typ Pechstein	Schlämmkaolin Typ Felsit	Schlämmkaolin Typ Dobritzer Porphyr
Quarz	2—10	35—40	10—35	10—30	8—25
K-Feldspat	≈ 5	≈ 50	+	+	< 5
Glas	80—90	n. b.	—	—	—
Zeolithe	(+)				
Mixed-Layer-Mineral	(+)	10—15	30—75	15—40	0—20
Kaolinit	—	—	5—40	40—65	50—80
SiO_2	72,94	74,32	53,6—66,7	51,7—65,8	51,7—53,5
Al_2O_3	12,50	13,69	19,9—25,6	22,0—32,1	30,5—32,3
Fe_2O_3	0,40	1,53	1,2—2,5	0,8—1,5	1,0
FeO	0,27	—	—	—	—
TiO_2	n. b.	0,18	0,2	0,2	0,2
MgO	0,24	0,05	1,8—3,1	0,4—0,9	0,6
CaO	1,02	0,09	0,4—0,8	0,3—0,6	0,4
Na_2O	3,86	0,30	0,1	0,1	0,1
K_2O	3,02	8,10	2,0—7,2	1,0—2,5	1,5
H_2O (110—1000 °C)	5,10	1,52	5,6—7,7	6,6—9,5	9,0—11,0
H_2O (—110 °C)	1,14	n. b.	2,1—3,0	n. b.	n. b.

Die Felsite entstehen durch Entglasungsvorgänge des Pechsteins und stellen unregelmäßige Partien im Pechstein dar, die oft rundliche Gestalt besitzen und dann als „Wilde Eier" bezeichnet werden. In den Felsiten bilden sich aus dem ursprünglichen Gesteinsglas feinkörnige Quarz-Feldspat-Verwachsungen und wasserhaltige Phasen, vornehmlich Zeolithe, wie neuere Untersuchungen ergeben haben (STÖRR, HA & ZWAHR 1979). Zwischen Pechstein und Felsit lassen sich vielerlei Übergänge beobachten, die die Entstehung der Felsite aus dem Pechstein belegen.

Der Dobritzer Quarzporphyr ist infolge geringer Hämatit-Führung meist rötlich gefärbt, er enthält wie der Pechstein nur sehr wenige primäre Einsprenglinge und zeigt häufig ausgeprägte Paralleltextur, die durch Wechsel hellerer und dunklerer Lagen hervorgerufen wird. Vielerorts vorhandene Sphärolithbildungen sind meist verquarzt. Die Grundmasse des Dobritzer Quarzporphyrs besteht aus feinkörnigen Quarz-Feldspat-Verwachsungen (ca. 50% Feldspat), und zumeist tritt Illit-Montmorillonit-Mixed-Layer-Mineral in geringen Mengen auf (Tab. 7).

3.3.2.2. Mineralogische Charakteristik der Rohkaoline

Die Kaoline können entsprechend ihrer Primärgesteine eingeteilt werden in: Pechstein-Kaoline, Dobritzer Quarzporphyr-Kaoline und Felsit-Kaoline. Die Zuordnung der Rohkaoline zu den einzelnen Typen bereitet insofern Schwierigkeiten, als die Primärgesteine eine sehr wechselhafte Ausbildung und Lagerung besitzen, so daß die Rohkaoline auf kleinstem Raum recht verschiedenartig ausgebildet sein können. Inwieweit in der Lagerstätte Seilitz außerdem der in der Nähe anstehende Porphyrit kaolinisiert ist, kann gegenwärtig nicht entschieden werden. Da die Porphyrit-Kaoline ebenfalls Mixed-Layer-Mineralreich sind, können in den Pechstein-Kaolinen möglicherweise auch Porphyrit-Kaoline enthalten sein.

Die wichtigsten Varietäten wurden von Störr, Schwerdtner, Helmchen & Baburek (1967) charakterisiert:

Dobritzer Quarzporphyr-Kaolin (Probe SeA 1):

Farbe in trockenem Zustand: rein weiß, bergfeucht: grauweiß. Oft ausgeprägte Paralleltextur, wobei ein bis mehrere Millimeter dicke Lagen von Quarz mit ca. 1 mm dicken, kaolinreichen Lagen wechseln. Das Gestein ist stark zerklüftet und zerfällt dadurch in cm-große Stücke. Von den Bergleuten wird es als „steinig" bezeichnet.

Felsit-Kaolin (Probe SeA 2):

Farbe in bergfeuchtem Zustand: grau bis graugrün. Partienweise tritt ein Wechsel von grauen und grünen lagenartig angeordneten Partien auf. Quarzkörner bis 5 mm ⌀ sind reichlich enthalten. Das graue Material ist oft von sekundär gebildeten Chalcedon-Äderchen durchzogen, die stellenweise so reichlich auftreten, daß das Material vollständig verhärtet ist.

Pechstein-Kaolin (Probe SeA 3):

Farbe in bergfeuchtem Zustand: hellgrün. In der hellgrünen, dichten, sich talkig anfühlenden Grundmasse liegen reinweiße Einsprenglinge bis 5 mm ⌀. Das Material ist sehr schwer brechbar. Das Primärgestein dieses Kaolins ist als Pechstein zu bezeichnen, der eine größere Anzahl von Feldspat-Einsprenglingen und entglaste Pechsteinpartien enthält.

Pechstein-Kaolin (Probe SeA 4):

Farbe in bergfeuchtem Zustand: grau bis schwach grünlich. Das Gestein ist relativ feinkörnig und enthält nur wenige Quarzkörner über 1 mm ⌀. Das homogene Material zerfällt grusartig in durchschnittlich 0,5—1 cm große Bröckchen. Vereinzelt treten Äderchen von Chalcedon oder rein weißem Kaolin auf.

Pechstein-Kaolin (Probe SeA 5):

Farbe in bergfeuchtem Zustand: graugrün bis grünlich-grau; sich talkig anfühlend. Er zerfällt grusartig wie Probe SeA 4. Neben Äderchen von Chalcedon und weißem Kaolin treten vereinzelt bis 5 cm breite, grauweiße Partien auf.

Pechstein-Kaolin (Probe SeA 6):

Farbe in bergfeuchtem Zustand: orangegelb bis gelbgrau. Das Gestein zerfällt grusartig und enthält weiße Einsprenglinge bis 5 mm ⌀. Das Primärgestein ist Pechstein (ähnlich Probe SeA 3). Die Verbreitung dieses gelben Kaolins ist relativ gering und scheint an die Randpartien der Lagerstätte gebunden zu sein.

Die Dobritzer Quarzporphyr-Kaoline enthalten gröberen Quarz, sind reich an Kaolinit und arm an Illit-Montmorillonit-Mixed-Layer-Mineral. Die Pechstein-Kaoline dagegen enthalten wenig Kaolinit, reichlich Illit-Montmorillonit-Mixed-Layer-Mineral und variable Mengen feinkörnigen Quarz.

Die Kornverteilung der Rohkaoline spiegelt sehr deutlich die Verschiedenartigkeit der Primärgesteine wider. Der aus typischem Dobritzer Quarzporphyr entstandene Kaolin besitzt einen hohen Anteil an Grobkorn > 63 μm (SeA 1), sehr wenig Korn in den mittleren Fraktionen und einen relativ geringen Anteil < 2 μm. Die typischen Pechstein-Kaoline dagegen zeigen ausgeglichenere Kornverteilung. Sie enthalten einen geringeren Kornanteil > 63 μm und höhere Fein- und Mittelkornanteile.

Als ein wesentlicher Bestandteil des Seilitzer Kaolins wurde das Illit-Montmorillonit-Mixed-Layer-Mineral identifiziert (Störr, Schwerdtner, Helmchen & Baburek 1967) in derselben Ausbildung, wie es von Radczewski & Balden (1959, 1960) in der Schlettaer Erde festgestellt worden war.

Die Röntgenaufnahmen zeigen eine Folge von Basisreflexen mit $d = 10{,}6-10{,}8$ Å für den intensitätsstärksten 1. Basisreflex, dessen Lage durch verschiedene Behandlungen verschoben wird (Tab. 8). Der Wert für $d\,(060) = 1{,}50$ Å belegt dioktaedrische

Tab. 8. *d*-Werte des 1. Basisreflexes des Mixed-Layer-Minerals von Seilitz

Probe	Behandlung	*d*-Wert (Å)
Originalsubstanz	25 °C, 2 h	10,65
Originalsubstanz	105 °C, 2 h	10,65
Originalsubstanz	120 °C, 2 h	10,60
Originalsubstanz	130 °C, 2 h	10,40
Originalsubstanz	150 °C, 2 h	10,05
Originalsubstanz	200 °C, 2 h	9,93
Originalsubstanz	350 °C, 2 h	9,90
Originalsubstanz	550 °C, 2 h	9,87
Originalsubstanz	Äthylenglykol	9,7 und 11,2
K^+ — belegt	105 °C, 2 h	10,2
K^+ — belegt	Äthylenglykol	9,7 (asymm.)
Ca^{++} — belegt	105 °C, 2 h	10,8
Ca^{++} — belegt	Äthylenglykol	9,6 und 11,2

Besetzung. Bei der Annahme einer unregelmäßigen Wechsellagerung von 10 Å-Schichten (Illit) und quellfähigen 15 Å-Schichten (Montmorillonit) ergibt sich nach Hendricks & Teller (1942) aus den *d*-Werten des 1. Basisreflexes ein Verhältnis von etwa 75 Illit zu 25 Montmorillonit. Landgraf (1975, 1976) stellt mittels Lichtbrechungsuntersuchungen ein gleiches Illit-Montmorillonit-Verhältnis fest.

Das thermische Verhalten des Mixed-Layer-Minerals ist durch mehrere Entwässerungsstufen charakterisiert. Die DTA- und TG-Aufnahmen des reinen Mixed-Layer-Minerals (spezielle separierte Probe aus Seilitz) zeigen endotherme Effekte bei 100°, 200°, 580° und 700 °C, die mit den Entwässerungsstufen zusammenfallen. Die Effekte bei 100 °C bzw. 200 °C stammen von der Dehydratation des adsorptiv auf der Oberfläche gebundenen bzw. des Zwischenschicht-Wassers, die Effekte bei 580 °C bzw. 700 °C entsprechen der Dehydroxylation des Kristallwassers des Illit- bzw. Montmorillonit-Anteils. Der Dehydratationsverlauf ist röntgenographisch gut verfolgbar. Das Zwischenschichtwasser wird erst bei Temperaturen oberhalb 120 °C merklich ausgetrieben, verbunden mit der Verkleinerung des Basisebenenabstands (Tab. 8). Der Hydroxylwassergehalt des Mixed-Layer-Minerals beträgt ≈ 5,0%.

Morphologisch bildet das Mixed-Layer-Mineral Leistchen mit durchschnittlichen Dimensionen von etwa 1 μm × 0,1 μm × 0,1 μm (Abb. 18).

Für das im Seilitzer Kaolin enthaltene Mixed-Layer-Mineral wurden Strukturformeln nach Ross & Hendricks (1945) berechnet:

1. reines separiertes Mixed-Layer-Mineral
$Ca_{0,11}K_{0,64}(Al_{1,66}Fe^{3+}_{0,12}Mg_{0,30})_{2,08}(Si_{3,68}Al_{0,32})O_{10}(OH)_2$
2. aus der chemischen und mineralogischen Analyse des Kaolins Seilitz Standard
$Ca_{0,11}K_{0,64}(Al_{1,68}Fe^{3+}_{0,14}Mg_{0,24})_{2,06}(Si_{3,73}Al_{0,27})O_{10}(OH)_2$.

Tab. 9. Chemische Analyse des reinen, separierten Illit-Montmorillonit-Mixed-Layer-Minerals aus Seilitz (Masse-%)

SiO_2	54,21
Al_2O_3	24,81
Fe_2O_3	2,37
TiO_2	0,21
CaO	0,76
MgO	3,08
K_2O	7,29
Na_2O	0,03
Glühverlust	6,47
Summe	99,23

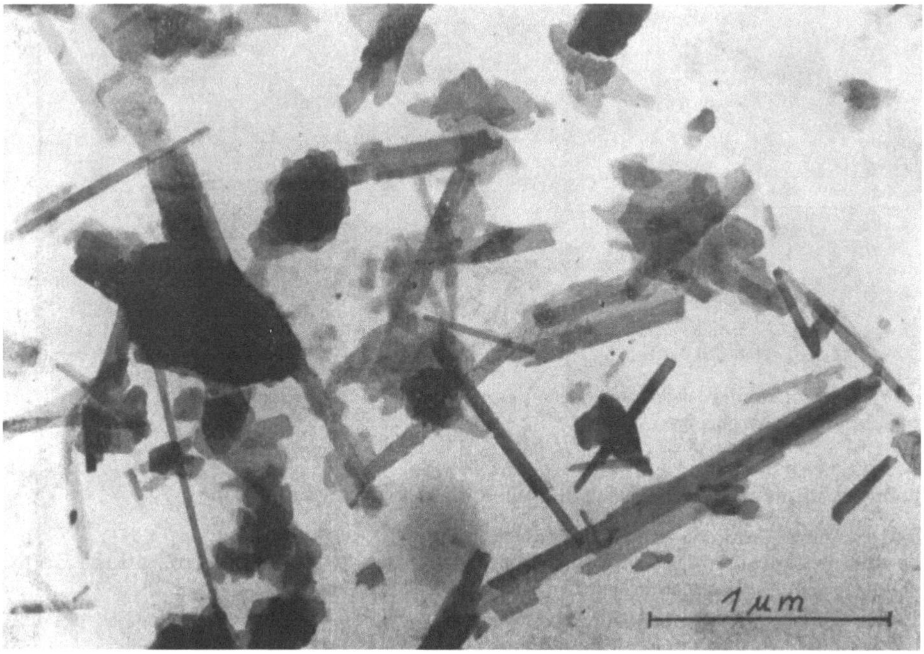

Abb. 18. Elektronenmikroskopische Aufnahme von Mixed-Layer-Mineral des Seilitzer Kaolins (Typ Pechstein)

Aus den Formeln geht hervor, daß die Elementarschichten von beidellitischem Typ sind und ein bedeutendes Defizit positiver Valenzen besitzen, wodurch das Kalium relativ fest fixiert und die Schichtkontraktion bedingt wird (MacKenzie 1964).

Die von Kranz, Machajdik & Wiegmann (1978) publizierten Strukturformeln zeigen generell einen höheren tetraedrischen Al-Gehalt, gleichfalls bestimmten sie mittels Fourriertransformation einen geringeren Anteil von Montmorillonitschichten (9—14%). Inwieweit diese Abweichungen ursächlich im Probenmaterial liegen oder methodischer Natur sind, läßt sich schwer sagen. Eine Variabilität in der Zusammensetzung des

Minerals ist jedoch sehr wahrscheinlich, wie die bisherigen Untersuchungen sowohl in Seilitz als auch in Schletta oder Garsebach ergaben (Ha 1975; Zwahr 1977).

Kaolinit ist in allen Seilitzer Kaolinen als Hauptbestandteil enthalten, wobei sein Anteil in den Dobritzer Quarzporphyr-Kaolinen am höchsten ist. Morphologisch bildet er scharf begrenzte, pseudohexagonale Blättchen, die weniger zu Verwachsungen neigen (Abb. 19). Infolgedessen ist die Hauptmenge des Kaolinits (> 70%) in der Kornfraktion < 2 µm enthalten. Der Gitterordnungsgrad ist relativ gut, wie die geringe Halbwertsbreite des (001)-Reflexes von 0.3° ϑ und die gute Auflösung der Tripletten zeigen.

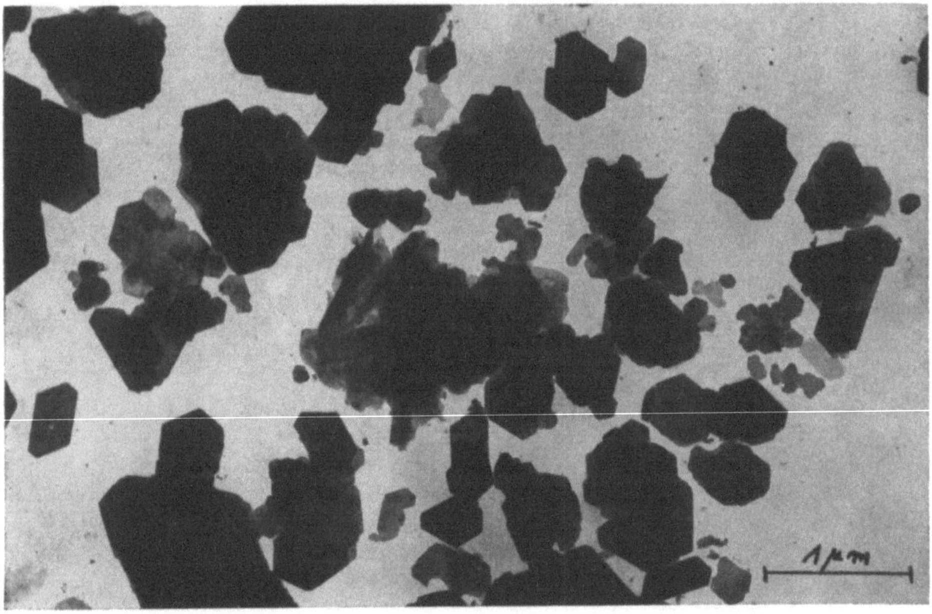

Abb. 19. Elektronenmikroskopische Aufnahme von Kaolinit des Seilitzer Kaolins (Typ Dobritzer Quarzporphyr)

Quarz ist in mehreren genetischen Typen im Rohkaolin enthalten:

- Einsprenglinge des Pechsteins, Felsits und Porphyrs.
  Es sind meist Bruchstücke von Quarzdihexaedern, die oft ausgeprägte magmatische Korrosionen zeigen. Sie kommen in den Korngrößen > 0,2 mm vor.
- Quarze der Grundmasse des Dobritzer Quarzporphyrs, die in Dimensionen zwischen 1 und 100 µm auftreten und zur Aggregatbildung neigen.
- Quarze der Grundmasse der Felsite, die bei der Entglasung des Pechsteinglases gebildet wurden und in den Kornfraktionen zwischen 1 und 200 µm vorkommen und sehr oft relativ kompakte Aggregate größerer Dimensionen bilden.
- Quarze, die im Anfangsstadium der Verwitterung des Pechsteins entstehen. Sie sind oft idiomorph ausgebildet und kommen besonders in den Kornfraktionen 6—63 µm vor.
- Quarzausscheidungen auf Klüften, zum Teil mit Drusen.

Die niedrigthermalen Quarze sind durch eine β-α-Inversionstemperatur von < 573 °C gekennzeichnet, wie aus den DTA-Untersuchungen hervorgeht.

Lepidokrokit ist in den orangegelben Pechstein-Kaolinen in den Randbereichen der Lagerstätte in Mengen von einigen Prozent nachweisbar. Er ist dispers verteilt und bewirkt die Färbung dieser Kaoline.

3.3.2.3. Bemerkungen zur Mineralgenese

Charakteristisch für die Pechstein-Kaoline ist der hohe Gehalt an Illit-Montmorillonit-Mixed-Layer-Mineralen, die ganz offensichtlich aus dem Gesteinsglas entstehen, während die Feldspat-Einsprenglinge zu Kaolinit verwittern.

Die Kaoline aus rekristallisiertem Felsit und der Dobritzer Quarzporphyr enthalten entsprechend dem höheren K-Feldspatanteil mehr Kaolinit und weniger Mixed-Layer-Minerale.

Bei der Kaolinisierung des Pechsteins werden schon in den ersten Phasen feinkörnige, teilweise idiomorphe Quarze gebildet, deren Menge bis zu 40% betragen kann. Untersuchungen an Verwitterungsprofilen von Pechsteinen aus Garsebach von Ha (1975), Zwahr (1977) sowie Störr, Ha & Zwahr (1979) ergaben, daß die Umwandlungen stets von den perlitischen Sprüngen ausgehen und daß folgende Phasen aus dem Gesteinsglas entstehen: Klinoptilolith, Quarz, Wechsellagerungsminerale mit überwiegend Montmorillonitschichten und Feldspat. Der Klinoptilolith entsteht bereits relativ früh im noch festen Gestein. Seine Menge nimmt zunächst rasch zu und im unteren Profil mehr oder weniger schnell wieder ab. Ebenso verhalten sich mit geringer Verschiebung Quarz und Feldspat, während die Menge der Dreischichtsilikate generell im Profil zunimmt. Diese für die exogene Verwitterung eigentlich untypische Paragenese gibt Anlaß zu der Frage, ob hier möglicherweise hydrothermale Einflüsse eine Rolle gespielt haben. Ein Teil der untersuchten Profile ist an Störungen gebunden, ein anderer Teil jedoch ist eindeutig in der Position exogener Verwitterungsprofile gelegen.

3.3.2.4. Mineralverteilung im Rohstoffkörper

Entsprechend der Lagerung der Muttergesteine, die in ungesetzmäßiger Weise wechseln, sind in der Lagerstätte Seilitz die verschiedenen Kaolintypen neben- und übereinander angeordnet (Abb. 20). Der stark variierende Mineralbestand der Kaolintypen kompliziert den Abbau in extremer Form (Tab. 10).

Nur durch selektiven Abbau und Kontrolle der Eigenschaften ist es möglich, einen relativ qualitätskonstanten Schlämmkaolin zu erzeugen. In den Randbereichen der Lagerstätte nimmt der Gehalt freier Eisenminerale (z. B. Lepidokrokit) zu, wodurch die Kaoline oft orangerot gefärbt werden.

3.3.3. Kaolinlagerstätte Schletta bei Meißen

In der früher von der Staatlichen Porzellanmanufaktur Meißen genutzten Lagerstätte Schletta sind die geologischen Verhältnisse ähnlich wie in Seilitz. Es wechseln auch hier Pechsteine mit mehr oder weniger stark felsitisierten Partien. Dementsprechend variieren die Mineralverhältnisse sowie die Korngrößenverteilung. Die Untersuchung von drei ausgewählten Bohrprofilen (insgesamt 14 Intervallproben) erbrachte die in Tab. 11 zusammengestellten Resultate. Im Falle einer Schlämmkaolinproduktion ergibt sich eine mittlere wahrscheinliche Zusammensetzung von:

Quarz	ca. 20%
Kaolinit	ca. 50%
Mixed-Layer-Mineral	ca. 30%.

Der Mixed-Layer-Mineral-Gehalt liegt etwas niedriger als im Seilitzer Kaolin. Die Mineralverteilung in den Kornfraktionen (Tab. 12) zeigt die Anwesenheit sehr feinkörniger Quarze und die vollständige Anreicherung des Mixed-Layer-Minerals in den Kornfraktionen $< 6{,}3\ \mu m$.

Tab. 10. Zusammensetzung und Eigenschaften kleintechnisch aufbereiteter Proben aus der Lagerstätte Seilitz

		SeA 1	SeA 2	SeA 3	SeA 4	SeA 5	SeA 6	304/1	322/1	316/1	302/1	320/1	342/1	304/3	342/3
Trockenschwindung	%	6,6	9,6	7,6	10,8	13,0	9,6	7,6	8,6	8,6	9,0	10,2	n. b.	n. b.	n. b.
Brennschwindung	%	19,8	14,2	3,7	+8,3	1,8	1,3	9,1	12,0	8,5	1,5	+3,5	n. b.	n. b.	n. b.
Gesamtschwindung	%	25,2	22,4	11,0	3,4	14,6	10,8	16,0	19,6	16,4	10,4	7,5	n. b.	n. b.	n. b.
Trockenbiegefestigkeit	kg cm^{-2}	19	33	45	52	70	72	11,0	14,3	51,0	52,0	69,0	75,0	58,0	106,0
Preßzeit	h	2,25	4,25	—	24,0	17,5	18,5	3,5	3,25	50,0	48,0	72,0	96,0	72,0	100,0
Filterleistung	kg m^{-2} h^{-1}	58,6	41,3	—	13,7	23,0	19,3	58,4	51,3	—	16,4	—	—	—	—
Kornanteil < 2 µm	Masse-%	73,0	63,2	86,1	85,1	62,0	74,8	63,0	49,8	61,7	74,7	64,0	n. b.	73,5	n. b.
Mixed-Layer-Mineral	Masse-%	8	23	38	48	45	51	10	15	34	48	48	51	52	66
Kaolinit	Masse-%	79	64	44	32	24	28	54	66	35	30	17	22	27	7
Quarz	Masse-%	8	12	18	14	27	17	32	13	36	21	29	14	19	18
SiO_2	Masse-%	53,52	51,66	56,00	55,42	62,14	53,61	60,96	51,70	65,77	58,95	66,56		58,4	
Al_2O_3	Masse-%	30,54	32,08	25,60	23,36	20,42	25,56	25,31	32,25	21,90	23,20	19,91		24,45	
Fe_2O_3	Masse-%	0,92	1,42	1,40	2,05	1,42	2,40	0,84	0,88	1,12	1,43	1,14		1,43	
TiO_2	Masse-%	0,20	0,40	0,25	0,24	0,30	0,13	0,18	0,75	0,20	0,17	0,19		0,22	
CaO	Masse-%	0,33	0,27	0,41	0,39	0,29	0,58	0,75	0,38	0,61	0,75	0,20		0,89	
MgO	Masse-%	0,68	0,94	1,80	3,12	2,58	2,86	0,25	0,46	0,39	1,74	2,21		1,37	
K_2O	Masse-%	3,41	3,38	4,13	4,65	4,68	5,77	0,61	1,96	3,52	5,55	3,66		6,16	
Na_2O	Masse-%	0,02	Spur	Spur	Spur	Spur	Spur	0,05	0,03	0,02	0,03	0,02		0,03	
H_2O^-	Masse-%	1,43	1,94	2,88	2,82	2,09	2,93	n. b.	n. b.	n. b.	n. b.	r. b.		n. b.	
H_2O^+	Masse-%	8,78	7,35	7,65	6,99	5,62	6,40	10,16*)	11,0*)	6,64*)	7,44*)	5,71*)		7,66*)	

*) Die Werte geben den Glühverlust an.

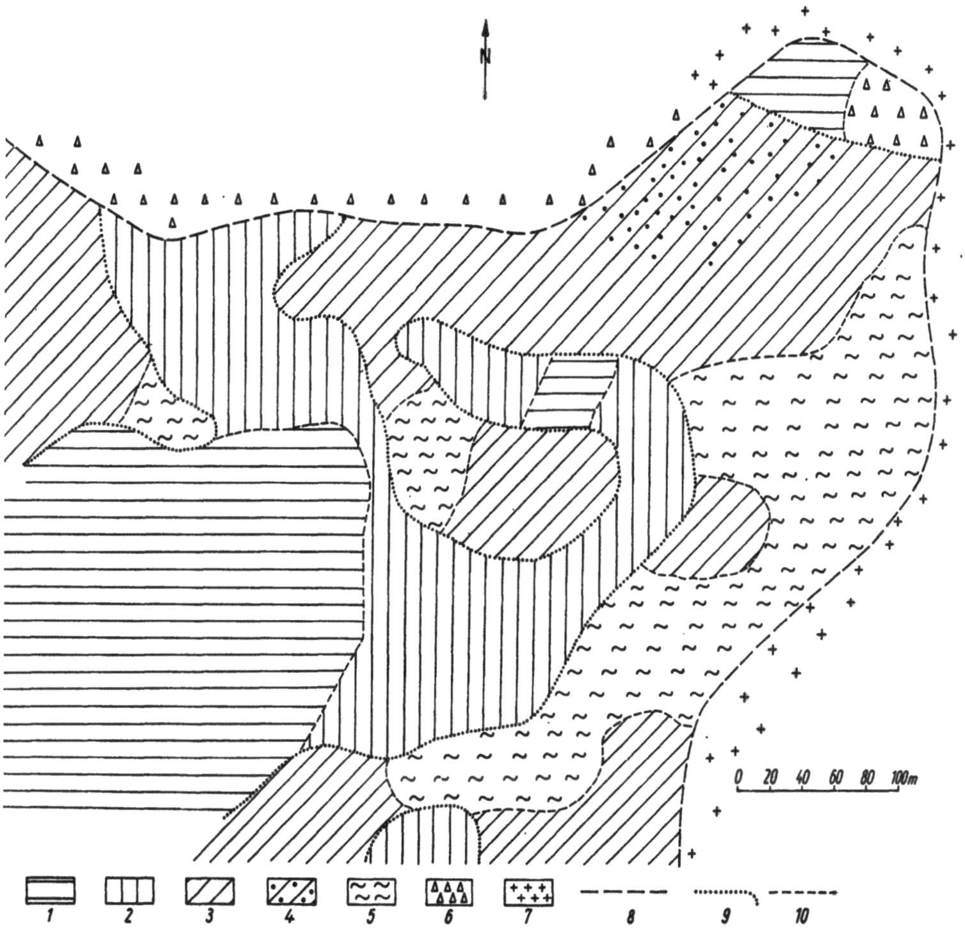

Abb. 20. Verbreitung der Kaolintypen in der Lagerstätte Seilitz (nach SCHWERDTNER & ASSMUS, aus STÖRR & SCHWERDTNER 1975)

1 – Quarzporphyr-Kaolin; 2 – Quarzporphyr-Kaolin (Mixed-Layer-Mineral-reich); 3 – Pechstein-Kaolin; 4 – Pechstein-Kaolin mit hohem Gehalt feinkörnigen Quarzes; 5 – Pechstein-Kaolin mit sehr hohem Gehalt an Mixed-Layer-Mineral; 6 – Kaolin mit erhöhtem Gehalt an Fe-Mineralen; 7 – Primärgesteine, nur gering zersetzt; 8 – Grenzen der Lagerstätte; 9 – Grenze zwischen Pechstein- und Porphyr-Kaolin; 10 – Grenzen zwischen den Kaolintypen

3.3.4. Kaolinlagerstätte Ockrilla bei Meißen

Nördlich von Ockrilla treten beiderseits der Straße Meißen—Großenhain drei kleinere Kaolinlagerstätten auf. Primärgesteine sind Biotitgranit und in der westlichen, nicht aufgeschlossenen Lagerstätte, Arkose und Schieferton des Unteren Buntsandsteins. Die Mächtigkeit des Kaolins beträgt maximal 20 m. Davon entfallen ca. 10 m auf die Dreischichtsilikat-Zone und 5—10 m auf die nutzbaren Kaoline der Kaolinit-Zone. Die Deckschichten bestehen aus 2—4 m mächtigen tertiären Tonen, Sanden und Quarziten. Letztere bilden meist Blockpackungen und lokal geschlossene Bänke. Das Tertiär wird von 1—3 m mächtigen pleistozänen Sanden und Geschiebemergeln überlagert.

Als nutzbare Rohstoffe werden die weißen bis schwach grünlichen Kaoline der Kaolinit-Zone und des obersten Teils der Dreischichtsilikat-Zone verwendet, die sich, wie folgt, zusammensetzen [in Masse-%]:

Kaolinit	30–45	Quarz	30–35
Illit/Muskovit	5	Feldspat	bis 35
Montmorillonit und Mixed-Layer-Mineral	10	organische Substanz	bis 0,7

Tab. 11. Mineralbestand und Korngrößenverteilung (Masse-%) von Kaolinen der Lagerstätte Schletta (die statistischen Angaben beziehen sich auf 14 repräsentative Bohrproben)

	Kaolin Typ Pechstein	Kaolin Typ Felsit	Minimalgehalt	Maximalgehalt	Mittelwert
Kaolinit	14	25	14	40	24,9
Mixed-Layer-Mineral	35	8	4	35	13,9
Quarz	51	67	49	86	61,0
Feldspat	—	—	0	3	0,2
< 2 µm	41,7	15,3			
2–6,3	11,2	9,7			
6,3–20	11,8	10,8			
20–63	14,0	14,1			
63–200	12,4	4,8			
200–630	2,7	0,6			
630–2000	5,0	2,3			
> 2000	1,2	42,4			

Tab. 12. Mineralbestand in den Kornfraktionen der Kaoline von Schletta (Masse-%)

Typ Pechstein Mineral	Kornfraktion (µm)							
	< 2	2–6,3	6,3–20	20–63	63–200	200–630	630–2000	> 20000
Kaolinit	30	10	—	—	≈ 3	≈ 3	≈ 3	≈ 5
Mixed-Layer-Mineral	70	55	+	—	—	—	—	—
Quarz	< 3	35	100	100	> 95	> 95	> 95	> 95

Typ Felsit Mineral	Kornfraktion (µm)							
	< 2	2–6,3	6,3–20	20–63	63–200	200–630	630–2000	> 2000
Kaolinit	56	66	31	16	≈ 5	Sp	Sp	≈ 3
Mixed-Layer-Mineral	40	20	—	—	—	—	—	—
Quarz	< 5	14	69	84	95	100	100	> 95

Bemerkenswert ist, daß auch in den weißlichen Kaolinen noch erhebliche K-Feldspat-Anteile auftreten, d. h., daß in Ockrilla der oberste Teil der Dreischichtsilikat-Zone entwickelt ist. Zum Liegenden zu nimmt der Anteil an quellfähigen Dreischichtsilikaten zu (bedingt Grünfärbung). Der Ockrillaer Kaolin wird im Rohzustand zur Produktion weißer und farbiger Fliesen genutzt. Die Eigenschaften sind in den Rohstoffkennblättern K 3 und K 4 (Silikattechnik, H. 7, 1967) zusammengestellt.

Interessant ist, daß in einem Teil der Lagerstätte durch die Lausitzer Überschiebung der Biotitgranit auf die Gesteine des Unteren Buntsandsteins aufgeschoben ist. Beide Gesteine sind, wie durch Bohrungen festgestellt wurde, gleich tief kaolinisiert, wie es in Abb. 21 dargestellt ist. Die Bewegungen an der Lausitzer Überschiebung erfolgten in der subherzynen Phase während der Oberkreide (Pietzsch 1962). Damit ist eine untere Zeitmarke für die Kaolinisierung gesetzt, die erst nach der Überschiebung einsetzen konnte.

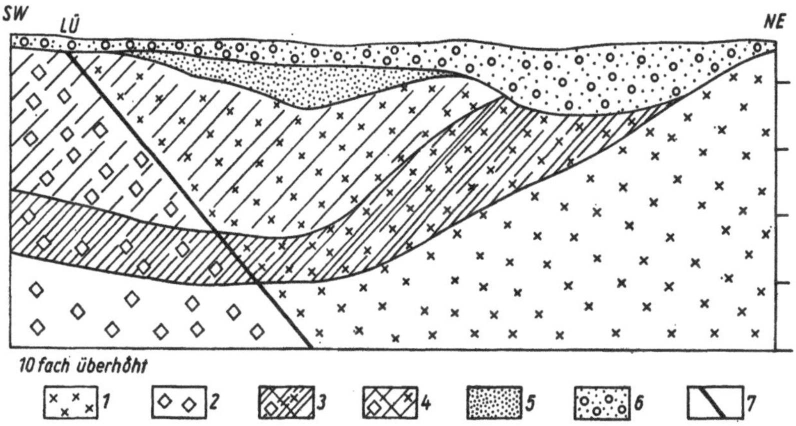

Abb. 21. Profil durch die Lagerstätte Ockrilla
(Störr, Schwerdtner & Buchwald 1969)

1 — Biotitgranit; 2 — Arkosen und Letten (Unterer Buntsandstein); 3 — Kaolin, grün; 4 — Kaolin, weiß; 5 — Tertiärsedimente (Ton, Sand); 6 — Pleistozänsedimente (Sand, Geschiebemergel); 7 — Lausitzer Überschiebung

3.3.5. Kaolinlagerstätte Radeburg nördlich Dresden

Südwestlich von Radeburg werden zwei kleine Lagerstätten ausgebeutet. Es verwitterten Syenodiorit mit eingelagerten Gängen von Aplit sowie tektonisch benachbarte Gneise und Amphibolite. Nach Lasch (1970) handelt es sich im wesentlichen um die Dreischichtsilikat-Zone, die nur in den obersten Partien durch zirkulierendes Grundwasser gebleicht ist.

Der Syenodiorit-Kaolin zeigt den in Tab. 13 angegebenen Mineralbestand. Nach dem Mineralbestand zu urteilen, haben sich die Hornblende und der Plagioklas fast vollständig und der K(Na)-Feldspat teilweise in Kaolinit bzw. Nontronit umgesetzt. Interessant ist die Erscheinung, daß der oberste Teil des Kaolins gebleicht ist, der Nontronit vollständig entfernt wurde und daß im untersten Teil der Bleichungszone Fe-Oxidhydrat-Krusten ausgebildet sind. Diese Erscheinung wird von Lasch (1970)

Tab. 13. Mineralbestand des Syenodiorit-Kaolins von Radeburg (Lasch 1970) (Masse-%)

	Dreischichtsilikat-Zone	gebleichte Zone
K(Na)-Feldspat	13—15	16
Quarz	10—15	12
Plagioklas	2—4	1
Kaolinit	28—31	32
dioktaedrischer Glimmer	15—30	20—30
Nontronit	14—24	—
Siderit	+	+

so gedeutet, daß die Bleichung und Nontronit-Entfernung durch oxydierende, saure Grundwässer erfolgten. Nach der Erosion der ursprünglich mächtigeren Kaolinkruste im Pleistozän — aber vor der Bruchtektonik — wurde durch Tieferverlegung des Grundwasserspiegels ein abwärts gerichteter Strom von Oberflächenwässern erzeugt, der die instabilen Phasen (Nontronit) auslaugte. Im Bereich des Grundwasserspiegels sind dann insbesondere die Fe-Oxidhydrate ausgefällt worden.

3.4. Die Kaolinlagerstätten von Kemmlitz (Gröppendorf, Frieden, Glückauf) und des weiteren Porphyrgebiets Nordwestsachsens (Ballendorf, Dürrweitzschen, Nerchau, Förstgen, Colditz)

Im nordwestsächsischen Porphyrgebiet sind mehr als 25 Kaolinlagerstätten bekannt (Abb. 22, 23), von denen die gegenwärtig genutzten Kemmlitzer Lagerstätten (Gröppendorf, Frieden, Glückauf) die wichtigsten Lieferanten keramischer Kaoline sind (Sorten

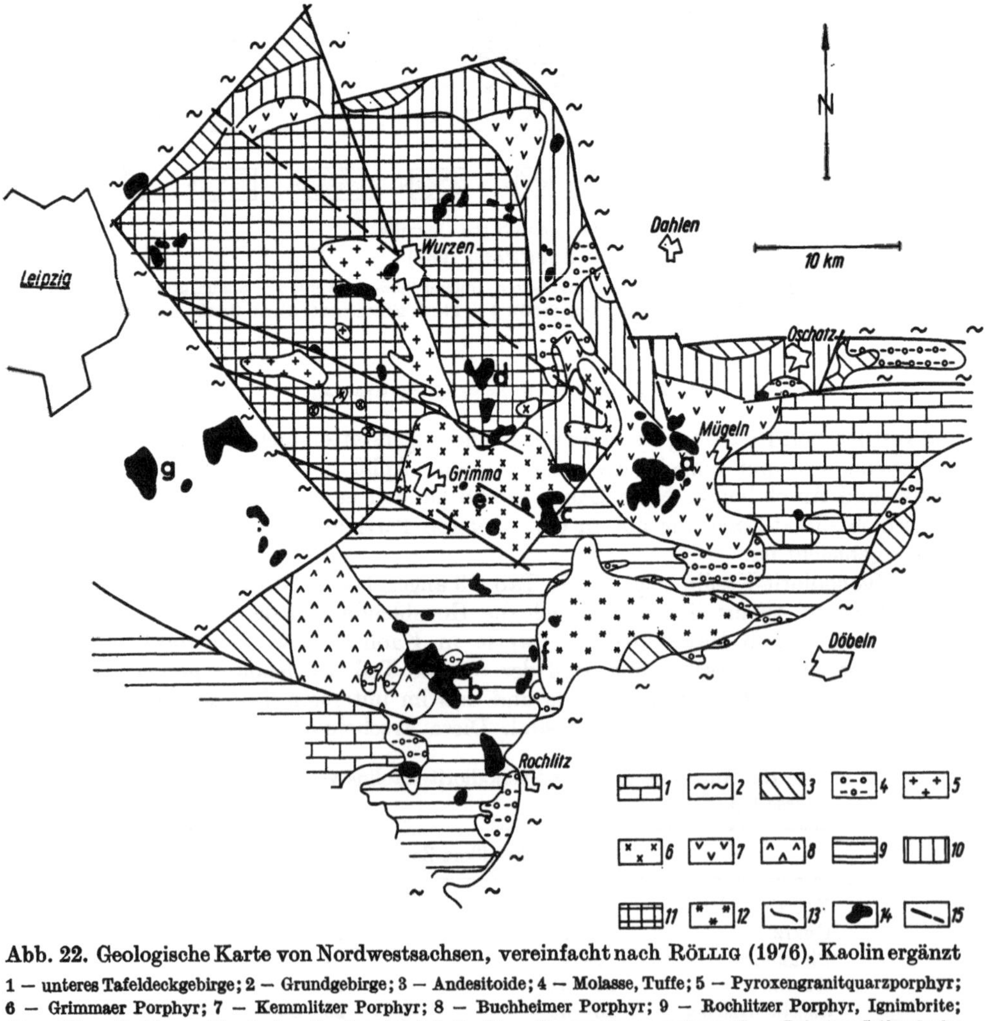

Abb. 22. Geologische Karte von Nordwestsachsen, vereinfacht nach Röllig (1976), Kaolin ergänzt

1 — unteres Tafeldeckgebirge; 2 — Grundgebirge; 3 — Andesitoide; 4 — Molasse, Tuffe; 5 — Pyroxengranitquarzporphyr; 6 — Grimmaer Porphyr; 7 — Kemmlitzer Porphyr; 8 — Buchheimer Porphyr; 9 — Rochlitzer Porphyr, Ignimbrite; 10 — Wermsdorf-Dornreichenbacher Porphyr, Ignimbrit; 11 — Pyroxenquarzporphyr; 12 — Leisniger-Seifersdorfer Porphyre; 13 — geologische Grenze; 14 — Kaolinvorkommen: a — Kemmlitz; b — Ballendorf; c — Dürrweitzschen; d — Nerchau; e — Förstgen; f — Colditz; g — Espenhain; 15 — Störung

Wolfka, Meka, BZ, Oka, Eka-S). Die Geologie und Mineralogie der Kaoline ist unter anderem bei Schwerdtner (1967) und Störr & Schwerdtner (1966) behandelt. Für die Rohkaolingewinnung werden weitere Lagerstätten genutzt, über die bisher nur wenig publiziert wurde. Eine Besonderheit ist das von Liebscher (1961) und Hak u. a. (1969) beschriebene Mineral Kemmlitzit, das in der Schwermineralfraktion des Feinsands gefunden wurde. Die historisch interessanten Lagerstätten von Colditz, Bad Lausick, Sornzig und Hohburg sind nicht mehr zugänglich.

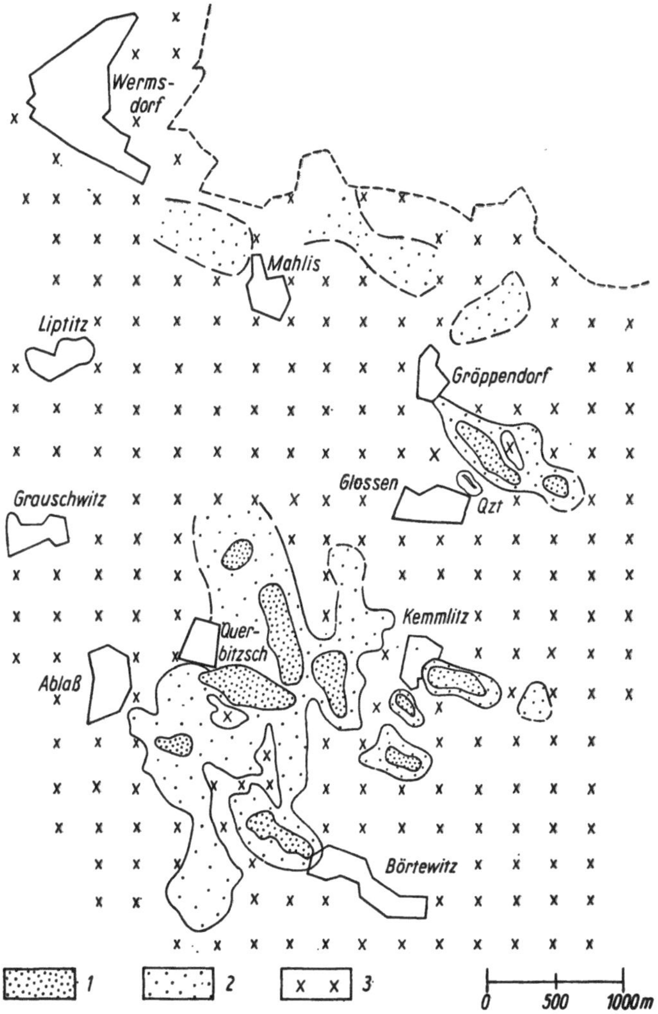

Abb. 23. Kaolinverbreitung in der Umgebung von Kemmlitz

1 — Kaolin > 20 m mächtig; 2 — Kaolin 5—20 m mächtig; 3 — Kaolin < 5 m mächtig

3.4.1. Geologischer Überblick

Während der Subsequenzperiode der variszischen Orogenese kam es in Nordwestsachsen zur Förderung überwiegend saurer Vulkanite, die besonders im Bereich von Nordsächsischem Sattel und Nordsächsischer Mulde weit verbreitet sind und unterrotliegendes Alter besitzen (Abb. 22).

Neben den dominierenden Effusiva treten noch Intrusiva (z. B. Grimmaer Porphyr, Pyroxengranit-Porphyr) auf. Die Effusiva bilden Decken, die durch Tuffe voneinander getrennt werden. Die flächenhaft größte Verbreitung besitzen die Rochlitzer Porphyre und Pyroxenquarzporphyre. Nach neueren Untersuchungen von Särchinger (1966), Röllig (1969, 1975), Röllig u. a. (1970) ist ein Großteil der Effusiva als Ignimbrite anzusprechen, so daß getrennt werden muß in Lava-Typen und Ignimbrit-Typen. Diese Erkenntnis hat für die Kaoline insofern Bedeutung, als sich die Kaoline, die aus diesen Gesteinen entstanden, in der Tonmineralführung wesentlich unterscheiden.

In den behandelten Kaolinlagerstätten treten folgende Primärgesteine auf:

- Rochlitzer Porphyr (Ignimbrit) in den Lagerstätten Glückauf, Ballendorf, Dürrweitzschen, Colditz
- Kemmlitzer Porphyr (Lava-Typ) in den Lagerstätten Frieden und Gröppendorf
- Pyroxenquarzporphyr (Ignimbrit) in der Lagerstätte Nerchau
- Porphyrit untergeordnet in der Lagerstätte Gröppendorf
- Grimmaer Porphyr in der Lagerstätte Förstgen
- Tuff untergeordnet am Rand der Kemmlitzer Lagerstätten.

Der Rochlitzer Porphyr (Ignimbrit) erreicht Mächtigkeiten zwischen 200 und 400 m und ist insbesondere im Südteil des Vulkanit-Komplexes verbreitet. Nach Röllig u. a. (1970) kann er wie folgt charakterisiert werden:

Die Einsprenglinge liegen stets in Bruchstücken vor, die nur selten Idiomorphie-Relikte aufweisen. Quarz ist stark korrodiert, Kalifeldspat liegt überwiegend als Sanidin vor, und der Chemismus der Plagioklase schwankt zwischen Oligoklas und Andesin. Biotit ist stark gebleicht oder zu Erz pseudomorphosiert. Die in variablen Anteilen vorkommenden Pyroxene sind zumeist chloritisiert, und der Chlorit wird durch Calcit und Quarz verdrängt. Der Einsprenglingsmodalbestand (westliches Verbreitungsgebiet) ändert sich in den Decken kontinuierlich vom basalen zum höchsten Teil vom sauren zum basischen Phänochemismus (Phänorhyolithe—Phänotrachyte—Phänoandesite). Entsprechend sind im basalen Teil ca. 22 Vol.-% Quarz, 2,5 Vol.-% Plagioklas, ≈ 1 Vol.-% Pyroxen und im hangenden Teil ca. 3 Vol.-% Quarz, 20 Vol.-% Plagioklas und bis zu 8 Vol.-% Pyroxen enthalten. Die Menge des Kalifeldspats ändert sich unwesentlich und variiert zwischen 20—35 Vol.-%. Das Verhältnis von Grundmasse zu Einsprenglingen liegt etwa bei 1:1.

Die Grundmasse zeigt vitroklastisches Gefüge. In der kryptokristallinen Glasstaubmatrix liegen langgestreckte, mehr oder weniger stark rekristallisierte Glasscherben, die die ehemaligen Bimsfetzen darstellen. Die je nach Verschweißungsgrad wechselnd stark rekristallisierten Glassubstanzen bestehen aus Quarz, Feldspat und Restglasphase.

Nach dem Verschweißungsgrad können zwei Abkühlungseinheiten unterschieden werden. In der älteren wechselt der Verschweißungsgrad von stark im basalen Teil zu schwach im oberen Teil. Die obersten Partien enthalten häufig Tuffeinlagerungen. Die jüngere Abkühlungseinheit zeigt starke Verschweißung und wird zuweilen vitrophyrisch angetroffen.

Der Rochlitzer Porphyr ist demnach sehr inhomogen und variabel ausgebildet, was sich stark auf den Mineralbestand der Kaoline auswirkt, wie aus den folgenden Abschnitten ersichtlich ist.

In der älteren Literatur sind der Ignimbrit (Rochlitzer Porphyr) und der Kemmlitzer Porphyr (Lava-Typ) zusammen als Rochlitzer Quarzporphyr beschrieben. Im Raum Döbeln—Mügeln—Oschatz bildet nach Eigenfeld (persönliche Mitteilung) der Kemmlitzer Porphyr eine selbständige Lavadecke. Der Zusammensetzung nach entspricht der Kemmlitzer Porphyr den quarzreichen Varietäten des ignimbritischen Rochlitzer Porphyrs. Die Einsprenglinge, insbesondere die Quarzeinsprenglinge, sind vorwiegend idiomorph ausgebildet. Die Grundmasse ist feinkörnig bis dicht; sie enthält nahezu keine Glassubstanz.

Porphyrit (Andesit) ist in der Lagerstätte Gröppendorf tiefgründig kaolinisiert. Es handelt sich um einen Glimmerporphyrit, der in frischem Zustand violette, rotbraune oder schokoladenbraune Farbe besitzt. Als Einsprenglinge treten kleine 1—3 mm große Feldspäte, vorwiegend Plagioklase, und Biotite auf, die zuweilen deutliche Mikrofluidaltextur durch parallele Anordnung hervorrufen. Die Grundmasse ist dicht und überwiegt im allgemeinen die Einsprenglinge. Quarz ist im Porphyrit von Gröppendorf nur sehr vereinzelt vorhanden.

Die Lagerstättenkörper sind häufig in einer Richtung gestreckt, wobei die größte Ausdehnung im allgemeinen NW—SE verläuft (Abb. 23). Die laterale Lagerstättenbegrenzung besteht aus unvollständig oder nicht kaolinisierten Primärgesteinen. Meistens zeigen die Flanken der Lagerstätte einen allmählichen Anstieg mit einer Nei-

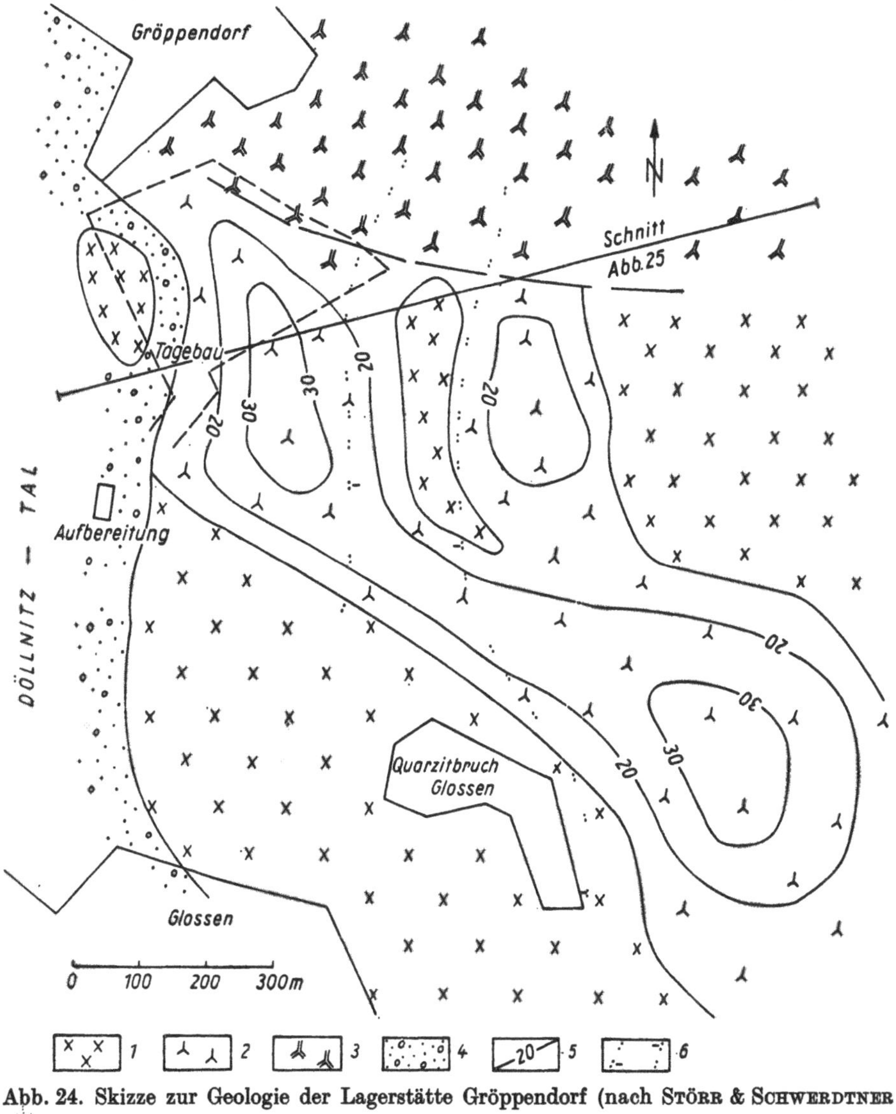

Abb. 24. Skizze zur Geologie der Lagerstätte Gröppendorf (nach Störr & Schwerdtner 1974)

1 — Quarzporphyr Typ Kemmlitz; 2 — Kaolin auf Quarzporphyr vom Typ Kemmlitz; 3 — Kaolin auf Porphyrit; 4 — Sande und Kiese; 5 — Isopachen des Kaolins; 6 — Verbreitungsgebiet unterschiedlich ausgebildeter Quarzite mit stark differenziertem Einkieselungsgrad

gung von 20—30°, mitunter beträgt das Einfallen der Flanken auch 60—80°. Die Natur der Begrenzung ist nicht in jedem Fall geklärt, teilweise ist sie tektonisch bedingt (Abb. 24). Die Mächtigkeiten der Kaoline betragen durchschnittlich 20—25 m (maximal 60 m). Die pleistozänen Deckschichten bestehen vorwiegend aus elsterkaltzeitlichem Geschiebemergel mit Schmelzwassersanden und weichselkaltzeitlichem Löß. Die Mächtigkeit der pleistozänen Schichtenfolge schwankt im allgemeinen zwischen 5 und 30 m. Partienweise kommen Tertiärquarzite im Hangenden der Kaoline vor (Glossen).

Im Gebiet von Kemmlitz existieren mehrere NW—SE gerichtete tektonische Störungen, deren Zusammenhang mit der Kaolinisierung (größere Kaolinmächtigkeit im Störungsbereich) und der Erhaltung der Kaoline (Schutz vor Erosion an eingesunkenen Schollen) sehr wahrscheinlich ist, aber bisher noch nicht genügend berücksichtigt wurde.

3.4.2. Kaolinlagerstätte Gröppendorf bei Kemmlitz

3.4.2.1. Geologische Situation

Die Kaoline besitzen Mächtigkeiten zwischen 10 und 40 m. Die Lagerstätte besteht aus drei Teilfeldern, mit Kaolin-Mächtigkeiten über 20 bzw. 30 m, die durch Bereiche geringerer Kaolin-Mächtigkeiten, sogenannten Porphyrrücken getrennt werden (Abb. 24, 25).

In der Lagerstätte sind zwei Kaolin-Typen zu unterscheiden:

— Kaolin auf Kemmlitzer Porphyr
— Kaolin auf Porphyrit.

Der Kaolin auf Kemmlitzer Porphyr baut den Hauptteil der Lagerstätte auf. Er ist kaolinitreich und Mixed-Layer-Mineral-arm. Die Dreischichtsilikat-Zone ist geringmächtig (2—4 m), so daß der Hauptteil des Profils von der Kaolinit-Zone eingenommen wird. Der Kaolin auf Porphyrit ist am Nordrand der Lagerstätte aufgeschlossen. Er ist reich an Mixed-Layer-Mineral und abgebauten Biotiten, infolgedessen ist seine Farbe grünlich. Am Südrand des Tagebaus ist das relativ frische Primärgestein — Kemmlitzer Porphyr — aufgeschlossen. Das Gestein ist stark gebleicht, die Feldspäte sind noch größtenteils frisch, wobei die Plagioklase stärker als die Orthoklase verwittert sind.

Die Mächtigkeit des Deckgebirges schwankt zwischen 4 und 22 m. Sie liegt im Nordteil der Lagerstätte bei durchschnittlich 6 m und steigt in südlicher Richtung auf etwa 15 m an. Zuoberst lagert 3—8 m Lößlehm, unter dem die Grundmoräne (Geschiebemergel bzw. -lehm) mit lokalen Einlagerungen von Sanden und Schluffen folgt. Unter dem Pleistozän liegen stellenweise tertiäre Sande, die in bestimmten Bereichen durch Verkieselungen in Tertiärquarzite umgewandelt worden sind (Typ Glossen). Die Mächtigkeit beträgt 2—4 m, lokal auch mehr.

3.4.2.2. Mineralogie der Rohkaoline

Die Mixed-Layer-Mineral-armen Kaoline vom Typ „Kemmlitzer Porphyr“ (Tab. 14, Tab. 15) zeichnen sich durch gleichmäßige Mineralverteilung im Lagerstättenkörper aus. Sie enthalten [in Masse-%]:

Kaolinit	28—45
Quarz	55—70
Mixed-Layer-Mineral	< 5
organische Substanz	0,5

Die Korngrößenverteilung (Tab. 14) zeigt das für Residualkaoline typische Bild. Es treten Maxima im Korngrößenbereich < 6,3 µm und 63—2000 µm auf. Durch das ausgeprägte Korngrößenminimum im Bereich 6,3—63 µm wird der Trenneffekt der Hydrozyklonklassierung begünstigt.

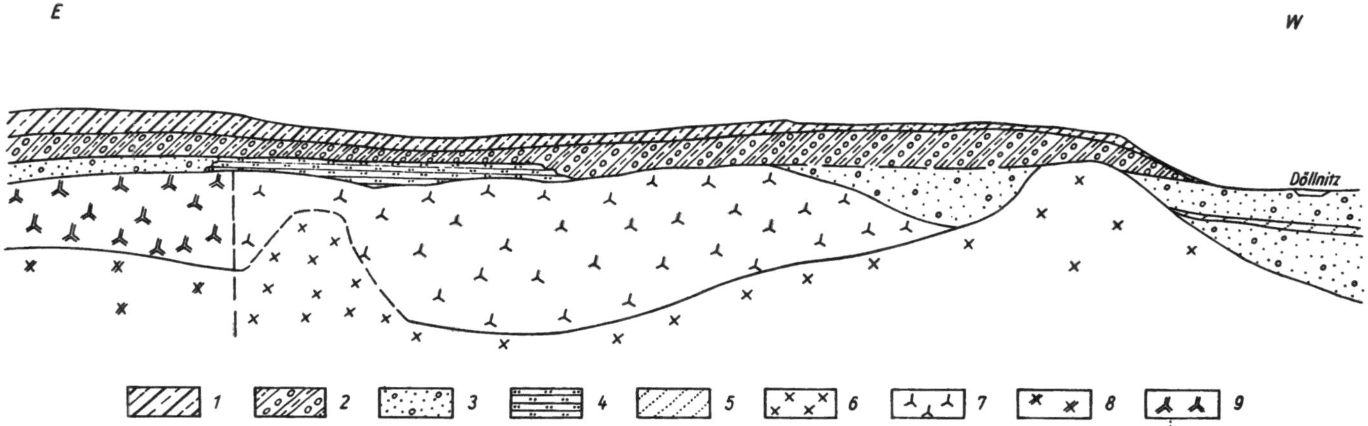

Abb. 25. Profil der Lagerstätte Gröppendorf (STÖRR & SCHWERDTNER 1974). Der Schnitt entspricht der in Abb. 24 eingetragenen Profillinie.

1 – Löß; 2 – Geschiebemergel; 3 – Sand und Ton; 4 – Quarzit mit variablem Einkieselungsgrad; 5 – toniger Schluff; 6 – Kemmlitzer Porphyr; 7 – Kaolin auf Kemmlitzer Porphyr; 8 – Porphyrit; 9 – Kaolin auf Porphyrit

Tab. 14. Zusammensetzung der Kaoline auf Kemmlitzer Porphyr und Porphyrit sowie des verwitterten Porphyrs der Lagerstätten Gröppendorf und Frieden (Masse-%)

	Verwitterter Porphyr	Rohkaolin		
		Typ Kemmlitzer Porphyr		Typ Porphyrit
		Lagerstätte Gröppendorf	Lagerstätte Frieden	Lagerstätte Gröppendorf
Kaolinit	23	38	42	20
Quarz	38	58	56	23
Mixed-Layer-Mineral	15	4	3	30
Illit/Glimmer		—	—	25
K-Feldspat	24	—	—	3
org. Substanz	—	0,3	—0,6	n. b.
SiO_2	74,0	76,96	75,4	65,70
Al_2O_3	15,5	16,26	17,2	19,3
Fe_2O_3	0,3	0,23	0,25	0,85
TiO_2	0,1	0,15	0,14	0,31
CaO	0,3	0,52	0,65	0,62
MgO	0,2	0,30	0,30	1,30
K_2O	6,0	0,10	0,15	7,45
Na_2O	0,3	0,02	0,02	0,15
Glühverlust	3,2	5,50	6,40	5,20
< 2 µm		21,4	23,9	32,9
2—6,3		20,4	20,1	22,7
6,3—11,2		5,5	1,6	6,9
11,2—20		3,1	1,0	4,9
20—63		8,8	8,2	28,7
63—200		13,8	7,1	3,7
200—630		11,8	15,7	0,1
630—2000		15,0	21,4	0,1
> 2000		—	1,0	—

Tab. 15. Korngrößenverteilung und Mineralbestand der Kornfraktionen des Rohkaolins vom Typ „Kemmlitzer Porphyr" der Lagerstätte Gröppendorf (Masse-%)

Kornfraktion (µm)	Kornanteil	Mineralbestand		
		Kaolinit	Mixed-Layer	Quarz
< 2	21,4	80	17	3
2—6,3	20,4	80	+	20
6,3—11,2	5,5	60	—	40
11,2—20	3,1	≈ 5	—	≈ 95
20—63	8,8	≈ 2	—	> 95
63—200	13,3	≈ 3	—	> 95
200—630	11,8	≈ 2	—	> 95
630—2000	15,0	≈ 2	—	> 95
> 2000	0,7	n. b.	n. b.	n. b.
Gesamtprobe	100,0	38	4	58

Quarz tritt in zwei Formen auf:

- Einsprenglings-Quarze der Porphyre sind in den Korngrößenfraktionen > 200 μm enthalten. Sie sind idiomorph, meist magmatisch korrodiert und werden durch die Aufbereitung ausgetragen.
- Grundmasse-Quarze sind in den Korngrößenfraktionen 2–200 μm angereichert. Sie bilden oft Aggregate und kommen dann auch in den gröberen Fraktionen vor. Sie werden durch die Aufbereitung nur teilweise entfernt.

Zuweilen finden sich in der Lagerstätte verkieselte Partien, deren genetische Position noch nicht bearbeitet ist.

Kaolinit ist Hauptbestandteil der Kornfraktionen < 11,2 μm. Es sind scharf begrenzte pseudohexagonale Kriställchen, die sehr oft Verwachsungen parallel und senkrecht zur Basis bilden. Sein Ordnungsgrad liegt nahe dem Kaolinit-T.
Illit-Montmorillonit-Mixed-Layer-Minerale sind nur in den feinsten Kornfraktionen nachweisbar. Die Ausbildung ist ähnlich wie in der Lagerstätte Glückauf.

Der Kaolin vom Typ „Porphyrit" (Tab. 14) zeichnet sich durch Reichtum an Mixed-Layer-Mineralen und abgebauten Biotiten aus. Seine Zusammensetzung ist wechselhaft. Er enthält [in Masse-%]:

Kaolinit	15–30
Mixed-Layer-Mineral	20–40
Glimmer	15–30
Quarz	20–30
Feldspat	0–10.

Bemerkenswert ist der relativ hohe Gehalt feinkörnigen Quarzes der Kornfraktionen < 200 μm (Tab. 16). Der Kaolinit ist zum Teil grobschuppig und repräsentiert ähnlich wie im Granodioritkaolin kaolinisierte Biotite. Der geringe Gehalt an K-Feldspat spricht dafür, daß beim Porphyrit-Kaolin der oberste Bereich der Dreischichtsilikatzone vorliegt.

Tab. 16. Korngrößenverteilung und Mineralbestand der Kornfraktionen des Rohkaolins vom Typ Porphyrit der Lagerstätte Gröppendorf (Masse-%)

Kornfraktion (μm)	Kornanteil	Mineralbestand				
		K	M-L	Gl	Q	F
< 2	32,9	30	65	–	5	–
2–6,3	22,7	22		50	28	–
6,3–11,2	6,9	18		50	30	–
11,2–20	4,9	15	–	45	35	+
20–63	28,7	10	–	45	35	10
63–200	3,7	+	–	60	40	+
200–630	0,1	–	–	+	+	–
630–2000	0,1	–	–	+	+	–
> 2000	–	–	–	–	–	–
Gesamtprobe	100,0	20	30	25	23	3

K – Kaolinit; M-L – Mixed-Layer-Mineral; Gl – Glimmer; Q – Quarz; F – Feldspat

3.4.2.3. Mineralverteilung im Rohstoffkörper

In der Lagerstätte Gröppendorf ist der Kaolin vom Typ „Kemmlitzer Porphyr" am weitesten verbreitet. Porphyritkaolin tritt nur im nördlichen Randbereich der Lagerstätte auf.

Die Untersuchung der kleintechnisch aufbereiteten Bohr- und Bemusterungsproben ergab für die Kaoline des Kemmlitzer Porphyrs folgenden Mineralbestand [in Masse-%]:

Kaolinit	64–79
Mixed-Layer-Mineral	5–15
Quarz	15–30
K_2O	0,1–0,3
Fe_2O_3	0,31–0,55
organische Substanz	0,16–0,46

Im allgemeinen sind im oberen Profilteil die kleineren Mixed-Layer-Mineralgehalte und im unteren die höheren vorhanden; die Differenzen sind jedoch nur gering.

Als Abweichungen von der „Normalausbildung" sind bemerkenswert:

- stark erhöhte Quarzgehalte in einigen Proben (bis ca. 45%), was auf lokale Bereiche sekundärer Verkieselung zurückzuführen ist,
- im Südostteil der Lagerstätte ist der Mixed-Layer-Mineralgehalt bereichsweise erhöht (18 bis 28%), was entweder auf die Lage der Bohrungen in Nähe des Lagerstättenrands zurückgeführt werden kann oder auf das Vorhandensein einer gegenüber dem normalen Kemmlitzer Porphyr abweichenden Primärgesteinsvarietät.

Insgesamt kann die „Normalausbildung" des Kaolins auf Kemmlitzer Porphyr der Lagerstätte Gröppendorf als relativ homogen in bezug auf die Mineralverteilung angesehen werden. Beachtenswerte Verschiebungen im Stoffbestand kann es geben, wenn die Porphyritkaoline in den Abbau einbezogen werden, die, wie folgt, zusammengesetzt sind [in Masse-%]:

Kaolinit	48–64
Mixed-Layer-Mineral	20–30
Quarz	12–27
K_2O	0,3–1,2
Fe_2O_3	0,4–1,0
organische Substanz	0,2–1,3

3.4.3. Lagerstätte Frieden (Kemmlitz)

3.4.3.1. Geologische Situation

Der Lagerstättenkörper besitzt Mächtigkeiten bis zu 50 m und wird insgesamt aus Kaolin vom Typ Kemmlitzer Porphyr aufgebaut. Als Lagerstättenbegrenzung treten im Südwesten unverwitterte Primärgesteine auf, im Nordosten ist der Kaolin stark fluviatil erodiert. Die Erosionsrinne ist mit pleistozänen Sedimenten aufgefüllt.

3.4.3.2. Mineralogie der Rohkaoline

Wie in der Lagerstätte Gröppendorf zeichnet sich der Kaolin auf Kemmlitzer Porphyr durch hohe Kaolinit- und niedrige Mixed-Layer-Mineralgehalte aus [in Masse-%]:

Kaolinit	35–45
Mixed-Layer-Mineral	<3
Quarz	55–65
organische Substanz	bis 0,8
diverse primäre Schwerminerale	$\approx 0,4$

Die Mineralausbildung entspricht im wesentlichen der des Kaolins vom Typ Kemmlitzer Porphyr der Lagerstätte Gröppendorf. Lediglich der Kaolinit ist in der Lagerstätte Frieden allgemein grobkörniger (Tab. 14).

3.4.3.3. Mineralverteilung im Rohstoffkörper

Die kleintechnisch aufbereiteten Bohr- und Bemusterungsproben belegen die Homogenität der Mineralverteilung in der Lagerstätte, sie sind wie folgt zusammengesetzt [in Masse-%]:

Kaolinit	70–90
Mixed-Layer-Mineral	5–9
Quarz	8–22
K_2O	0,1–0,26
Fe_2O_3	0,27–0,40
organische Substanz	0,19–1,14

Geringfügig erhöhte Mixed-Layer-Mineral-Gehalte treten nur im tiefsten Teil der Lagerstätte auf, und zwar in der nur wenige Meter mächtigen „Übergangszone" zum Porphyr.

Organische Substanz ist in relativ variablen Mengen enthalten, wobei generell der Anteil von oben nach unten zunimmt. Offenbar ist die organische Substanz in den höheren Profilteilen durch Oberflächenwässer ausgelaugt. Der Weißgrad der Kaoline ist deshalb in den oberen Profilteilen am höchsten (Laves 1966), da er in starkem Maße vom Gehalt an organischer Substanz abhängt (Tab. 17).

Tab. 17. Organische Substanz und Weißgrad von Kaolinen aus der Lagerstätte Frieden

Organische Substanz (Masse-%)	Weißgrad (%)
0,13	72,9
0,17	75,4
0,22	71,0
0,27	70,8
0,29	65,0
0,30	63,3
0,53	59,9

3.4.4. Kaolinlagerstätte Glückauf (Kemmlitz)

3.4.4.1. Geologische Situation

Der Lagerstättenkörper besitzt Mächtigkeiten zwischen 5 und maximal 40 m. Er wird durch nichtkaolinisiertes Muttergestein begrenzt. Ähnlich wie in der Lagerstätte Gröppendorf durchsetzt ein NNW–SSE-streichender Primärgesteinsrücken die Lagerstätte und trennt sie in zwei Felder (Abb. 26, Abb. 27).

Der stoffliche Aufbau der Lagerstätte zeigt sehr breite Variation, sowohl in der Horizontalen als auch in der Vertikalen. Es lassen sich auf Grund der stofflichen Zusammensetzung und der Gefügeausbildung mehrere Kaolin-Typen unterscheiden, deren Zuordnung zu bestimmten Primärgesteinen noch nicht abgeschlossen ist. Als relativ sicher sind kaolinisierte Ignimbrite im Südostteil der Lagerstätte anzusprechen.

Die Liegendbegrenzung des Lagerstättenkörpers ist wellig-unregelmäßig, was durch unterschiedlich tiefe Verwitterung bzw. durch Verwerfungen bedingt ist. Der genannte Primärgesteinsrücken ist an seiner Ostflanke durch eine im Tagebau sichtbare Verwerfung begrenzt, die eine Sprunghöhe von rund 25 m besitzt. Die Störung setzt bis in den elsterkaltzeitlichen Geschiebemergel hinein. Erst im Löß der Weichselkaltzeit

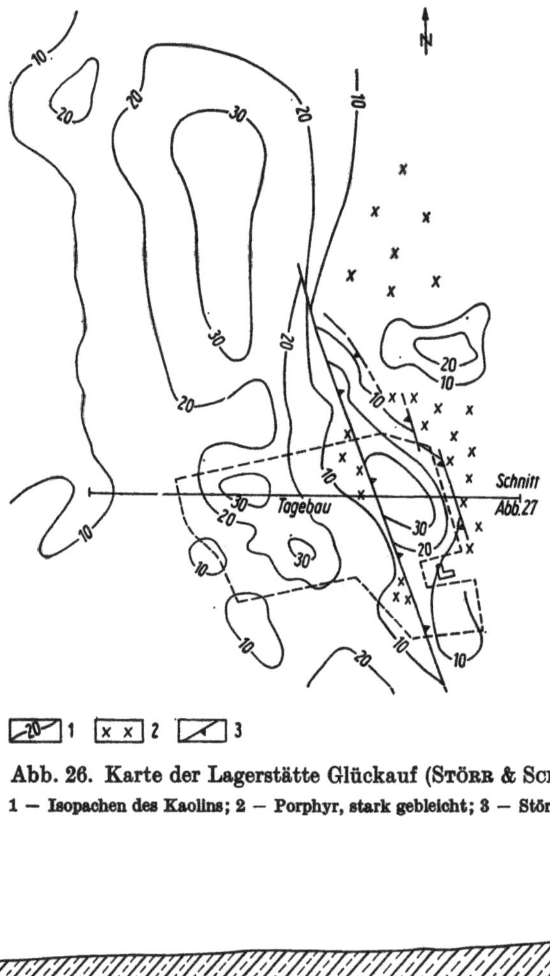

Abb. 26. Karte der Lagerstätte Glückauf (Störr & Schwerdtner 1974)

1 — Isopachen des Kaolins; 2 — Porphyr, stark gebleicht; 3 — Störungen

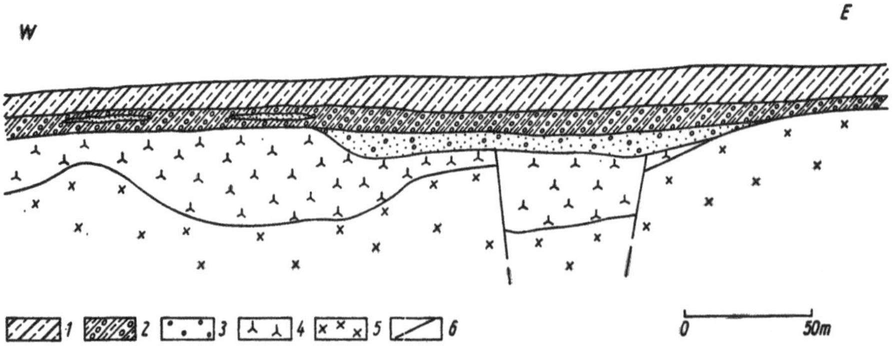

Abb. 27. Profil durch die Lagerstätte Glückauf (Störr & Schwerdtner 1974). Der Schnitt entspricht der in Abb. 26 eingezeichneten Profillinie.

1 — Löß; 2 — Geschiebemergel; 3 — Sand und Kies; 4 — Kaolin; 5 — unverwitterte Primärgesteine; 6 — Störungen

fehlen Hinweise. Demzufolge sind die jüngsten tektonischen Bewegungen zwischen Elster- und Weichselkaltzeit zu datieren. Störung und Längserstreckung der Lagerstätte verlaufen etwa parallel mit den Hauptkluftrichtungen der Gesteine sowie mit anderen Strukturelementen (Primärgesteinsrücken, Ganggesteine, zum Teil „Grüner Gang" im Tagebau Glückauf).

Das Deckgebirge setzt sich aus tertiären und pleistozänen Ablagerungen zusammen. Die tertiären Ablagerungen (Quarzite, Sande und Kiese) sind im Südostteil der Lagerstätte vorhanden, während sie westlich der erwähnten Störung fehlen. Über dem Tertiär bzw. dem Kaolin lagert elsterkaltzeitlicher Geschiebemergel bzw. -lehm, verbunden mit Schmelzwassersanden, seltener mit schluffigen Tonen und Bändertonen. Darüber folgt Löß der Weichselkaltzeit.

3.4.4.2. Mineralogie der Rohkaoline

Die Kaoline der Lagerstätte Glückauf sind durch ihre variable Tonmineralverteilung gekennzeichnet (Tab. 18). Die Rohkaoline setzen sich zusammen [in Masse-%]:

Kaolinit	10—35
Mixed-Layer-Mineral	5—35
Quarz	55—75
organische Substanz	≈ 0,3

Tab. 18. Charakteristische Daten der kleintechnisch Hydrozyklon-aufbereiteten Kaoline verschiedener Typen der Lagerstätte Glückauf

Typ	M.-L.-Mineral (Masse-%)	Kaolinit	Al_2O_3	K_2O	< 2 µm	Preßzahl kleintechnisch (h)	TBF gegossen (kg/cm³)
I (viele E) Farbe: weiß, grauweiß, bräunlich	< 10	70—80	30	< 1	≈ 50	< 1	< 10
II (weniger E, mehr GM) Farbe: grün, bläulich-grau	10—35	45—80	25—30	1—2,5	50—60	4—8	15—40
III (Ignimbrit) Farbe: grau-grün, oliv-grün	50—60	25—35	25—27	2,5—3	≈ 70	> 40	70—90

E — Einsprenglinge; GM — Grundmasse

Die Korngrößenverteilungen (Tab. 19) der genannten Haupttypen zeigen erhebliche Unterschiede. Der Anteil der Kornfraktionen < 2 µm ist in variablen Mengen enthalten. In den gröberen Fraktionen sind sehr häufig Quarzaggregate neben Quarzeinsprenglingen vorhanden. Bemerkenswert ist, daß oft die Kornfraktion 20—63 µm, die im wesentlichen Grundmasse-Quarze enthält, durch einen erhöhten Anteil hervortritt. Das Illit-Montmorillonit-Mixed-Layer-Mineral ist bei allen Kaolintypen hauptsächlich in der Fraktion < 2 µm angereichert. Der Montmorillonitschichtanteil variiert zwischen 16 und 40%, meist beträgt er jedoch 20—25%, wie Landgraf (1978) sowohl röntgenographisch als auch mittels Lichtbrechungseffekt ermittelte. Die röntgenographischen Merkmale (Tab. 20, Abb. 28; Landgraf 1978) und ebenso die morphologische Ausbildung (Abb. 29) belegen die enge Verwandtschaft mit dem Mixed-Layer-Mineral von Seilitz.

Der Kaolinit ist hinsichtlich seiner morphologischen Ausbildung mit dem der Lagerstätte Gröppendorf vergleichbar (Abb. 30). Zuweilen finden sich im Kaolin geringe Men-

Tab. 19. Korngrößenverteilung von Kaolinen aus der Lagerstätte Glückauf, Kemmlitz (Masse-%)

Fraktion (µm)	GA 108	GA 109	V 2
< 2	28,6	14,9	46,4
2–6,3	6,5	19,2	10,4
6,3–11,2	2,5	6,8	3,0
11,2–20	2,7	2,5	3,1
20–63	12,4	6,9	11,1
63–200	9,3	4,7	4,7
200–630	30,0	11,7	9,8
630–2000	8,0	30,5	10,1
> 2000	–	2,8	0,8

GA 108: Typ II, relativ einsprenglingsarm, grünlichgrau (sogenannte Eka-S-Qualität)

GA 109: Typ I, relativ einsprenglingsreich, weißgrau (sogenannte Meka-Qualität)

V2: Typ III, (Ignimbrit), graugrün

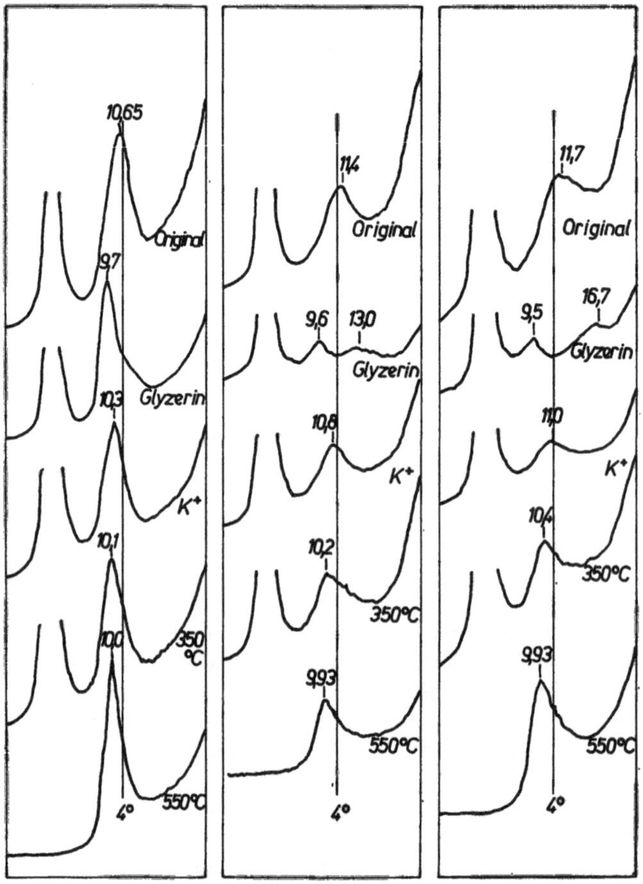

Abb. 28. Röntgendiagramme (orientierte Präparate) von Kaolinen mit verschieden zusammengesetzten Mixed-Layer-Mineralen nach Störr & Schwerdtner (1966)

Abb. 29. REM-Aufnahme von Mixed-Layer-Mineral des Kaolins der Lagerstätte Glückauf

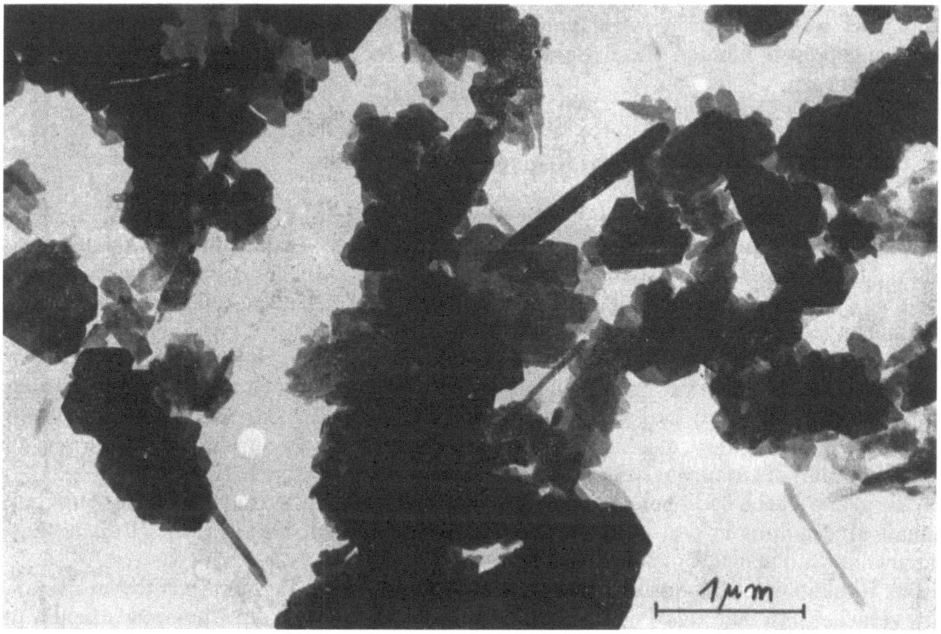

Abb. 30. Elektronenmikroskopische Aufnahme von Kaolinit und untergeordnet Mixed-Layer-Mineral(Leistchen) des Kaolins der Lagerstätte Gröppendorf

Tab. 20. Röntgendaten des Mixed-Layer-Minerals im Kemmlitzer Kaolin (nach Landgraf 1979)

Vorbehandlung	$d_{(001)/(002)}$ (Å)	Vorbehandlung	$d_{(001)/(002)}$ (Å)
unbehandelt	ca. 11,5	Glykol	ca. 12,5
350°C	ca. 10,2	k^+-belegt	ca. 10,5
Glyzerin	ca. 13,0	$d_{(060)}$	ca. 1,5

gen Halloysit. Quarz kommt wie in Gröppendorf als Grundmasse und Einsprenglinge vor. Beim Grundmasse-Quarz läßt sich die tiefthermale Genese an der β-α-Inversion feststellen (vgl. Kap. 5.).

Innerhalb der Lagerstätte treten verschiedene Gänge auf, die teilweise überwiegend aus Mixed-Layer-Mineralen zusammengesetzt sind, daneben untergeordnet Quarz und Kaolinit. Die Ausbildung spricht dafür, daß hier glasreiche Primärgesteine verwitterten.

3.4.4.3. Mineralverteilung im Rohstoffkörper

Die Kaoline der Lagerstätte Glückauf sind sehr wechselhaft ausgebildet, je nachdem welche Primärgesteine kaolinisiert wurden oder welchen Reifegrad das Kaolinprofil besitzt (Abb. 31).

Auf der Grundlage der makroskopischen Kaolinausbildung und der Tonmineralführung werden die in Tab. 18 zusammengestellten Kaolintypen unterschieden, die in der Lagerstätte ungesetzmäßig verteilt sind.

Signifikantestes Merkmal der verschiedenen Kaolintypen ist das Mixed-Layer-Mineral, dessen Gehalt in den Aufbereitungsprodukten zwischen < 5 und bis 60% betragen kann und der als Haupteigenschaftsträger die technologische Verhaltensweise des Kaolins bedingt (Tab. 18).

In der Lagerstätte existieren größere Felder, die aus den Haupttypen der Kaoline aufgebaut werden. Durch selektiven Abbau und Mischung der Rohkaoline im Aufbereitungsprozeß können dann Schlämmkaoline der gewünschten Zusammensetzung erzeugt werden.

3.4.5. Kaolinlagerstätte Ballendorf bei Bad Lausick

Bei Ballendorf wird eine kleine Kaolinlagerstätte abgebaut. Der Rohkaolin wird zur Herstellung von Schamotte verwendet. Die Mächtigkeit des Kaolins beträgt maximal 20 m. Als Deckschichten (1—10 m) treten oberoligozän-miozäne Braunkohle, Sande und Tone auf, die in einem kleinen Becken abgelagert sind. Die Kaolinlagerstätte liegt am nördlichen Beckenrand.

Der aus Ignimbrit (Rochlitzer Porphyr) entstandene Kaolin ist im oberen Teil (ca. 2 m) durch organische Substanz bräunlich gefärbt (Probe Bal 1), nach unten wird der Kaolin zunächst grau (1—3 m) und schließlich grün (Probe Bal 3). Das aufgeschlossene Profil zeigt sehr deutlich die Umsetzung des Mixed-Layer-Minerals zu Kaolinit. Während im grünen Kaolin die ursprünglichen Bimsfetzen sehr reich an Mixed-Layer-Mineralen sind, die die grüne Farbe bedingen, nimmt ihr Anteil nach oben hin kontinuierlich ab und der Gehalt an Kaolinit in den weiß werdenden Bimsfetzen zu. Der in Tab. 21 angegebene Mineralbestand spiegelt dies deutlich wider.

Der Rohkaolin ist feinkörnig, quarzarm und infolgedessen im unaufbereiteten Zustand gut verarbeitbar. Die relativ hohen K_2O- und Fe_2O_3-Gehalte sind im wesentlichen im Mixed-Layer-Mineral fixiert, das strukturell und morphologisch dem der Kemmlitzer Lagerstätten entspricht.

Tab. 21. Zusammensetzung Kaolintyp Ignimbrit des Rohkaolins und der Kornfraktionen < 2 µm der Kaoline von Ballendorf und Dürrweitzschen (Masse-%)

					Kaolin Typ Ignimbrit				Kaolin Typ Porphyrit	
	Bal 1		Bal 3		Dürr 1		Dürr 2		Dürr 3	
	Gesamt-Probe	Fraktion < 2 µm	Gesamt-Probe	Fraktion < 2 µm	Gesamt-Probe	Fraktion < 2 µm	Gesamt-Probe	Fraktion < 2 µm	Gesamt-Probe	Fraktion < 2 µm
Kaolinit	54	76	44	58	52	> 90	55	> 90	33	35
Mixed-Layer-Mineral	12	24	22	42	< 5	≈ 5	< 5	≈ 5	49	60
Quarz	32	—	34	—	45	+	42	+	18	5
org. Substanz	n. b.	0,4	n. b.	0,1	n. b.	0,7	n. b.	0,8	n. b.	n. b.
SiO_2	64,62	47,14	65,46	48,00	69,6	47,2	69,1	45,6	21,2	54,9
Al_2O_3	23,23	34,36	22,85	32,32	21,7	36,4	21,9	36,8	25,6	26,4
Fe_2O_3	1,20	1,48	1,38	2,34	0,36	0,62	0,24	0,69	1,03	1,90
TiO_2	0,62	0,33	0,69	0,44	0,36	0,13	0,41	0,47	0,38	0,10
CaO	0,07	0,61	0,10	1,22	0,07	0,52	0,14	0,61	0,10	0,87
MgO	0,25	0,39	0,28	0,69	0,16	0,56	0,23	0,38	0,56	0,82
K_2O	1,08	1,44	1,26	2,69	0,13	0,25	0,12	0,30	2,67	4,40
Na_2O	0,08	0,01	0,08	0,04	0,02	0,02	0,01	0,01	0,02	0,02
Glühverlust	8,96	13,45	7,90	12,12	8,16	14,0	8,14	14,02	8,58	10,50
< 2 µm	55,2		41,4		32,8		29,1		44,5	
2—6,3	9,4		17,6		14,9		19,5		22,7	
6,3— 20	13,5		8,1		5,8		4,4		10,5	
20— 63	10,6		10,3		5,8		5,0		7,9	
63—200	3,5		7,0		9,1		9,7		4,7	
200—630	5,2		8,4		13,1		11,5		3,4	
630—2000	2,7		6,5		16,5		20,2		5,1	
> 2000	—		—		2,1		0,5		1,2	

Probe Bal 1 — hellbrauner Kaolin, oberster Profilteil
Probe Bal 3 — grüner Kaolin, unterer Profilteil
Probe Dürr 1 — graubrauner Kaolin, oberer Profilteil
Probe Dürr 2 — graubrauner Kaolin, mittlerer Profilteil

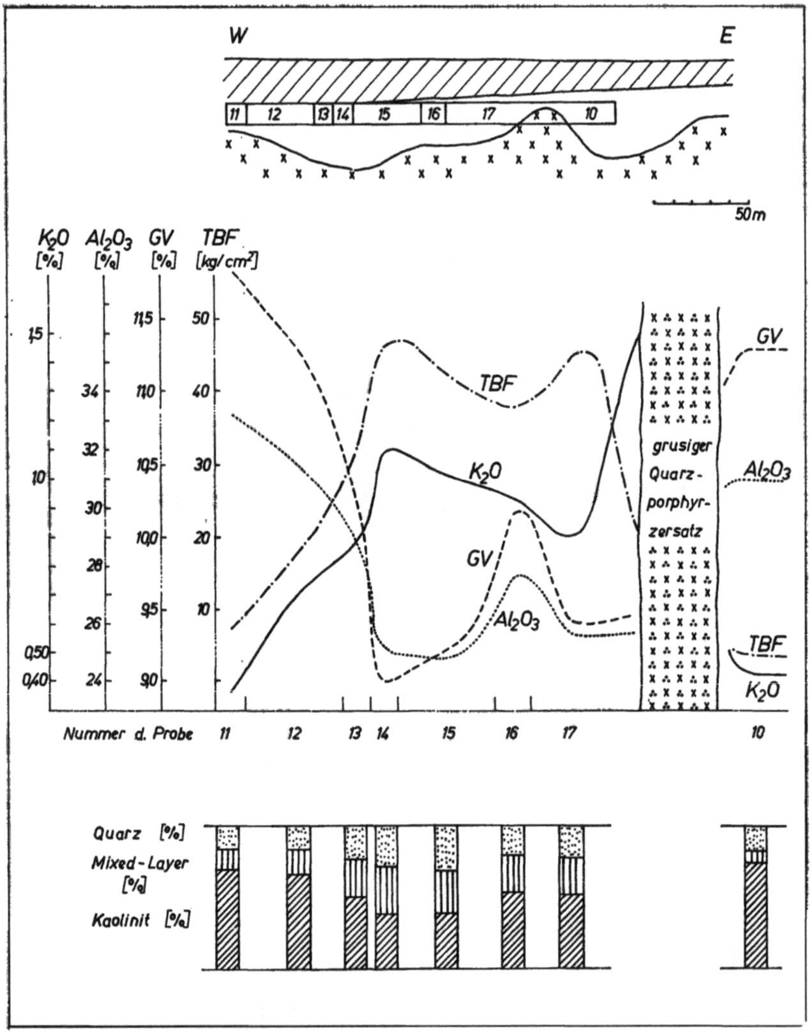

Abb. 31. Variation der Zusammensetzung von kleintechnisch aufbereiteten Proben aus der Lagerstätte Glückauf (nach Schwerdtner 1967)

3.4.6. Kaolinlagerstätte Dürrweitzschen

In der mittelgroßen Lagerstätte Dürrweitzschen befindet sich ein kleiner Tagebau zur Gewinnung von Rohkaolin unmittelbar südlich des Ortes. Dieser Rohkaolin ist schadstoffarm und besitzt relativ hohe Gehalte an Al_2O_3 (Tab. 21). Es lassen sich zwei Typen unterscheiden. Die weiteste Verbreitung besitzt ein Rohstoff, dessen Muttergestein als stark verschweißter, vollständig rekristallisierter Ignimbrit anzusprechen ist. Die Gehalte an Kaolinit sind hoch, der Mixed-Layer-Anteil ist gering. Eingeschaltet in den Ignimbrit-Kaolin ist ein Porphyrit-Kaolin, der zur Zeit der Beprobung (1973) an der östlichen Grubenwand anstand und wegen seines hohen Mixed-Layer-Mineral-Gehalts nicht abgebaut, sondern als „fetter Ton" ausgehalten wurde.

Der Kaolin von Dürrweitzschen ist gegenüber den Kaolinen der Lagerstätten Gröppendorf und Frieden feinkörniger und kaolinitreicher. Die Kornfraktion < 2 µm (Tab. 21) enthält > 90% Kaolinit und < 5% Mixed-Layer-Mineral. Auch die Schadstoffgehalte sind sehr gering.

3.4.7. Kaolinlagerstätte Nerchau

Südwestlich von Nerchau, Kreis Grimma, wird eine kleine Kaolinlagerstätte ausgebeutet. Der aus den obersten vollständig kaolinisierten Partien gewonnene Rohkaolin wird verschiedenen Verwendungszwecken zugeführt. Das Primärgestein ist Pyroxengranitporphyr vom Typ Wurzen und zeichnet sich durch Armut an Pyroxen und Quarzeinsprenglingen aus. Der Rohkaolin ist daher arm an groben Quarzen (Tab. 22). Der Tonmineralbestand (Kaolinit und Illit-Montmorillonit-Mixed-Layer-Mineral) ist in der Grube wechselhaft. Die beiden untersuchten Proben entsprechen den am weitesten verbreiteten Kaolinqualitäten.

3.4.8. Kaolinlagerstätte Förstgen, Kreis Grimma

Der Kaolin aus der Lagerstätte Förstgen, ca. 5 km nordöstlich von Grimma gelegen, wird im Rohzustand in Schamotte-Massen verarbeitet. Das Primärgestein ist Rhyolith vom Typ Grimma. Der Mineralbestand der untersuchten Proben (Entnahme Juli 1971) zeigt beachtliche Schwankungen (Tab. 22). Die unteren Teile des etwa 11 m aufgeschlossenen Kaolinprofils enthalten stets geringe Mengen Feldspat (Proben Först 3 und Först 5), wobei partienweise die Kalifeldspateinsprenglinge, die bis zu 1 cm ⌀ groß werden können, unverwittert blieben. Nur im oberen Teil des Profils (Probe Först 1) ist der Feldspat vollständig kaolinisiert. Die Gehalte an Illit-Montmorillonit-Mixed-Layer-Mineral (4:1) sind im Rohkaolin relativ hoch (≈ 10%). Für die Verarbeitung des Materials als Rohkaolin ist der geringe Gehalt an Quarz der Fraktionen > 630 µm besonders vorteilhaft.

3.4.9. Kaolinlagerstätte Colditz

Die Lagerstätte ist zwischen Colditz und Bad Lausick gelegen und wurde 1967 erkundet. Der Kaolin ist bis 25 m mächtig und generell grünlich gefärbt. Das Muttergestein ist Rochlitzer Porphyr (Ignimbrit), wobei die ehemaligen Bimsfetzen besonders reich an Mixed-Layer-Mineral sind (in einigen Bohrproben völlig kaolinitfrei), was ebenso wie das Auftreten von Feldspat für eine geringe Verwitterungsrate spricht (Tab. 23).

Der Mineralbestand des Kaolins zeigt gegenüber den anderen Ignimbrit-Kaolinen verschiedene Abweichungen. Eine Besonderheit ist das Auftreten von Chlorit, der in den Kornfraktionen < 2 µm einiger Proben in der Größenordnung von < 5% enthalten ist. Die Röntgenaufnahmen zeigen einen scharfen 1. Basisreflex bei $d = 14{,}2$ Å. Das Gitter kontrahiert durch Tempern auf $d = 13{,}8$ Å, ist aber nicht durch Äthylenglykol aufweitbar. Es ist anzunehmen, daß der Chlorit dem Primärgestein entstammt, da eine Chloritneubildung im Kaolinisierungsprozeß ungewöhnlich ist.

Die Dreischichtsilikate zeigen ebenfalls eine von den übrigen Ignimbrit-Kaolinen abweichende Ausbildung. In allen Proben kommen Glimmer/Illit und das übliche Illit-Montmorillonit-Mixed-Layer-Mineral nebeneinander vor. Letzteres zeigt d-Werte des 1. Basisreflexes von $d = 10{,}8-11{,}0$ Å und besitzt die typische Leistchenform. Es ist generell in den Kornfraktionen < 6,3 µm angereichert (Tab. 24). Der Glimmer/Illit,

Tab. 22. Zusammensetzung des Rohkaolins und der Kornfraktion ≤ 2 m von Förstgen (Masse-%)

	Först 1		Först 3		Först 5		Ner 1	Ner 2
	ges. Probe	Fraktion <2 µm	ges. Probe	Fraktion < 2 µm	ges. Probe	Fraktion < 2 µm	ges. Probe	ges. Probe
Kaolinit	44	77	47	72	32	56	52	40
Mixed-Layer-Mineral	≈ 10	22	≈ 10	27	13	44	14	< 5
Quarz	46	—	41	—	53	—	33	55
Feldspat	—	—	2—3	—	2—3	+	—	—
SiO_2	71,57	46,76	69,24	47,18	74,38	48,82	64,94	74,31
Al_2O_3	18,14	35,02	19,83	34,38	16,23	34,06	24,03	16,58
Fe_2O_3	0,79	1,21	0,87	1,42	0,67	1,16	0,80	0,50
TiO_2	0,37	0,37	0,62	0,54	0,29	0,32	0,76	1,94
CaO	0,88	0,70	0,79	1,58	0,79	0,70	0,70	1,05
MgO	0,19	0,43	0,25	0,50	0,32	0,38	0,50	0,37
Na_2O	0,01	0,02	0,02	0,03	0,02	0,03	0,02	0,02
K_2O	0,77	1,22	1,41	1,99	1,42	4,10	0,78	0,14
Glühverlust	6,88	13,72	6,78	12,82	5,39	10,89	6,76	6,08
< 2 µm	29,9		19,3		23,8		36,5	39,4
2—6,3	15,9		23,4		10,4		24,9	12,0
6,3—20	10,8		12,0		6,3		29,4	28,3
20—63	19,3		2,4		3,6		4,3	8,9
63—200	16,3		19,3		28,6		0,9	2,0
200—630	3,2		17,3		19,7		2,0	5,8
> 630	4,6		6,3		7,6		2,0	3,6

Probe Först 1 — Kaolin, hellgrau, Baggerschnitt oben
Probe Först 3 — Kaolin, grau, Baggerschnitt unten
Probe Först 5 — Kaolin, grau, Baggerschnitt unten
Probe Ner 1 — Kaolin, weißgrau, oberster Profilteil
Probe Ner 2 — Kaolin, weißgrau, oberer Profilteil

Tab. 23. Mineralbestand und Korngrößenverteilung der Rohkaoline der Lagerstätte Colditz

	Co 79	Co 81	Co 83	Co 96	Co 98
Kaolinit	39	18	6–7	48	8
Dreischichtsilikate	15	20	28	16	28
Chlorit	2–3	1–2	2–3	–	–
Feldspat	≈ 1	18	21	≈ 1	16
Quarz	43	37	40	35	46
Siderit	0,5	6	3	+	1
< 2 µm	24,2	16,6	19,2	68,2	23,8
2–6	25,6	12,9	10,7	3,3	9,6
6–20	11,1	6,2	7,4	3,2	13,2
20–63	6,4	7,7	7,6	5,9	15,8
63–200	10,6	12,3	11,2	5,2	9,6
200–630	13,8	16,4	14,2	6,7	10,2
630–2000	7,4	19,7	20,6	6,6	11,8
> 2000	0,9	8,2	9,1	0,9	6,0

Probe Co 79 – Bohrung 16/67 6,1– 8,5 m
Probe Co 81 – Bohrung 16/67 12,2–13,6 m
Probe Co 83 – Bohrung 16/67 16,4–17,6 m
Probe Co 96 – Bohrung 20/67 0,5– 1,5 m
Probe Co 98 – Bohrung 20/67 4,7– 6,1 m

mit schwach asymmetrischem 1. Basisreflex von $d = 10{,}0$ Å, tritt dagegen noch in den groben Kornfraktionen auf und bildet unregelmäßig begrenzte Schüppchen. Offenbar liegen hier zwei genetisch verschiedene Typen von Dreischichtsilikaten vor, wobei der Glimmer/Illit wahrscheinlich aus dem Primärgestein stammt.

3.4.10. Bemerkungen zur Mineralgenese

In allen Kaolinen des Nordwestsächsischen Porphyrgebiets sind enthalten: Kaolinit, Mixed-Layer-Mineral und Quarz. Variabel sind insbesondere die Mengenverhältnisse, die mit der Zusammensetzung der Primärgesteine korrespondieren.

In den Ignimbrit-Kaolinen sind die höchsten Mixed-Layer-Mineral- und die niedrigsten Kaolinit-Gehalte vorhanden. Im untersten Teil der Dreischichtsilikat-Zone ist das Gestein noch fest, es sind lediglich die „Bimsfetzen" in Mixed-Layer-Mineral und Quarz umgewandelt. Die Mixed-Layer-Mineralbildung ist umso vollständiger, je geringer der Grad der Rekristallisation des Glases ist. Da der Rekristallisationsgrad der Gesteine mit dem Verschweißungsgrad korreliert, enthalten alle Kaoline von gering verschweißten Ignimbriten hohe Mixed-Layer-Mineral-Gehalte und wenig Kaolinit. Bei den stark verschweißten Ignimbriten mit starker Rekristallisation bildet sich aus dem Feldspat Kaolinit. Auf Grund dieses Tatbestands sind die Tonmineralverhältnisse in der Lagerstätte Glückauf, die zum größten Teil aus Ignimbrit-Kaolinen besteht, extrem variabel. Die frei in die Porenräume hineinwachsenden Mixed-Layer-Leistchen sprechen dafür, daß sie aus Lösungen entstanden.

Die Kaoline auf Kemmlitzer Porphyr enthalten generell nur kleine Mixed-Layer-Mineral-Gehalte, auch im untersten Teil der Dreischichtsilikat-Zone. Die Ursache ist darin zu sehen, daß in den vollständig rekristallisierten Porphyren aus dem gebildeten Feldspat direkt Kaolinit entsteht.

Tab. 24. Mineralverteilung in den Fraktionen der Proben Co 79, Co 81 und Co 83 (Masse-%)

Fraktion (µm)	Quarz	Kaolinit	Glimmer/ Illit	Mixed-Layer-Mineral	Chlorit	Feldspat	Siderit
Probe Co 79							
< 2	5	60	30	+	5		
2–6	15	75	10	+	+		
6–20	50	35	15		–		
20–63	80	7–8	12		–	1	
63–200	90	3	6		–	1,5	1
200–630	96		5		–		1
630–2000	95				–		4
> 2000	95						5
Probe Co 81							
< 2	4	28	42	15	5	+	2
2–6	16	52	19	10	+	1	5,5
6–20	41	20	22	–	–	10	7
20–63	49	5	11		–	28	4,5
63–200	53		5		–	34	7,5
200–630	59		11		–	20	8
630–2000	58		5		–	29	5
> 2000	68		+		–	25	6
Probe Co 83							
< 2	19	8	37	30	5–8	9	1
2–6	18	28	25	20	+	8	1
6–20	50	16	18	+	–	9	2
20–63	54	5	12	–	–	20	4,5
63–200	53	–	11	–	–	31	3
200–630	52	–	14	–	–	25	5
630–2000	48	–	17	–	–	28	3
> 2000	51		12	–	–	30	4

In einem Verwitterungsprofil im Bereich der Lagerstätte Glückauf wurde festgestellt, daß das Mixed-Layer-Mineral bereits über 30 m tief unter dem Kaolin in dem noch festen, roten Gestein vorhanden ist (Tab. 25). Aus dem Profil geht hervor, daß parallel zum Mixed-Layer-Mineral bereits Kaolinit in geringen Mengen entstand. Der Plagioklas-Anteil im Gestein ist gering und wahrscheinlich schon zersetzt. Die Bleichung der Gesteine erfolgt tiefer (etwa 10 m) als die Kaolinisierung der Feldspäte. Das ist offenbar möglich, weil die Hauptmenge des Eisens als Hämatit vorliegt und nicht in Mineralen, die erst während der Kaolinisierung zersetzt werden.

Von Rösler, Blankenburg & Starke (1974, 1975) wurden absolute Altersbestimmungen am Mixed-Layer-Mineral aus dem genannten Profil vorgenommen und präoberkretazisches Alter ermittelt. Inwieweit die Mixed-Layer-Minerale zum Teil durch Propylitisierung der Porphyre entstanden sind, wie von Kelch (1963) im Halleschen Porphyr gefunden wurde, kann derzeitig nicht entschieden werden.

3.5. Die Kaolinlagerstätten des Gebiets von Salzmünde — Morl bei Halle

In der Umgebung von Halle sind zahlreiche Kaolinlagerstätten bekannt, die in der Vergangenheit intensiv genutzt wurden. Gegenwärtig wird lediglich die Lagerstätte „Fuchsberg-Süd“ für die Herstellung der Schlämmkaoline „Salzmünde normal“ und „Salz-

Tab. 25. Mineralogische und chemische Zusammensetzung der Kaoline und Porphyre des Verwitterungsprofils „Silo" in der Lagerstätte Glückauf (STÖRR & SCHWERDTNER 1975) (Masse-%)

Probe Nr.	Tiefe (m)	Gestein	Kaolinit	Mixed-Layer-Mineral	K-Feldspat	SiO_2	Al_2O_3	Fe_2O_3	TiO_2	CaO	MgO	K_2O	Na_2O	Glühverlust
10	0	Kaolin, weiß	40	15–20	–	72,4	17,6	0,45	0,18	0,34	0,20	0,90	0,04	6,44
9	4	Kaolin, weiß	35	15–20	–	82,6	13,2	0,30	0,20	0,14	0,40	0,90	0,06	4,51
8	8	Kaolin, weiß	25	15–20	5–10	79,8	12,4	0,41	0,15	0,35	0,33	1,99	0,2	4,12
7	12	Porphyr, weiß-grau	10–15	≈ 10	30–40	80,0	10,8	0,30	0,16	0,38	0,30	6,50	0,4	1,55
6	16	Porphyr, grau	≈ 10	20	40	79,4	11,2	0,80	0,16	0,34	0,20	8,0	0,6	1,68
5	20	Porphyr, rötlich	≈ 10	10–15	40	78,9	12,4	0,38	0,19	0,29	0,25	7,55	0,8	1,44
4	24	Porphyr, rötlich	≈ 10	10–15	35–45	79,3	10,7	0,75	0,18	0,48	0,25	7,32	0,7	1,49
3	28	Porphyr, rot-grau	≈ 10	≈ 10	35–45	81,0	11,0	0,31	0,22	0,31	0,22	7,35	0,6	1,16
2	32	Porphyr, rot	≈ 10	≈ 10	35–45	79,8	11,1	1,80	0,21	0,31	0,30	7,00	0,6	1,40
1	36	Porphyr, rötlich	≈ 10	≈ 10	40	79,2	12,3	0,55	0,21	0,24	0,30	7,55	0,9	1,35
0	40	Porphyr, rot	≈ 10	≈ 10	40	79.0	11,4	0,60	0,18	0,24	0,15	6,85	0,8	1,37

münde spezial“ abgebaut. Diese Kaoline stellen hochwertige keramische Rohstoffe dar, insbesondere wegen ihres geringen Schadstoffgehalts und der guten Verflüssigungseigenschaften. Die Gruben „Max Lademann“ und „Kurt Wabbel“ sind seit wenigen Jahren auflässig. Zur Vervollständigung der Angaben über den Stoffbestand sind aus diesen Lagerstätten einige Analysen angeführt.

Neuere Publikationen über die Halleschen Kaoline existieren nur wenige. Neumann (1954a, 1960) behandelt die Genese unter geologischem Aspekt. Mineralogische Angaben sind enthalten bei Hoppe (1953), Neumann (1954b, 1957), Störr (1966b) sowie Störr, Schwerdtner & Buchwald (1969).

3.5.1. Geologischer Überblick

Der Hallesche Porphyrkomplex ist ein Teil des Halle—Bitterfelder Vulkanitkomplexes. Nach Schirmer & Schwab (1973) stiegen die Schmelzen der permosilesischen Vulkanite an Kreuzungspunkten von NW—SE und N—S streichenden Störungen mit den ENE streichenden Strukturen des variszischen Untergrunds auf. Überwiegend wurden Rhyolithoide als Laven gefördert, die subvulkanische Intrusionen oder Deckenergüsse bilden. Hauptabtragungsphasen wurden festgestellt im Rotliegenden (oberes Autun und Saxon), während Oberkreide bis Tertiär und im Pleistozän. Das Gebiet des Halleschen Porphyrkomplexes war mit Sicherheit vom Zechstein I bis Ende Trias und wahrscheinlich im Jura und der Unterkreide durch Sedimente verhüllt (Schirmer & Schwab 1973). In der Festlandsperiode (Oberkreide bis Unteroligozän) wurden diese Sedimente abgetragen, der Porphyr freigelegt und kaolinisiert. Im Mitteloligozän wurde das Gebiet überflutet, so daß Sedimente des höheren Oligozäns (zum Teil marin) und lokal des Miozäns (vorwiegend kontinental) die Kaoline überlagern. Nach erneuter Hebung im Miozän/Pliozän erfolgten vor allem im Pleistozän Abtragungen, wobei die Kaoline und Tertiärsedimente bis auf Reste, die in morphologischen Depressionen lagen, erodiert wurden. Die Kaoline sind besonders im südlichen Teil des Halleschen Porphyrkomplexes verbreitet (Abb. 32).

Die Vulkanite des Halleschen Komplexes können nach Schwab (1970) sowie Schirmer & Schwab (1973) untergliedert werden:

II. (jüngere) Vulkanitserie mit kleinkristallinen Rhyolithoiden (Typ Petersberg, Typ Hohndorf, Typ Quetz und andere, auch als Obere Hallesche Porphyre bezeichnet). Die Vulkanite werden von den Sennewitzer Schichten über- und von den Halleschen Schichten unterlagert, in deren Liegendem die

I. (ältere) Vulkanitserie mit großkristallinen Rhyolithoiden (Typ Landsberg, Typ Löbejün und andere) sowie einiger Andesitoiden (Untere Hallesche Porphyre). Das Liegende bilden die Wettiner Schichten (Siles).

Als wichtigstes Kaolin-Muttergestein tritt der Rhyolithoid vom Typ Löbejün in Erscheinung. Daneben finden sich Kaoline auf den Rhyolithoiden vom Typ Landsberg und Petersberg.

Der Landsberger und der Löbejüner Porphyr sind stofflich und vom Gefüge her (holokristallin-porphyrisch) nahezu gleichartig. Die Grundmasse besteht überwiegend aus Kalifeldspat (Tab. 26). Ihr Gefüge ist mikrogranitisch, die Korngrößen liegen größtenteils unter 100 µm. Auch die Einsprenglinge sind im wesentlichen Kalifeldspäte neben Plagioklas. Sie sind zumeist idiomorph, erreichen Größen bis 2 cm (Haase 1938) und erscheinen in den Kaolinen als „Sandaugen“ (unverwittert) oder „Fettaugen“ (verwittert). Auf Grund des hohen Feldspatgehalts der Porphyre von ≈ 70 Vol.-% entstanden Kaoline mit relativ hohem Kaolinitgehalt.

Als Schadstoffe für die Kaoline treten im Löbejüner und Landsberger Porphyr nach Haase (1938) sowie Schirmer & Schwab (1973) insbesondere rundliche Roteisenkörner (20—80 µm maximal 120 µm ⌀) auf, die in der Grundmasse verbreitet sind. In grauen

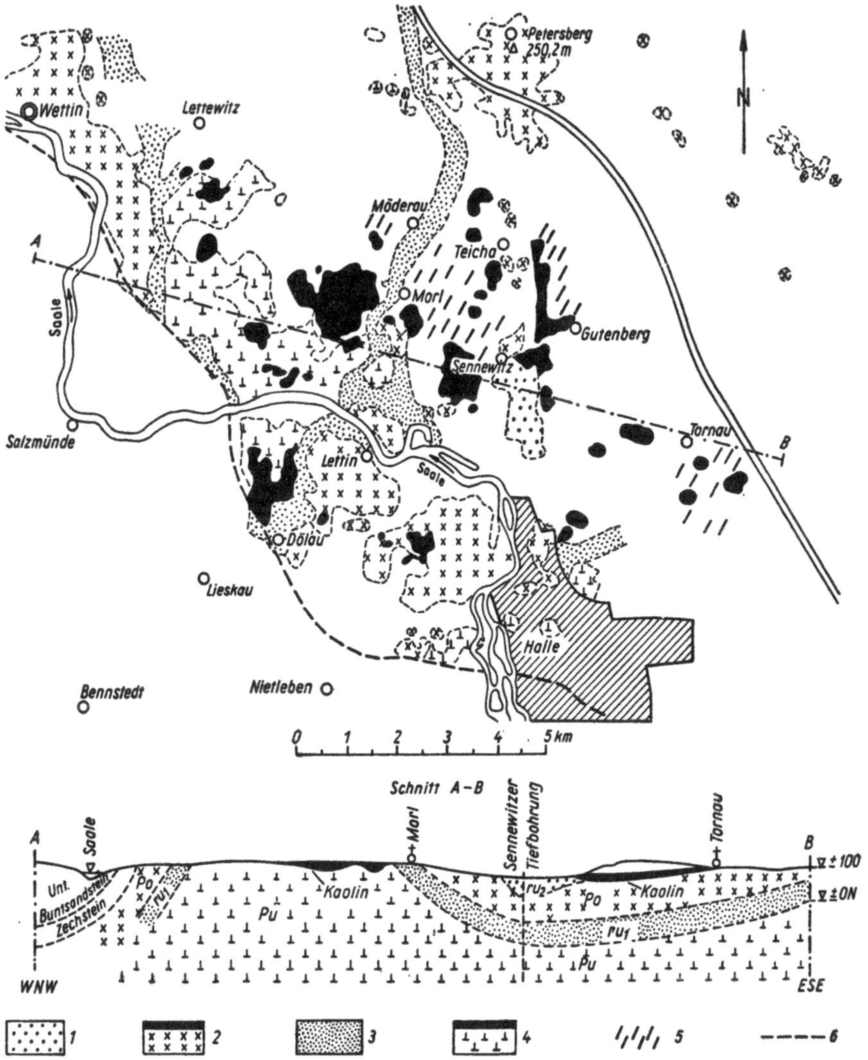

Abb. 32. Kaolinvorkommen im südlichen Teil des Halleschen Porphyrkomplexes nach NEUMANN (1954a)

1 — Unterrotliegende Sedimente; 2 — Oberer Porphyr mit Kaolin schwarz; 3 — Zwischensedimente; 4 — Unterer Porphyr mit Kaolin schwarz; 5 — Kaolin vermutet; 6 — Rand der Mansfelder Mulde

Gesteinspartien überwiegt Magnetit (10—25 µm ⌀). Daneben sind feindispers verteilte, rötlich scheinende Roteisenkörnchen und „Eisenrahm“ beschrieben. Auf Pseudomorphosen nach Biotit sind TiO_2 und Fe_2O_3 als Leukoxen und Hämatit (?) sichtbar, ähnlich wie beim Caminauer Kaolin (Abschn. 3.2.) beschrieben. Die Eisenfixierung im Primärgestein ($\approx$ 80% Fe_2O_3 als freie Fe-Verbindungen) ist günstig für die Entstehung Fe-armer Kaoline.

3.5.2. Geologische Situation der Lagerstätten am Fuchsberg

Der Fuchsberg bei Morl, nordwestlich von Halle, ist ein Erosionsrest tertiärer und pleistozäner Sedimente. Rund um die morphologische Erhebung streichen unter geringmächtiger Sedimentbedeckung die mehr oder weniger tiefgründig kaolinisierten Löbe-

Tab. 26. Zusammensetzung der Rohkaoline des Fuchsberg-Gebiets bei Halle (Masse-%)

	Löb. Porph.	La 1 ges. Pr.	Fraktion < 2 μm	Wa 3 ges. Pr.	Wa 4 ges. Pr.	Fraktion < 2 μm	FuS 2 ges. Pr.	Fraktion < 2 μm
Kaolinit	–	48	83	16	51	79	50	84
Mixed-Layer-Mineral		5–10	16	5	5–10	19	5–10	15
Quarz	24	44	–	35	40	+	42	–
Feldspat	69	–	–	45	–	–	–	–
org. Substanz	–	0,62	≈ 1,0	0,16	0,46	≈ 1,0	0,58	≈ 1,0
SiO_2	72,16	69,84	46,90	73,48	68,32	48,26	68,54	47,12
Al_2O_3	13,63	20,70	36,14	16,78	22,45	34,86	21,39	36,61
Fe_2O_3	3,13	0,33	1,00	0,28	0,56	0,82	0,43	0,80
TiO_2	0,29	0,42	0,12	0,34	0,39	0,10	0,43	0,13
CaO	0,70	0,10	0,76	0,03	0,10	0,86	0,10	0,68
MgO	0,69	0,20	0,38	0,04	0,04	0,38	0,16	0,32
K_2O	5,47	0,60	0,98	6,52	0,62	0,96	0,60	0,81
Na_2O	2,12	0,01	0,02	0,12	0,06	0,01	0,02	0,01
Glühverlust		7,90	13,34	2,96	7,57	13,18	8,32	13,52
< 2 μm		45,8		20,5	48,0		43,4	
2–6,3		9,4		2,7	8,4		10,6	
6,3–20		5,1		3,7	4,0		7,1	
20–63		24,9		15,1	21,5		24,0	
63–200		5,4		28,9	8,4		5,1	
200–630		2,0		15,4	2,0		3,0	
630–2000		7,1		11,7	6,7		6,8	
> 2000		0,3		2,0	0,7		–	

Löb. Porph. – Löbejüner Porphyr (Analyse nach Schirmer & Schwab 1973)
La 1 – Grube „Max Lademann" Kaolinit-Zone
Wa 3 – Grube „Kurt Wabbel" Dreischichtsilikat-Zone
Wa 4 – Grube „Kurt Wabbel" Kaolinit-Zone
FuS 2 – Grube „Fuchsberg-Süd" Kaolinit-Zone

jüner Porphyre aus (Abb. 33), die seit Jahrzehnten Anlaß des Kaolinbergbaus waren. Im Osten wird der Löbejüner Porphyr von unterrotliegenden Sedimenten (Zwischensedimenten) überlagert.

Die Kaoline besitzen Mächtigkeiten bis zu 40 m, wobei die Dreischichtsilikat-Zone ca. 10 m und die Kaolinit-Zone maximal 30 m mächtig werden. Die Kaoline der Kaolinit-Zone sind wegen des hohen Gehalts an organischer Substanz meist braun gefärbt, wobei die kaolinisierten K-Feldspateinsprenglinge (Fettaugen) eine hellere Färbung zeigen als die Porphyrgrundmasse. Generell nimmt der Gehalt an organischer Substanz im Profil von oben nach unten ab. In den oberen Partien des Kaolins finden sich häufig fossile Wurzelröhrchen, die auf einen Bewuchs der Kaoline hinweisen.

Die Deckschichten, die im Bereich der Lagerstätten Fuchsberg-Süd bis zu 30 m mächtig sind, bestehen aus pleistozänen Ablagerungen (Löß, Sand, Kies, Geschiebemergel), aus mitteloligozänen schluffigen Tonen (Rupelton), Sanden und Schluffen (Formsande, Magdeburger Sand) und eozänen Sanden, Schluffen und Braunkohleflözchen (Franz 1974).

Stellenweise sind die Sande verkieselt und bilden dann Quarzitbänke (bis 3 m mächtig) oder isolierte Quarzitblöcke. Besonders die tertiären Schichten enthalten Fe-Sulfide, die leicht verwittern und gelegentlich als Sulfate usw. im Kaolin ausgeschieden werden.

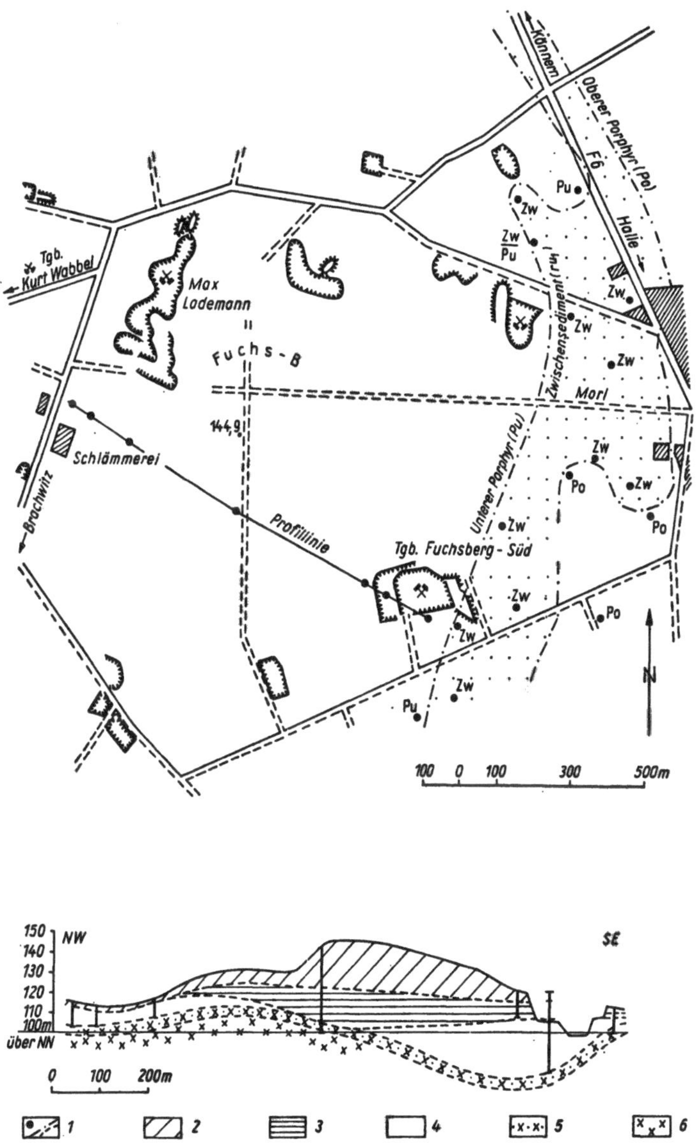

Abb. 33. Lageskizze der Kaolinlagerstätten am Fuchsberg bei Halle (oben) und geologischer Schnitt (unten), nach Franz (1974)

1 – Bohrungen, Gesteinsgrenzen; 2 – Pleistozän; 3 – Tertiär; 4 – Kaolin abbauwürdig; 5 – Kaolin nicht abbauwürdig; 6 – Unterer Porphyr
Pu – Löbejüner Porphyr; Po – Petersberger Porphyr; Zw – Zwischensedimente

3.5.3. Mineralogie der Rohkaoline

Die Kaoline der Lagerstätte des Fuchsberg-Gebiets sind durch ihren recht hohen Kaolinit-Gehalt von > 50% gekennzeichnet. Die Mineralverteilung in der Kaolinit-Zone ist relativ konstant. In der Dreischichtsilikat-Zone nimmt der Anteil an unverwittertem K-Feldspat stark zu (Probe Wa 3, Tab. 26).

Die Korngrößenverteilung der Proben der Kaolinit-Zone zeigt > 40% Anteil < 2 µm und ein ausgeprägtes Minimum im Bereich 2—20 µm. Durch diese günstige Kornverteilung gelingt es, einen quarzarmen Schlämmkaolin zu erzeugen und die Hauptmenge des Grundmassequarzes (> 20% in Kornfraktion 20—63 µm) durch die Klassierung auszutragen.

Der Kaolinit ist zu mehr als 60% in der Kornklasse < 2 µm angereichert. Er bildet scharf umgrenzte pseudohexagonale Kriställchen und neigt weniger zu Verwachsungen als der Kaolinit der Nordwestsächsischen Porphyrkaoline. Die Kaolinit-Würmer zeigen eine starke Auflockerung, wodurch offenbar die bessere Dispergierbarkeit bedingt wird (Abb. 34).

Abb. 34. REM-Aufnahme von Kaolinit des Kaolins der Lagerstätte Fuchsberg-Süd

Das Illit-Montmorillonit-Mixed-Layer-Mineral entspricht morphologisch dem aus Kemmlitz und Seilitz (Abb. 35). Lediglich der Illit-Schichtanteil scheint generell > 80% zu betragen, wie aus den *d*-Werten von 10,1—10,6 Å des 1. Basisreflexes zu entnehmen ist.

Das Eisen ist im Kaolin in folgenden Formen fixiert:

- Eisenminerale als Reste der im Muttergestein vorhandenen Fe-Phasen sowie nach M. HOPPE (1953) Pyrit in feinverteilter Form
- Eisenaufwachsungen auf Kaolinit (Pseudomorphosen nach Biotit)
- Bindung des Fe an organische Substanz (Fe-Humat)
- Das Mixed-Layer-Mineral enthält in Analogie zu den Kaolinen von Kemmlitz und Seilitz ca. 50% des vorhandenen Eisens.

Als Titanminerale kommen im Kaolin nach M. HOPPE (1953) vorwiegend Anatas neben Rutil und Brookit vor.

3.5.4. Mineralverteilung im Rohstoffkörper

Die Untersuchung der kleintechnisch geschlämmten Bemusterungsproben belegen relativ konstante Mineralverteilung im Rohstoffkörper. Die Proben enthalten [in Masse-%]:

Kaolinit	76–87
Mixed-Layer-Mineral	6–17
Quarz	4–10
organische Substanz	0,3–1,2
Al_2O_3	30,8–35,3
Fe_2O_3	0,5–1,0
Anteil < 2 μm	71–81

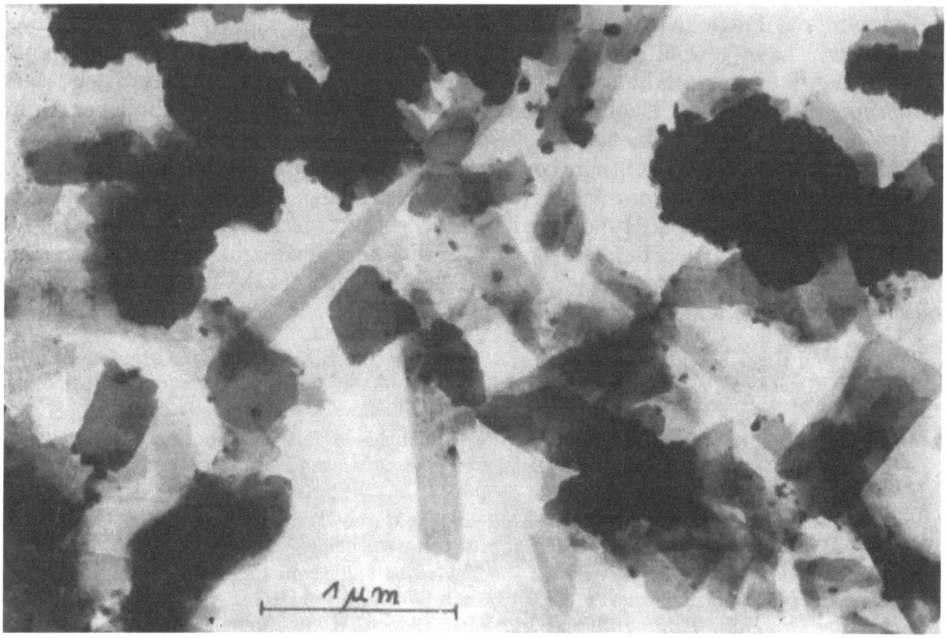

Abb. 35. Elektronenmikroskopische Aufnahme von Kaolinit und Mixed-Layer-Mineral des Kaolins der Lagerstätte Kurt Wabbel

Die geschlämmten Kaoline aus der Dreischichtsilikat-Zone besitzen geringe Anteile K-Feldspat und höhere Mixed-Layer-Mineral-Gehalte (bis 25%). Der meiste Feldspat wird durch die Klassierung ausgetragen.

Von Bedeutung für die Verarbeitung der Kaoline in der Keramik ist der relativ hohe Gehalt organischer Substanz, der sich günstig auf das Gießverhalten auswirkt.

Der Vergleich der Zusammensetzung der Kornfraktionen < 2 μm mit dem Schlämmkaolin „Salzmünde spezial" und den kleintechnisch geschlämmten Bemusterungsproben aus der Kaolinit-Zone ergibt, daß die Aufbereitungsprodukte den Fraktionen < 2 μm relativ nahekommen. Durch Anreicherung des Feinstkornanteils ist es möglich, den Quarzgehalt weiter zu verringern, wobei die Al_2O_3-Gehalte, der Glühverlust, aber auch der Fe_2O_3-Gehalt zunehmen und der TiO_2-Gehalt abnehmen werden. Bei Einbeziehung der Dreischichtsilikat-Zone in den Abbau erhöht sich der Anteil der Mixed-Layer-Minerale und in geringem Maße der des Feldspats, was aus der Analyse des Kaolins „Salzmünde spezial" deutlich wird.

3.5.5. Bemerkungen zur Mineralgenese

Die Untersuchungen bestätigen die Feststellungen von NEUMANN (1954a, 1960), daß der Prozeß der Eisenabfuhr vor der eigentlichen kaolinitischen Verwitterung erfolgt und daß die Plagioklase früher als die K-Feldspäte in Kaolinit umgewandelt werden. Bedingt dadurch, daß im Porphyr der größte Teil des Eisens als selbständige Eisenminerale vorliegt, ist eine weitgehende (80—90%ige) Entfernung möglich. Der verbliebene Rest ist überwiegend in den Dreischichtsilikaten fixiert und untergeordnet in der organischen Substanz, in Pyrit und anderen Fe-Phasen gebunden, letztere bisweilen aufgewachsen auf Kaolinit (Pseudomorphosen nach Biotit).

Die Genese der Dreischichttonminerale ist vielschichtig. Offenbar sind die Mixed-Layer-Minerale im unteren Teil der Dreischichtsilikat-Zone in Zusammenhang mit der Verwitterung des Plagioklases und eventuell vorhandener Glasmatrix entstanden. Das notwendig K^+ kann sowohl aus dem Gesteinsglas als auch aus dem K-Feldspat entstammen, der in diesem Stadium der Kaolinisierung allerdings noch relativ frisch ist.

Eine von der exogenen Kaolinisierung unabhängige Bildung ganz ähnlicher Dreischichttonminerale, wie sie in den Kaolinen enthalten sind, beschreibt KELCH (1963) aus den propylitisierten Rhyolithen vom Typ Hohndorf. Die Propylitisierung des Porphyrs erfolgt genetisch in unmittelbarem Zusammenhang mit der Gesteinsbildung, wobei die Transvaporisation Hypovulkanite hervorbringt, deren Kristallisationstemperaturen im hydrothermalen Bereich liegen. Die Illit- und Hydroglimmerbildungen sind ein wesentlicher Teil der Propylitisierung. KELCH (1963) gibt für die Propylitisierung der Halleschen Porphyre folgende Prozesse an:

- Verdrängung der Kalifeldspäte durch Albit und intensive Illitisierung der Grundmasse. Die ehemalige Glasbasis der Grundmasse ist völlig in Illit umgewandelt. Die Orthoklas-Einsprenglinge sind teilweise illitisiert, und die Plagioklase sind schwach serizitisiert.
- Mehr oder weniger starke Verkieselung der Rhyolithoide mit Veränderung des primären Gefüges in ein hypidiomorphes Mineralgemenge, das vorwiegend aus gepreßten Quarzkörnern besteht.
- Verdrängung der Grundmasse und der Kalifeldspäte durch Hydroglimmer und Chlorit, wobei sich der Hydroglimmer optisch deutlich vom Illit unterscheidet.
- Mit zunehmender Umwandlung werden die Feldspäte völlig von Chlorit und Hydroglimmer oder in anderen Bereichen von Calcit verdrängt. Weiterhin entstehen fleckenhafte Verdrängungen der Grundmasse durch Chalcedon, Calcit, Chlorit, Hydroglimmer und opake Bestandteile.
- Durch inhomogene Verdrängungen entsteht ein Reaktionsgefüge mit pseudo-agglomeratischen Strukturen.

Die Bildungsfolge der sekundären Minerale wird von KELCH (1963) in drei Phasen untergliedert:

- Vorphase: Bildung von Albit, $Quarz_{3a}$, Hämatit
- Hauptphase (Propylitisierung):
  1. Illit, $Chlorit_2$, $Quarz_2$, $Albit_2$
  2. $Quarz_{3b}$
  3. Hydroglimmer, Anatas, Titanit, Pyrit
  4. $Chlorit_1$
- Nachphase: Hämatit, $Quarz_4$, Calcit, Pyrit.

Der von KELCH aus einer Bohrung nördlich von Halle untersuchte propylitisierte Porphyr war in den oberen 50 m vollständig kaolinisiert. Kaoline auf propylitisierten Porphyren standen vor einigen Jahren in der Ziegeleigrube Trotha an. Die vom Verfasser durchgeführten Untersuchungen an diesen Kaolinen ergaben, daß die Dreischichttonminerale mit denen aus Seilitz und Kemmlitz sowie vom Fuchsberg röntgenographisch, thermisch und morphologisch identisch sind. Auch die von KELCH (1963) mitgeteilten Röntgendaten sprechen dafür, daß der von ihm angegebene Illit der Propylite dem Mixed-Layer-Mineral entspricht. Demnach besteht die Möglichkeit, daß die Bildung eines Teils der Mixed-Layer-Minerale unabhängig von der exogenen Verwitterung ist.

In diesem Zusammenhang soll auf das in Abschn. 4 beschriebene Profil aus der Lagerstätte Glückauf in Kemmlitz hingewiesen werden. Dort ist das Mixed-Layer-Mineral in relativ frischem Porphyr bereits > 25 m unter dem Kaolin vorhanden. Es besteht auch hier die Möglichkeit der Dreischichtsilikatbildung durch Propylitisierung der Porphyre. Bis jetzt sind allerdings keine Anzeichen davon beschrieben oder festgestellt worden.

Eine Besonderheit der Kaolinlagerstätte Fuchsberg-Süd ist das Auftreten feinverteilten Pyrits, der offenbar genetisch mit den recht pyritreichen tertiären Hangendschichten in Verbindung steht. Dieser Pyrit wird normalerweise in der Aufbereitung ausgetragen, so daß der Schlämmkaolin pyritfrei ist. Sind Lagerstättenteile und Abraumschichten längere Zeit oxydierenden Einflüssen ausgesetzt, so verwittert der Pyrit, und es bilden sich je nach Kationenangebot und Bedingungen Ca-, Fe-, K- und Na-Sulfate. Am häufigsten finden sich im Kaolin bis mehrere Millimeter große Gipskristalle. Bei Trockenheit scheiden sich auf den Oberflächen des Kaolins und der Hangendschichten buntgefärbte Krusten und Ausblühungen sekundärer Sulfate aus, in denen bisher folgende bestimmt wurden, BECK (1980), FELDHAUS (1980):

- Jarosit; verbreitet in gelben und braunen Krusten, meist tafelige oder auch rhomboedrische Kristalle (< 1 μm) (Abb. 36, Abb. 37).
- Gips; verbreitet in allen Krusten, gemeinsam mit allen anderen Sulfaten sowie in pulverigen Knollen im Deckgebirge, prismatische Kristalle (zum Teil < 1 μm) oft büschelig verwachsen (Abb. 38, Abb. 39).

Abb. 36. REM-Aufnahme von Jarosit, gelbe Ausblühung auf Kaolin der Lagerstätte Fuchsberg-Süd

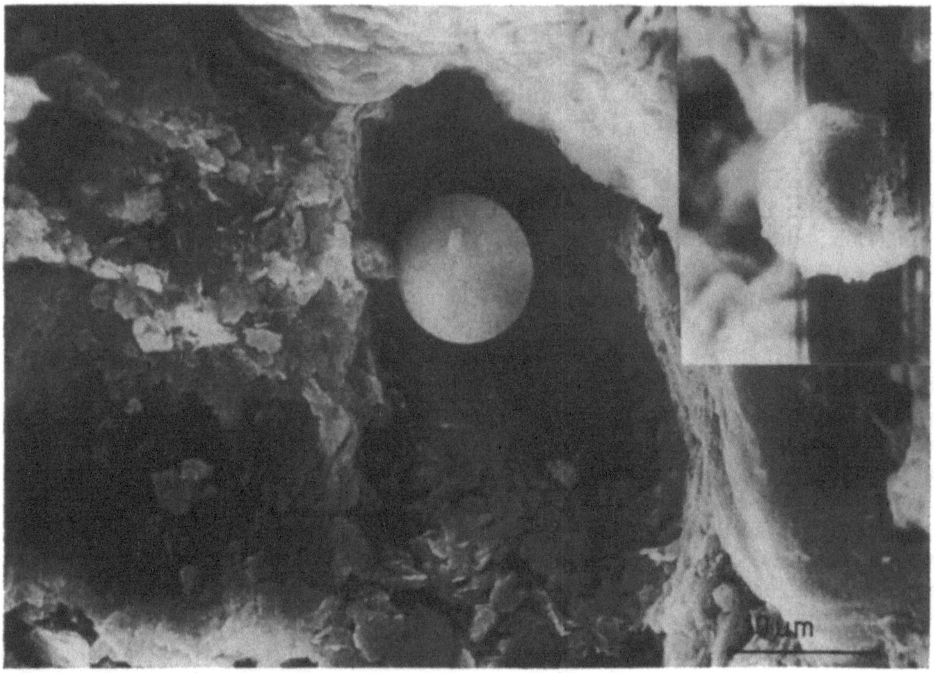

Abb. 37. REM-Aufnahme von Schmöllnitzit,
braune Ausblühung auf Kaolin der Lagerstätte Fuchsberg-Süd

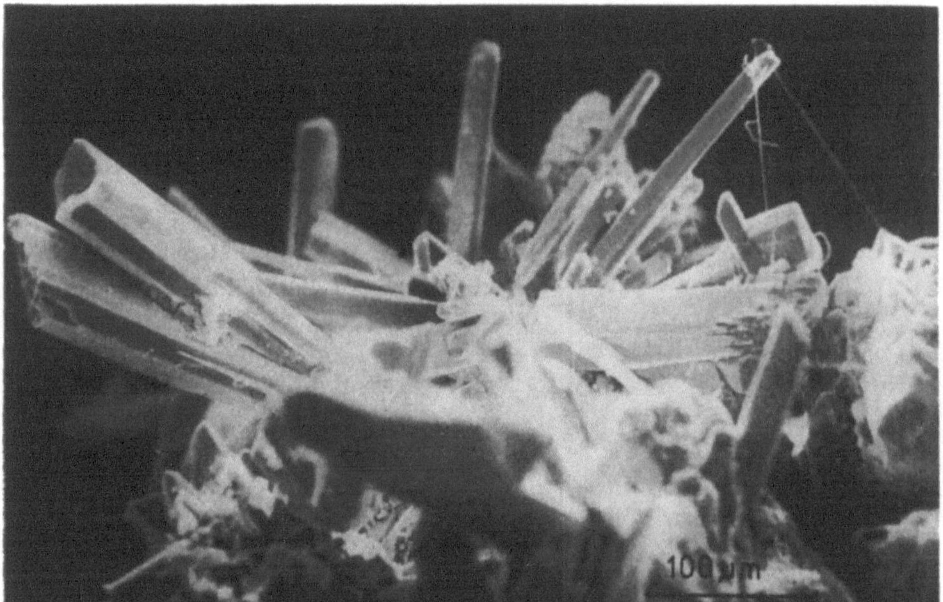

Abb. 38. REM-Aufnahme von Gips, weiße Ausblühung auf Kaolin der Lagerstätte Fuchsberg-Süd

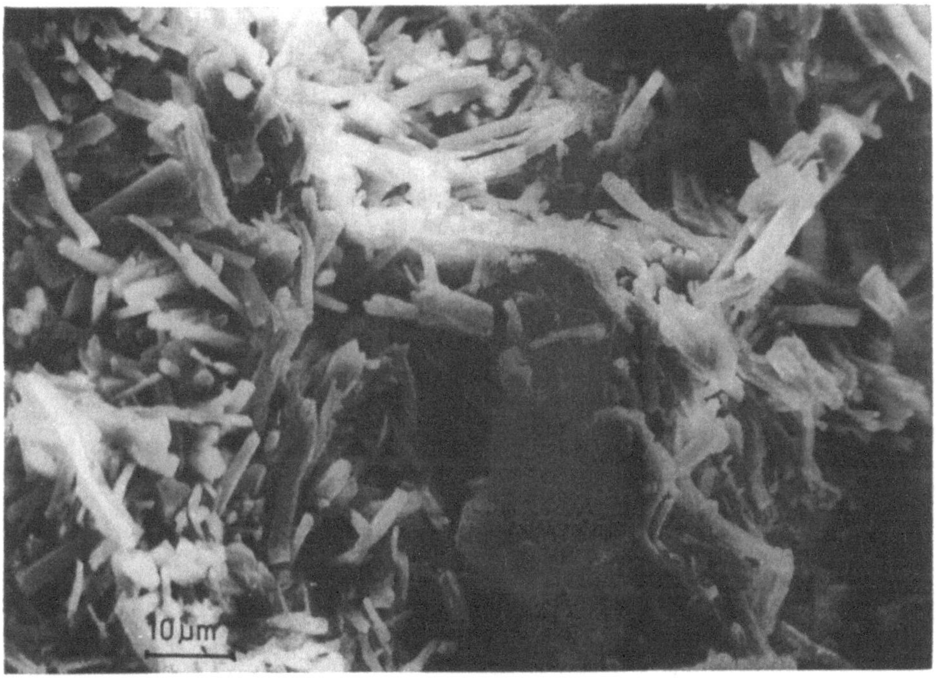

Abb. 39. REM-Aufnahme von Gips einer hellgrauen, feinstkörnigen Kongretion aus dem pleistozänen Deckgebirge der Kaolinlagerstätte Fuchsberg-Süd

Abb. 40. REM-Aufnahme von Aluminit einer feinstkörnigen, weißen Kongretion aus dem tertiären Deckgebirge der Kaolinlagerstätte Fuchsberg-Süd

- Aluminit; erdige Knöllchen im Deckgebirge, tafeligschuppige Kristalle < 2 µm ∅ (Abb. 40). Aluminitknollen aus dem Kaolin beschreibt v. FREYBERG (1921)
- Copiapit; findet sich in gelbgrünen Ausblühungen als sechsseitige Täfelchen < 2 µm ∅ (Abb. 41).
- Parabutlerit; häufig in gelben und grünen Ausblühungen, z. T. tafelige Kristalle, oft orientierte Verwachsungen bildend (Abb. 42, Abb. 43), gemeinsam mit Gips.
- Sideronatrit und Metasideronatrit wurden röntgenographisch nebeneinander in weißen, gelben und braunen Ausbildungen identifiziert. Sie bilden dünne, teilweise büschelig verwachsene Nädelchen von einigen µm Länge (Abb. 44, Abb. 45).
- Schmöllnitzit in gelbbraunen Krusten als kugelige Aggregate (Abb. 37) (FRANZ 1977).

Abb. 41. REM-Aufnahme von Copiapit, gelbgrüne Ausblühung auf Kaolin der Lagerstätte Fuchsberg-Süd

3.6. Die Buntsandstein-Arkose-Kaoline von Spergau und Röblingen

Im ostthüringischen Raum und im Gebiet westlich von Halle treten im Unteren und Mittleren Buntsandstein feldspatführende Sandsteinhorizonte auf, die oft tiefgründig kaolinisiert sind. Von der Vielzahl der vorhandenen Kaolinvorkommen werden gegenwärtig die Lagerstätten Spergau und Röblingen genutzt, früher wurden auch die Lagerstätten in der Nähe von Eisenberg abgebaut. Die kaolinitreichen, feinkörnigen Schlämmkaoline sind hochwertige keramische Rohstoffe, besonders wegen ihrer guten Verarbeitbarkeit (mittlere TBF, gute Gießeigenschaften). Die Kaoline von Röblingen werden seit 1972 in Zusammenarbeit mit der Braunkohlenindustrie gewonnen. Die im Liegenden der Braunkohle anstehenden Kaoline werden parallel zur Kohle gefördert, gehaldet und vom VEB Silikatrohstoff-Kombinat Kemmlitz aufbereitet.

Über den Röblinger Kaolin liegt eine Publikation von SCHWERDTNER & STÖRR (1971) vor. Angaben über den Spergauer Kaolin sind enthalten in den Veröffentlichungen von STÖRR (1966b) sowie STÖRR, SCHWERDTNER & BUCHWALD (1969).

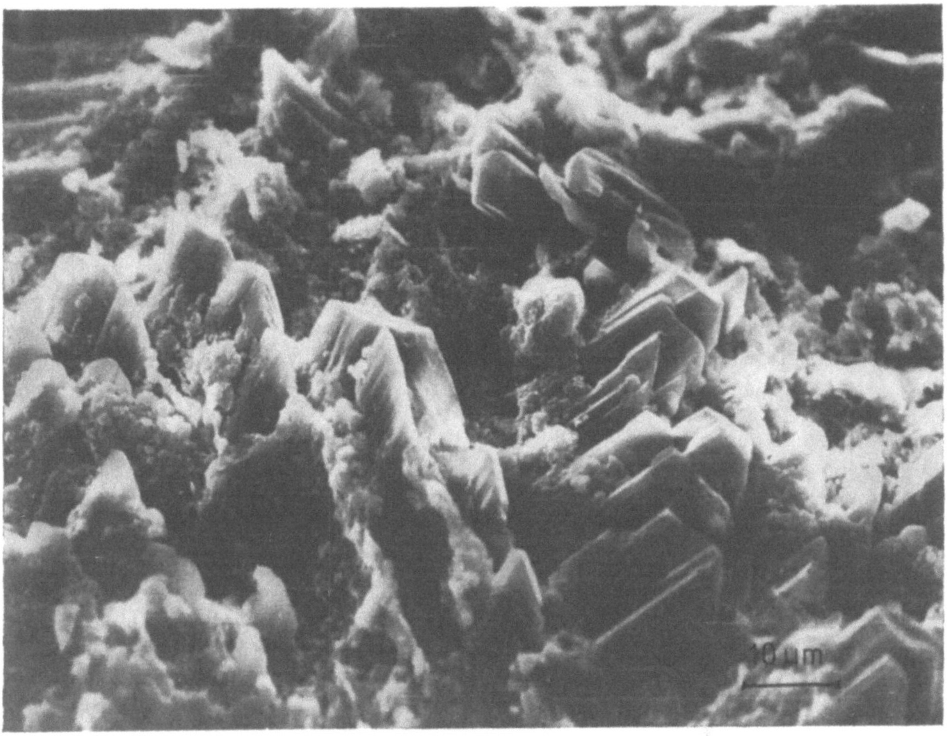

Abb. 42. REM-Aufnahme von Parabutlerit, Gips,
gelbbraune Ausblühung auf Kaolin der Lagerstätte Fuchsberg-Süd

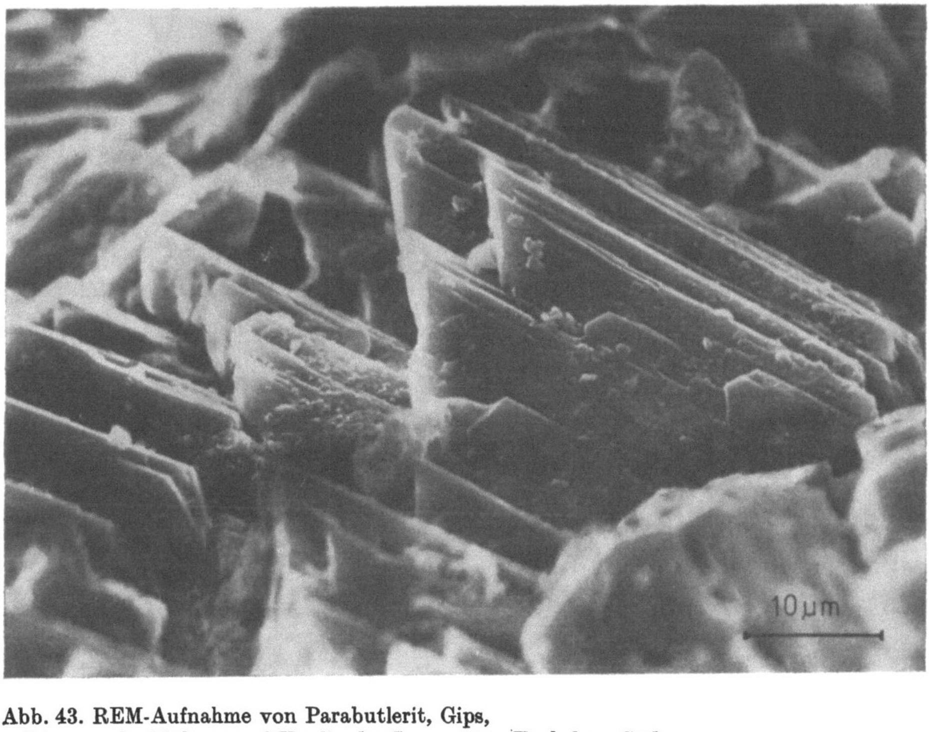

Abb. 43. REM-Aufnahme von Parabutlerit, Gips,
gelbbraune Ausblühung auf Kaolin der Lagerstätte Fuchsberg-Süd

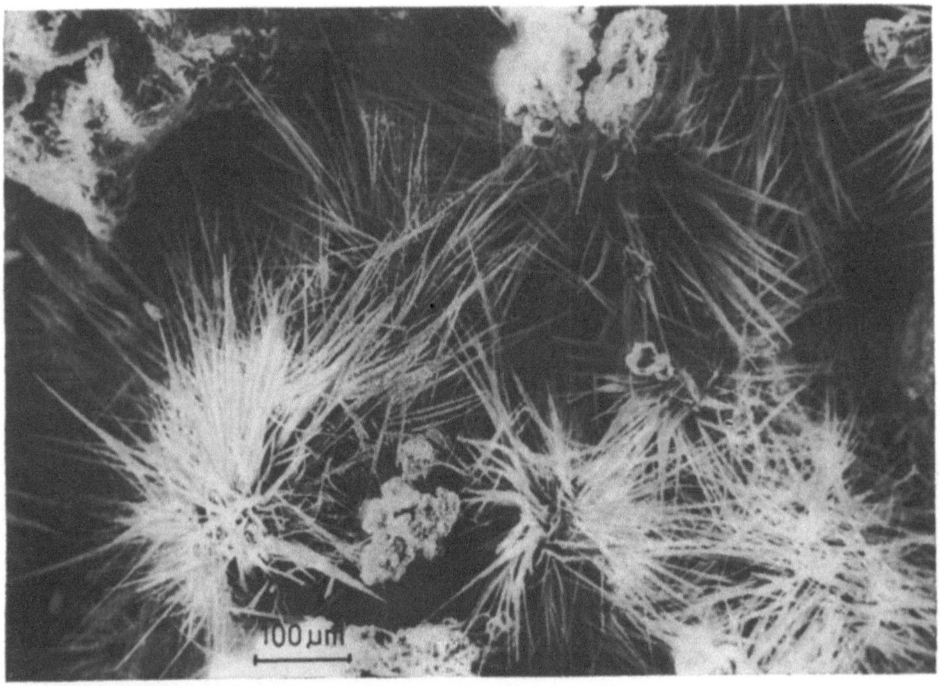

Abb. 44. REM-Aufnahme von Sideronatrit,
gelbliche Ausblühung auf Kaolin der Lagerstätte Fuchsberg-Süd

Abb. 45. REM-Aufnahme von Sideronatrit,
gelbliche Ausblühung auf Kaolin der Lagerstätte Fuchsberg-Süd

3.6.1. Geologischer Überblick

Der Untere und Mittlere Buntsandstein ist aus einer mehrere 100 m mächtigen zyklischen Folge von Sand-, Schluff- und Tonsteinen aufgebaut. Das Sedimentmaterial ist der Abtragungsschutt des variszischen Grundgebirges. Nach LANGBEIN (1970, 1974) bestehen die klastischen Gesteine aus Quarz, Feldspat (vorwiegend Orthoklas), Gesteinsrelikten, Glimmer (Biotit überwiegt über Muskovit), Illit und untergeordnet Kaolinit, Calcit, Dolomit, Eisenoxide sowie den Schwermineralen Apatit, Zirkon, Rutil, Anatas, Brookit und Turmalin.

Von Bedeutung für die Kaoline sind die Gehalte der verwitterbaren Phasen in den Sedimenten, die den Feldspat und bedingt den Illit umfassen. Mit abnehmender mittlerer Korngröße der Sandsteine nimmt nach LANGBEIN (1974) der Feldspatgehalt zu und erreicht in der Korngröße von 0,04 mm mit 40—50 Vol.-% sein Maximum. Bei weiterer Kornverfeinerung verringern sich die absoluten Mengen an Quarz und Feldspat, und der Illit-Gehalt nimmt zu. Daraus ergibt sich, daß die günstigsten Kaolin-Muttergesteine die nur wenige Toneinlagerungen enthaltenden feinkörnigen Sandsteine und Schluffsteine mit Korngrößen < 0,1 mm sind.

Die Schichten des Unteren und Mittleren Buntsandsteins treten im östlichen und nördlichen Teil des Thüringer Beckens weiträumig zutage. In Gebieten der tertiären Land-

Tab. 27. Röntgenographisch ermittelte Zusammensetzung der Hauptbestandteile (Masse-%) der Feldspatsande von Neuhaus, Kahla, Blankenhain (Produktion Dezember 1975)

Probe Fraktion (mm)	Kornanteil	Quarz		Feldspat		Kaolinit		Illit/Glimmer	
		a	b	a	b	a	b	a	b
Neuhaus									
< 0,063	12	15	1,8	10	1,2	10	1,2	65	7,8
0,063—0,125	4	30	1,2	30	1,2	5	0,2	30	1,2
0,125—0,25	20	55	11,0	35	7,0	5	1,0	5	1,0
0,25—0,5	39	75	29,2	15	5,9	5	1,9	5	2,0
> 0,5	25	85	21,2	10	2,5	5	1,3	+	
Summe			64,4		17,8		5,6		12,0
Kahla									
< 0,063	3	15	0,4	5	0,2	5	0,2	60	1,8 (Calcit 15)
0,063—0,125	3	60	1,8	35	1,0	5	0,2	+	
0,125—0,25	24	60	14,4	35	8,4	5	1,2	+	
0,25—0,5	53	70	37,1	25	13,3	5	2,6	+	
> 0,5	17	85	14,5	10	1,7	5	0,7	+	
Summe			68,1		24,6		4,9		2
Blankenhain									
< 0,063	5	5	0,2	5	0,2	5	0,2	80	4,0 (Calcit 5)
0,063—0,125	2	50	1,0	35	0,7	10	0,2	5	0,1
0,125—0,25	21	55	11,6	40	8,4	5	1,0	+	
0,25—0,5	54	70	37,8	25	13,5	5	2,7	+	
> 0,5	18	95	17,1	5	0,9	—	—	+	
Summe			67,7		23,7		4,1		4,1

Spalte a — Mineralgehalt der Fraktion
Spalte b — Mineralanteil an der Gesamtprobe

oberflächen sind sie stets mehr oder weniger tiefgründig kaolinisiert. Die Kaoline sind vor allem im Liegenden des Tertiärs gut erhalten, wie z. B. im Weißelsterbecken.

Eine Untersuchung des Mineralbestands der handelsüblichen Feldspatsande von Neuhaus (Neuhaus-Schierschnitz bei Sonneberg), Blankenhain und Kahla (Störr 1966a) ergab die in Tab. 27 zusammengestellten Werte. Die Proben wurden aufgeschlämmt und durch Naßsiebung in die Fraktionen zerlegt. Aus Tab. 27 ist ersichtlich, daß als Tonminerale überwiegend Dreischichtsilikate in Erscheinung treten. Kaolinit ist stets nur in Mengen von ca. 5% beteiligt. Die in den feinen Fraktionen vorkommenden Dreischichtsilikate werden gewöhnlich als Illit bezeichnet. In den untersuchten Proben sind

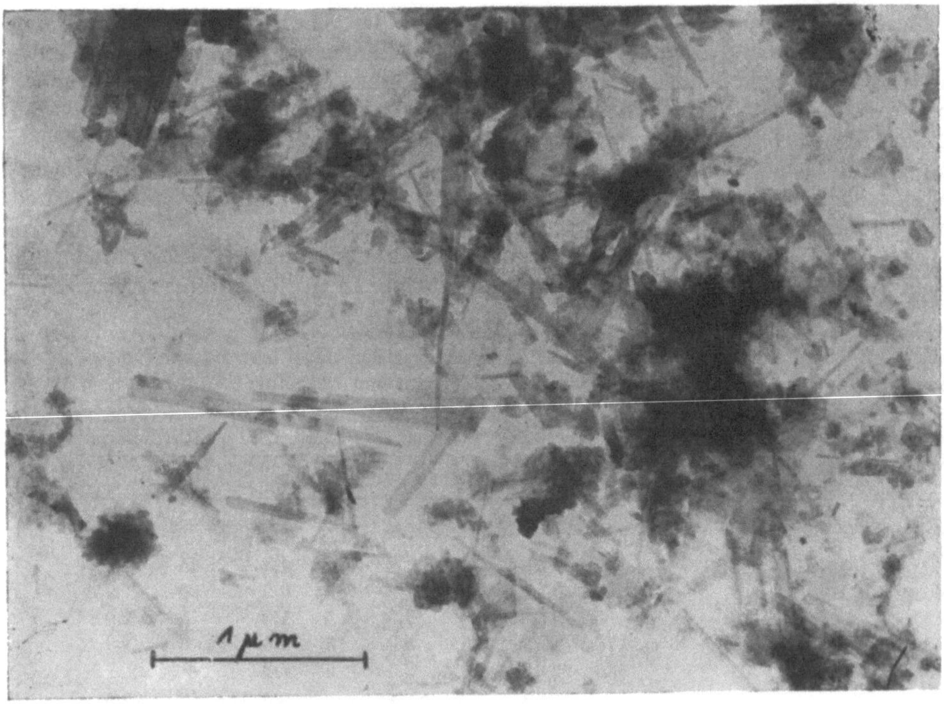

Abb. 46. Elektronenmikroskopische Aufnahme des Mixed-Layer-Minerals aus dem Feldspatsand von Neuhaus

diese Minerale aber — in Übereinstimmung mit Wiegmann, Kranz & Horte (1960) — als Illit-Montmorillonit-Mixed-Layer-Minerale anzusprechen, deren *d*-Werte bei 10,4 Å für den 1. Basisreflex liegen. Der von Wiegmann, Kranz & Horte ermittelte *d*-Wert von 10,13 Å weist auf die Variabilität des Illit-Montmorillonit-Verhältnisses hin. Morphologisch bildet das Mixed-Layer-Mineral langgestreckte Leistchen, zuweilen ist deutlich die Aufspaltung größerer Blättchen in schmale Leistchen zu erkennen (Abb. 46). In allen Sanden wurde neben dem Mixed-Layer-Mineral ein geringer Anteil vollständig quellfähiger Minerale (Montmorillonit?) gefunden. In vielen Proben ist außerdem Calcit enthalten.

Eine ausführliche Diskussion der genetischen Position der im Buntsandstein enthaltenen Minerale ist von Langbein (1970) gegeben. Der Kaolinit kann zum Teil als Folge von Veränderungen des Feldspats angesehen werden, wobei in Bereichen mit Feldspatkarbonatisierung auch Kaolinisierungen des Feldspats gefunden wurden. Weiterhin wurde Kaolinit als Neubildung in Poren und als Verwachsungen mit Glimmer festgestellt. Auf Grund der teilweisen Bildung des Kaolinits in den Feldspäten erklärt sich auch das Vorkommen des Kaolinits in den gröberen Kornfraktionen. Der Umfang der Kaolinitbildung ist jedoch gering, so daß dieser in den Kaolinen keine wesentliche Rolle spielt.

Inwieweit das Mixed-Layer-Mineral in der vorliegenden Form sedimentiert wurde, ist schwer zu sagen. Die Tatsache, daß dieses Mineral in den Toneinlagerungen angereichert ist, deutet allerdings darauf hin, daß der größte Teil detritischer Natur ist.

3.6.2. Kaolinlagerstätte Spergau bei Merseburg

3.6.2.1. Geologische Situation

Die mittelgroße Kaolinlagerstätte Spergau liegt ca. 5 km südöstlich von Merseburg. Das Gebiet der Lagerstätte stellt eine Hochlage der kaolinisierten Arkosen dar. Westlich und nördlich dieser Hochlage wurde der Buntsandstein in 80—90 m Tiefe angetroffen. Wahrscheinlich sind für die Herausbildung der Hochlage tektonische Vorgänge verantwortlich zu machen.

Im abbauwürdigen Teil der Lagerstätte besitzt der Kaolin Mächtigkeiten von 20 m, wovon wegen ungünstiger hydrogeologischer Verhältnisse nur 10—15 m abgebaut werden können. Das Muttergestein ist ein feinkörniger Sand- bis Schluffstein, der nur wenige Tonschichten von einigen cm bis dm Mächtigkeiten enthält. Der Anteil der Tonhorizonte und deren Mächtigkeit nimmt in südlicher Richtung zu, so daß dort illitreiche Kaoline anstehen.

Es können daher zwei Kaolin-Typen unterschieden werden:

Kaolin vom Typ Feinsandstein — tonlagenarm und
Kaolin vom Typ Feinsandstein — tonlagenreich.

Im gegenwärtig aufgeschlossenen Teil der Lagerstätte ist der tonlagenarme Kaolin anstehend, aus ihm wird die beste Schlämmkaolinqualität produziert. Das Streichen und Fallen der Schichten ist infolge tektonischer Beanspruchung wechselhaft. Größere Felder zeigen flaches Einfallen nach S.

Das Deckgebirge besteht aus pleistozänem Geschiebemergel, Sand und Kies, lokal wurden braunkohleführende Sande (Eozän?) angetroffen.

3.6.2.2. Mineralogie des Rohkaolins

Der Rohkaolin vom Typ Feinsandstein (tonlagenarm) enthält $\approx$ 30% Kaolinit und $\approx$ 5% Illit und Glimmer (Tab. 28), die im wesentlichen in der Kornfraktion < 2 µm angereichert sind. Der Quarz ($\approx$ 60%) tritt in nennenswerten Mengen in den Kornfraktionen > 2 µm auf (Tab. 29). Die Korngrößenverteilung zeigt ein Korngrößenminimum im Bereich 2—20 µm (zum Teil bis 63 µm), wodurch ein sehr günstiger Klassiereffekt erreichbar und eine hohe Anreicherung des Feinkorns ($>$ 75%, < 2 µm) im Schlämmkaolin möglich ist.

Der Kaolinit ist im Spergauer Kaolin sehr feinkörnig und zu $>$ 85% in der Kornfraktion < 2 µm angereichert. Sein Kornzahl-Maximum liegt nach Henning (1975) mit 32% im Kornbereich 0—0,4 µm. Der Kaolinit bildet morphologisch gut ausgebildete, scharf begrenzte pseudohexagonale Blättchen, die nur gering gestreckt sind und relativ wenige Verwachsungen zeigen (Abb. 47). Die morphologische Ausbildung des Kaolinits bedingt die günstigen keramischen Eigenschaften (mittlere Trockenbiegefestigkeit und verhältnismäßig hohe Plastizität) des Spergauer Kaolins. In den REM-Aufnahmen findet man nur selten die üblichen Kaolinit-Würmer, größtenteils füllen die Kaolinite die Hohlräume zwischen den Quarzen (Abb. 48).

Tab. 28. Zusammensetzung (Masse-%) des Rohkaolins Typ „Feinsandstein – tonlagenarm" und des Schlämmkaolins von Spergau

	Rohkaolin		Schlämmkaolin
	Probe Sp 1	Probe Sp 2	
Kaolinit	30	32	80
Dreischichtsilikate	5	6	14
Quarz	65	62	6
organische Substanz	0,35	0,41	0,6
SiO_2	81,8	79,9	50,3
Al_2O_3	13,2	14,3	34,0
Fe_2O_3	0,32	0,35	0,75 (max.)
TiO_2	0,26	0,28	0,5
CaO	0,1	0,1	0,3
MgO	0,1	0,1	0,3
K_2O	0,25	0,29	0,7
Na_2O	< 0,1	< 0,1	0,1
Glühverlust	4,3	5,0	12,7
< 2 µm	27,3	28,9	76,0
2–6,3	5,5	4,8	10,3
6,3–20	6,7	5,3	7,7
20–63	12,4	4,2	4,8
63–200	25,9	30,1	1,2
> 200	25,2	26,7	

Von den Glimmermineralen können röntgenographisch Illit und Muskovit unterschieden werden. In den Kornfraktionen < 2 µm sind Basisreflexe mit $d = 10{,}0$ Å vorhanden, die die für Illit übliche Asymmetrie besitzen. Die elektronenmikroskopischen Aufnahmen dagegen zeigen zwei morphologische Ausbildungsformen. In allen Proben finden sich die beschriebenen Mixed-Layer-Mineral-Leistchen und unregelmäßig begrenzte Glimmerblättchen. Daher werden in den Röntgenaufnahmen durch Überlagerung der Basisreflexe das Reflexmaximum bei 10,2–10,4 Å des Mixed-Layer-Minerals durch den stärkeren 10,0 Å-Reflex des Glimmers unterdrückt, so daß nur eine Asymmetrie sichtbar ist. In den gröberen Kornfraktionen ist Muskovit als unregelmäßig begrenzte Blättchen nachweisbar.

Tab. 29. Verteilung der mineralischen Hauptbestandteile von Probe SP 1 (Masse-%)

Fraktion (µm)	Kaolinit		Dreischicht-silikate		Quarz	
	a	b	a	b	a	b
< 2	92	25,1	8	2,2	+	–
2–6,3	58	3,2	15	0,8	27	1,5
6,3–20	27	1,8	10	0,7	63	4,2
20–63	2	0,2	6	0,8	92	11,4
> 63	–	–	5	2,4	95	45,7
Summe		30,3		6,9		62,8

Spalte a = Anteil in der Fraktion
Spalte b = Anteil an der Gesamtprobe

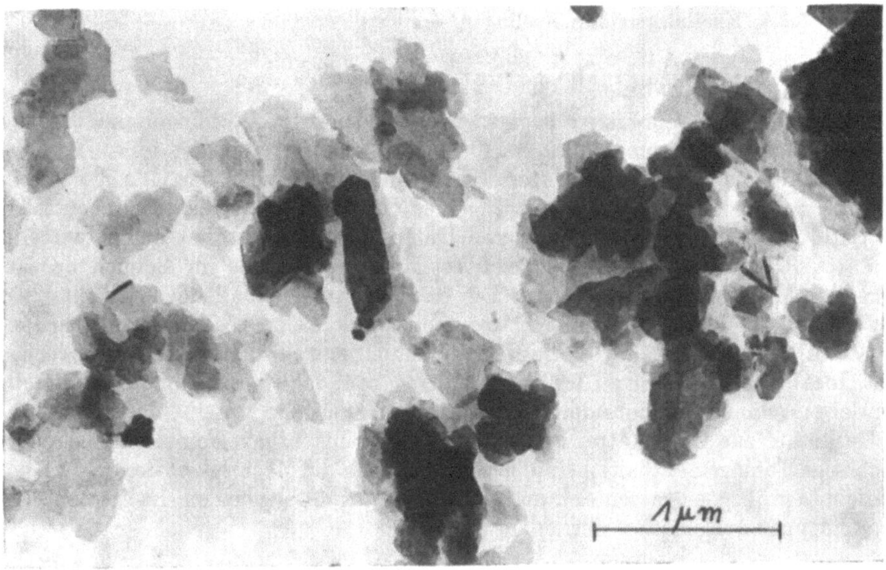

Abb. 47. Elektronenmikroskopische Aufnahme von Kaolinit des Spergauer Kaolins

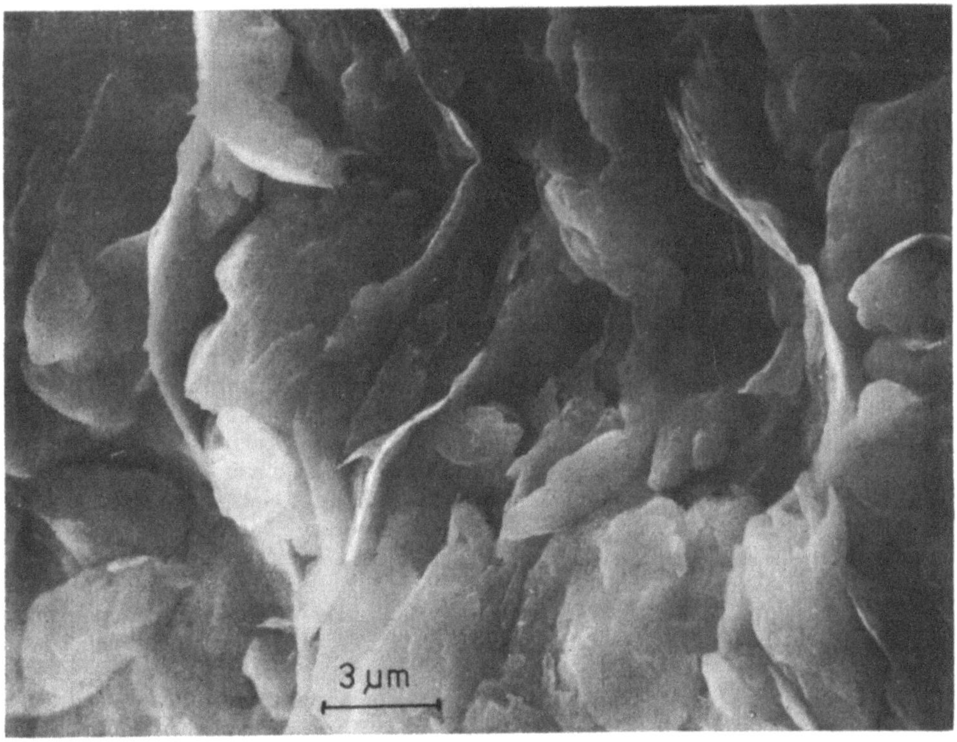

Abb. 48. REM-Aufnahme von Kaolinit des Röblinger Kaolins (Typ Sandstein)

3.6.3. Kaolinlagerstätte Röblingen

3.6.3.1. Geologische Situation

Die Kaolinlagerstätte Röblingen liegt zwischen den Orten Röblingen am See und Teutschenthal, westlich von Halle. Nach Radzinski (1967) beträgt im südöstlichen Harzvorland die Mächtigkeit des Unteren Buntsandsteins etwa 290 m. Als geologisches Strukturelement besitzt im Lagerstättengebiet der NW—SE streichende Teutschenthaler Sattel Bedeutung, dessen Kern von Unterem Buntsandstein gebildet wird. Die Lagerstätte Röblingen liegt an der Südwestflanke des Sattels im Bereich des ausstreichenden Mittleren Buntsandsteins. Die flach nach SW einfallenden Schichten sind etwa 6—12 m tief kaolinisiert. Die Primärgesteine sind eine Wechselfolge von Sandstein, Schluffstein und Ton, wobei die Mächtigkeit der einzelnen Horizonte sehr wechselhaft ist. In Abb. 49 ist ein Profil des Kaolins angegeben, das etwa die mittleren Mächtigkeiten der einzelnen Horizonte der Lagerstätte widerspiegelt.

Im Gegensatz zur Lagerstätte Spergau, wo in dem mächtigen Feinsandstein nur geringmächtige Tonlagen enthalten sind, ist in Röblingen die Mächtigkeit der Schluff- und Tonhorizonte größer; sie lassen sich makroskopisch gut unterscheiden. Es können daher drei Kaolintypen ausgehalten werden:

Kaolin vom Typ Sandstein,
Kaolin vom Typ Schluffstein,
Kaolin vom Typ Ton.

Im Hangenden des Kaolins lagern eozäne und oligozäne Sedimente (Braunkohle, Sande, Tone) sowie pleistozäne Schichten (Kies, Geschiebemergel, Löß). Zwischen Kaolin und Braunkohle ist meist eine unterschiedlich mächtige Feinsandschicht gelagert.

3.6.3.2. Mineralogie des Rohkaolins

Die mineralischen Hauptbestandteile des Röblinger Kaolins sind Kaolinit, Dreischichtsilikate und Quarz; die unterschiedlichen Kaolintypen sind durch die Anteile der Hauptbestandteile charakterisiert [in Masse-%]:

	Kaolinit	Dreischicht-silikate	Quarz
Kaolin Typ Sandstein	25	5	70
Kaolin Typ Schluffstein	50	15	35
Kaolin Typ Ton	50—60	30	10

Die Korngrößenverteilung der Kaoline spiegelt die Art des Primärgesteins deutlich wider (Tab. 30). Die ehemaligen Sandsteine besitzen in den Kornfraktionen 63—630 µm Anteile von > 50%, die Schluffsteine 15—35% und die Tone < 5%. Die aufbereitungstechnisch günstigste Kornverteilung haben — wie schon in Spergau — die Kaoline vom Typ Sandstein; sie zeigen in den Kornfraktionen 2—63 µm ein ausgeprägtes Minimum. Die Kaolintypen Schluffstein und Ton dagegen enthalten relativ hohe Kornanteile im Bereich 2—63 µm, wodurch die Trennschärfe der Hydrozyklonklassierung stark herabgesetzt wird. Wie die Untersuchung der Mineralverteilung in den Fraktionen ergab (Tab. 31), weisen auch die Kornfraktionen 2—63 µm überwiegend Kaolinit und Dreischichtsilikate auf. Ein großer Teil dieser Phasen bildet in diesen Fraktionen schwer zerlegbare Aggregate und Verwachsungen. Diese wurden bisher noch nicht näher untersucht.

Der Kaolinit der Sandsteinkaoline entspricht dem von Spergau. In den Kaolinen der Typen Ton und Schluffstein sind, nach den elektronenmikroskopischen Aufnahmen zu urteilen, mehr Kaolinitverwachsungen enthalten.

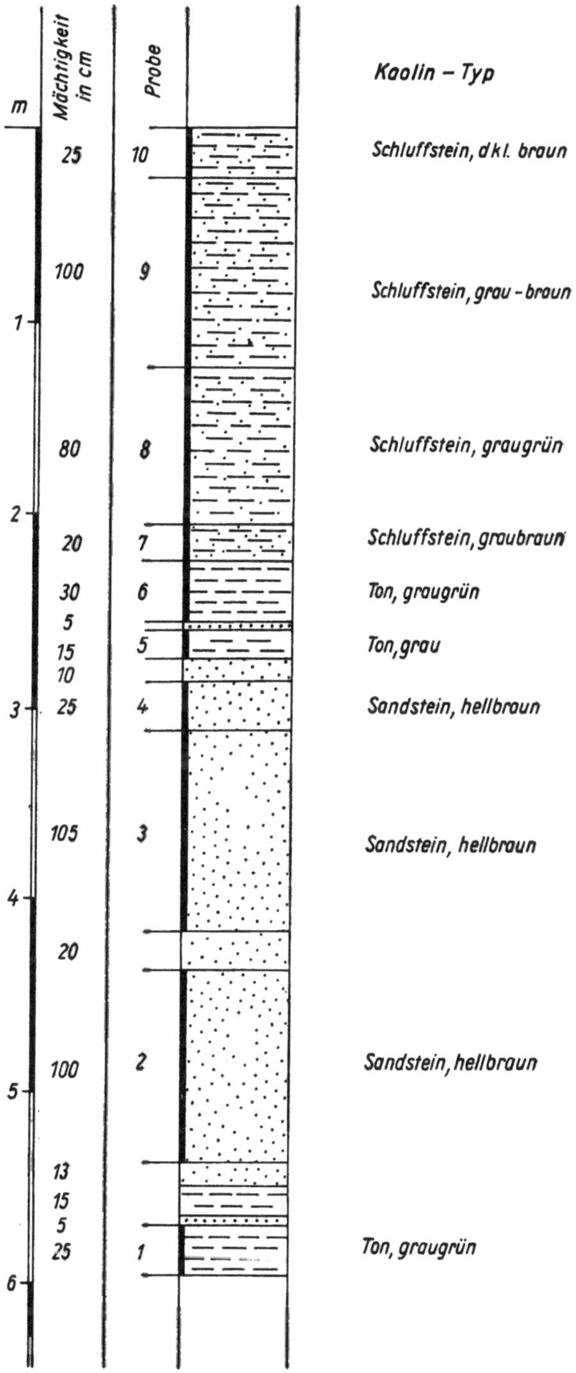

Abb. 49. Schematisches Profil des Kaolins von Röblingen nach Aufnahmen von Schwerdtner. Aufschlußstand 1971

Tab. 30. Korngrößenverteilung und Mineralbestand der Rohkaoline von Spergau. Die Proben entsprechen den im Profil (Abb. 59) beschriebenen

Probe	Kornanteile in den Fraktionen (μm)							Mineral-bestand			Kaolin Typ
	< 2	2–6,3	6,3–20	20–63	63–200	200–630	> 630	K	DS	Q	
Rö 10	48,4	14,5	11,8	10,8	13,2	1,3	—	58	16	25	Schluff-
Rö 9	38,0	15,5	8,7	6,0	24,5	7,4	0,1	49	10	39	stein
Rö 8	40,6	20,8	10,1	11,8	16,4	0,3	—	51	14	35	
Rö 7	41,1	20,3	4,0	10,4	24,0	0,2	—	50	15	35	
Rö 6	40,6	23,2	21,6	10,2	3,4	1,0	—	63	28	9	Ton
Rö 5	38,9	22,0	17,9	15,9	5,1	0,2	—	60	29	11	
Rö 4	15,1	3,1	1,4	4,8	28,4	46,9	0,3	17	+	83	Sand-
Rö 3	25,8	8,8	2,4	5,8	26,9	29,3	1,0	26	5	70	stein
Rö 2	25,2	7,7	2,4	5,4	28,1	30,5	0,7	25	5	70	
Rö 1	34,4	21,6	16,7	14,3	11,3	2,0	—	50	30	20	Ton

K — Kaolinit; DS — Dreischichtsilikate; Q — Quarz

Bei den Dreischichtsilikaten sind wie im Spergauer Kaolin unregelmäßig begrenzte, in den Kornfraktionen > 2 μm angereicherte Muskovite mit 2 M-Struktur nach Yoder & Eugster (1955) und die leistchenförmigen Mixed-Layer-Minerale der Kornfraktion < 2 μm (Abb. 50) zu unterscheiden. Letztere sind in den Tonhorizonten stark angereichert. Die Basisreflexe sind variabel und bewegen sich von $d = 10{,}0$ Å (asymmetrisch) bis 10,4 Å (Probe Rö 8). Sie besitzen 1 Md-Struktur und entsprechen den primären Mixed-Layer-Mineralen. Der Quarz tritt in den Korngrößen > 2 μm in Erscheinung und ist in den Fraktionen > 20 μm aller Kaolintypen überwiegender Hauptbestandteil. Deshalb kann er durch die Klassierung weitgehend ausgetragen werden.

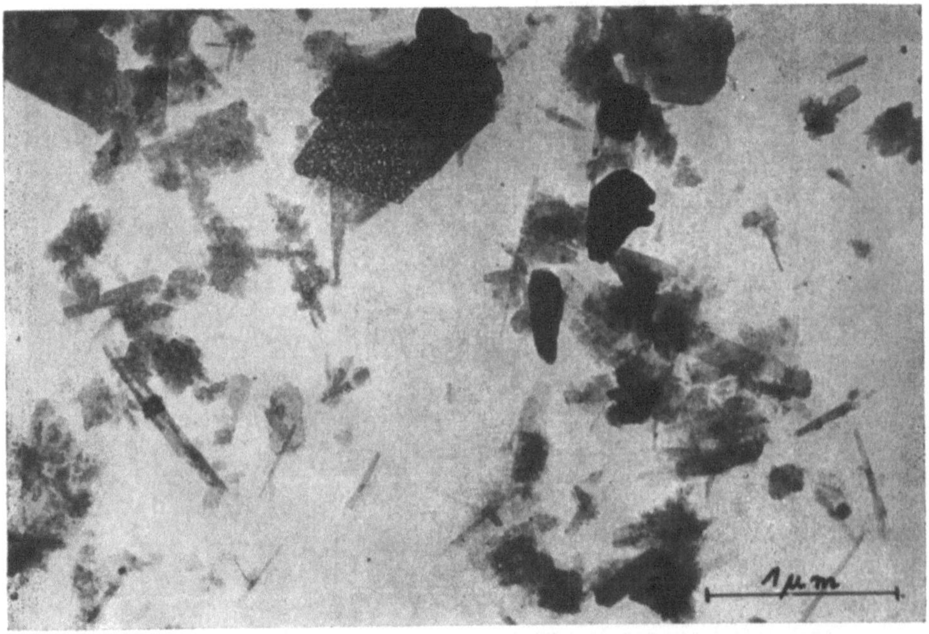

Abb. 50. Elektronenmikroskopische Aufnahme von Mixed-Layer-Mineral und Kaolinit des Röblinger Kaolins (Typ Ton)

Tab. 31. Zusammensetzung der Fraktionen des Kaolins von Röblingen

Probe Rö 1 (Kaolin Typ Ton)

	< 2 µm		2–6,3 µm		6,3–20 µm		20–63 µm		63–200 µm	
	a	b	a	b	a	b	a	b	a	b
Kornanteil		34,4		21,6		16,7		14,3		11,3
Kaolinit	60	20,6	70	15,1	60	10,0	25	3,6	8	0,9
Quarz	—	—	+	+	10	1,7	63	9,0	82	9,3
Dreischicht-silikate	40	13,8	30	6,5	30	5,0	12	1,7	10	1,1
Al_2O_3	38,51	13,2	35,81	8,4	34,12	5,2	15,82	2,3	7,52	0,85
Fe_2O_3	1,20	0,41	1,15	0,25	1,06	0,18	0,52	0,07	0,28	0,03
TiO_2	1,78	0,61	1,17	0,25	1,42	0,24	0,84	0,12	0,17	0,02
K_2O	2,64	0,70	1,90	0,41	2,21	0,37	1,00	0,14	0,92	0,10

Probe Rö 6 (Kaolin Typ Ton)

	< 2 µm		2–6,3 µm		6,3–20 µm		20–36 µm		36–200 µm	
	a	b	a	b	a	b	a	b	a	b
Kornanteil		40,6		23,2		21,6		10,2		3,4
Kaolinit	65	26,4	70	16,2	58	12,5	32	3,4	+	
Quarz	—	—	+	+	12	2,6	48	4,9	90	3,1
Dreischicht-silikate	35	14,2	30	7,0	30	6,5	20	2,0	10	0,3
Al_2O_3	35,16	14,2	35,34	8,2	34,52	7,45	21,75	2,2	n. b.	—
Fe_2O_3	1,39	0,57	1,50	0,35	1,61	0,35	0,97	0,10	n. b.	—
TiO_2	1,87	0,76	1,14	0,27	1,40	0,30	1,37	0,14	n. b.	—
K_2O	2,48	1,01	2,41	0,56	2,42	0,52	1,73	0,18	n. b.	—

Probe Rö 3 (Kaolin Typ Sandstein)

	< 2 µm		2–6,3 µm		6,3–20 µm		20–63 µm		63–200 µm	
	a	b	a	b	a	b	a	b	a	b
Kornanteil		25,8		8,8		2,4		5,8		26,9
Kaolinit	85	21,9	80	7,0	32	0,8	+		—	
Quarz	—		6	0,5	50	1,2	88	5,1	98	26,4
Dreischicht-silikate	15	3,9	15	1,3	18	0,4	12	0,7	+	0,5
Al_2O_3	36,41		34,16		n. b.	—	n. b.	—	0,19	
Fe_2O_3	0,58		0,61		0,40		0,21		0,1	
TiO_2	0,20		0,37		0,68		0,59		0,13	
K_2O	0,61		0,63		n. b.		n. b.		0,10	

Probe Schlämmkaolin Röblingen

	< 2 µm		2–6,3 µm		6,3–20 µm		> 20 µm		Gesamtprobe
	a	b	a	b	a	b	a	b	
Kornanteil		62,1		24,0		13,3		0,6	
Kaolinit	85	52,8	88	21,1	75	10,0	+	+	83,9
Quarz	—	—	2	0,5	8	1,0	85	0,5	2,0
Dreischicht-silikate	15	9,3	10	2,4	15	2,0	15	0,1	10,5
Al_2O_3	36,7	22,8	36,3	8,7	33,4	4,4	n. b.	—	35,9
Fe_2O_3	0,81	0,5	0,76	0,18	0,92	0,12	n. b.	—	0,80
TiO_2	0,80	0,5	0,68	0,16	0,93	0,12	n. b.	—	0,78
K_2O	0,95	0,59	0,95	0,24	1,44	0,19	1,53	0,01	1,03
Glühverlust	13,3	8,4	13,1	3,1	11,6	1,5	n. b.	—	13,0

Fortsetzung Tabelle 31.

Probe Rö 8 (Kaolin Typ Schluffstein)	< 2 µm		2–6,3 µm		6,3–20 µm		20–63 µm		63–200 µm	
	a	b	a	b	a	b	a	b	a	b
Kornanteil		40,6		20,8		10,1		11,8		16,4
Kaolinit	83	33,6	75	15,6	57	5,8	15	1,8	+	+
Quarz	—	—	9	1,9	18	1,8	77	9,1	95	15,6
Dreischicht-silikate	15	6,5	15	3,3	25	2,5	8	0,9	5	0,8
Al_2O_3	35,47	14,4	36,43	7,6	32,28	3,4	9,46	1,1	1,88	0,31
Fe_2O_3	0,89	0,36	0,94	0,20	1,22	0,12	0,36	0,04	0,16	0,03
TiO_2	0,84	0,34	0,54	0,12	1,21	0,12	0,94	0,11	0,13	0,02
K_2O	0,85	0,34	0,88	0,18	2,00	0,20	0,57	0,07	0,43	0,07

Probe Rö 10 (Kaolin Typ Schluffstein)	< 2 µm		2–6,3 µm		6,3–20 µm		20–63 µm		63–200 µm	
	a	b	a	b	a	b	a	b	a	b
Kornanteil		48,4		14,5		11,8		10,8		13,2
Kaolinit	85	41,0	82	11,7	69	8,2	15	1,6	—	—
Quarz	—	—	+		12	1,4	77	8,3	95	12,6
Dreischicht-silikate	15	7,3	20	2,8	20	2,2	8	0,9	5	0,6
Al_2O_3	36,47	17,7	36,44	5,3	34,59	4,1	9,73	1,1	2,54	0,35
Fe_2O_3	0,88	0,42	0,92	0,13	1,11	0,13	0,33	0,04	0,12	0,02
TiO_2	1,10	0,53	1,30	0,19	1,65	0,20	1,23	0,13	0,11	0,01
K_2O	0,83	0,35	1,18	0,17	1,70	0,20	0,63	0,07	0,39	0,05

Spalte a – Anteil in der Fraktion; Spalte b – Anteil an der Gesamtprobe

3.6.4. Mineralverteilung in den Lagerstätten Spergau und Röblingen

Die Veränderungen des Mineralbestands in den Buntsandstein-Kaolinlagerstätten sind in erster Linie vom Verhältnis der primären Sand-, Schluff- und Tonhorizonte abhängig. Eine Zonierung des Kaolinprofils in Dreischichtsilikat-Zone und Kaolinit-Zone ist bei den aufgeschlossenen Lagerstättenteilen nicht zu beobachten.

Nach den bisherigen Untersuchungen zu urteilen, ändert sich die Zusammensetzung der Kaoline innerhalb einer Schicht in der Horizontalen nicht wesentlich, so daß die stärkste Differenzierung im Stoffbestand nur im vertikalen Wechsel verschiedener Kaolintypen zu verzeichnen ist.

Wird davon ausgegangen, daß aus den Sandsteinkaolinen die besten Schlämmkaoline gewonnen werden, dann wird mit zunehmendem Anteil von Schluff-, besonders aber Tonkaolin die Qualität verschlechtert (höhere Gehalte an Schadstoffen und Dreischichtsilikaten). Durch die Zunahme des Anteils an Dreischichtsilikaten wird der Glühverlust vermindert. Im Al_2O_3-Gehalt drückt sich diese Veränderung nicht merklich aus, weil diese Dreischichtsilikate einen Al_2O_3-Gehalt von $\approx 35\%$ besitzen.

In der Lagerstätte Spergau werden zwei Kaolintypen unterschieden, die über größere Lagerstättenbereiche relativ gleichartig ausgebildet sind. Die Untersuchung kleintechnisch aufbereiteter Bohr- und Bemusterungsproben ergeben folgenden Stoffbestand [in Masse-%]:

	Kaolinit	Dreischicht-silikate	Quarz
Kaolin Typ Sandstein tonlagenarm	74–92	4–14	3–12
Kaolin Typ Sandstein tonlagenreich	38–63	24–36	9–26

Für die Lagerstätte Röblingen ist eine Wechsellagerung mächtiger kaolinisierter Sandstein-, Schluffstein- und Tonhorizonte kennzeichnend. Infolge des gemeinsamen Abbaus aller drei Kaolintypen ist die Qualität des Schlämmkaolins in erster Linie vom Mächtigkeitsverhältnis der Schichten im Abbauprofil abhängig. Da die Mächtigkeit der einzelnen Schichten in der Horizontalen wechselt, tritt in der Zusammensetzung des Schlämmkaolins mit fortschreitendem Abbau eine Veränderung ein.

Von Bedeutung für den Röblinger Kaolin ist der höhere Gehalt an Schadstoffen und Dreischichtsilikaten im Schlämmkaolin. Die Schadstoffgehalte in den drei Kaolintypen sind unterschiedlich [in Masse-%]:

	Fe_2O_3	TiO_2
Kaolin Typ Sandstein	0,3	0,2
Kaolin Typ Schluffstein	0,7–0,8	0,8–1,1
Kaolin Typ Ton	0,9–1,5	1,2–1,5
Schlämmkaolin	0,8	0,8

Hinsichtlich der Verteilung der Schadstoffe in den Kornfraktionen (Tab. 31) bestehen jedoch keine wesentlichen Unterschiede zwischen den untersuchten Kaolintypen. Eine Ausnahme bildet lediglich die Verteilung des TiO_2 im Sandsteinkaolin (Tab. 32). Generell ist die Hauptmenge der Schadstoffe in der Kornfraktion $< 2\ \mu m$ enthalten. In den gröberen Fraktionen nehmen die Anteile ab. Das Eisen ist fixiert im Mixed-Layer-Mineral, in der organischen Substanz (Fe-Humat) oder in Eisenmineralen. Nach Angaben von WIEGMANN, KRANZ & HORTE (1960) enthält das Mixed-Layer-Mineral des Neuhäuser Sandes ca. 2% Fe_2O_3 und das des Seilitzer Kaolins 2,4%. Auf der Basis dieser Werte kann geschlossen werden, daß 40–50% des Fe_2O_3 der Fraktion $< 2\ \mu m$ bzw. ca. 25% des Gesamteisens an die Mixed-Layer-Minerale gebunden ist. Die Eisenminerale aus den Kaolinen von Spergau und Röblingen sind von ZWAHR & STÖRR (1981) untersucht worden und werden in Abschn. 4.4. behandelt.

Das TiO_2 liegt hauptsächlich als Anatas und untergeordnet als Rutil vor, nach LANGBEIN (1970) sind beide Minerale als authigen anzusprechen. Die Verteilung ist ähnlich wie die des Fe_2O_3, und die Hauptmenge, ca. 50% des Gesamt-TiO_2-Gehalts, ist in der Kornfraktion $< 2\ \mu m$ angereichert.

Tab. 32. Prozentuale Verteilung der Schadstoffe in den Fraktionen im Verhältnis zum Gesamtgehalt der Kaoline

Kaolintyp	Schadstoff	Schadstoffverteilung (%) in den Kornfraktionen (μm) < 2	2–6,3	6,3–20	20–63	> 63
Sandstein	Fe_2O_3	60	20	4	4	12
	TiO_2	28	22	10	17	23
Schluffstein	Fe_2O_3	52	22	17	5	4
	TiO_2	49	17	18	14	2
Ton	Fe_2O_3	43	26	22	7	2
	TiO_2	50	19	20	9	2
Schlämmkaolin	Fe_2O_3	63	22	15	–	–
	TiO_2	64	20	16	–	–

3.6.5. Bemerkungen zur Mineralgenese

Als durch die Kaolinisierung hervorgebrachte Neubildung ist mit Sicherheit nur der Kaolinit anzusprechen, der in der Hauptsache aus Feldspat, vorwiegend Orthoklas, entstand.

Die Mixed-Layer-Minerale der Kaoline können als aus Muttergestein ererbte Phasen aufgefaßt werden, wobei sie sehr wahrscheinlich als triassisches oder älteres Verwitterungsprodukt anzusehen sind. Die Muskovite sind Verwitterungsreste, wobei der 2 M-Strukturtyp auf die Hochtemperaturmodifikation hinweist. Demnach kann die Hauptmenge des Muskovits primär aus Granitoiden, Metamorphiten und anderen abgeleitet werden. In untergeordneter Menge sind sicherlich auch die von Langbein (1970) festgestellten Glimmerneubildungen vorhanden. Der im Primärgestein enthaltene Biotit ist vollständig kaolinisiert. Der Muskovit ist im Kaolinisierungsprozeß relativ resistent und bleibt im wesentlichen erhalten. Das Mixed-Layer-Mineral wird teilweise abgebaut und zu Kaolinit umgesetzt. Darauf weisen die hohen Kaolinit-Gehalte der kaolinisierten Tone hin.

Anzeichen einer Zonierung des Kaolinprofils, wie sie von den Kaolinen auf Porphyren, Granodioriten und anderen her bekannt sind, wurden in den aufgeschlossenen Teilen der Lagerstätten Spergau und Röblingen nicht bemerkt. Untersuchungen von Bohrproben aus dem Erkundungsprogramm Merseburg (Störr 1968b) ergaben lediglich, daß in einigen Proben aus tieferen Profilteilen, die nennenswerte Anteile Feldspat enthielten, noch 14 Å-Chlorit in Mengen bis ca. 25% auftritt, der wahrscheinlich ebenfalls als Verwitterungsrest anzusprechen ist.

3.7. Kaoline auf Grauwacken (Espenhain, Cunnersdorf, Schwepnitz) und Tonschiefern des Görlitzer Schiefergebirges

3.7.1. Grauwackenkaoline

Kaolinisierte Grauwacken sind in Nordwestsachsen und in der Lausitz flächenhaft verbreitet. Gegenwärtig wird nur der Grauwackenkaolin von Cunnersdorf bei Kamenz in geringem Umfang für die Herstellung grobkeramischer Erzeugnisse genutzt.

In Nordwestsachsen sind vorzugsweise jungproterozoische Grauwacken der nordwestsächsischen Hochscholle kaolinisiert, die im Liegenden der Tertiärsedimente des Weißelsterbeckens erhalten geblieben sind (Wagenbreth 1958). Die Kaoline besitzen nach Bellmann (1973, 1975) Mächtigkeiten von 60—90 m. Sie sind im Braunkohlentagebau Espenhain aufgeschlossen, wo sie direkt unter dem Bornaer Hauptflöz (Flöz II) anstehen. Die Primärgesteine sind nach Sehm (1974) (Nomenklatur von Konta) als grauwackensandiger Schieferton bis tonige Grauwacke anzusprechen, deren Mineralbestand von Bellmann (1975), wie folgt, angegeben wird: Muskovit/Illit (26—34%), Chlorit (4—14%), Quarz (28—30%), Kalifeldspat ($\approx$ 10%) und Plagioklas (9—21%).

Im aufgeschlossenen Kaolin lassen sich sehr gut die primären feinkörnigen Grauwacken (Probe Esp 1, Esp 2), die mit Tonschiefern (Probe Esp 3) wechsellagern, unterscheiden (Tab. 33). Charakteristisch für den Mineralbestand dieser Kaoline ist der hohe Anteil Illit/Muskovit neben Kaolinit (Bellmann, Schwerdtner & Störr 1976). Die Feldspäte und der Chlorit sind vollständig kaolinisiert. Der Glimmer ist Verwitterungsrest, wobei wahrscheinlich ein Teil davon in Kaolinit umgesetzt ist. Dafür sprechen die relativ großen Kaolinitschüppchen, die hin und wieder mit Glimmer verwachsen sind. Die Verteilung des Mineralbestands in den Kornfraktionen (Tab. 34) läßt den relativ hohen Anteil grobschuppigen Kaolinits in den Kornfraktionen $> 6{,}3\ \mu m$ erkennen.

Tab. 33. Zusammensetzung von Grauwacken-Rohkaolinen (Masse-%)

	Schwep 3	Cun 4	Cun 5	Esp 1	Esp 2	Esp 3
Kaolinit	35	35	30	44	40	51
Illit/Glimmer	27	29	28	26	27	45
Montmorin	+	+	10	n. n.	n. n.	n. n.
Quarz	34	32	30	20	30	3
Siderit	n. n.	n. n.	+	≈ 9	≈ 2	≈ 1
Anatas	≈ 1	≈ 1	≈ 1	≈ 1	≈ 1,5	≈ 1
SiO_2	59,62	59,50	56,95	56,0		
Al_2O_3	24,30	24,47	22,59	22,9		
Fe_2O_3	2,45	1,87	6,75	6,7		
TiO_2	1,13	1,16	1,08	1,2		
CaO	0,97	0,70	0,88	0,8		
MgO	0,56	0,44	0,32	0,5		
Na_2O	0,04	0,08	0,04	0,05		
K_2O	3,05	3,80	2,54	3,2		
Glühverlust	7,80	6,90	8,40	9,0		
< 2 µm	18,6	16,4	8,6	26,7	23,5	46,6
2–6,3	20,2	28,0	18,1	30,1	30,2	36,4
6,3–20	11,9	21,8	17,9	12,4	17,0	10,7
20–63	18,6	16,9	17,6	12,2	15,1	5,4
63–200	17,0	11,2	25,0	11,3	11,2	0,6
200–630	9,8	4,9	12,4	6,3	2,8	0,2
630–2000	3,4	0,7	0,4	0,4	0,1	0,1
> 2000	0,5	0,1	–	0,7	0,1	–

Probe Schwep 3 – weißer Grauwackenkaolin, Schwepnitz, Bohrung 5/61
Probe Cun 4 – weißgrauer Grauwackenkaolin, Grube Cunnersdorf, Baggerschnitt oben (1970)
Probe Esp 1 – brauner Grauwackenkaolin, Tagebau Espenhain (1972)
Probe Esp 2 – grauer Grauwackenkaolin, Tagebau Espenhain (1972)
Probe Esp 3 – grauer Tonschieferkaolin, Tagebau Espenhain (1972)
Probe Cun 5 – graubrauner Grauwackenkaolin, Grube Cunnersdorf, Baggerschnitt unten (1970)

Bemerkenswert ist das Auftreten größerer Sideritanteile im Kaolin, der nach Bellmann & Rösler (1974) in Form von Konkretionen von 0,1 mm–1 m ⌀ und in gangähnlicher Form auftritt. Die Sideritbildung wird von den Autoren im Zusammenhang mit der Kaolinisierung gesehen.

Tab. 34. Mineralverteilung in den Fraktionen des Grauwackenkaolins Probe Esp 1

Fraktion (µm)	Kornanteil	Kaolinit		Muskovit/Illit		Quarz		Siderit	
		a	b	a	b	a	b	a	b
< 2	26,7	62	16,6	38	10,1	–	–	–	–
2–6,3	30,1	64	18,3	36	10,8	–	–	–	–
6,3–11,2	9,9	60	5,9	30	3,0	6	0,6	+	+
11,2–20	2,5	52	1,3	24	0,6	18	0,5	+	+
20–63	12,2	18	2,2	8	1,0	46	5,6	28	3,4
63–200	11,3	–	–	–	–	73	8,2	27	3,1
200–630	6,2	–	–	–	–	75	4,6	25	1,6
> 630	1,1	–	–	–	–	70	0,8	30	0,3

Spalte a – Anteil in der Fraktion in Masse-%
Spalte b – Anteil in der Gesamtsubstanz in Masse-%

Die Grauwackenkaoline der Radeburg-Kamenzer-Grauwackeneinheit entsprechen im stofflichen Aufbau generell denen von Nordwestsachsen (Tab. 33). Auch hier ist der Anteil von Glimmer/Illit relativ hoch. Die Hauptmenge des Eisens liegt in hydroxidischer Bindung vor, Siderit ist nur wenig enthalten. Erwähnenswert ist das Auftreten von vollständig quellfähigen „Montmorin-Mineralen" (LASCH 1970). Nach LANDGRAF (1958) ist das jungproterozoische Primärgestein ähnlich wie in Nordwestsachsen als Wechsellagerung von körnigen Grauwacken mit Grauwackenschiefern ausgebildet. Die körnige Grauwacke enthält im Mittel 66 Vol.-% Grundmasse, vorwiegend aus Hell- und Dunkelglimmern sowie Chlorit bestehend, und 34 Vol.-% Körner > 20 µm, die überwiegend aus Quarz (12 Vol.-%), Feldspat (8 Vol.-%) und Gesteinsfragmenten (41 Vol.-%) zusammengesetzt sind. Es ist wahrscheinlich, daß das „Montmorin-Mineral" ein Abbauprodukt der Dunkelglimmer ist, genaue Aussagen sind jedoch derzeitig nicht möglich.

3.7.2. Kaolinisierte Tonschiefer des Görlitzer Schiefergebirges

Die kaolinisierten paläozoischen Tonschiefer des Görlitzer Schiefergebirges sind von LASCH (1970) mineralogisch bearbeitet worden. Sie sind dadurch gekennzeichnet, daß sie einen hohen Gehalt an Illit/Muskovit enthalten, der meist höher als der des Kaolinits ist (Tab. 35). Da nach STARKE (1970) die unverwitterten paläozoischen Tonschiefer neben Glimmer und Quarz vor allem Chlorite enthalten, ist anzunehmen, daß der Kaolinit vorzugsweise aus den primären Chloriten gebildet wurde. Die Gehalte an Fe_2O_3 sind meist > 2% und als Siderit, Hämatit und Fe-Hydroxide fixiert. Die Mächtigkeit der Kaolinisierungszone ist fast immer gering und überschreitet selten 15 m. Wegen des hohen Glimmergehalts sind die kaolinisierten Schiefer nur für bau- und grobkeramische Produkte verwendbar.

Tab. 35. Mineralbestand kaolinisierter paläozoischer Schiefer in der Lausitz (nach LASCH 1970)

	Kaolinit	Quarz	Muskovit/ Illit
Rotliegendes	30	37	39
	35	25	42
Oberdevon	24	30	43
	18	20	43
Silur	11	47	43
	5	23	74
Ordovizium	64	24	13

3.8. Weitere Kaolinvorkommen

In den bisherigen Abschnitten sind die wichtigsten Kaoline, insbesondere auch die vorhandenen genetischen Typen einzelner geologischer Einheiten behandelt worden. Innerhalb des Kaolinverbreitungsgebiets existieren außer den beschriebenen noch weitere erkundete Lagerstätten oder bekannte Vorkommen, von denen die meisten im Abschn. 3.1. genannt sind. Einige Angaben scheinen noch von folgenden Kaolinen sinnvoll:

- Kaolin von Aue
- Granulitkaolin von Aitzendorf
- präcenomane Kaoline des Elbtalgebiets und
- präoberwestfalische Kaoline von Zwickau.

3.8.1. Kaolin von Aue/Erzgebirge

Aus der Kaolinlagerstätte von Aue wurde von 1709/1710 bis 1855 die Meißner Porzellanmanufaktur mit Rohstoff versorgt. Während dieser Zeit sind aus der kleinen Lagerstätte ca. 3200 t reiner Kaolin gefördert worden, der in zwei Lagern im oberen Bereich einer kleinen Granitaufragung vorkam. Eine moderne ausführliche Darstellung der geologischen Verhältnisse und deren Interpretation ist von WAGENBRETH (1978) vorgenommen worden. Der Autor kommt zu dem Schluß, daß die Kaolinisierung des pegmatitischen Granits (Stockscheider) postmagmatisch-hydrothermal erfolgte, ähnlich wie bereits STUTZER (1905) folgerte. Rasterelektronenmikroskopische Gefügeuntersuchungen von KELLER (1978) und LANGE (1978) gestatten keine sichere Aussage. Auf das Problem der hydrothermalen Kaolinisierung wird im Abschnitt 3.9. eingegangen.

Nach der Förderung aus der Grube wurden aus dem Rohkaolin die im Stockscheider enthaltenen groben Quarze und andere nichtkaolinisierte Bestandteile (zum Teil Feldspäte, Glimmer) ausgeklaubt, so daß ein verhältnismäßig „reiner Kaolin" (Ausbringen 20—25%) gewonnen wurde, der im wesentlichen stückige Pseudomorphosen von Kaolinit nach Feldspat darstellte. Dieses Rohmaterial wurde vor der Verarbeitung in der Meißner Manufaktur aufgeschlämmt und weiter gereinigt.

Tab. 36. Zusammensetzung des Kaolins von Aue (Masse-%)

	KIRSCH (1955)	
Kaolinit	> 90	
Glimmer/Illit	< 10	
Quarz	+	
	BERTHIER (1823)	STUTZER (1905)
SiO_2	43,6	48,98
Al_2O_3	37,7	37,01
Fe_2O_3	1,5	0,71
TiO_2	n. b.	0,03
CaO	n. b.	0,24
MgO	n. b.	0,41
K_2O	n. b.	n. b.
Na_2O	n. b.	n. b.
Glühverlust	12,6	12,50

Mineralogische Untersuchungen des Schlämmkaolins liegen von KIRSCH (1955) vor, und eigene Untersuchungen wurden an ausgelesenen kaolinisierten Feldspäten vorgenommen (Tab. 36). Die chemischen Analysen zeigen relativ gute Übereinstimmung. Das K_2O ist an Glimmer gebunden, und das Fe_2O_3 liegt als Hämatit vor, wodurch die zartrosa Farbe des Kaolins bedingt wird (Brennfarbe weiß). Die grobstückige Ausbildung des Kaolins und der hohe Kaolinitgehalt lassen erkennen, daß der Schlämmkaolin über Jahrzehnte eine konstante Qualität hatte, so lange die kaolinisierten Stockscheider abgebaut wurden. In Zusammenhang mit den hydrothermalen Eisenerzgängen stehende Eisenverunreinigungen konnten offenbar ausgeklaubt werden.

3.8.2. Granulit-Kaolin von Aitzendorf bei Geringswalde

Aus Granulit entstandene Kaoline sind im Sächsischen Granulitgebirge von mehreren Lokalitäten bekannt: Aitzendorf, Callenberg, Mittweida, Röhrsdorf. Angaben zumRöhrsdorfer Vorkommen macht Behr (1964).

Die Untersuchungsergebnisse des bis vor wenigen Jahren abgebauten Kaolins von Aitzendorf sollen im folgenden dargelegt werden. Das Primärgestein ist ein feinkörniger, schiefrig-plattiger Granulit, der aus Quarz, Orthoklas, Mikroklin und nur sehr wenig Plagioklas besteht. Aus dem aufgeschlossenen 8 m mächtigen Profil wurden 1969 drei Proben entnommen: Probe Aitz 1, Grubensohle; Aitz 2, Baggerschnitt Mitte; Aitz 3, Baggerschnitt oben. Der mit der Teufe abnehmende Kaolinisierungsgrad ist im zunehmenden Glimmer- bzw. K_2O-Gehalt deutlich sichtbar (Tab. 37). Der Kaolinit bildet scharf begrenzte, pseudohexagonale Kriställchen, die nur wenig zu Verwachsungen neigen. Die Glimmer-Minerale liegen als Hellglimmer (2-M-Typ) in den Fraktionen $> 6{,}3\ \mu m$ (Verwitterungsreste) und als Illit (1-Md-Typ) in den Tonfraktionen (Verwitterungsneubildungen) vor. In Probe Aitz 1 tritt vornehmlich ein Illit-Montmorillonit-Mixed-Layer-Mineral mit $d_{(001)} = 10{,}5$ Å auf, das im Elektronenmikroskop die bekannte leistchenförmige Absonderung zeigt.

Tab. 37. Zusammensetzung der Rohkaoline und Kornfraktionen $< 2\ \mu m$ des Granulitkaolins von Aitzendorf bei Geringswalde (Masse-%)

	Aitz 1		Aitz 2		Aitz 3	
	ges. Probe	Fraktion $< 2\ \mu m$	ges. Probe	Fraktion $< 2\ \mu m$	ges. Probe	Fraktion $< 2\ \mu m$
Kaolinit	10	45	35	80	40	90
Illit/Glimmer	15	55	5–10	20	≈ 5	10
Quarz	75	–	65	–	52	–
SiO_2		48,45		48,29		46,34
Al_2O_3		33,41		35,12		36,16
Fe_2O_3		1,00		0,70		0,99
TiO_2		0,89		0,33		0,37
CaO		0,88		0,70		0,61
MgO		0,54		0,31		0,25
Na_2O		0,02		0,01		0,01
K_2O		3,40		1,52		0,77
Glühverlust		10,74		12,42		13,57
$< 2\ \mu m$	8,1		13,9		31,0	
2–6,3	6,1		13,2		10,2	
6,3–20	5,3		8,7		7,9	
20–63	2,3		6,2		9,8	
63–200	2,7		4,9		16,2	
200–630	13,9		36,3		21,4	
630–2000	38,1		16,7		3,4	
> 2000	23,5		0,1		0,1	

Probe Aitz 1 – Kaolin, dunkelgrau, Grubensohle
Probe Aitz 2 – Kaolin, grau, Baggerschnitt Mitte
Probe Aitz 3 – Kaolin, grau, Baggerschnitt oben

3.3.3. Präcenomane Kaoline des Elbtalgebiets und des östlichen Erzgebirges

Die präcenomane Verwitterungskruste wurde von PIETZSCH (1913) als „Rotlehm" beschrieben. Neuere Untersuchungen sind insbesondere aus bodenkundlicher Sicht publiziert worden (unter anderen BLANCK & MELVILLE 1940/1941; NEBE 1961; WÜNSCHE & NEBE 1965). Aus den von RUCHHOLZ (1975) vorgenommenen tonmineralogischen Untersuchungen verschiedener Profile geht die kaolinitische Natur der Verwitterung eindeutig hervor (STÖRR & RUCHHOLZ 1975). Die Verbreitung der Verwitterungsbildungen ist eng an die Oberkreidesedimente Sachsens und der nördlichen ČSSR gebunden (Abb. 51).

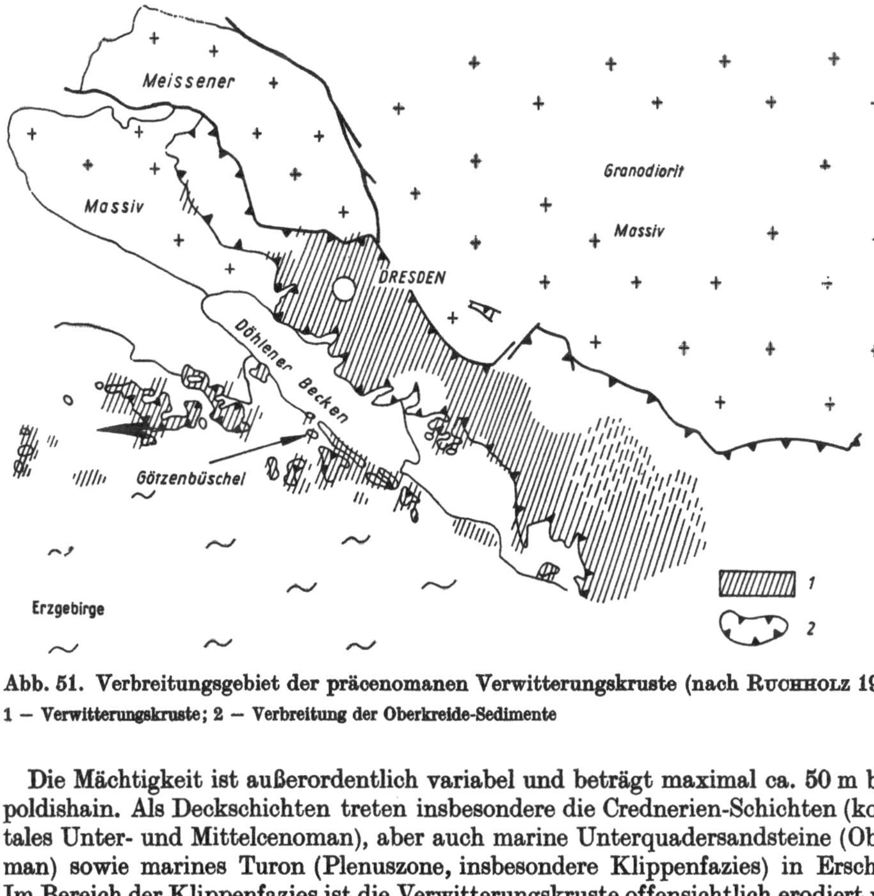

Abb. 51. Verbreitungsgebiet der präcenomanen Verwitterungskruste (nach RUCHHOLZ 1975)
1 – Verwitterungskruste; 2 – Verbreitung der Oberkreide-Sedimente

Die Mächtigkeit ist außerordentlich variabel und beträgt maximal ca. 50 m bei Leupoldishain. Als Deckschichten treten insbesondere die Crednerien-Schichten (kontinentales Unter- und Mittelcenoman), aber auch marine Unterquadersandsteine (Obercenoman) sowie marines Turon (Plenuszone, insbesondere Klippenfazies) in Erscheinung. Im Bereich der Klippenfazies ist die Verwitterungskruste offensichtlich erodiert worden, und es treten lediglich Rotfärbungen des festen Gesteins in Erscheinung.

Als Primärgesteine treten auf: Freiberger Gneis, Biotitgranit, Syenodiorit, Turmalingranit, Quarzporphyr, Diabase, Diabastuffe und proterozoische Grauwacken. Im allgemeinen ist der größte Teil der Verwitterungsprofile kräftig rot gefärbt, nur der oberste Profilteil (meist < 1 m bis maximal 6 m) ist gebleicht. Die typischen Neubildungen der Verwitterungskrusten sind Kaolinit, verhältnismäßig wenig Illit oder quellfähige Dreischichtsilikate und vereinzelt geringe Anteile von Al-Hydroxyden (Gibbsit und Diaspor). Letztere wurden im Verwitterungsprofil auf Biotitgranit vom Bahratal in geringen Mengen festgestellt (RUCHHOLZ 1975).

Das gut aufgeschlossene Profil im Liegenden der Unterquader vom Götzenbüschel bei Rabenau zeigt die in Tab. 38 zusammengestellte Entwicklung, aus der die kaolinitische Natur hervorgeht.

Die präcenomanen Kaoline wurden nur in geringem Umfang für die Ziegelproduktion abgebaut.

Tab. 38. Zusammensetzung der verwitterten Gesteine von „Götzenbüschel" bei Rabenau (chemische Zusammensetzung nach BLANCK & MELVILLE 1940/41)

	Gneis (%)	1 (%)	2 (%)	3 (%)	4 (%)	5 (%)	6 (%)
SiO_2	71,41	58,2	62,98	60,14	62,30	64,35	64,28
TiO_2	0,63	n. dtm	0,75	0,91	0,95	1,02	0,99
Al_2O_3	12,00	19,8	19,57	20,02	19,95	23,40	23,96
Fe_2O_3	4,58	10,7	7,98	7,72	5,85	1,21	1,05
CaO	1,15	0,3	0,35	0,90	0,55		
MgO	2,41	1,0	0,45	0,51	0,46	0,29	0,27
K_2O	2,82	0,9	0,30	0,46	0,52	0,56	0,56
Na_2O	3,05	0,1		0,05	0,07	0,20	0,09
H_2O	0,97	7,4	7,32	7,96	7,58	8,40	8,62
Kaolinit	—	45—50	45—50	50	50	60	60
Muskovit	—	10	5	5	5	5	5
Biotit	—	—	—	—	—	—	—
Quarz	n. b.	30	35	30	30	30	30
Orthoklas	n. b.	+	+	—	—	—	—
Plagioklas	n. b.	—	—	—	—	—	—
Hämatit	n. b.	8	7	7	6	1	1

3.8.4. Kaolinitische Verwitterungskruste im Liegenden des Westfal D von Zwickau

Die Phyllite des Grundgebirges im Liegenden des steinkohlenführenden Westfal D von Zwickau sind im Bereich des ehemaligen Martin-Hoop-Schachts kaolinisiert. Dieser Nachweis gelang auf Grund tonmineralogischer Untersuchungen zweier Profile mit nachstehender Abfolge (LUCKERT 1977):

— Westfal D (Brekzie, Silt- und Tonstein, Steinkohle)
— blaßgrauer, gebleichter Phyllit (verwittert)
— grünlichgrauer Phyllit (wenig oder nicht verwittert).

Der grünlichgraue Phyllit enthält als Hauptbestandteile Muskovit, Chlorit, Quarz und untergeordnet Feldspat sowie wenig Kaolinit. Im verwitterten, im allgemeinen etwas mürben Phyllit wird auf Kosten des Chlorits und Feldspats Kaolinit gebildet, der Glimmer bleibt weitgehend erhalten. Der Hauptteil des Verwitterungsprofils wird vom roten, verwitterten Phyllit gebildet, die aufgeschlossenen Teile lassen auf eine Mächtigkeit von > 10 m schließen. Die obersten 2—3 m des Profils sind gebleicht, und der hellgraue Phyllit enthält stellenweise reichlich Sideritanreicherungen. Sehr wahrscheinlich besteht der sichtbare Einfluß der sauren Steinkohlenmoorwässer in der Reduktion des Eisens und der Ausfällung als Siderit. An der Gesamtstoffbilanz haben sich keine merklichen Verschiebungen ergeben (Tab. 39).

Die oberkarbonischen Sedimente, sowohl die phyllitgeröllführenden Brekzien und Konglomerate als auch die Silt- und Tonsteine, enthalten Chlorit neben Muskovit, Quarz und geringen Mengen Kaolinit. Hieraus wird sichtbar, daß in den Basissedimenten einmal kaolinisierter, zum anderen nicht kaolinisierter Phyllit enthalten ist. Gleichzeitig belegt die Erhaltung des Chlorits in den Oberkarbonsedimenten, daß die Kohlemoore die Kaolinisierung des liegenden Phyllits nicht bedingten, sondern diese war offensichtlich bereits vor Ablagerung des Westphal D vor sich gegangen.

Tab. 39. Chemische Zusammensetzung und Spurenelementgehalte des Verwitterungsprofils und der oberkarbonischen Deckschichten von Zwickau (Zw.)

	Zw. 1 grünlicher Phyllit	Zw. 2 roter Phyllit	Zw. 4 gebleichter Phyllit	Zw. 9 gebleichter Phyllit	Zw. 9c Siltstein	Zw. 15 Brekzie
Fe_2O_3	4,98	5,93	6,20	4,47	6,65	14, 01
TiO_2	0,32	0,43	0,40	0,36	1,20	3,90
CaO	0,27	0,13	0,26	0,16	0,14	0,32
MgO	1,44	0,46	0,68	0,51	1,39	0,95
K_2O	3,26	3,98	5,32	4,67	2,65	3,34
Na_2O	0,58	0,96	1,15	0,82	0,30	0,71
V	100	90	100	110	180	140
Mo	< 2	< 2	< 2	< 2	10	< 2
Ni	37	20	20	24	330	140
Co	7	15	20	7	$\gg 100$	40
Sr	90	100	120	950	140	100
Mn	480	250	900	450	750	2300
Cu	80	130	$\gg 200$	85	$\gg 200$	70
Ba	300	550	650	650	700	550
B	< 90	< 90	< 90	< 90	< 90	< 90
Be	4	3	< 3	< 3	6	< 3
Zr	180	180	140	110	190	320
Pb	< 50	< 50	< 50	< 50	< 50	< 20

4. MINERALOGISCHE ASPEKTE DER GEWINNUNG UND VEREDELUNG DER KAOLINE

4.1. Überblick über die Gewinnungs- und Veredelungstechnologie

4.1.1. Die Rohkaolingewinnung

Als Bedingungen für die Rohkaolingewinnung sind folgende natürliche Faktoren anzusehen (Störr & Schwerdtner 1974):

- Oberflächennähe der Lagerstätten als Bildungen einer fossilen Landoberfläche mit einer ausgeprägten flächenhaften Ausdehnung der Lagerstätten. Das Verhältnis horizontaler zu vertikaler Dimension variiert zwischen 10:1 und 50:1. Das Verhältnis von Deckschichten zu nutzbarem Kaolin liegt zwischen 0,2:1 und 5:1.
- Die Deckschichten bestehen aus tertiären und pleistozänen Lockergesteinen mit günstigen bodenmechanischen Eigenschaften und guter Lösbarkeit mittels Eimerketten- bzw. Universalbagger.
- Die hydrogeologische Situation ist im allgemeinen relativ unkompliziert, da mächtige bzw. durchgehende wasserleitende Schichten fehlen.

Auf Grund der geologischen Bedingungen kann die Rohkaolingewinnung prinzipiell im Tagebaubetrieb erfolgen. Von den ursprünglich bevorzugten Tiefbaubetrieben, in denen die qualitativ günstigsten Partien abgebaut werden, ist gegenwärtig nur noch die

Grube in Seilitz in Betrieb. Der in den fünfziger Jahren erfolgte Übergang zum Tagebaubetrieb ermöglichte bei geringeren Kosten eine wesentlich höhere Produktivität und eine bedeutende Verminderung der Abbauverluste. Neben diesen Vorteilen erbringt die Tagebautechnologie auch einige Probleme (Schwerdtner, Franz & Störr 1975). Der kontinuierliche Abbau wird durch Aufragungen nichtkaolinisierter Partien — sogenannte Liegendrücken — gestört, wodurch z. B. in den Lagerstätten Glückauf oder Gröppendorf mehrere Abbaubereiche entstehen. Ein weiteres Problem liegt in der Zonierung des Kaolinprofils und in der wechselnden Verteilung der Kaolintypen in einigen Lagerstätten. Der ehemalige Tiefbau beschränkte sich auf die gewünschten Bereiche, während im Tagebau ein Aushalten spezieller Partien komplizierter ist. Es machen sich daher auf den stofflichen Aufbau der Lagerstätte eingestellte Homogenisierungen erforderlich. Bewährt hat sich die Kombination Eimerkettenbagger (gleichmäßiger Abbau über einen größeren Profilbereich), Zwischenhalde (Ausgleich mehrerer Abbauorte über einen längeren Zeitraum) und Taks mit Rührwerken zur Homogenisierung der Schlämmkaolinsuspension. In einigen Tagebauen wird noch selektiver Abbau von Kaolinen spezieller Eigenschaften betrieben.

Für die Rohstoffgewinnung im Tagebau und für den Transport des Rohkaolins zur Schlämmerei werden folgende Gerätekombinationen eingesetzt:

Eimerkettenbagger / Bandstraße
Eimerkettenbagger / Kippfahrzeuge
Löffelbagger / Aufgabegerät / Bandstraße
Eimerkettenbagger / Feldbahn
Löffelbagger / Feldbahn
Schaufelradbagger / Bandstraße.

Je nach Mächtigkeit des Kaolinlagers erfolgt der Abbau in mehreren Schnitten bis zu 12 m Höhe. Für die Abraumbeseitigung wird prinzipiell die gleiche Technologie benutzt.

In der Vergangenheit dominierte der Tiefbaubetrieb (Schächte und Stollen), der durch die relativ gute Standfestigkeit des normal durchfeuchteten Rohkaolins erleichtert wurde. Der Abbau erfolgt heute in Seilitz im Pfeiler-Bruchbau mit planmäßigem Zubruchgehen des Hangenden. Die Gewinnung des Rohstoffs geschieht in einzelnen Abbauscheiben vom Hangenden zum Liegenden im Rückbau (Abbaurichtung von der Feldgrenze zum Schacht hin). Die Förderleistung beträgt gegenwärtig um 5 t pro Hauer und Schicht.

4.1.2. Die Aufbereitung und Veredelung der Kaoline

Die übliche Kaolinaufbereitung in der DDR ist darauf ausgerichtet, die je nach Typ zwischen 30 und 60% liegenden Tonmineralgehalte vom Rest — dem Quarz — abzutrennen. Dabei spiegeln sich in den geschlämmten Kaolinen in vollem Umfang die lagerstättenspezifischen Besonderheiten wider. In den vergangenen Jahren wurden deshalb, um Qualitätsänderungen zu begegnen, verschiedene Maßnahmen realisiert und eine zunehmende Standardisierung erreicht (Bautze & Schwerdtner 1972; Störr & Schwerdtner 1971). Zu nennen sind vor allem verstärkte Homogenisierung während der Gewinnung, gezielte Mischung von Kaolinen aus verschiedenen Abbauorten, selektiver Abbau und anderes.

Eine weitere Entwicklungsrichtung ist die zunehmende Veredelung der Kaoline, um durch spezielle Behandlungen (chemische Bleichung, HGM-Scheidung, Desaggregation) bestimmte Eigenschaften zu erzielen (vgl. Abschn. 4.4., 4.5., 4.6.).

Die übliche Aufbereitung wird durch mehrere Verfahrensstufen realisiert (Abb. 52).

— Aufgabe: Dosierung des vorzerkleinerten Rohkaolins mittels Kastenbeschicker zur Erzielung eines möglichst gleichmäßigen Gutstroms.

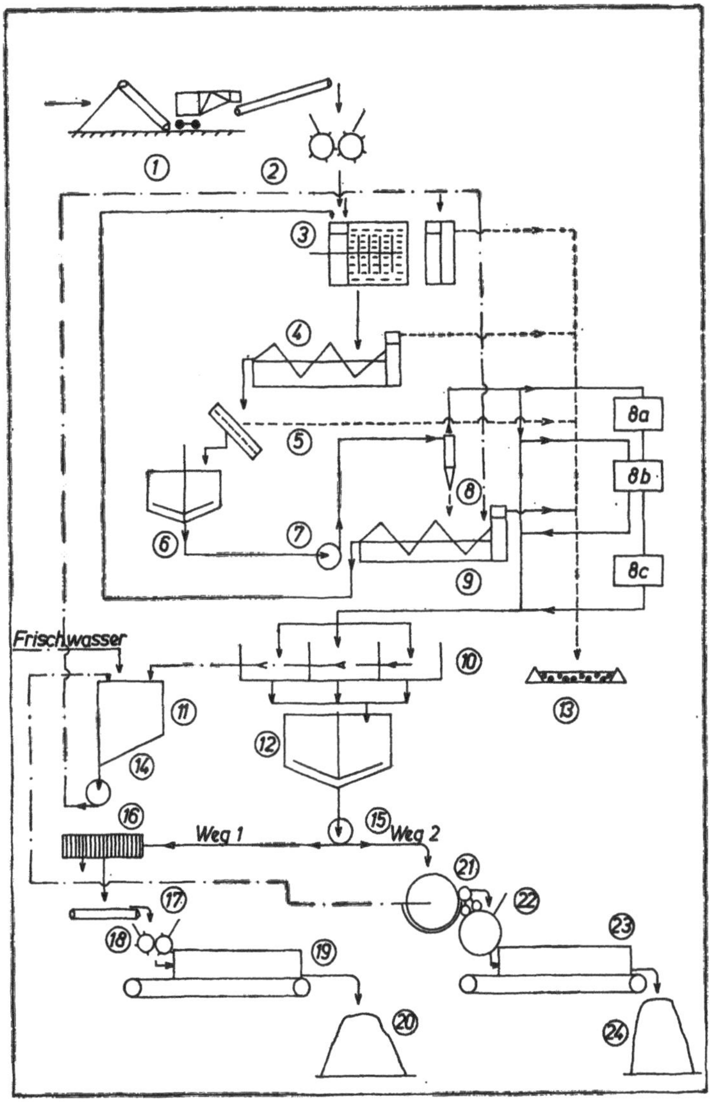

Abb. 52. Stammbaum einer Kaolinaufbereitung

1 – Grabenbunker bzw. Vorratshalde mit Rohkaolinaufnahme durch Eimerkettenbagger; 2 – Brecher für den Winterbetrieb, Kastenbeschicker für Sommerbetrieb; 3 – Läuterwäscheneinheit mit Grobsandwäsche; 4 – Sandfang- bzw. Schraubenklassierer; 5 – Schutzsieb (Plansieb, Bogensieb, Vibrosieb); 6 – Pumpensumpf mit Rührwerk; 7 – Zentrifugaldickstoffpumpe; 8 – Hydrozyklonbatterie: 8a – Dekanter, 8b – Bleichung, 8c – Zentrifugaleindicker; 9 – Sandfang bzw. Schluffnachwäsche; 10 – Sedimentationsraum; 11 – Aufschlußwasserbassin und Pumpensumpf; 12 – Homogenisierungsrührwerk; 13 – Bergehalde (Transport durch Bänder, Mammutpumpen); 14 – Aufschlußwasser-Zentrifugalpumpe; 15 – Massepumpe; 16 – mechanisierte Kammerfilterpresse (hochgestellt); 17 – Gurtförderer; 18 – Schnitzelgerät für Preßkuchen; 19 – Bandtrockner; 20 – Lagerraum bzw. Hochbunker für Fertigproduktion; 21 – Drehzellenvakuumfilter; 22 – Außenrillentrockenwalze; 23 – Bandtrockner; 24 – Lagerraum bzw. Hochbunker für Fertigproduktion

- Aufschluß: Dispergierung des Rohkaolins, Überführung des Materials in eine Suspension (Läuterwäsche, Grobsandwäsche).
- Klassierung: Sie erfolgt über die Stufen Grobsandwäsche (Abtrennung des Korns > 0,5 mm), Feinsandwäsche (Spiralklassierer, Austrag des Korns > 0,1 mm) und Hydrozyklone mit Trenngrößen $d \approx 10-40\ \mu m$ und zum Teil mehrstufig.
- Entwässerung: Zu unterscheiden ist zwischen Absetzen der Teilchen durch Einwirken der Schwerkraft in Sedimentationsbassins (Zonen-Sedimentation) und Filtration der eingedickten Suspensionen mittels Druckfiltration (Filterpressen) oder Vakuumfiltration (Drehzellenfilter).
- Trocknung: Bandtrockner, seltener Kanaltrockner.
- Lagerung: Der getrocknete Kaolin wird in Bunkern zwischengelagert und gelangt als Stückenkaolin (< 15% Restfeuchte) oder Mahlkaolin (< 5% bzw. < 1% Restfeuchte) zum Versand.

4.2. Beziehungen zwischen Lagerstättengenese, Rohkaolin und Schlämmkaolin

Im allgemeinen spiegeln sich die genetisch bedingten Besonderheiten in der Ausbildung des Rohkaolins und je nach Art der Gewinnung und Veredelung auch mehr oder weniger stark im Schlämmkaolin wider. Im folgenden Abschnitt sollen die wichtigsten Zusammenhänge behandelt werden.

Der Einfluß des Muttergesteins auf die Zusammensetzung der Kaoline ist von erstrangiger Bedeutung. Die Porphyr- und Pechstein-Kaoline zeigen folgende Spezifitäten:

- Diese Kaoline enthalten Mixed-Layer-Minerale in unterschiedlicher Menge, die vollständig im Schlämmkaolin angereichert werden.
- Der Kaolinit ist mittelkörnig, d_m liegt zwischen 2 und 3 µm, daher kommt ein bedeutender Teil in den Korngrößen > 2 µm vor.
- Der feinstkörnige Quarz der Porphyrgrundmasse kann je nach Klassierung bis zu 20% des Schlämmkaolins ausmachen.
- Die TiO_2-Gehalte sind im Muttergestein sehr klein, weswegen die Schlämmkaoline, in denen sich Anatas sowie Rutil anreichern, meist nur 0,2% TiO_2 enthalten.
- Das Eisen liegt im Porphyr überwiegend als freie Phasen vor, es wird im Kaolinisierungsprozeß weitgehend entfernt, wenn nur wenig Dreischichtsilikate gebildet werden (Kemmlitzer Porphyr, Dobritzer Quarzporphyr). Entstehen größere Dreischichtsilikatanteile, so wird ein entsprechender Teil des Eisens in deren Gitter eingebaut (Ignimbrit, Pechstein).
- Das Korngrößenminimum liegt in der Fraktion 6,3—20 µm. Daher sind im Schlämmkaolin relativ hohe Anteile der Korngröße 2—6,3 µm und nur zwischen 40 und 50% der Fraktion < 2 µm enthalten.

Die Granodioritkaoline besitzen verschiedene Besonderheiten:

- Der grobkörnige Quarz wird durch die Klassierung vollständig ausgetragen, so daß der Schlämmkaolin > 95% Tonminerale enthält.
- Der Kaolinit entsteht aus Kalifeldspat (feinkörniger Kaolinit), Plagioklas (mittelkörnige Kaolinitaggregate) und Biotit (gröbere Verwachsungen, möglicherweise mit reliktischem Glimmer).
- Das Korngrößenminimum liegt im Rohkaolin im Körnungsbereich 63—200 µm. Die feineren Fraktionen sind in etwa gleichen Anteilen enthalten, so daß auch im Schlämmkaolin (hydrozyklonklassiert) verhältnismäßig hohe Anteile der Fraktionen > 2 µm auftreten.
- Der recht hohe TiO_2-Gehalt des Granodiorits von 0,5—1,0% liegt im Kaolin vornehmlich als Anatas vor und reichert sich in den Kornklassen < 20 µm und damit im Schlämmkaolin an.
- Das Eisen wird im Kaolinisierungsprozeß teils im Siderit gebunden, teils verbleicht es als kleine Aufwachsungen im Kaolinit (Pseudomorphosen von Kaolinit nach Biotit). Der relativ grobkörnige Siderit wird durch die Klassierung im wesentlichen ausgetragen, der Fe-haltige Kaolinit nur teilweise, daher enthält der Schlämmkaolin noch ca. 1,2% Fe_2O_3.
- Quellfähige Dreischichtsilikate werden nur in untergeordneter Menge gebildet, die im Kaolinisierungsprozeß vergleichsweise früh abgebaut werden, so daß die Schlämmkaoline frei davon sind.

Die Buntsandsteinkaoline besitzen folgende Charakteristika: Primärgesteine waren Sand- und Schluffstein bzw. Ton. Die entsprechenden Kaolintypen zeigen eine ganz charakteristische Zusammensetzung (Tab. 40). Je nach Anteil der Kaolintypen in dem Abbauprofil ist der Schlämmkaolin zusammengesetzt. Aus Sandsteinkaolin kann der günstigste Schlämmkaolin gewonnen werden, kaolinitreich und schadstoffarm. Mit Zunahme des Schluff- und Tonkaolins nimmt der Dreischicht- und Schadstoffgehalt zu. Der Quarz ist im allgemeinen grobkörnig genug, so daß er bis auf ca. 5% durch die Klassierung ausgetragen wird.

Tab. 40. Zusammensetzung der Buntsandsteinkaolintypen (Masse-%)

Typ	Kaolinit	DS-Silikat	Quarz	Fe_2O_3	TiO_2
Sandstein	25	≈ 5	70	≈ 0,3	≈ 0,2
Schluffstein	50	15	35	0,7–0,8	0,8–1,1
Ton	50–60	30	10	0,9–1,5	1,2–1,5

Die Zonierung der Kaolinprofile hat insofern einen wesentlichen Einfluß auf die Schlämmkaoline, als sich der Stoffbestand im Profil von oben nach unten signifikant ändern kann. Bei den Porphyrkaolinen sind die Änderungen am geringsten. Sie sind generell kaolinitreich und Mixed-Layer-Mineral-arm. Die Ignimbritkaoline besitzen eine mächtige Mixed-Layer-Mineral-reiche Zone und zumeist eine nur recht geringmächtige Kaolinitzone. Ähnlich ist es beim Pechstein und beim Glimmerporphyrit, die sehr Mixed-Layer-Mineral-reiche Kaoline hervorbringen. Diese Verhältnisse üben einen wesentlichen Einfluß auf die Qualitätskonstanz der Schlämmkaoline aus. So besitzen die aus Kaolin vom Typ Kemmlitzer Porphyr gewonnenen Schlämmkaoline (Wolfka, BZ, Meka, Oka) oder der Salzmünder Kaolin eine sehr gute Gleichförmigkeit, während die aus Ignimbrit- oder Pechsteinkaolin erzeugten Schlämmkaoline eine größere Varianz aufweisen. Die gewünschte Qualitätskonstanz zu erreichen erfordert wesentlich höheren Aufwand der Kontrolle und Homogenisierung während der Gewinnung und Aufbereitung.

Beim Buntsandsteinkaolin macht sich die Zonierung des Kaolinprofils weniger bemerkbar, da, wie oben ausgeführt, bereits die einzelnen wechsellagernden Schichten große Differenzierungen im Stoffbestand aufweisen. Vom Granodioritkaolin kann für die Schlämmkaolinherstellung nur die Kaolinitzone genutzt werden, weil in der Dreischichtsilikatzone noch hohe Anteile unvollständig abgebauter Biotite und zum Teil Fe-reiche quellfähige Dreischichtsilikate vorkommen.

Eine große Bedeutung für die Lagerstättennutzung haben die postgenetischen sekundären Veränderungen der Kaoline insbesondere durch die Deckschichten bzw. durch die exogenen oxydativen oder reduktiven Beeinflussungen.

Die organische Substanz ist in Zusammenhang mit der Braunkohlenbildung bzw. aus der überlagernden Braunkohle in den Kaolin als kolloide Lösung migriert. Wird der Kaolin von tertiären Schichten bedeckt, so ist der Gehalt an organischer Substanz im oberen Profilteil am höchsten und nimmt nach unten ab. Sind keine Tertiärschichten auf dem Kaolin vorhanden und die Lagerstätte befindet sich im Bereich der Grundwassersickerzone, so wird die organische Substanz oxydiert oder ausgelaugt. In diesen Fällen enthält der obere Teil des Kaolinprofils die geringsten Gehalte an organischer Substanz. Letzteres ist von Bedeutung für die Gewinnung von hochweißen Kaolinen, die nur wenig stark färbende organische Substanz führen dürfen.

Von Braunkohle bedeckte Kaoline enthalten oft merkliche Anteile Pyrit, der verhältnismäßig leicht verwittert, so daß bei längerer Einwirkung oxydierender Bedingungen sekundäre Sulfate ausgeschieden werden können bzw. ein erhöhter Sulfationengehalt entsteht.

Im oxydierenden Milieu werden auch andere unbeständige Fe-Phasen, vor allem Siderit, abgebaut, und es entstehen insbesondere Goethit oder Lepidokrokit. Sind die Kaoline von Geschiebemergel oder Löß überdeckt, so findet man sehr häufig eingeschlämmten Goethit auf Klüften bis zu 10 m tief im Kaolin. Da diese sekundären Fe-Ausscheidungen sehr feinkörnig sind, beeinträchtigen sie den Schadstoffgehalt des Schlämmkaolins oder die Sulfationen wirken sich ungünstig auf die Rheologie aus.

Die genannten mit Migrationen zusammenhängenden Substanzbeeinflussungen sind natürlich von der Permeabilität der Kaoline abhängig. Daher sind kaolinitische Kaoline vollständiger beeinflußt als Mixed-Layer-Mineral-reiche, die sehr viel weniger permeabel sind.

4.3. Zum Einfluß des Mineralbestands auf die Entwässerungseigenschaften der Kaoline (Sedimentation, Filtration)

Nach der Klassierung enthalten die Suspensionen im allgemeinen zwischen 5—10 Masse-% Feststoff bzw. 90—95 Masse-% Wasser. Dieser hohe Wasseranteil soll durch die Entwässerung (Sedimentation, Filtration, Trocknung) bis auf die zulässige Restfeuchte bei möglichst geringen Kosten entfernt werden.

Bezüglich des Einflusses des Mineralbestands auf die Entwässerung erbrachten die bisherigen Untersuchungen folgende Sachverhalte:

- Mit zunehmendem Mixed-Layer-Mineralgehalt des Feststoffs in den Suspensionen sedimentieren diese langsamer, und die Feststoffanreicherung durch die Sedimentation verringert sich. Der Feststoffgehalt des Dickschlamms wird daher mit zunehmendem Mixed-Layer-Mineralgehalt kleiner.
- Die Filtrationseigenschaften verschlechtern sich mit zunehmendem Mixed-Layer-Mineralgehalt, indem die Preßzeiten höher werden oder die Filterleistung zurückgeht. Demnach wird Filtration in Abhängigkeit vom Mixed-Layer-Mineralgehalt der Kaoline in zweifacher Hinsicht beeinflußt:
  - durch den entsprechend dem Mixed-Layer-Anteil erreichbaren Feststoffgehalt der sedimentierten Suspension und
  - durch die vom Mixed-Layer-Anteil bedingte Durchlässigkeit (Permeabilität) der Filterkuchen.

Die thermische Trocknung wird ebenfalls vom Mixed-Layer-Anteil beeinträchtigt. Mit zunehmendem Mixed-Layer-Mineralgehalt nimmt die Trockenzeit für gleich dimensionierte Preßkuchen absolut zu (Wutschka 1967). Hierfür ist die Permeabilität der Filterkuchen und die Bindung des Wassers in den Filterkuchen verantwortlich zu machen. Selbstverständlich spielen bei den einzelnen Prozessen auch andere Faktoren eine Rolle, auf die noch eingegangen wird.

Da die Entwässerung der Suspensionen der kostenaufwendigste Teil der Aufbereitung ist und das Verhalten der Kaoline bisher nur pauschal eingeschätzt werden konnte, wurde eine Serie von Versuchen vorgenommen, die eine theoretische Interpretation der Verhaltensweisen der Kaoline im Hinblick auf die Sedimentation und die Filtration ermöglichen sollen.

4.3.1. Zum Sedimentationsverhalten der Kaoline

4.3.1.1. Allgemeines

In der Aufbereitungstechnik ist es üblich, die Sedimentationsvorgänge von Suspensionen im Schwerkraftfeld wie folgt zu unterteilen (Schubert 1970):

- Sedimentation einzelner Teilchen bzw. Flocken
- Zonen-Sedimentation
- Kompression des Dickschlamms.

Welche von diesen Vorgängen in Suspensionen auftreten, hängt von verschiedenen Faktoren ab:

— Vom Verteilungsgrad des Feststoffs in der Suspension (stoffspezifische Größen, ausdrückbar z. B. in Korngrößenverteilung, spezifischer Oberfläche, Kationenumtauschkapazität),

— von der Feststoffkonzentration in der Suspension,

— von der Art und Größe der Wechselwirkung zwischen den Teilchen. (Hier spielen neben der Ladung der Teilchen besonders das Suspensionsmittel und die in ihm enthaltenen gelösten Ionen oder kolloidal verteilten Stoffe als Dispergierungsmittel, Flockungsmittel oder Schutzkolloide eine bedeutende Rolle; VERWEY & OVERBEEK 1948).

Die genannten Sedimentationstypen charakterisieren das Absetzverhalten der Suspensionen nach ihren phänomenologischen Erscheinungen, die jeweils den Prozeß beherrschen und in technologischer Hinsicht brauchbare Abgrenzungen darstellen. Tatsächlich jedoch sind stets mehrere Vorgänge wirksam, die mehr oder weniger parallel verlaufen und ineinander überleiten.

Die Sedimentation einzelner Teilchen stellt nur einen Sonderfall für weitgehend monodisperse, feststoffarme Suspensionen dar (GESSNER 1931). Bei polydispersen Systemen, wie sie in den Kaolinsuspensionen vorliegen, tritt z. B. Strömungskoagulation in Erscheinung (TOURILLA 1927), die zur Flockenbildung führt, indem sich an gröberen, schneller sinkenden Teilchen feinere anlagern, sobald letztere in den Wirkungsbereich der gröberen gelangen. Solche orthokinetischen Koagulationen wirken sich ganz besonders dann aus, wenn die polydispersen Systeme nur unzureichend peptisiert sind (ROSENTHAL 1964). Die orthokinetische Koagulation leitet über zur Zonen-Sedimentation, bei der die gesamte Suspension mehr oder weniger spontan flockt und sich als „Großflocke“ absetzt. Ob eine Suspension stabil bleibt oder koaguliert, hängt nach FREUNDLICH (1935) in erster Linie von ihrer Peptisierung und der damit verbundenen spezifischen Ausbildung der elektrischen Doppelschicht sowie dem Abstand der Teilchen voneinander ab. Die Zonen-Sedimentation bezieht sich auf geflockte Suspensionen, wobei die Flockung selbst verschiedene Ursachen haben kann (mehrwertige Kationen, H-Ionen, organische Flockungsmittel und andere).

Der als Kompression des Dickschlamms bezeichnete Vorgang beruht vor allem darauf, daß der unterste Teil des Sediments infolge der Auflast des überlagernden Feststoffs zusammengepreßt wird.

Die natürlichen, geschlämmten Kaoline bilden zusammen mit dem Aufbereitungswasser polydisperse geflockte Systeme mit grobdispersen Anteilen (Quarz). Während der in den Betrieben üblichen einphasigen, diskontinuierlichen Sedimentation der Suspensionen treten besonders die Zonen-Sedimentation und die Kompression des Dickschlamms in Erscheinung. Orthokinetische Koagulationen wirken zu Beginn des Prozesses, beeinflussen aber nicht den Gesamtablauf.

Mit Hilfe von Flockungsmitteln ist es möglich, die Zonen-Sedimentation wesentlich zu beschleunigen und damit die Durchsetzleistung um ein Vielfaches gegenüber der „normalen“ Sedimentation zu steigern (unter anderen RAUHE 1963; SCHUBERT 1970). Organische Flockungsmittel werden gegenwärtig in der Kaolin-Industrie besonders bei der Herstellung von solchen Kaolinen angewendet, an die keine extremen Anforderungen hinsichtlich ihrer rheologischen Eigenschaften gestellt werden, z. B. Füllstoffkaoline. Auch in der DDR werden seit einiger Zeit die Füllstoffkaoline geflockt, wobei das angewendete organische Flockungsmittel gleichzeitig als Filtrationsbeschleuniger wirkt, also günstige Effekte hervorruft.

Eine Problematik für die Kaoline der DDR liegt darin, daß sie in Abhängigkeit vom Mineralbestand recht unterschiedliches Sedimentationsverhalten zeigen. Dies betrifft sowohl die Absetzgeschwindigkeit als auch die erreichbare Feststoffanreicherung.

Zur Erkennung des Einflusses des Mineralbestands wurden

- die Phänomenologie des Sedimentationsvorgangs an ausgewählten Kaolintypen ohne Zusatz von Flockungsmitteln in Versuchsreihen erfaßt und
- der Einfluß des Mineralbestands der Kaoline der wichtigsten Lagerstätten auf ihr Sedimentationsverhalten ermittelt.

4.3.1.2. Sedimentationsversuche

4.3.1.2.1. Versuchsbedingungen

Das Ziel der Versuchsserien bestand darin, den Verlauf der Sedimentation und Feststoffanreicherung in Abhängigkeit vom Verhältnis Kaolinit zum Mixed-Layer-Mineral der Kaoline sowie dem Ausgangsfeststoffgehalt f_A der Suspensionen phänomenologisch zu erfassen.

Zu diesem Zweck wurden die Kaoline

Wolfka-Standard
Eka-Standard
Seilitz-Standard

ausgewählt. Diese Kaoline enthalten minimale, mittlere bzw. maximale Mixed-Layer-Mineralgehalte. Der Kaolinit ist bei allen drei Proben relativ gleichartig ausgebildet, und sie enthalten nur geringe Mengen organischer Substanz (Eka 0,09%, Wolfka 0,09%, Seilitz 0,16%). Um den Einfluß der organischen Substanz erkennen zu können, wurde der Kaolin Meka einbezogen, der bei mittlerem Mixed-Layer-Mineralgehalt mehr organische Substanz enthält (0,29%).

Von den ausgewählten Kaolinen wurden Suspensionen mit Ausgangsfeststoffgehalten $f_A = 2{,}5\%$, $5{,}0\%$ und $7{,}5\%$ hergestellt. Die Kaoline wurden vorher ca. eine Woche lang eingesumpft und mehrfach intensiv mit einem Propellerrührwerk dispergiert (insgesamt etwa 60 Minuten).

Als Sedimentationsgefäße dienten Glasröhren (6 cm ⌀), und die Höhen der Suspensionssäulen betrugen 40 cm bzw. 238 cm. Letztere Höhe wurde gewählt, um den Vorgang erfassen zu können, wie er unter betrieblichen Verhältnissen abläuft. Als Suspensionsmittel wurde das normale Aufbereitungswasser (Brunnen) des Betriebs in Kemmlitz verwendet (Analyse Tab. 41). Die Temperatur schwankte während der Versuche zwischen 10—12 °C. Gemessen wurde die Absenkung der Sedimentoberfläche in Zeitintervallen, die anfangs 5 min und nach Beendigung der Zonen-Sedimentation zwischen 0,5 und 8 h betrugen.

Tab. 41. Ionenführung des Aufbereitungswassers

	mg/l	mval/l
K^+	Spuren	Spuren
Na^+	21,6	0,94
Ca^{++}	108	5,39
Mg^{++}	12	0,99
Cl^-	46,1	1,30
SO_4^{--}	122	2,54
HCO_3^-	212	3,48
Summe	522	14,64
pH-Wert	7,55	

4.3.1.2.2. Resultate

Alle Suspensionen zeigten eine deutliche, durch den Ionengehalt des Wassers bedingte Flockung, jedoch mit unterschiedlichen Flockengrößen. Die Flockengröße der Kaoline Eka, Wolfka und Seilitz unterscheidet sich nicht stark und bewegt sich um 1 mm. Eine deutliche Verkleinerung der Flocken war beim Kaolin Meka bemerkbar (< 0,5 mm). Offensichtlich hängt diese Erscheinung vom Gehalt an organischer Substanz ab, die als Schutzkolloid in Erscheinung tritt. Es entspricht auch der betrieblichen Erfahrung, daß sich „braune" Suspensionen relativ schlecht absetzen.

Aus den Sedimentationskurven (Abb. 53) läßt sich ableiten, daß in allen Suspensionen Zonen-Sedimentation bis zu einem von der Sorte abhängigen Feststoffanteil im Sediment erfolgt. Im Anschluß daran tritt die Kompression des Sediments ein. Die Absetzgeschwindigkeit verringert sich, und es wird ein vom Mineralbestand abhängiges konstantes Sedimentvolumen angestrebt.

Die Zonen-Sedimentation kann unter anderem nach MICHAELIS & BOLGER (1962) als die Durchströmung eines porösen Körpers aufgefaßt werden. Die Sedimentationsgeschwindigkeit v_s ist daher prinzipiell:

$$v_s = f(k, H),$$

wobei k die Permeabilität und H die Höhe der Suspensionssäule bedeuten. Da $k = f(m)$ ist (m = mittlerer hydraulischer Radius), ist v_s in starkem Maße von der Flockengröße abhängig. Mit zunehmender Flockengröße werden m und damit k größer. Aus diesem Grunde sedimentieren die Suspensionen mit kleinen Feststoffgehalten wegen des lockeren Gefüges schneller als solche mit höheren Feststoffgehalten oder bei gleichen Feststoffgehalten solche mit größeren Flocken schneller (Flockulationsmittel) als solche mit kleineren (z. B. Kaolin Meka).

Parallel zu diesen Einflußgrößen wirkt sich auf die Sedimentationsgeschwindigkeit der Verteilungsgrad des Feststoffs aus. Als Maß dafür soll die spezifische Oberfläche des Feststoffs S (cm^2/cm^3) angesehen werden. Nach v. ENGELHARDT (1960) ist die Permeabilität $k = \varepsilon^3 \times 0{,}2(1 - \varepsilon)^{-2} S^{-2}$ [cm^2], wobei ε = Porosität ist.

Suspensionen von Kaolinen mit verschiedenem S, aber mit gleichen Feststoffgehalten — durch die ε festgelegt wird — werden daher mit zunehmendem S geringere Sedimentationsgeschwindigkeiten aufweisen. Dies wird deutlich bei den Kaolinen Wolfka, Eka und Seilitz. Da die spezifische Oberfläche der keramischen Kaoline der DDR (mit Ausnahme des Kaolins Spergau) in erster Linie vom Anteil des Mixed-Layer-Minerals abhängt, kann festgestellt werden, daß mit zunehmendem Mixed-Layer-Mineralgehalt die Absetzgeschwindigkeiten während der Zonen-Sedimentation bei gleichen Ausgangsfeststoffgehalten und bei etwa gleichem Flockungsgrad der Suspensionen kleiner werden müssen, weil infolge der abnehmenden Permeabilität die Durchströmung des Sediments geringer wird.

Die meisten Sedimentationskurven verlaufen im Bereich der Zonen-Sedimentation mehr oder weniger linear. Diese Erscheinung ist eigentlich nur möglich, wenn die die Fließgeschwindigkeit des Mediums und damit die die Sedimentationsgeschwindigkeit beeinflussenden Größen konstant bleiben. Tatsächlich aber ändern sie sich, wobei insbesondere ε kleiner wird. Es wäre daher zu erwarten, daß v_s kontinuierlich abnimmt. Beobachtungen während der Zonen-Sedimentation in den 238 cm hohen Röhren zeigen eine homogene Durchströmung des Sediments in der Anfangsphase der Sedimentation bei den Suspensionen mit 2,5 Masse-% Feststoffgehalt sowie bei schwach geflockten Meka-Suspensionen.

Bei anwachsendem Feststoffgehalt wird die Durchströmung inhomogen (Ausbildung von Kanälen).

Auf Grund des Mixed-Layer-Mineralgehalts der Kaoline und der dadurch bedingten Größe der spezifischen Oberfläche wäre folgende Reihenfolge der abnehmenden Sedimentationsgeschwindigkeiten zu erwarten:

Kaolin	Wolfka >	Meka >	Eka >	Seilitz
spez. Oberfläche ($m^2\,g^{-1}$)	14	20	20	45

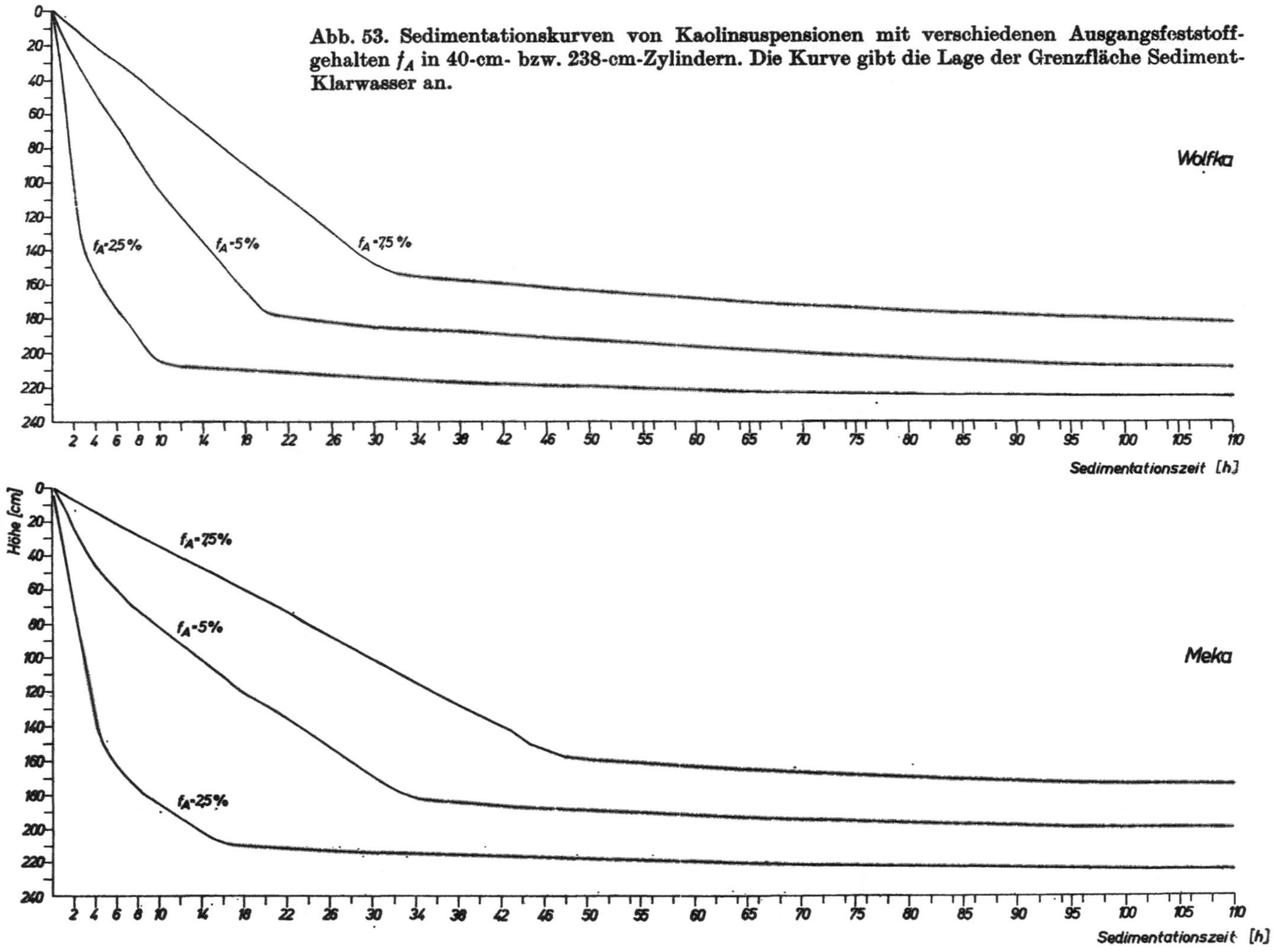

Abb. 53. Sedimentationskurven von Kaolinsuspensionen mit verschiedenen Ausgangsfeststoffgehalten f_A in 40-cm- bzw. 238-cm-Zylindern. Die Kurve gibt die Lage der Grenzfläche Sediment-Klarwasser an.

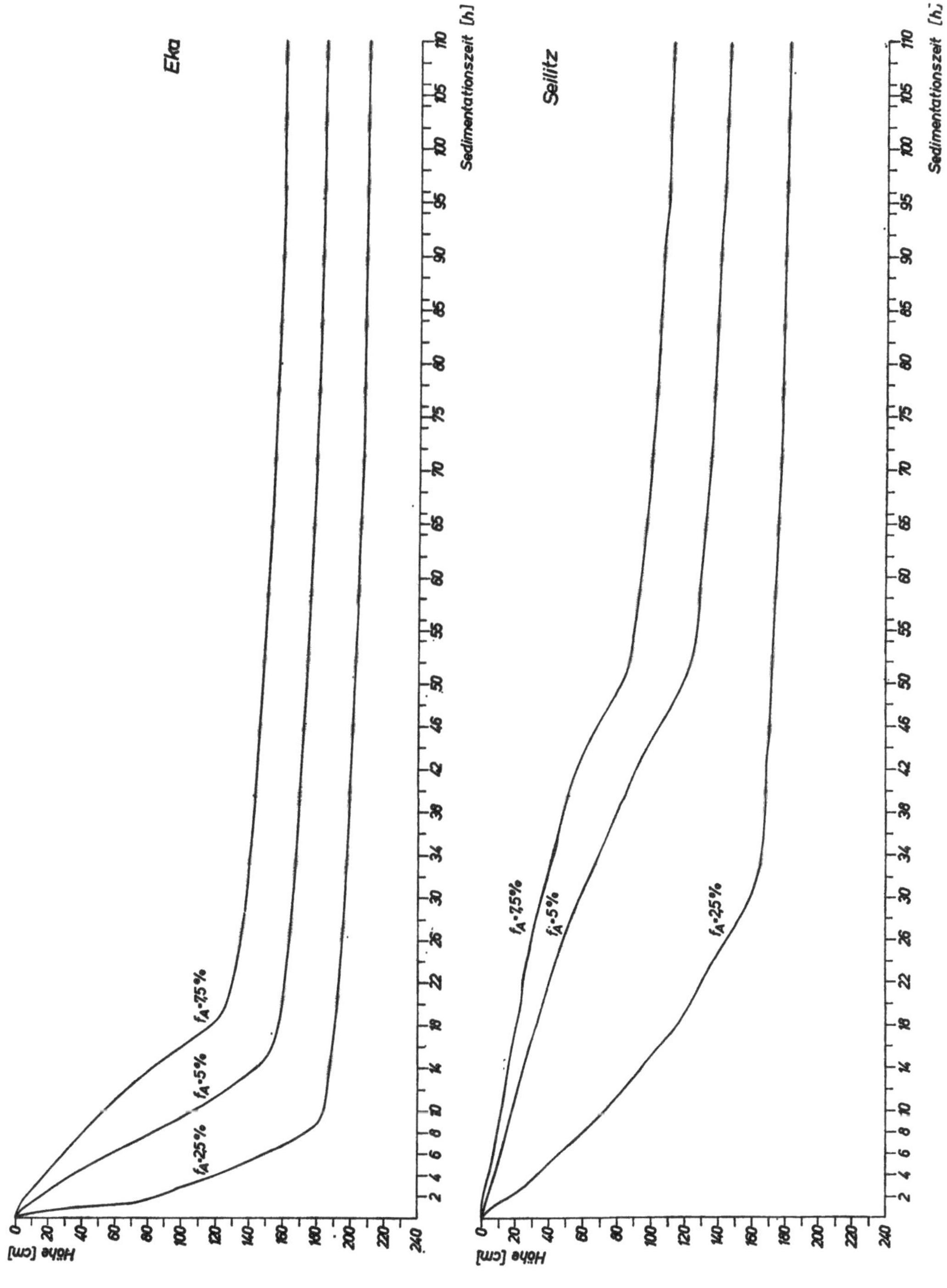
Eka
Seilitz
Sedimentationszeit [h]
Höhe [cm]
f_A=7,5%
f_A=5%
f_A=2,5%

Beobachtet wurden jedoch die mit den unterschiedlichen Flockungsgrad korrespondierenden Reihen:

$f_A = 7{,}5\%$: Eka > Wolfka > Meka > Seilitz
$f_A = 5{,}0\%$: Wolfka > Eka > Meka > Seilitz
$f_A = 2{,}5\%$: Wolfka > Eka > Meka > Seilitz

Die Zeiten bis zum Abschluß der Zonen-Sedimentation und die erzielte Feststoffanreicherung verhalten sich entsprechend; sie sind bei gleicher Ausgangshöhe der Suspensionssäule abhängig vom Flockungsgrad und Mineralbestand (Tab. 42). Stärker geflockte Suspensionen (Eka) schließen die Zonen-Sedimentation zwar in kürzester Zeit ab, besitzen aber infolge des lockeren Gefüges nur einen relativ niedrigen Feststoffgehalt, umgekehrt verhalten sich die gering geflockten Meka-Suspensionen.

Tab. 42. Feststoffgehalte (Masse-%) der Sedimente bei verschiedenen Sedimentationszeiten. Die halbfetten Werte stellen den Feststoffgehalt am Ende der Zonen-Sedimentation (angegebene Zeit) dar. Die übrigen Werte geben die zu den betreffenden Sedimentationszeiten erreichten Feststoffgehalte an.

Kaolin	Feststoffgehalte der Sedimente in 238 cm Röhren						Feststoffgehalte und Einstellungszeiten der konstanten Sedimentvolumina in 40 cm Absetzgefäßen	
	f_A	am Ende der Zonen-Sedimentation bei der Sedimentationszeit			nach 48 h	nach 115 h		
Wolfka		11,6 h	21,5 h	32,5 h				
	2,5	**17,9**	20,2	23,5	27,8	36,5	32,5	20 h
	5,0	9,7	**18,7**	20,9	23,3	33,6	32,6	44 h
	7,5	9,8	15,2	**19,8**	21,8	29,0	33,4	62 h
Eka		10,4 h	17,0 h	21,6 h				
	2,5	**10,6**	11,7	12,4	14,6	19,3	23,4	40,5 h
	5,0	9,4	**13,6**	14,5	16,7	20,0	23,5	68 h
	7,5	8,5	13,5	**14,9**	18,2	20,8	23,9	82 h
Meka		17,0 h	34,5 h	50,5 h				
	2,5	**18,9**	23,3	26,0	25,7	35,1	31,5	22,5 h
	5,0	9,5	**19,6**	22,7	21,6	27,2	31,8	48 h
	7,5	9,7	14,1	**21,0**	20,4	25,2	31,7	68 h
Seilitz		35 h	55 h	61,6 h				
	2,5	**8,1**	8,8	8,9	8,6	10,1	15,8	87 h
	5,0	7,1	**9,1**	10,7	9,4	12,3	16,3	(100 h)
	7,5	8,9	11,8	**12,1**	10,6	13,7	n. b.	n. b.

Die Kompression des Sediments besteht im Grunde genommen aus zwei sich mehr oder weniger überlagernden Vorgängen:

— die Ausbildung des konstanten Sedimentvolumens (Aufbau einer Gerüststruktur),
— die eigentliche Kompression des Sediments durch sein Eigengewicht, wodurch z. B. die Flockenstruktur zerstört wird.

Am Ende der Sedimentation hat sich im Sediment eine Gerüststruktur aufgebaut (Hofmann 1942; Hofmann, Fahn & Weiss 1957; Czerch, Frühauf & Hofmann 1960). Dieses Kartenhaus-Gerüst leistet der Schwerkraft Widerstand, so daß die Sedimentation der Teilchen gehemmt und schließlich verhindert wird. Das Sediment kann daher als ein verdünntes thixotropes Gel mit langer Erstarrungszeit aufgefaßt werden. Das konstante

Sedimentvolumen ist als ein Maß für die Weiträumigkeit des Gerüsts anzusehen. Es ist grundsätzlich abhängig von der Morphologie der Teilchen (je dünner und anisometrischer die Teilchen sind, um so sperriger ist das Gerüst) und von der Stärke der Haftkräfte an den Haftstellen der Teilchen im Gerüst.

Das konstante Sedimentvolumen wird demnach in erster Linie durch die Mineralzusammensetzung der Kaoline bedingt. Um eine Vorstellung von der Größe des Mineraleinflusses auf die konstanten Sedimentvolumina zu erlangen, wurden die Versuche in den 40 cm hohen Sedimentationsröhren ausgeführt, weil hierbei die Kompression relativ gering ist. Da die Zeiten bis zur Einstellung des konstanten Sedimentvolumens sehr lang und technologisch uninteressant sind, wurden die Versuche in den 40 cm hohen Sedimentationsgefäßen dann abgebrochen, wenn sich die Sedimentoberfläche in zehn Stunden weniger als 1 mm senkte, und diese Werte wurden als konstantes Sedimentvolumen angesehen. In Tab. 42 sind die Feststoffgehalte und die erforderlichen Sedimentationszeiten angegeben. Man erkennt, daß die Größe des konstanten Sedimentvolumens, ausgedrückt im Feststoffgehalt (Masse-%), vom Verhältnis von Kaolinit zu Mixed-Layer-Mineral der Kaoline abhängt (Abb. 54).

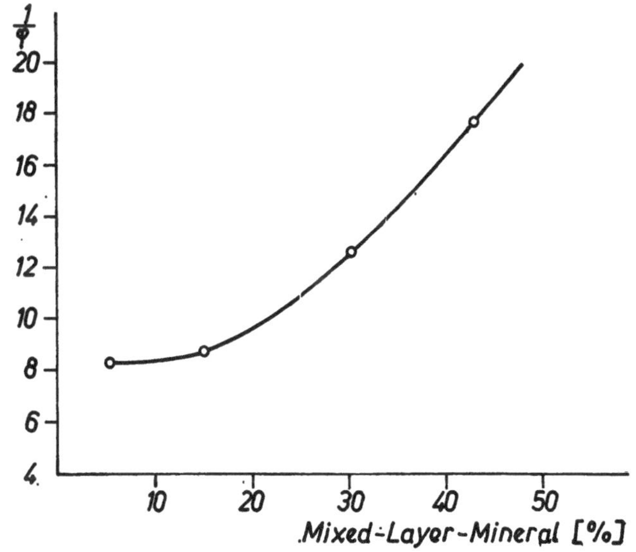

Abb. 54. Beziehung zwischen Sedimentvolumen $1/\varphi$ (konstant) und Mixed-Layer-Mineral-Gehalt

Bei den Absetzversuchen in 238 cm hohen Säulen erreichten lediglich die Suspensionen Wolfka und Meka mit $f_A = 2{,}5\%$ das konstante Sedimentvolumen. Durch die größere Auflast ist die Kompression stärker, und die Feststoffgehalte sind um $\approx 4\%$ höher als bei den 40 cm Gefäßen.

Die Sedimente sind hinsichtlich ihrer Feststoffverteilung inhomogen aufgebaut. Durch die Kompression wird der unterste Teil am stärksten beeinflußt, besitzt also die höchsten Feststoffgehalte. Um die Größe der Kompression unter den gegebenen Bedingungen erfassen zu können, wurden nach Beendigung der Versuche (115 Stunden Sedimentationszeit) aus den 238 cm hohen Röhren Proben aus verschiedenen Höhen der Sedimentsäulen entnommen und die Feststoffgehalte ermittelt (Tab. 43).

Interessant sind besonders die im untersten Teil der Sedimentsäulen gemessenen Feststoffgehalte, die wiederum in Abhängigkeit vom Mineralbestand beim Seilitzer Kaolin

Tab. 43. Verteilung der Feststoffgehalte (Masse-%) in den Sedimenten der 238 cm hohen Säule nach 115 h Sedimentation

Probe	Seilitz		Eka		Meka		Wolfka			
f_A	7,5	5,0	7,5	5,0	7,5	5	7,5	5	2,5	5[1]
Höhe der Suspensionssäule cm	125,8	90,9	78,2	53,8	63,0	37,8	55,4	29,3	12,9	34,5
Entnahmeort/Feststoffgehalte										
oben	11,8	11,2	16,0	15,7	20,3	19,6	20,1	24,7	22,9	22,7
Mitte	12,0	n. b.	19,9	n. b.	n. b.	n. b.	n. b.	n. b.	n. b.	n. b.
unten	18,3	27,2	33,3	31,7	42,2	41,8	42,5	42,6	41,9	36,2

[1]) Mit organischem Flockungsmittel „Sedipur“ geflockt, Sedimentationszeit 36 h

am kleinsten und beim Kaolin Wolfka mit über 40% am größten sind. Da die Höhe der Suspensionssäulen bei gleichen Kaolinen keinen wesentlichen Einfluß auf den Feststoffgehalt im untersten Teil erkennen läßt, wird angenommen, daß diese Werte entsprechend dem Mineralbestand der Kaoline nahe den maximal erreichbaren Werten liegen.

Die Vermutung, daß sich im tiefsten Teil der Sedimentationsgefäße die grobdispersen Anteile des Kaolins (Quarz) anreichern, bestätigte sich nicht. Röntgenanalysen von Proben aus verschiedenen Höhen der Sedimente und mit unterschiedlichen Feststoffgehalten ergaben eine gleiche Mineralverteilung in der Sedimentsäule, d. h. es tritt durch die Sedimentation keine merkliche Entmischung im Sediment auf.

4.3.1.2.3. Interpretation der Feststoffanreicherung durch die Sedimentation

Die Auswertung der Versuchsreihen zeigt, daß der Prozeß der Feststoffanreicherung während der Sedimentation abhängig ist vom Mineralbestand, Flockungsgrad, Ausgangsfeststoffgehalt der Suspensionen und von der Höhe der Suspensionssäule.

Vom Mineralbestand, im Falle der untersuchten Kaoline insbesondere vom Verhältnis von Kaolinit zu Mixed-Layer-Mineral, hängen die Sedimentationsgeschwindigkeit der Zonen-Sedimentation und die Größe des Sedimentvolumens ab. Infolge der Dimensionen des Mixed-Layer-Minerals und der dadurch bedingten großen spezifischen Oberfläche wird bei zunehmendem Mixed-Layer-Mineralgehalt der Probe die Permeabilität des Sediments verringert, so daß die Durchströmungsgeschwindigkeit kleiner wird. Damit verringert sich die Sedimentationsgeschwindigkeit während der Zonen-Sedimentation, bzw. die Zeit bis zum Ende der Zonen-Sedimentation verlängert sich (Tab. 42). Weiterhin sind vom Mixed-Layer-Mineral-Anteil die Sedimentvolumina abhängig (Abb. 54). Das sehr feinkörnige, leistchenförmige Mixed-Layer-Mineral baut sperrige Gerüste auf, so daß in Abhängigkeit vom Anteil dieses Minerals die Größe des Sedimentvolumens in jeder Phase des Vorgangs geprägt wird. Der Volumenanteil Feststoff im Sediment bzw. das Suspensionsvolumen, das 1 cm^3 Feststoff umfaßt, verkleinert bzw. vergrößert sich mit zunehmendem Mixed-Layer-Mineralgehalt (Abb. 54, Abb. 55).

Der Flockungsgrad beeinflußt die Absetzgeschwindigkeit der Zonen-Sedimentation und den Feststoffgehalt am Ende der Zonen-Sedimentation. Geringer geflockte Suspensionen sedimentieren langsamer, erreichen aber am Ende der Zonen-Sedimentation höhere Feststoffgehalte. Eine wesentliche Ursache für den unterschiedlichen Flockungsgrad der untersuchten Suspensionen, die unter gleichen Bedingungen, einschließlich Ionenkonzentration, in der Suspension sedimentiert wurden, ist im Anteil der organischen Substanz zu sehen, die die Flockung hemmt.

Mit zunehmendem Ausgangsfeststoffgehalt der Kaolin-Suspensionen (im unter-

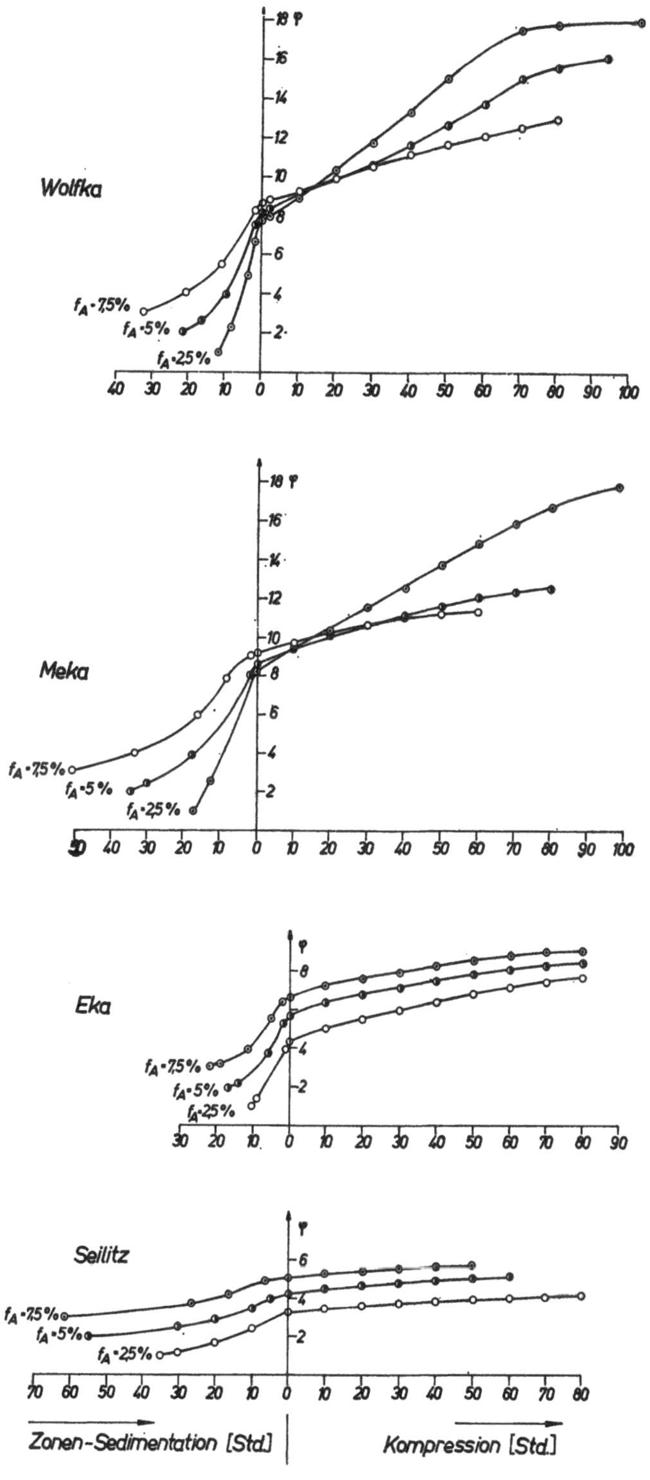

Abb. 55. Veränderung des Feststoffvolumens während der Sedimentation

suchten Bereich von 2,5—7,5%) nimmt die Absetzgeschwindigkeit der Zonen-Sedimentation im allgemeinen ab. Die Feststoffgehalte am Ende der Zonen-Sedimentation liegen in derselben Reihenfolge wie die f_A-Werte, wobei sich die Differenzen im Feststoffgehalt mit abnehmender spezifischer Oberfläche des Feststoffs verringern (Abb. 55). Bei einphasiger, diskontinuierlicher Sedimentation hängt von f_A auch die Höhe der Suspensionssäule im Bereich der Kompression des Sediments ab. Mit zunehmender Höhe des Sediments erhöht sich die Auflast, wodurch die Kompression und damit der Feststoffgehalt im Sediment größer werden (Kaoline Eka, Seilitz). Der Kompression entgegen wirkt die Stabilität des sich aufbauenden Gerüsts und die der Sedimenthöhe proportionale Durchströmungszeit.

Solche Sedimente, die durch die Zonen-Sedimentation bereits eine relativ große Feststoffanreicherung erfahren haben (Meka, Wolfka), verhalten sich während der Kompression umgekehrt wie solche mit geringer Feststoffanreicherung (Seilitz, Eka). Mit zunehmender Höhe der Sedimentsäule verringert sich dann die Kompression.

Die Höhe der Ausgangssuspensionssäule hat insbesondere wegen des längeren Durchströmungswegs einen Einfluß auf die Zeit, in der ein bestimmter Zustand erreicht ist (Tab. 42), und auf die Größe der Kompression im untersten Teil der Sedimentsäule.

Insgesamt läßt sich feststellen, daß der markanteste Zusammenhang bei den untersuchten Suspensionen zwischen dem Mixed-Layer-Mineral-Anteil und dem Feststoffgehalt der Sedimente sowie der Sedimentationsgeschwindigkeit besteht. Die übrigen Einflußparameter (Flockungsgrad, f_A, Höhe der Suspensionssäule, Temperatur und andere) beeinflussen vor allem die Geschwindigkeit, mit der der Prozeß bis zur Einstellung des konstanten Sedimentvolumens abläuft.

4.3.1.2.4. Zum Sedimentationsverhalten kleintechnisch aufbereiteter Bohr- und Bemusterungsproben

Die kleintechnische Aufbereitung der Bohr- und Bemusterungsproben erfolgt mit dem Ziel, Angaben über die aufbereitungs- und verarbeitungstechnischen Eigenschaften der Kaoline zu gewinnen, die schließlich eine Einschätzung der Verhaltensweise der betreffenden Kaolinvarietäten in der Produktion ermöglichen sollen.

Nach Abschluß und Klassierung werden an den Suspensionen gemessen:

— f_A (Feststoffgehalt nach der Klassierung, Masse-%)
— f_E (Feststoffgehalt nach 48stündiger Sedimentation bei 40 cm Höhe, Masse-%).

Die sedimentierte Suspension wird nach Abheben des Klarwassers filtriert, die Preßzeit bzw. Filterleistung ermittelt und der Feststoff für weitere Untersuchungen gewonnen. Auf diese Weise erhält man Werte, die das Sedimentationsverhalten der betreffenden Probe unter den spezifischen Bedingungen des Versuchs widerspiegeln. Solange diese Werte eine Aussage über den Trend der Entwicklung des Sedimentationsverhaltens der Kaoline in den Lagerstätten zulassen, sind sie völlig ausreichend. Für weitergehende Aussagen waren die Versuchsbedingungen konstant zu halten, insbesondere Temperatur, Ausgangsfeststoffkonzentration f_A, Sedimentationszeit, Dispersitätsgrad der Kaoline und Ionenkonzentration im Aufbereitungswasser.

Da bei kleintechnischen Untersuchungen nur ein Teil der Versuchsbedingungen konstant gehalten wurde (Sedimentationszeit, zum Teil Höhe), sind die Werte natürlich mit erheblichen unkontrollierbaren Fehlern behaftet. Ungeachtet dieser Analysenfehler kann ein deutlicher Zusammenhang zwischen dem Endfeststoffgehalt der Sedimente nach 48stündiger Sedimentation und dem Mineralbestand der Proben festgestellt werden (Abb. 56). Der Punktschwarm ordnet sich um eine Kurve vom Typ $y = a \cdot x^n$ mit $n < 0$. Für den vorliegenden speziellen Fall wurde die Regressionsgerade berechnet zu:

$$\lg f_E = 1{,}3782 - 0{,}00775x$$

wobei x der Mixed-Layer-Mineral-Anteil in Masse-% ist.

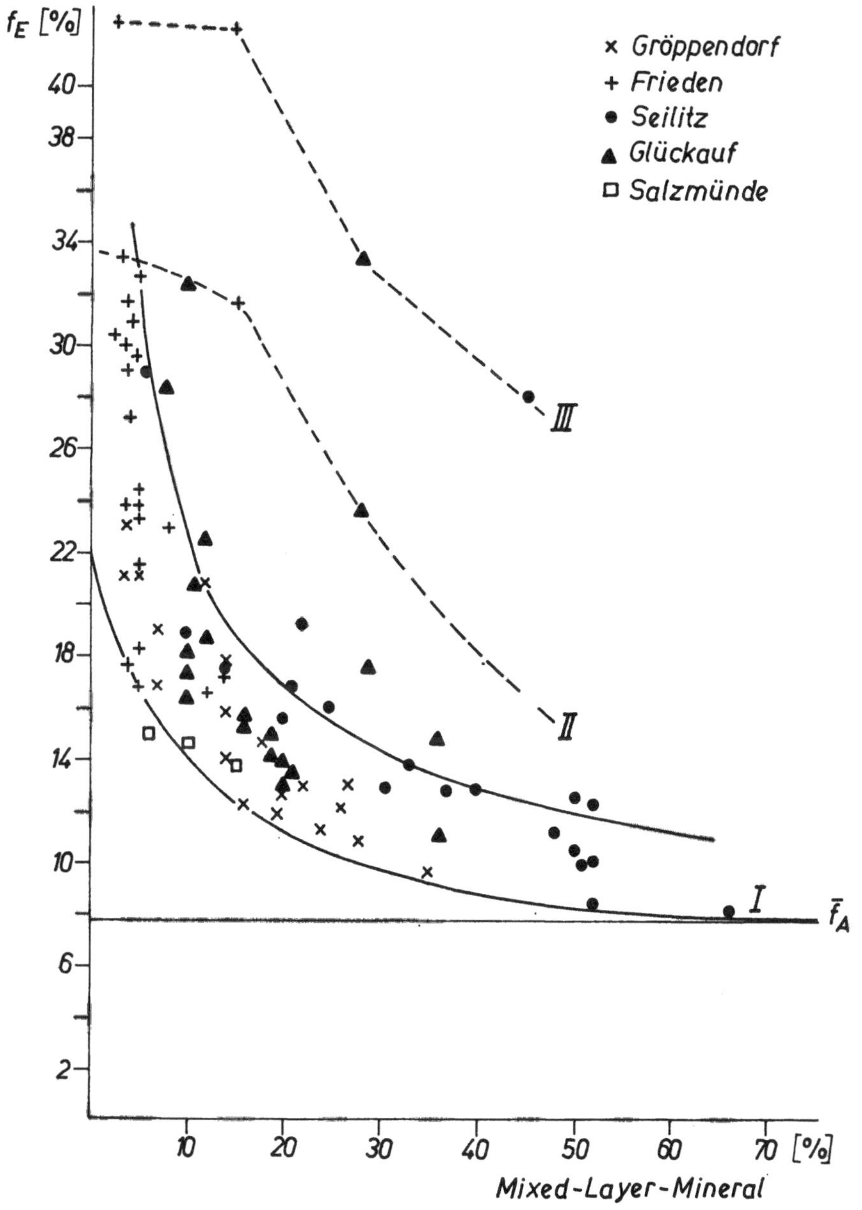

Abb. 56. Feststoffgehalte f (Masse-%) von sedimentierten Kaolinsuspensionen in Abhängigkeit vom Mixed-Layer-Mineral-Anteil

I — Bemusterungsproben nach 48 h Sedimentation in 40 cm hohen Zylindern;
II — Feststoffgehalte der konstanten Sedimentvolumina der Standardkaoline mit f_A = 2,5 Masse-%;
III — Maximalfeststoffgehalt der komprimierten Sedimente aus dem untersten Teil der 238 cm hohen Zylinder;
f_A — Mittelwert des Ausgangsfeststoffgehalts der Suspensionen von Bohr- und Bemusterungsproben

Anzahl der Wertepaare	$n = 69$
Streuung um die Regressionsgerade	$sr = 0{,}08989$
Fehler des absoluten Gliedes	$sa = 0{,}01684$
Fehler des Regressionskoeffizienten	$sb = 0{,}0006845$
Bestimmungsmaß	$b = 65{,}68$
Korrelationskoeffizient	$r = 0{,}81041$
Prüfgröße	$t = 11{,}32$

4.3.2. Zum Filterverhalten der Kaoline

4.3.2.1. Allgemeines

Nach der Feststoffanreicherung durch die Sedimentation erfolgt die weitere Entwässerung durch Filtration. Hierbei werden zwei technologische Varianten eingesetzt:

- Druckfiltration mittels Kammerfilterpressen bei Preßdrücken bis 20 at und variablen Kuchenstärken zwischen 30 und 50 mm.
- Vakuumfiltration mit Vakuumdrehzellenfiltern bei Filtrationsdrücken Δp von ca. 0,7—0,8 at, einer Naßsaugzeit von ca. 0,6 min und einer Trockensaugzeit von ca. 0,3 min. Die Vakuumfiltration wird industriell angewandt bei Kaolinen mit hohen Filterleistungen.

Hinsichtlich des Filtrationsverhaltens zeigen besonders die kaolinitischen Kaoline sehr günstige Werte, während mit zunehmendem Mixed-Layer-Mineral-Gehalt die Preßzeiten erheblich anwachsen und die Filterleistung bei der Vakuumfiltration stark abnimmt.

Um diesen Zusammenhang näher einschätzen zu können, wurden vorgenommen:

- Filtrationsversuche in Kammerfilterpressen zur Ermittlung der Filterkucheneigenschaften (Permeabilität, Porosität) an ausgewählten Proben,
- Analyse des Zusammenhangs zwischen Stoffbestand und Filterkucheneigenschaften auf der Basis der Interpretation der Gleichung von Kozeny-Carman und
- Auswertung der Preßzeiten und Filterleistungen der kleintechnisch aufbereiteten Bohr- und Bemusterungsproben.

Den beiden Technologien — Druck- und Vakuumfiltration — ist der Filtervorgang gemeinsam, der sich, wie folgt, beschreiben läßt: Auf dem Filtertuch werden die Feststoffteilchen der Suspension zurückgehalten und bilden den Filterkuchen, während das Wasser hindurchströmen kann. Der Fließvorgang wird durch das vorhandene Druckgefälle Δp (at) bewirkt. Bleibt die Feststoffkonzentration in der Suspension während des Filtervorgangs konstant, so ist die Feststoffmasse m_{FK}(g) des Filterkuchens proportional der Filtratmenge Q (cm^3). Da das Filtrat durch den gebildeten Filterkuchen hindurchströmen muß, ist die Filtrationsgeschwindigkeit v_{Fi} (cm^3 s^{-1}) abhängig von der Dicke l (cm) des Filterkuchens und dessen Permeabilität k (Darcy).

Nach dem Darcyschen Gesetz beträgt die augenblickliche Filtrationsgeschwindigkeit (v. Engelhardt & Schindewolf 1952):

$$v_{Fi,t} = \frac{dQ}{dt_t} = \frac{k\Delta pF}{\eta l_t} \qquad \ldots (1)$$

F = Filterfläche (cm^2)
η = Viskosität des Filtrats (cP)
l_t = Filterkuchendicke zum Zeitpunkt t.

Unter konstanten äußeren Bedingungen (η, Δp, F = konstant) wird der Filtervorgang von k und l beherrscht. Da $l = f(Q)$, wird das Filterverhalten der Kaoline durch k charakterisiert. Die Permeabilität der Filterkuchen ist somit die Größe, die für das unterschiedliche Verhalten der Kaoline während der Filtration verantwortlich zu machen ist. Es wurde daher versucht, die Permeabilität der Filterkuchen zu ermitteln, die die Gesamtheit der stoffspezifischen Eigenschaften erfaßt. Als solche sind insbesondere zu nennen (SCHUBERT 1972):

- Korngrößenverteilung und Kornform des Feststoffs
- Spezifische Oberfläche des Feststoffs
- Dispersitätsgrad und Flockungszustand
- Orientierungseffekte der Teilchen im Filterkuchen
- Oberflächenpotentiale der Teilchen in Abhängigkeit von der Kristallstruktur, der Ionenbelegung usw.
- Wasseradsorption auf den Feststoffoberflächen
- Kompressibilität des Filterkuchens.

Durch die genannten Faktoren wird die Durchströmbarkeit des Kapillarraums des Filterkuchens, der vom Feststoff umgeben wird, beeinflußt. Für den speziellen Fall der Einschätzung der Filtrationseigenschaften der Kaoline vereinfachen sich die Verhältnisse dahingehend, daß die wichtigsten Einflußgrößen auf den Mineralbestand bezogen werden können. Als variable Größe tritt das Verhältnis von Kaolinit zu Illit-Montmorillonit-Mixed-Layer-Mineral in Erscheinung, durch das die Eigenschaften der Filterkuchen bei konstanten äußeren Bedingungen geprägt werden. Voraussetzung für diese Bezugnahme ist allerdings, daß die Festsubstanz vollständig dispergiert vorliegt und der Kapillarraum von den einzelnen Kristalliten des Körner-Kollektivs aufgebaut wird. Treten Aggregatbildungen in größerem Umfang auf, wird der für die Strömung zur Verfügung stehende Kapillarraum von den Aggregaten gebildet. Dann ist eine Ableitung der Filtereigenschaften vom Mineralbestand nicht oder nur bedingt möglich. Entsprechende Untersuchungen zu diesem Problem sind vorgenommen worden und werden diskutiert. Da unter betrieblichen Bedingungen bergfeuchte Kaoline aufbereitet werden, die gut dispergierbar und deren Kornverteilungen mineralspezifisch sind, also keine zusätzlichen Aggregatbildungen aufweisen, kann nach Auffassung des Verfassers die Ableitung der Filtrationseigenschaften vom Mineralbestand vorgenommen werden.

4.3.2.2. Filtrationsversuche in Kammerfilterpressen zur Ermittlung der Filterkucheneigenschaften

4.3.2.2.1. Versuchsbedingungen

Zur Durchführung der Druckfiltrationsversuche standen die Anlagen der Forschungsstelle des VEB Silikatrohstoff-Kombinat Kemmlitz zur Verfügung:

Kammerfilterpresse:	Preßdruck maximal	10 at
	Preßkuchenvolumen	1305 cm^3
	Filterfläche	1040 cm^2
	Filtertuch: Dederon, Qualität 500	
	Fa. J. C. Martini, Schlotheim/Thüringen	
Kaoline:	Wolfka Standard, Eka Standard,	
	Seilitz Standard, Meka (Produktion 1970).	

Die Proben wurden in Kunststoff-Fässern eine Woche eingesumpft und in regelmäßigen Zeitabständen jeweils 5 min (insgesamt 30 min) mit einem Propellerrührwerk dispergiert. Diese Vorbehandlung war erforderlich, um die Aggregate der getrockneten Kaoline weitgehend zu zerstören.

Zur Erfassung des Filtervorgangs wurden gemessen:

Q = Gesamtfiltratvolumen cm^3
$\Delta Q/\Delta t$ = Filtratvolumen pro Zeitintervall (in der Regel alle 60 s) cm^3/s
t = Gesamtzeit des Filtrationsvorganges s
m_{Fkf} = Filterkuchenmasse feucht, d. h. mit dem Porenwasser sofort nach dem Preßvorgang g
m_{Fk} = Masse des Feststoffgehalts im Filterkuchen g
m_{PW} = Masse des Porenwassers im Filterkuchen g

V_w = Volumen des Porenwassers im Filterkuchen cm³
V_{Fk} = Volumen des Filterkuchens cm³
F = Filterfläche cm²
P = Druck at
f = Konzentration des Feststoffgehalts der Suspension (g Feststoff je g Suspension)
η = Viskosität des Wassers, die mit 10^{-2} cP zur Berechnung eingesetzt wurde.

Die Messungen erfolgten an Suspensionen mit Feststoffgehalten $f \approx 0{,}1; 0{,}2; 0{,}3$ (die genauen Werte sind aus Tab. 69 ersichtlich) bei Preßdrücken von 4, 8, 10 at. Da der Druck nicht sofort mit Filtrationsbeginn auf die erforderliche Höhe gebracht werden kann (Feststoffverluste infolge der zu großen Poren des Filtertuchs), wurde in allen Fällen eine gleiche etappenweise Druckerhöhung gewählt (bis 5 at eine Druckerhöhung von 0,5 at nach jeweils 30 s, oberhalb 5 at eine Druckerhöhung von 1 at nach jeweils 30 s).

4.3.2.2.2. Zum Filtrationsverlauf

Der Filtrationsvorgang gliedert sich in drei Abschnitte:

1. Abschnitt: Filtration während der Steigerung des Preßdrucks
2. Abschnitt: Filtration während des konstanten Preßdrucks bis zur Kammerrestfüllung
3. Abschnitt: Kammerrestfüllung (Vorgang während der Kompression des Filterkuchens).

Im ersten Abschnitt ist die Filtratmenge pro Zeiteinheit wegen des geringen Preßdrucks kleiner als beim konstanten Preßdruck (Abb. 57, Abb. 58).

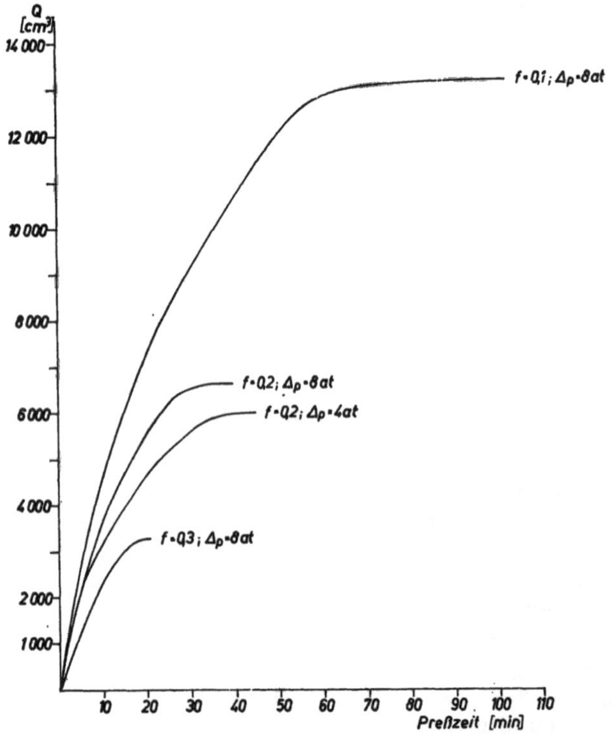

Abb. 57. Filtrationskurven des Kaolins Meka verschiedener Feststoffgehalte der Suspensionen (10, 20, 30 Masse-%) und Preßdrücken von 4 und 8 at

Der zweite Abschnitt ist charakterisiert durch stetige Verringerung der Filtratmenge infolge der zunehmenden Filterkuchendicke und des damit wachsenden Durchflußwiderstands. Gegen Ende des Vorgangs bei ca. 85% der Gesamtfiltratmenge setzt die Kammerrestfüllung ein, die dadurch bedingt wird, daß der Filterkuchen in der Mitte der Kammer zusammenwächst und bis zum Ende der Filtration kontinuierlich verdichtet wird. Dabei nehmen die Filtratmengen mehr oder weniger schnell ab (Abb. 58).

Die bis zur Kammerrestfüllung entstehenden Filterkuchen sind hinsichtlich ihrer Porositätsverteilung im Querschnitt nicht homogen aufgebaut. Nach Orlicek (1956) bildet sich in Abhängigkeit vom Druckgefälle am Filtertuch der am stärksten verdichtete Filterkuchen. Mit weiterem Anwachsen des Kuchens verringert sich das an der Stelle der Kuchenbildung vorhandene Druckgefälle, so daß mit zunehmender Dicke die Porosität größer wird, also der Wassergehalt im Kuchen zunimmt. Messungen ergaben, daß gegen Ende des 2. Filtrationsabschnitts der Wassergehalt des Kuchens 45—50% beträgt, also wesentlich höher ist als nach Beendigung des Gesamtvorgangs.

Im dritten Abschnitt wird der Filterkuchen verdichtet, dabei kommt es zur Ausbildung von Suspensionszuführungskanälen (Abb. 59), die sich zuletzt ausfüllen. Der Filtrationsvorgang ist abgeschlossen, wenn die Kuchenkompression soweit fortgeschritten ist, daß die Porosität über den gesamten Querschnitt nahezu konstant und die Kammer vollständig ausgefüllt ist. Während der Kammerrestfüllung verringert sich die Filtrationsgeschwindigkeit besonders stark.

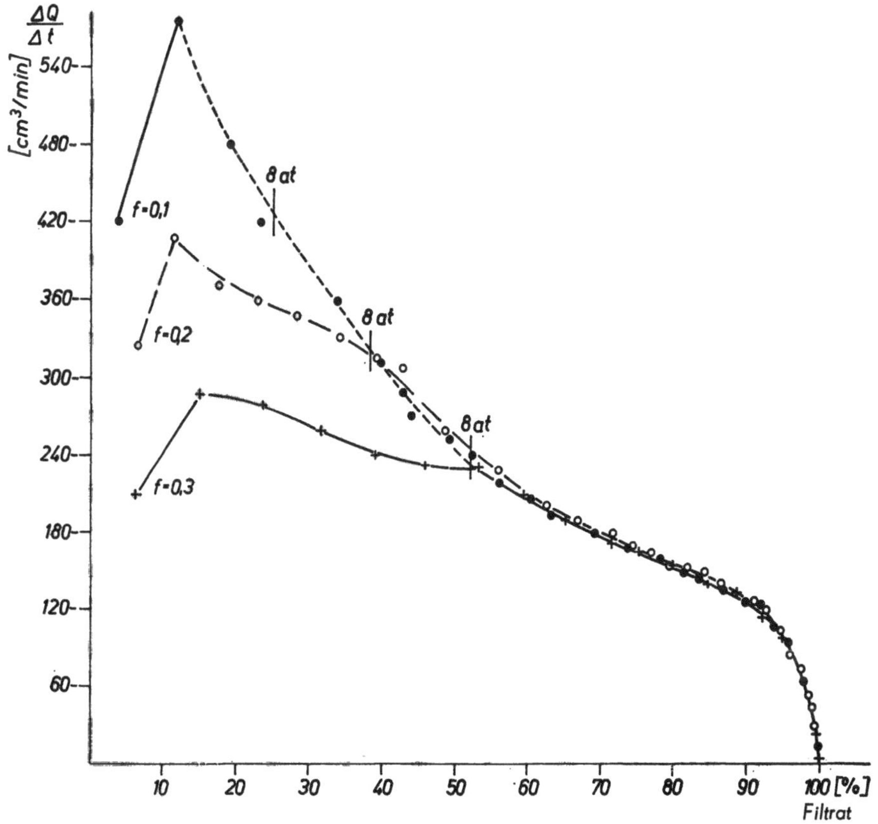

Abb. 58. $\Delta Q/\Delta t$ in Abhängigkeit von der relativen Filtratmenge von filtrierten Kaolinsuspensionen (Meka) mit 10, 20 und 30 Masse-% Feststoffgehalt bei 8 at Preßdruck

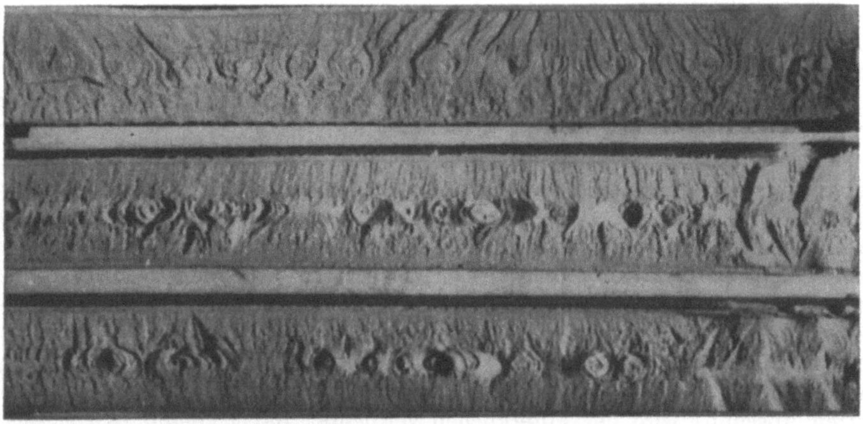

Abb. 59. Filterkuchenstrukturen, Bruchflächen senkrecht zum Filtermedium

Die Feststoffkonzentration der Suspension besitzt, wie zu erwarten, keinen wahrnehmbaren Einfluß auf den Vorgang des Filterkuchenaufbaus. In Abb. 58 sind die Filtrationsgeschwindigkeiten $\Delta Q/\Delta t$ (cm^3 s^{-1}) in Abhängigkeit von der relativen Filtratmenge dargestellt. Nach Erreichen des konstanten Preßdrucks treffen die Kurven zusammen. Filtrationsverlauf und Preßkuchenaufbau sind bei allen Kaolinen grundsätzlich gleichartig. Die Unterschiede beziehen sich auf die permeabilitätsbedingte Filtrationsgeschwindigkeit.

4.3.2.2.3. Bestimmung der Permeabilität der Filterkuchen

Permeabilitätsbestimmungen an Filterkuchen während der Filtration von Suspensionen sind nicht exakt durchführbar, weil stets mehrere Vereinfachungen getroffen werden müssen, die die berechneten Werte belasten. Die größten Schwierigkeiten ergeben sich bei der Messung der Filterkuchendicke. Eine Messung der Dicke während der Filtration ist nicht möglich, weil der Übergang von der Suspension zum Filterkuchen nicht scharf ist und deshalb nicht erfaßt werden kann. Nach Beendigung oder Abbruch der Filtration kann die Dicke des Filterkuchens wegen der Entfernung der Übergangsschicht ebenfalls nicht genau bestimmt werden.

Um diese Schwierigkeiten zu umgehen, werden verschiedene Voraussetzungen nötig. v. Engelhardt & Schindewolf (1952) z. B. führen eine spezifische Filterkuchendichte $b = F \cdot l_t \cdot Q^{-1}$ ein, die sich während der Filtration nicht verändern soll; sie setzen voraus, daß der Filterkuchen proportional dem Filtratvolumen wächst. Auf diese Weise erhalten sie nach Integration der Definitionsgleichung (1) Lösungen, die es gestatten, die Berechnungen zu jedem beliebigen Zeitpunkt des Filtrationsverlaufs vorzunehmen. Ähnliche Wege werden von anderen Autoren beschritten. Von Orlicek (1956, 1959, 1964) werden Formeln angegeben, mit deren Hilfe auch der Filtrationsverlauf kompressibler Filterkuchen näherungsweise beschrieben werden kann. Diese Gleichungen sind jedoch für die Permeabilitätsberechnung nicht geeignet.

Da das Ziel der vorgenommenen Versuche lediglich darin bestand, den Einfluß des Mineralbestands auf die Filtrierbarkeit zu untersuchen, wurden verschiedene Vereinfachungen getroffen, die den durch v. Engelhardt & Schindewolf (1952) eingeschlagenen Weg geringfügig modifizieren.

Bei der Berechnung wurde von der Definitionsgleichung (1) ausgegangen. Für die Filtrationsgeschwindigkeit wurde der Differenzquotient $\Delta Q/\Delta t$ eingesetzt. Die Zeitintervalle, in denen die Filtratmenge gemessen wurde, betrugen meist 60 s, bei kürzeren Filtrationszeiten 30 s, so daß genügend kleine Abschnitte der Filtration erfaßt wurden.

Die Filterkuchendicke konnte nicht gemessen werden. Es wurde daher, wie bereits von KOZENY (1927), die Kuchendicke $l = f(Q)$ aufgefaßt, d. h. es wurde aus dem Filtratvolumen, das zu Beginn des Intervalls vorlag, eine der Kuchenmasse äquivalente Dicke *lm* angenommen. Hierbei wurde einmal das Gesamtfiltratvolumen gleich 1,25 cm (der halben Kammerlänge) und zum zweiten 85% des Gesamtfiltratvolumens (Ende des zweiten Filtrationsabschnitts) gleich 1,25 cm gesetzt.

Auf die angegebene Weise erhält man *k*-Werte, die sich auf eine bestimmte Filterkuchenmasse je Filterfläche, einschließlich des Filtermediums, beziehen; sie werden mit $\bar{k}$ bezeichnet.

Zur Interpretation des Zusammenhangs zwischen Mineralbestand der Kaoline und der Permeabilität des Filterkuchens wird den Vorstellungen von v. ENGELHARDT & SCHINDEWOLF (1952), CARMAN (1956) und v. ENGELHARDT (1960) gefolgt.

Aus der KOZENY-CARMANschen Gleichung für den Volumenfluß q durch eine Querschnittseinheit des Filterkuchens

$$q = \frac{\varepsilon^3}{(1-\varepsilon)^2} \cdot \frac{1}{S^2} \cdot \frac{l^2}{c_0 l_e^2} \cdot \frac{P}{l} \qquad \ldots (2)$$

ergibt sich für

$$k = \frac{\varepsilon^3}{(1-\varepsilon)^2} \cdot \frac{1}{S^2} \cdot \frac{l^2}{c_0 l_e^2} (\mathrm{cm}^2) \qquad \ldots (3)$$

dabei sind: ε = Porosität, cm³ Feststoff je cm³ Filterkuchen
S = spezifische Oberfläche der festen Substanz cm²/cm³ = cm⁻¹
$l^2 c_0^{-1} l_e^{-2} = c^{-1}; \quad c \approx 5$
c_0 = Größe für die Querschnittsform der Kapillaren
l_e = effektive Kapillarlänge.

Bei Ermittlung der Permeabilität in Darcy (1 Darcy = 10^8 cm²)

$$k = 2 \cdot 10^7 \frac{\varepsilon^3}{(1-\varepsilon)^2 \cdot S^2}. \qquad \ldots (4)$$

Demnach ist die Permeabilität eine Funktion der Porosität und der spezifischen Oberfläche.

Wenn auch die Berechnungen von *lm* und $\bar{k}$ im physikalischen Sinn nicht exakt sind, so lassen sich jedoch mit der vorgenommenen Vereinfachung die Werte der unter den gleichen Bedingungen hergestellten Filterkuchen vergleichen.

In Abb. 60 sind für verschiedene Filterversuche die $\bar{k}$-Werte in Abhängigkeit von der Filtratmenge bzw. der äquivalenten Dicke *lm* aufgetragen. Aus den Kurven ist ersichtlich, daß die Permeabilität in der Periode des konstanten Drucks für jede Kaolinsorte und den entsprechenden Preßdruck eine charakteristische Größe darstellt. Für die weiteren Betrachtungen wird als Permeabilität der extrapolierte Wert (Abb. 60) verwendet. Unabhängig davon, daß die Bestimmung von $\bar{k}$ über mehrere Vereinfachungen erfolgte,

Tab. 44. Permeabilität $\bar{k}$ und Preßzeiten für verschiedene Kaoline (Preßdruck 8 at)

Probe	$\bar{k}$ 10^{-6}D	Preßzeit (min) $f = 30\%$	$f = 20\%$	A	B	C
Seilitz	0,2	335	581	22,5	22,5	22,3
Eka	1,25	51	97	3,6	3,4	3,7
Meka	2,95	22	37	1,5	1,5	1,4
Wolfka	4,5	15	26	1,0	1,0	1,0

Spalte A: Quotient aus der Permeabilität $\bar{k}$ des Kaolins Wolfka durch $\bar{k}$ des betreffenden Kaolins
Spalten B und C: Quotient aus der Preßzeit des Kaolins Wolfka durch die Preßzeit des betreffenden Kaolins bei 30% Feststoff (B) und 20% Feststoff (C) der Suspensionen

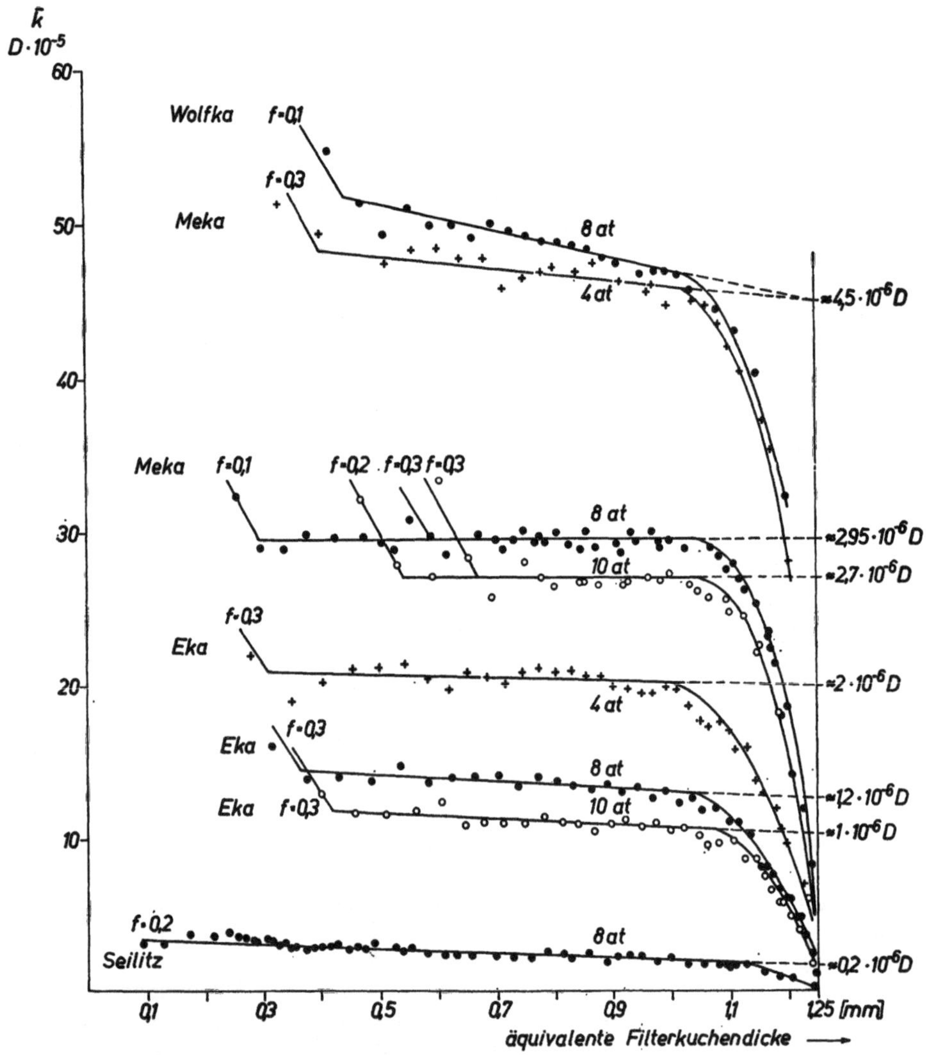

Abb. 60. Darstellung der Permeabilität der Filterkuchen in Abhängigkeit von deren Dicke

kennzeichnen die gewonnenen Permeabilitäten das Filterverhalten der Kaoline recht gut, wie aus der Übereinstimmung der Verhältnisse der Permeabilitäten und der Preßzeiten entnommen werden kann (Tab. 44).

4.3.2.2.4. Abhängigkeit der Permeabilität $\bar{k}$ vom Mineralbestand der Kaoline

Die Beziehung zwischen Permeabilität der Filterkuchen und Stoffbestand der Kaoline geht aus den Abb. 61 und 62 hervor. Mit zunehmendem Mixed-Layer-Mineral-Gehalt bzw. wachsender spezifischer Oberfläche der Kaoline verringert sich $\bar{k}$ von $4{,}5 \cdot 10^{-6}$ D (Wolfka 8 at) auf $0{,}2 \cdot 10^{-6}$ D (Seilitz 8 at) um das 22,5fache.

Da bei den verwendeten Kaolinen die morphologische Ausbildung des Kaolinits sehr ähnlich ist, wird die Permeabilität in erster Linie vom Anteil des Mixed-Layer-

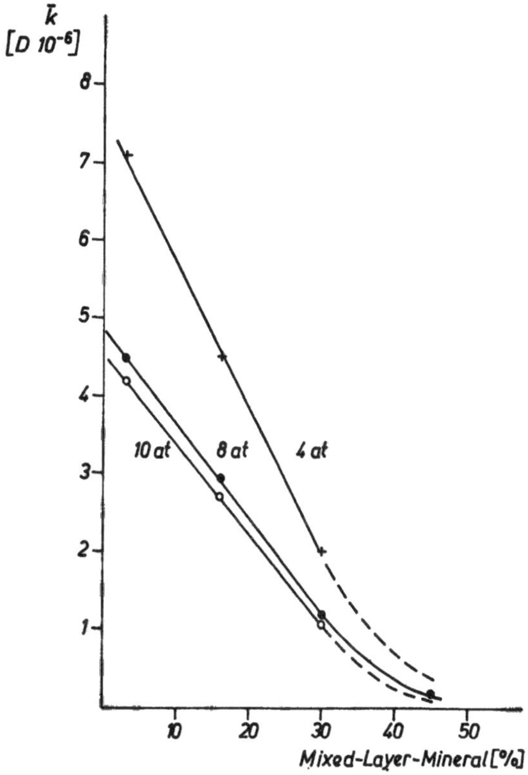

Abb. 61. Permeabilität der Filterkuchen in Abhängigkeit vom Mixed-Layer-Anteil

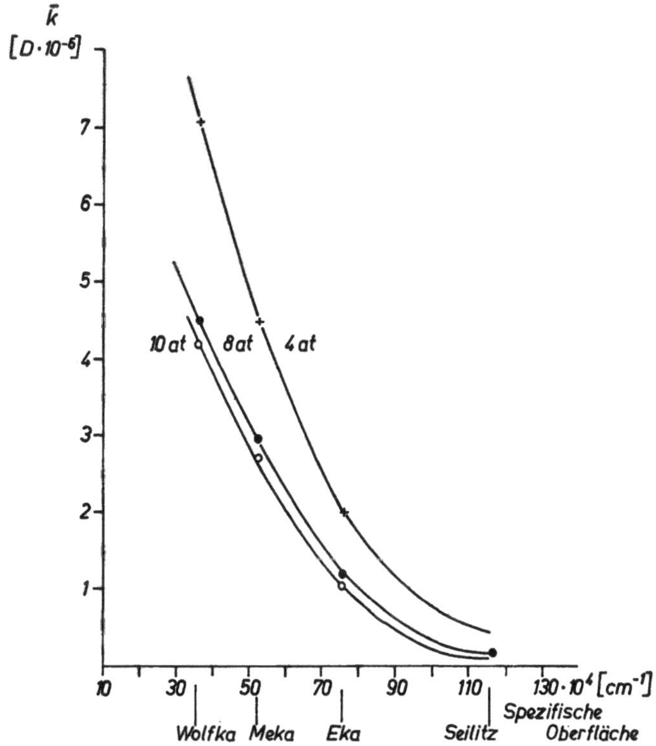

Abb. 62. Permeabilität der Filterkuchen in Abhängigkeit von der spezifischen Oberfläche der Kaoline

Tab. 45. Resultate der Druckfiltration mit der Kammerfilterpresse

Probe	Feststoff-konzentrat Masse-%	Preß-druck at	Preß-zeit min	Filterkuchenmasse feucht g	Filterkuchenmasse trocken g	Wassergehalt im Filterkuchen Masse-%	Filtrat-volumen cm³
Wolfka	29,9	4	16	2221	1501	32,5	2790
Wolfka	29,9	8	15	2330	1630	30,0	3123
Wolfka	29,8	10	14,5	2348	1661	29,3	3240
Wolfka	18,9	8	26	2328	1624	30,2	6277
Wolfka	9,7	8	60	2321	1612	30,5	14290
Wolfka	5,9	8	92	2370	1640	29,8	25645
Meka	29,1	4	23	2227	1519	31,8	3003
Meka	29,4	8	22	2339	1654	29,2	3285
Meka	29,4	10	21	2379	1698	28,4	3400
Meka	19,4	4	45	2246	1529	31,9	5620
Meka	19,3	8	37	2349	1656	29,2	6255
Meka	19,2	10	32	2390	1705	28,7	6510
Meka	9,9	8	103	2301	1626	29,5	14200
Eka	29,6	4	55	2221	1522	31,5	2935
Eka	29,5	8	51	2346	1674	28,6	3320
Eka	29,4	10	47	2380	1724	27,5	3465
Eka	19,5	8	97	2343	1663	29,1	6190
Seilitz	29,5	8	335	2430	1770	27,2	3590
Seilitz	19,7	8	581	2447	1791	26,7	6330
Seilitz (Pyridin)	15,8	8	122	2208	1528	30,9	7440

Minerals beeinflußt. Aus Tab. 45 ist ersichtlich, daß auch der Porenraum der Filterkuchen mit zunehmendem Mixed-Layer-Mineral-Gehalt der Kaoline abnimmt (Abb. 63).

Die Anwendung der Kozeny-Carmanschen Gleichung (wie auch aller übrigen Filtrationsgleichungen) für die Erfassung der Fließvorgänge in tonigem Material ist aus verschiedenen Gründen problematisch (Carman 1956; v. Engelhardt 1960; Rumpf & Gupte 1971), wie im folgenden besprochen wird.

Der Fließvorgang in porösen Filterkuchen erfolgt in Kapillaren verschiedener Querschnittsformen (ausgedrückt in c_0) und verschiedener Durchmesser (ausgedrückt im hydraulischen Radius m). Die Länge der Kapillaren l_e, in denen das Filtrat fließt, ist stets größer als die Dicke des Filterkuchens l, jedoch ist l_e nicht ohne weiteres ermittelbar.

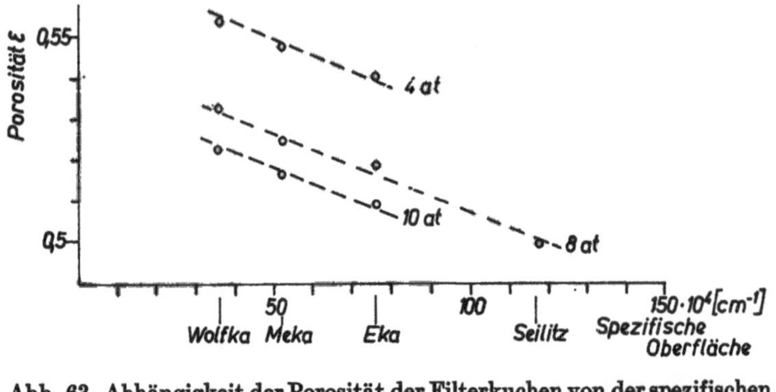

Abb. 63. Abhängigkeit der Porosität der Filterkuchen von der spezifischen Oberfläche

Die Werte für c_0 bewegen sich von 1,67 gleichseitiges Dreieck, 1,78 Quadrat, 1,94 Rechteck (a = 2b), 2,0 Kreis bis 3,0 paralleler Spalt. In dem Filterkuchen kommen verschiedene Kapillaren vor, so daß c_0 variabel ist. An Modellsubstanzen ist die Größe für das Glied $c = c_0 l_e^2 l^{-1}$ gemessen worden. Die Werte liegen zwischen 3—6, wobei sich für verschiedenste Teilchenformen $c \approx 5$ ergab. Von v. ENGELHARDT & TUNN (1954) wurde belegt, daß der Wert $c = 5$ für Permeabilitätsberechnungen an Sandsteinen brauchbar ist.

Der mittlere hydraulische Radius m kann ausgedrückt werden durch den Quotienten des gesamten Volumens der Kapillaren und der gesamten Kapillarenoberfläche S

$$m = \frac{\varepsilon}{S'} = \frac{\varepsilon}{(1 - \varepsilon) S} \qquad \ldots (5)$$

Gemessen werden kann die spezifische Oberfläche des Kaolins S, aus der sich $S' = S \times (1 - \varepsilon)$ ergibt. Das Volumen der Kapillaren wird der Porosität ε gleichgesetzt. Die Einbeziehung des gesamten Porenraums ist sicherlich unrichtig, wie bereits aus der Morphologie der Teilchen hervorgeht. Weiterhin ist nach CARMAN (1956) die Definition eines mittleren hydraulischen Radius nur dann sinnvoll, wenn die tatsächlichen Porendurchmesser nicht zu sehr vom Mittel abweichen. Ist das der Fall und treten sehr große neben sehr kleinen Kapillaren auf, so wird der Fluß von den größeren Kapillaren bestimmt. Da sich bei der Filtration die Teilchen aus einer Suspension, in der sie vollständig hydratisiert sind, zu einem Filterkuchen anordnen, wird der Porenraum durch die Dimension der Teilchen und durch ihre Deformierbarkeit, dem Druck entsprechend, bestimmt. In den Filterkuchen sind zwar Entmischungen möglich, spielen jedoch eine untergeordnete Rolle. Bei der Filtration einer Suspension kann daher damit gerechnet werden, daß die den Fluß bestimmenden Kapillaren statistisch über die gesamte Filterfläche verteilt sind und nur solche Kapillaren vorhanden sind, die durch die Spezifität des Kaolins bedingt werden.

Zur Berechnung der theoretischen Permeabilität der Filterkuchen nach Gleichung (4), die mit k_{th} bezeichnet werden soll, wurde die an den Filterkuchen nach Abschluß der Filtration ermittelte und nach Gleichung (6) berechnete Porosität benutzt.

$$\varepsilon = \frac{V_{Fk} - V_k}{V_{Fk}} = \frac{V_w}{V_{Fk}} \qquad \ldots (6)$$

V_w = Volumen des Wassers des Filterkuchens cm^3
V_k = Volumen des Feststoffs des Filterkuchens cm^3
V_{Fk} = Volumen des Filterkuchens cm^3

In Tab. 46 sind die Werte der aus den Filterversuchen ermittelten Permeabilitäten $\bar{k}$ und die aus Gleichung (4) berechneten theoretischen Permeabilitäten k_{th} sowie die Porositäten zusammengestellt. Wie zu erwarten, sind die theoretischen Permeabilitäten wesentlich größer als die aus den Filterversuchen gewonnenen. Die Ursachen dafür sind in erster Linie in der Dispersität des Feststoffs und der Wasserbindung im Filterkuchen zu finden.

Aus den Gleichungen (4) und (5) geht hervor, daß k_{th} proportional dem Quadrat des mittleren hydraulischen Radius ist, der seinerseits eine Funktion der Porosität und der spezifischen Oberfläche ist. In Abb. 64 ist die Kurvenschar für diese Funktion dargestellt. Daraus ist ersichtlich, daß die Permeabilität außerordentlich empfindlich auf Änderungen der spezifischen Oberfläche und der Porosität reagiert. Stünde der gesamte Porenraum der Filterkuchen für den Fließvorgang zur Verfügung, wie dies für die Berechnung der theoretischen Permeabilität festgelegt wurde, so lägen die Werte für k_{th} im schraffierten Feld in Abb. 64, entsprechend der spezifischen Oberfläche der Kaoline. Der Filterkuchen stellt ein Gerüst von Feststoffteilchen dar, die etwa 50% des Volumens einnehmen. Wird nun Wasser als strömende und den Feststoff benetzende flüssige Phase verwendet, wie dies bei der Kaolinaufbereitung der Fall ist, so ändern sich die

Verhältnisse im Porenraum. Bereits Kozeny (1927) macht darauf aufmerksam, daß bei Tonen das auf den Oberflächen adsorbierte Wasser unbeweglich ist und demzufolge den mittleren hydraulischen Radius verkleinert. Diese Erscheinung wurde durch v. Engelhardt & Tunn (1954) an tonhaltigen Sandsteinen näher untersucht, und es wurde festgestellt, daß diesem auf der Oberfläche adsorbierten Wasser entweder eine höhere Viskosität zugeschrieben werden muß oder daß der Einfluß auf die Permeabilität durch die Verkleinerung von m bedingt wird.

Durch die Wasseradsorption ändern sich also die Größe und Geometrie des für die Strömung zur Verfügung stehenden effektiven Porenraums. Parallel dazu wird auch die Oberfläche des Kapillarraums kleiner als die spezifische Oberfläche des Feststoffs S. Daraus ergibt sich, daß die aus den Filterversuchen ermittelte Permeabilität stets um ein Vielfaches kleiner ist als die theoretische.

Da es gegenwärtig noch nicht möglich ist, die durch die Wasseradsorption veränderten Werte des Porenraums und der Kapillaroberfläche zu messen, kann eine Berechnung der wirklichen Permeabilität über Gleichung (4) nicht erfolgen. Die Größe des

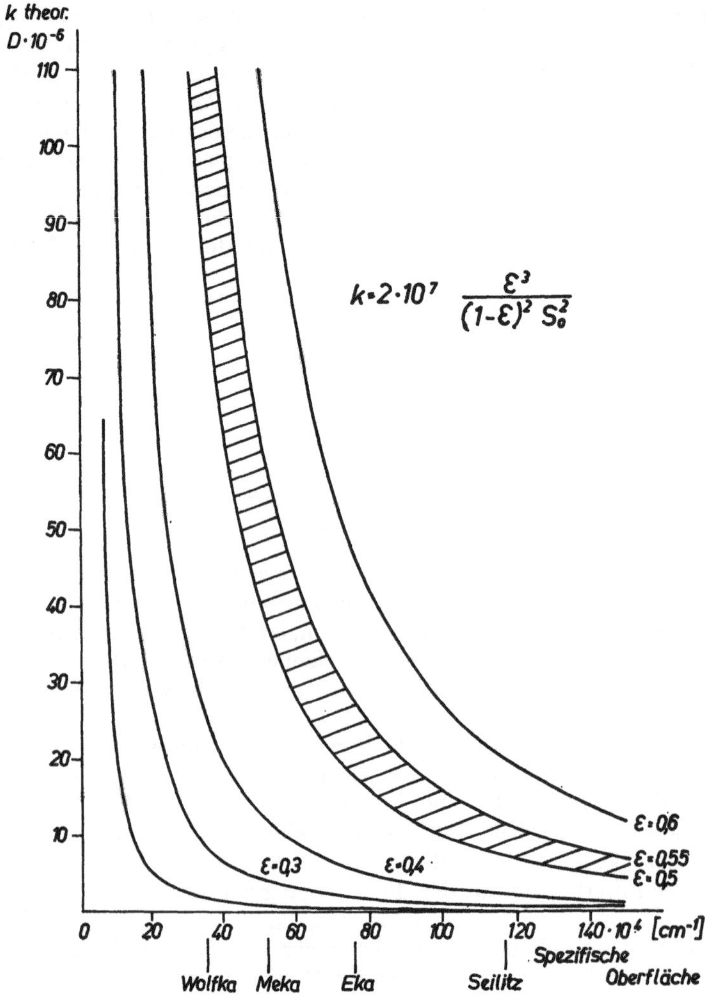

Abb. 64. Darstellung von $k = f(\varepsilon, S_0)$

Tab. 46. Porosität (Mittel aus vier verschiedenen Preßversuchen), theoretische Permeabilität k_{th} und k der Filterkuchen

Probe	P (at)	ε	k_{th} $10^{-6}D$	$\bar{k}$ $10^{-6}D$	$\frac{k_{th}}{k}$
Wolfka	4	0,5541	127,7	7,1	18,0
Wolfka	8	0,5328	103,4	4,5	23,0
Wolfka	10	0,5230	93,8	4,2	22,4
Meka	4	0,5480	58,9	4,5	13,1
Meka	8	0,5246	46,7	2,95	15,8
Meka	10	0,5168	43,2	2,7	16,0
Eka	4	0,5407	26,1	2,0	13,0 (s)
Eka	8	0,5192	21,1	1,25	17,0
Eka	10	0,5099	19,2	1,05	18,3
Seilitz	8	0,4994	7,2	0,2	36,0
Seilitz (Pyridin)	8	0,5295	9,7	1,4	6,9

Einflusses der Wasseradsorption läßt sich aber ermessen, wenn nach Gleichung (4) die der gemessenen Permeabilität zugehörige Porosität unter Einsatz der spezifischen Oberfläche der Kaoline errechnet wird. Die auf diese Weise erhaltenen Werte liegen bei $\varepsilon \approx 0{,}2$. Da weiterhin mit der Verkleinerung des Kapillarenvolumens auch die Kapillarenoberfläche abnimmt, kann abgeschätzt werden, daß der für den Fließvorgang tatsächlich zur Verfügung stehende Porenraum nur 10—25% der Gesamtporosität beträgt. Demnach wären > 75% des im Filterkuchen enthaltenen Wassers so fixiert, daß es nicht am Filtrationsvorgang beteiligt ist.

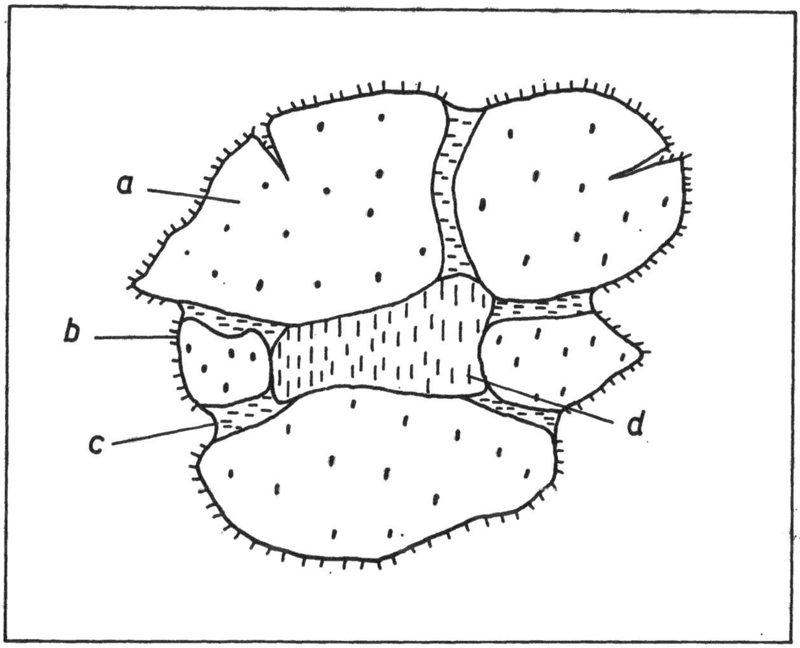

Abb. 65. Schematische Darstellung der Flüssigkeitsbindung (nach BATEL 1961)

a — Innenflüssigkeit; b — Adsorptions- und Haftflüssigkeit;
c — Zwickelkapillarflüssigkeit; d — kapillare Steigflüssigkeit

Die Bindung des Wassers im Filterkuchen erfolgt auf verschiedene Weise. Batel (1961) unterscheidet die in Abb. 65 angegebenen Flüssigkeitsbindungen. Danach ist die kapillare Steigflüssigkeit am schwächsten gebunden und im Filterkuchen am leichtesten beweglich; sie ist daher am Filtrationsvorgang in erster Linie beteiligt. Dieser Anteil beträgt weniger als 25% des Gesamtwassers im Filterkuchen.

Die Dicke der adsorbierten Wasserschicht hängt vom ζ-Potential ab. Eine Verringerung des ζ-Potentials würde daher zur Verringerung des effektiv wirksamen mittleren hydraulischen Radius und damit zur Beschleunigung des Filtrationsvorgangs führen. Zur Überprüfung dieser Möglichkeit wurde eine 15%ige Suspension von Seilitzer Kaolin mit Pyridin-Lösung (10 ml n-Pyridinlösung je 1000 ml Suspension) behandelt. Der Pyridin-Effekt ist deutlich sichtbar, indem die Permeabilität $\bar{k} = 1{,}4 \cdot 10^{-6}$ etwa siebenmal höher ist als die des unbehandelten Kaolins. Die Preßzeit beträgt etwa zwei Stunden (Tab. 44).

Auf Grund dieses Versuchs ist es auch möglich, eine Abschätzung der Dicke der Adsorptionswasserschicht vorzunehmen.

Aus Gleichung (4) und (5) folgt für

$$m = 10^{-3} \sqrt{\frac{\bar{k}}{20\varepsilon}}. \qquad \ldots (7)$$

Setzt man für $\bar{k}$ die gemessenen Permeabilitäten ein und für $\varepsilon = 0{,}2$ (unbehandelter Seilitzer Kaolin) bzw. $\varepsilon = 0{,}3$ oder 0,4 (Pyridin-Kaolin), dann ergibt sich eine Differenz für m von 20—26 Å. Demnach ist beim unbehandelten Seilitzer Kaolin durch die adsorbierte Wasserschicht der mittlere hydraulische Radius um 20—26°Å verringert, was zu der wesentlichen Verminderung der Permeabilität führt.

Berechnet man weiterhin die mittleren hydraulischen Radien für die übrigen Kaoline, so ergeben sich die in Tab. 47 zusammengestellten Werte.

Tab. 47. Berechnete Werte für die mittleren hydraulischen Radien, m_{th} nach Gleichung (5), m_{pr} nach Gleichung (7) mit $\varepsilon = 0{,}2$, für Seilitz (Pyridin) $\varepsilon = 0{,}3$

Kaolin	Δp	m_{th} (Å)	m_{pr} (Å)	$\Delta m = m_{th} - m_{pr}$ (Å)	Δm — 30 Å (Å)
Wolfka	4	346	133	213	183
Wolfka	8	317	106	209	179
Wolfka	10	304	102	202	172
Meka	4	235	106	129	99
Meka	8	212	86	126	96
Meka	10	205	82	123	93
Eka	4	181	71	110	80
Eka	8	167	56	111	81
Eka	10	160	50	110	80
Seilitz	8	86	21	65	35
Seilitz (Pyridin)	8	94	58	36	6

Läge in dem die Permeabilität bestimmenden Teil des Filterkuchens das gesamte Wasser als bewegliches und in den Hüllen als adsorbiertes Wasser vor, so müßte bei allen Kaolinen $m = m_{th} - m_{pr}$ in der Größenordnung von maximal 30 Å (Dicke der adsorbierten Wasserschicht) liegen. Das ist jedoch nur beim Pyridin-behandelten Seilitzer Kaolin der Fall. Bei allen anderen Proben ist diese Differenz größer, wobei eine Zunahme vom Kaolin Seilitz zum Kaolin Wolfka festzustellen ist. Mit zunehmendem Kaolinit-Gehalt der Kaoline vergrößert sich demnach der Anteil des unbeweglichen Zwickel- und

Kapillarwassers. Dieses Phänomen hat seine Ursachen in der Morphologie des Kaolinits, der mit seinen Verwachsungen eine spezielle Geometrie des Porenraums bedingt und demzufolge relativ viel Zwickel- und Kapillarwasser bindet. Diese Erscheinung konnte auch bei Untersuchungen der rheologischen Eigenschaften der Kaoline festgestellt werden, und zwar, daß bei den verhältnismäßig grobkörnigen Kaolinen, die einen hohen Anteil von Aggregaten und Verwachsungen enthalten, ein großer Prozentsatz als „nicht wirksames Wasser" durch die Kaolinite fixiert wird (Störr 1968c).

Die Schwierigkeiten der exakten Erfassung der tatsächlich am Fließvorgang beteiligten Wassermenge sind ein Hinderungsgrund für die Anwendung allgemeiner Filtrationsgleichungen.

4.3.2.2.5. Zur Preßzeit

Für die Ökonomie der Kaolinproduktion sind die Preßzeit bzw. die Filterleistung (der Druckfiltration) wesentliche Größen, da sie die Kapazität der Anlagen bestimmen. Aus diesem Grund soll auf beide Größen näher eingegangen werden. Zunächst zur Preßzeit: Wie bereits ausgeführt wurde, muß der Preßvorgang in mehrere zeitliche Abschnitte gegliedert werden.

Soll die für eine beliebige Kaolinsuspension erforderliche Preßzeit bei gegebenen apparativen Bedingungen berechnet werden, so ist es notwendig, den Anteil der genannten zeitlichen Abschnitte an der Gesamtzeit zu ermitteln. Entsprechend den gewählten Drucksteigerungsraten beträgt die Zeit bis zur Erreichung des konstanten Drucks für 4 min = 4 at, 6,5 min = 8 at, 7,5 min = 10 at. Während dieser Zeit ist die Zunahme der Filterkuchenmasse pro Zeiteinheit geringer als bei konstantem Preßdruck. Bei Suspensionen mit großen Feststoffkonzentrationen und Permeabilitäten ist dieser Zeit-

Tab. 48. Verhältnisse der Zeiten zur Gesamtzeit der Hauptabschnitte des Preßvorgangs

Kaolin	Zeitanteil bis zur Kammerrestfüllung (%)	Zeitanteil der Kammerrestfüllung (%)
Wolfka	58	42
Meka	57	43
Eka	55	45
Seilitz	49	51

Tab. 49. Vergleich der gemessenen und der nach Gleichung (8) berechneten Preßzeiten

Kaolin	f Masse %	Δp at	t_1 min	t_2 min	t_p min	gemessene Preßzeit min
Wolfka	5	8	51	36	87	92
Wolfka	10	8	28,5	21	50	60
Wolfka	20	8	13	9	22	26
Wolfka	30	8	7	5	12	16
Meka	10	8	51	39	90	103
Meka	20	8	20	15	35	37
Meka	30	8	10	8	18	22
Eka	20	8	52	48	97	93
Eka	30	8	30	25	55	51
Seilitz	20	8	284	295	579	581
	30	8	164	171	335	335
Seilitz (Pyridin)	15,8	8	58	60	118	122

abschnitt im Verhältnis zur Gesamtpreßzeit bei den gewählten Versuchsbedingungen relativ groß (Tab. 48, 49).

Die Kammerrestfüllung, die durch Verminderung der Filterfläche und Kuchenverdichtung charakterisiert ist, beginnt bei den durchgeführten Versuchen bei durchschnittlich 85% der Gesamtfiltratmenge. Der für die Kammerrestfüllung erforderliche Zeitanteil (Tab. 48) wurde aus den Filtrationskurven ermittelt; er erhöht sich mit abnehmender Permeabilität. Dieser Zeitabschnitt, der bei den vergleichsweise schlecht filtrierenden Kaolinen Eka und Seilitz etwa die Hälfte der Gesamtpreßzeit ausmacht, ist besonders uneffektiv, worauf später noch eingegangen wird.

Zur Berechnung der Preßzeit für beliebige Suspensionen ist erforderlich:

— Errechnung der Zeit bis zum Beginn der Kammerrestfüllung t_1. Der Einfachheit halber wird der erste Abschnitt bis zur Erreichung des konstanten Preßdrucks nicht berücksichtigt.
— Errechnung der Zeit für die Kammerrestfüllung t_2 aus den in Tab. 48 angegebenen Werten für die einzelnen Kaoline.

Damit beträgt die Preßzeit:

$$t_p = t_1 + t_2 \qquad \ldots (8)$$

Um t_1 berechnen zu können, ist die Definitionsgleichung (1) zu integrieren. Nach v. ENGELHARDT & SCHINDEWOLF (1952) wird hierfür das spezifische Volumen des Filterkuchens b eingeführt und formuliert, daß $F \cdot l_t = b \cdot Q$ sein soll, d. h., daß während der Filtration jederzeit das Filterkuchenvolumen in einem konstanten Verhältnis zum Filtratvolumen steht.

Diese Voraussetzung wurde bei der Berechnung der Filterkuchendicke bereits gemacht. Weiterhin setzt die Integration der Gleichung (1) voraus, daß sich die Permeabilität der Filterkuchen während des Versuchs nicht ändert. Nach Einsetzen von b in Gleichung (1) und nach Integration erhält man die folgenden Gleichungen für die Filtrationszeit bis zur Kammerrestfüllung:

$$t = \frac{l_t^2 \eta}{2 \Delta p k b} \qquad \ldots (9)$$

bzw.

$$t = \frac{Q^2 \eta b}{2 \Delta p F^2 k} \qquad \ldots (10)$$

oder aus (9) und (10)

$$t = \frac{l_t \eta Q}{2 \Delta p k F} \qquad \ldots (11)$$

Die Benutzung der Gleichungen mit b sind insofern günstig, als in b die Feststoffkonzentration f der Suspension eingeht. Entsprechend v. ENGELHARDT & SCHINDEWOLF (1952) ist

$$b = \frac{1 + \frac{\varepsilon}{(1-\varepsilon)}}{\frac{\gamma_K}{\gamma_p} \frac{1}{f} - 1 \frac{\varepsilon}{(1-\varepsilon)}} \qquad \ldots (12)$$

γ_K = spezifisches Gewicht des trockenen Kaolins eingesetzt = 2,615
γ_p = spezifisches Gewicht des Filtrats = 1

In Tab. 49 sind die nach Gleichung (10) berechneten Werte für t_1, die ermittelten Werte für t_2 und t_p sowie die gemessenen Preßzeiten angegeben. Daraus geht hervor, daß die berechneten Preßzeiten recht gute Übereinstimmung mit den gemessenen ergeben. Bei den kurzen Preßzeiten liegen die berechneten stets unter den gemessenen, was darauf zurückzuführen ist, daß der Zeitabschnitt bis zur Erreichung des konstanten Preßdrucks nicht berücksichtigt wurde.

Der Einfluß der Feststoffkonzentration der Suspensionen auf die Preßzeit ist sehr groß, besonders dann, wenn Mixed-Layer-Mineral-reiche Kaoline filtriert werden.

Die bisherigen Ausführungen haben gezeigt, daß es möglich ist, die Preßzeiten zu berechnen, wenn k und b, bzw. Q und l_t bekannt sind. Die Werte für die Permeabilität können aus den Diagrammen Abb. 61 und 62 entnommen werden, wobei zu berücksichtigen ist, daß die Beziehung Permeabilität — Mixed-Layer-Mineral-Anteil nur für die Kaoline von Kemmlitz und Seilitz gilt, bei denen der Kaolinit eine relativ gleichmäßige Kornverteilung besitzt. Allgemein anwendbar ist die Beziehung Permeabilität — spezifische Oberfläche, da die spezifische Oberfläche die Kaolinitausbildung mit erfaßt.

Der Wert von b ist nach Gleichung (12) abhängig von der Porosität, der Feststoffkonzentration, dem spezifischen Gewicht des Feststoffs und des Filtrats. Aus Abb. 66 ist ersichtlich, daß die Größe b in erster Linie durch die Feststoffkonzentration und nur untergeordnet durch die Porosität bedingt wird, wenn solche Werte für und ε zugrunde gelegt werden, wie sie für Kaolinsuspensionen und Filterkuchen in der Praxis auftreten.

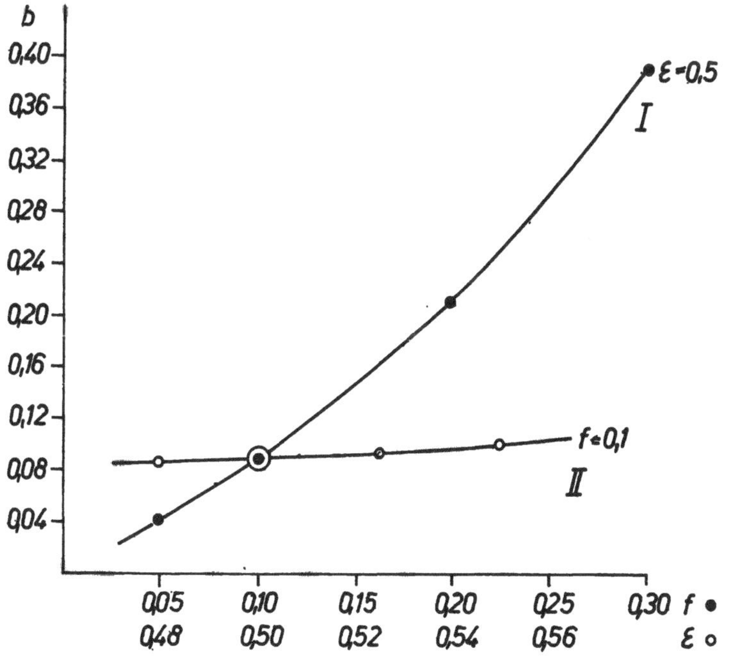

Abb. 66. Darstellung der Abhängigkeit des Faktors b von der Porosität ε bzw. von der Feststoffkonzentration f

4.3.2.2.6. Zum Einfluß des Preßdrucks auf die Filtration

Der Druckeinfluß ist unter zwei Aspekten zu behandeln:

- Durch Steigerung des Drucks werden infolge der Kompressibilität der Filterkuchen Porosität und Permeabilität kleiner,
- durch Druckerhöhung vergrößert sich die Filtrationsgeschwindigkeit.

Da sich die beiden Vorgänge überlagern, ist zu prüfen, welcher von ihnen unter bestimmten Bedingungen den Filtrationsvorgang beherrscht. Würden sich die Filterkuchen mit zunehmendem Preßdruck nicht verdichten, so verhielte sich die Preßzeit umgekehrt proportional dem Druck [Gleichung (9)], d. h. sie würde kleiner. Tatsächlich aber nehmen Porosität und Permeabilität ab, wenn der Druck erhöht wird (Abb. 67,

Abb. 68). Eine Veränderung der Technologie mit dem Ziel der Filtrationsbeschleunigung durch Steigerung des Preßdrucks ist nur dann sinnvoll, wenn die durch die Kompression des Filterkuchens hervorgerufene Permeabilitätsminderung die beabsichtigte Fließgeschwindigkeitserhöhung nicht aufhebt. Aus Tab. 44 ist ersichtlich, daß die Preßzeiten nur um 10—15% kleiner werden, wenn der Preßdruck auf 10 at gesteigert wird.

Gleichzeitig verringert sich die Porosität, so daß die Filterleistung hinsichtlich des Feststoffausbringens größer wird.

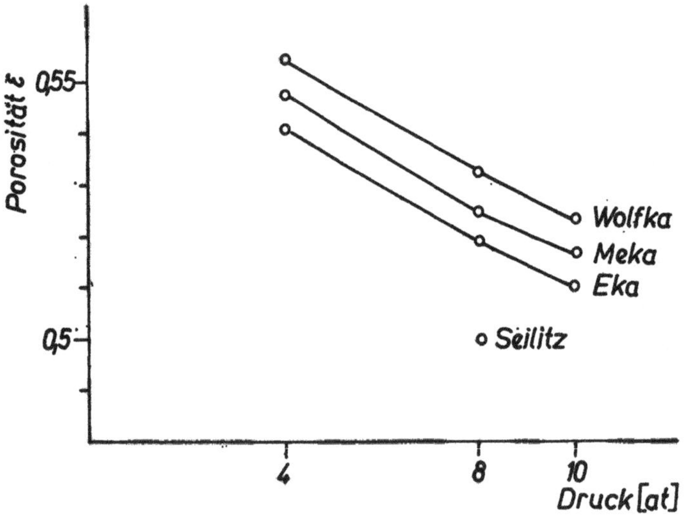

Abb. 67. Abhängigkeit der Porosität der Filterkuchen vom Preßdruck

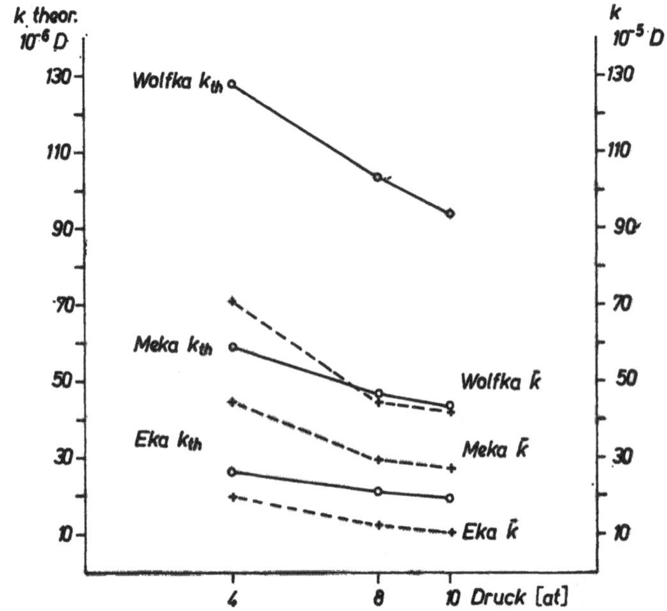

Abb. 68. Abhängigkeit der Permeabilität vom Preßdruck
Kreuze: gemessene Permeabilität; Kreise nach Gleichung (4)

Der Zusammenhang zwischen Druck und ε bzw. k ist nicht linear, sondern die Porositäts- und Permeabilitätsverminderung nimmt bei wachsendem Druck relativ ab (Abb. 67, Abb. 68). Es ist demnach zu erwarten, daß die für die Kaoline optimalen Preßdrücke > 10 at liegen. Da die Versuche nur bis zu 10 at Druck ausgeführt werden konnten, ist es nicht möglich, Aussagen über die Eigenschaften der Filterkuchen bei höheren Drücken zu machen.

4.3.2.3. Zur Leistung der Filterpressen

Im Abschnitt zur Preßzeit wurde ausgeführt, daß die Kammerrestfüllung der uneffektive Teil der Druckfiltration in Filterpressen ist und es technologisch nützlich wäre, diesen Vorgang zu umgehen. Bis zur Kammerrestfüllung werden ca. 85% des Feststoffs im Filterkuchen angelagert, d. h. daß dann, wenn die Kammerrestfüllung ausgeschaltet werden soll, die Behandlung des Prozesses auf diese 85% Feststoff ausgerichtet sein muß. Berechnet man mit Gleichung (9) die Filterkuchendicken, die sich in Abhängigkeit von der Zeit t_1 für bestimmte Kaoline bilden, so erhält man die in Abb. 69 dargestellten Kurven. Wie zu erwarten, ist die Zunahme der Filterkuchendicke in der Anfangsphase der Filtration am größten und vermindert sich stetig. Aus den Kurven geht hervor, daß die Leistung der Presse je Zeiteinheit mit zunehmender Filtrationszeit kleiner wird, am stärksten bei Kaolinen mit niedriger Permeabilität und am geringsten bei solchen mit hoher Permeabilität. Demnach sollten die Filterkuchendicken dem Filtrationsverhalten angepaßt werden. Bei Mixed-Layer-Mineral-armen Kaolinen sind größere Kuchenstärken angebracht und bei Mixed-Layer-Mineral-reichen kleine, um die Zeit der größten Leistung der Presse auszunutzen. Für die Optimierung der Kuchendicken ist die unproduktive Pressenentleerungszeit ausschlaggebend. Ist diese Zeit sehr klein wie bei Filterautomaten, so sind grundsätzlich kleine Kuchendicken am effektivsten.

Aus Abb. 69 geht weiterhin hervor, daß Druckerhöhungen am wirksamsten bei Kaolinen mit hohen Permeabilitäten sind, z. B. Wolfka, während bei niedrig-permeablen Filterkuchen die Drucksteigerung nur einen relativ geringen Leistungsanstieg bewirkt.

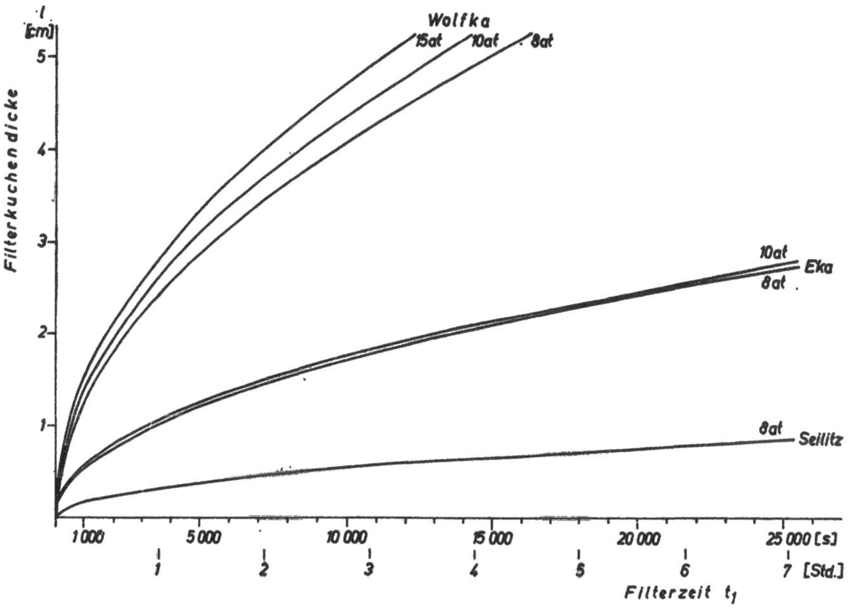

Abb. 69. Filterkuchendicke in Abhängigkeit von der Filtrationszeit t_1 für verschiedene Kaoline und Drücke. Die Feststoffkonzentrationen sind: Wolfka = 20, Eka = 15, Seilitz = 10 Masse-%

Für die Betriebsführung ist die optimale Kuchenstärke aus ökonomischer Sicht von besonderem Interesse. Zur Ermittlung der Stufenkosten der Druckfiltration wurde eine hochgestellte Filterpressenanlage, die mit Filterpressen C 800 vom VEB Thuringia, Sonneberg, ausgerüstet ist, gewählt (STÖRR & STARKE 1980). Zur Vergleichbarkeit der unterschiedlichen Kaolinsorten wurde auf eine Aufbereitungsanlage mit einer Jahreskapazität von 20000 t Kaolin Fertigprodukt Bezug genommen.
Weitere Festlegungen sind:

- Preßdruck 16 at
- Filterpressen ohne Aufzugsvorrichtung mit Zwei-Mann-Bedienung
- dreischichtiger Betrieb.

In die ökonomische Betrachtung sind als laufende Kosten einbezogen: Lohnkosten, Abschreibungen, Energiekosten, Filtertuchkosten.

Wie in Abb. 70 dargestellt, sind die spezifischen Kosten pro t Fertigprodukt sowohl von der Kuchenstärke als auch von der Kaolinsorte bzw. dem Mixed-Layer-Mineral-Gehalt abhängig.

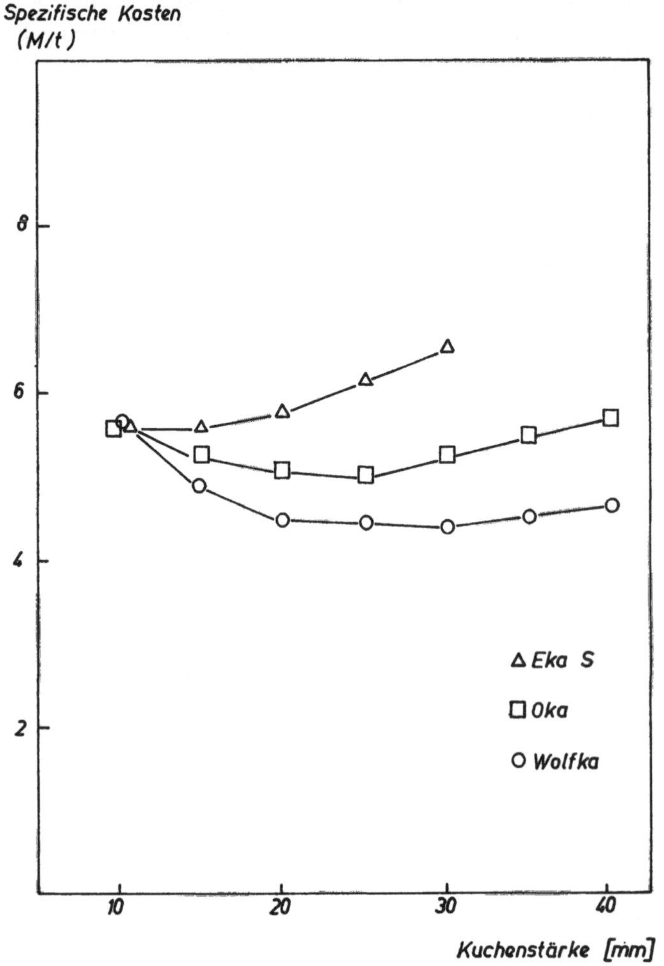

Abb. 70. Spezifische Kosten für die Filtration pro t Kaolin in Abhängigkeit von der Kuchenstärke, berechnet für Kammerfilterpressen C 800, VEB Thuringia Sonneberg

Als kostengünstigste Kuchenstärken können angegeben werden:

Kaolin	optimale Kuchenstärke (mm)	spez. Kosten (M/t)
Wolfka	30	4,49
Oka	25	5,04
Eka-S	10	5,51

Die Lohnkosten der Presser bilden den höchsten Anteil an den spezifischen Kosten. Diese betragen 50—75% der Gesamtselbstkosten. Wegen der festgelegten Endtonnage von 20000 t/a und der gleichbleibenden Rüstzeit der Pressen von 8 min pro Pressenpaar war sowohl bei niedrigen Kuchenstärken und damit niedrigen Preßzeiten als auch bei hohen Preßzeiten (40 mm Kuchenstärke) das Öffnen, Entleeren und Schließen der Pressen mit den gleichen Bedienungskräften abgesichert. Gleichfalls wie die Lohnkosten waren auch die Energiekosten konstant. Von erheblichem Einfluß waren die Filtertuchkosten. Es wurde mit einer Standzeit der Filtertücher von 3500 Zyklen gerechnet. Die Abschreibungen bezogen sich auf die kompletten C 800-Pressen, einschließlich Pressenhähne.

Für die Kaolinbetriebe ist es nicht sinnvoll, für jede der produzierten Kaolinsorten eine gesonderte Filterkammer einzusetzen. Je nach Mineralbestand der Kaoline kommen drei Filterplattentypen in Betracht:

	Kuchenstärke
— kaolinitreiche Kaoline (Kaolin Wolfka, Oka, BT, Meka, Caminau)	30—35 mm
— kaolinitische Kaoline mit erhöhten Anteilen anderer Minerale (Spergau, Röblingen)	20—25 mm
— Mixed-Layer-Mineral-reiche Kaoline (Kaolin Seilitz, Eka-S)	10—15 mm

Der weiteren Verminderung der Kuchenstärken sind durch die notwendige Festigkeit des Kuchens zum sicheren Entleeren der Pressen Grenzen gesetzt.

4.3.2.4. Auswertung des Preßverhaltens der kleintechnisch aufbereiteten Bohr- und Bemusterungsproben

Die Ermittlung der Preßzeiten erfolgte an den im Faß sedimentierten Suspensionen in Laborkammerfilterpressen unter folgenden Bedingungen:

Preßdruck:	6—8 at
Kuchenstärken:	22—28 mm
Temperatur:	um 10°C

Aus den bisherigen Ausführungen geht hervor, daß die Preßzeiten vom Mineralbestand — insbesondere von dem Mixed-Layer-Mineral-Anteil und der Feststoffkonzentration der Suspensionen — abhängen bei sonst konstanten Bedingungen. Bei den kleintechnisch aufbereiteten Proben wird die Feststoffkonzentration durch das Sedimentationsverhalten der Kaoline bestimmt. Daraus folgt, daß durch den Stoffbestand der Kaoline

- die Feststoffkonzentration der Suspensionen und
- das Filterverhalten festgelegt werden.

In Abb. 71 sind die Preßzeiten in Abhängigkeit vom Mixed-Layer-Mineral-Gehalt der Kaoline aufgetragen, wobei die Feststoffkonzentrationen durch verschiedene Signaturen angegeben wurden. Durch den doppelten Einfluß des Mineralbestands ergibt sich mehr oder weniger zufällig eine nahezu lineare Beziehung zwischen dem Logarithmus der Preßzeit und dem Mixed-Layer-Mineral-Anteil. Für die unter den spezifischen Bedingungen der kleintechnischen Aufbereitung ermittelten Beziehungen zwischen Preßzeit und Mixed-Layer-Mineral-Anteil ergibt sich folgende Regressionsgerade:

$$\lg t = 0{,}04655x - 0{,}41134$$

(t = Preßzeit in Std., x = Mixed-Layer-Mineral-Gehalt, Masse-%)

Anzahl der Wertepaare:	$n = 112$
Streuung um die Regressionsgerade:	$sr = 0{,}36572$
Fehler des absoluten Gliedes:	$sa = 0{,}05879$
Fehler des Regressionskoeffizienten:	$sb = 0{,}00235$
Bestimmtheitsmaß:	$b = 78{,}08$
Korrelationskoeffizient:	$r = 0{,}88362$
Prüfgröße:	$t = 19{,}79$

Die theoretisch berechneten Kurven für konstante Feststoffkonzentration zeigen dagegen einen nichtlinearen Verlauf (Abb. 71).

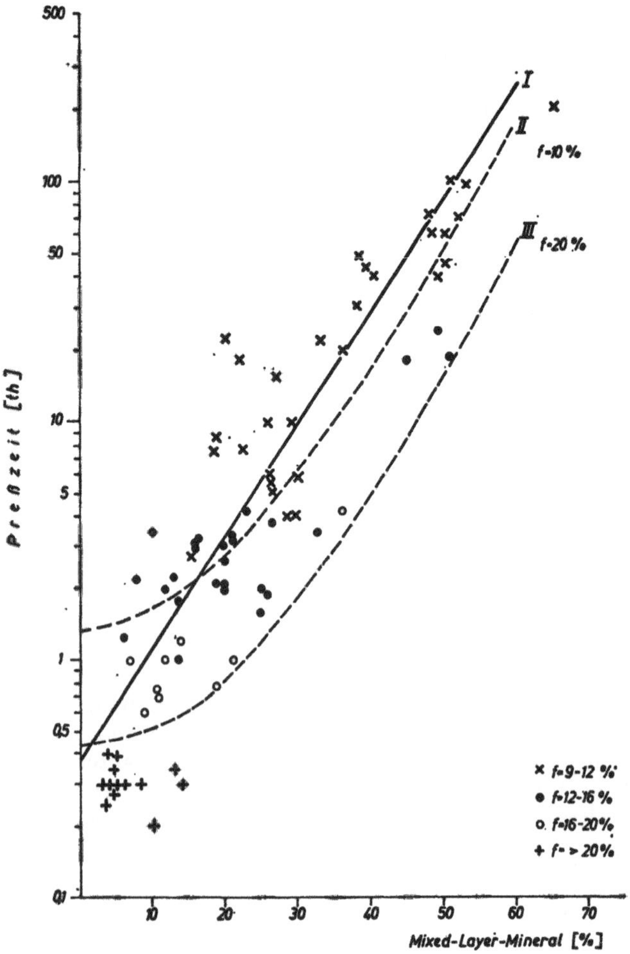

Abb. 71. Preßzeit in Abhängigkeit vom Mixed-Layer-Mineral-Gehalt der Bemusterungsproben
I — Regressionsgerade; II und III — berechnete Kurven für 10 bzw. 20 Masse-% Feststoffgehalt

Ein weiterer Faktor, der die Filtration beeinflußt, liegt in der Dispersität des Feststoffs. Versuche an Kaolinen, die mit unterschiedlicher Intensität dispergiert wurden, zeigten, daß die Preßzeit besonders bei den Mixed-Layer-Mineral-reichen Kaolinen vom Dispersitätsgrad abhängen (Tab. 50). Bei der Beurteilung der kleintechnischen Werte ist daher Art und Umfang der Vorbehandlung zu berücksichtigen.

Tab. 50. Vergleich des Entwässerungsverhaltens von Standard-Kaolinen bei verschiedener Vorbehandlung

Kaolin	Vorbehandlung	f_A (Masse-%)	f_B (Masse-%)	Preßzeit (h, min)	Wassergehalt im Preßkuchen (Masse-%)	Filterleistung ($kgm^{-2} h^{-1}$)	Wassergehalt (Masse-%)
Wolfka	a	10,6	25,3	25′	30,0	161,5	36,5
Wolfka	b	10,6	24,5	30′	30,1	193,0	35,6
Eka	a	10,6	15,9	$4^h25'$	26,5	48,0	41,1
Eka	b	10,6	14,9	5^h	27,3	37,7	41,5
Seilitz	a	10,6	14,3	$8^h15'$	29,7	30,7	42,5
Seilitz	b	10,6	12,7	$12^h30'$	32,3	27,6	42,2

a — aufgeschlämmt, 5 min mit Propellerrührwerk dispergiert und sofort filtriert
b — eine Woche eingesumpft und 5 min mit Propellenrrührwerk dispergiert

4.3.2.5. Zur Vakuumfiltration

Die wesentlichen Unterschiede zwischen Druck- und Vakuumfiltration bestehen darin, daß bei der Vakuumfiltration

- die Druckdifferenz mit 0,8 at wesentlich kleiner ist und dadurch der aufgebaute Filterkuchen eine sehr viel größere Porosität besitzt ($\varepsilon \approx 0,8$ bis 0,85) — (erst durch das Trockensaugen wird ε auf $\approx 0,65$ verringert) und
- die Dicke des gebildeten Filterkuchens von der Naßsaugzeit und der Permeabilität abhängt.

Es ist allgemein üblich, als Maß für die Filtrationsfähigkeit einer Suspension bei Vakuumfiltern die Filterleistung ($kgm^{-2} h^{-1}$) zu verwenden. Da die Vorgänge bei der Vakuumfiltration den gleichen Gesetzmäßigkeiten gehorchen wie bei der Druckfiltration, sind damit auch die Einflußgrößen die gleichen. Bei gleichen Filtrationsbedingungen, wie sie in der gegenwärtigen Technologie vorliegen (0,62 min Naßsaugzeit; 0,3 min Trockensaugzeit; $\Delta p = 0,8$ at), wird die Filterleistung durch die Permeabilität der Filterkuchen und die Feststoffkonzentration der Suspensionen bedingt. Da, wie in den bisherigen Abschnitten gezeigt wurde, die Feststoffgehalte der sedimentierten Suspensionen und die Permeabilität der Filterkuchen von der spezifischen Oberfläche der Kaoline abhängen, ergibt sich eine gesetzmäßige Abhängigkeit der Filterleistung (Fl) vom Mixed-Layer-Mineral-Anteil der Kaoline (Abb. 72).

Die Regressionsgerade für diese Beziehung ist:

$$\lg Fl = 2,10281 - 0,02018x$$

Fl = Filterleistung $kgm^{-2} h^{-1}$
x = Mixed-Layer-Mineral-Gehalt in Masse-%

Anzahl der Wertepaare:	$n = 90$
Streuung um die Regressionsgerade:	$sr = 0,18880$
Fehler des absoluten Gliedes:	$sa = 0,03448$
Fehler des Regressionskoeffizienten:	$sb = 0,001674$
Bestimmtheitsmaß:	$b = 62,29\%$
Korrelationskoeffizient:	$r = 0,78924$
Prüfgröße:	$t = 12,06$

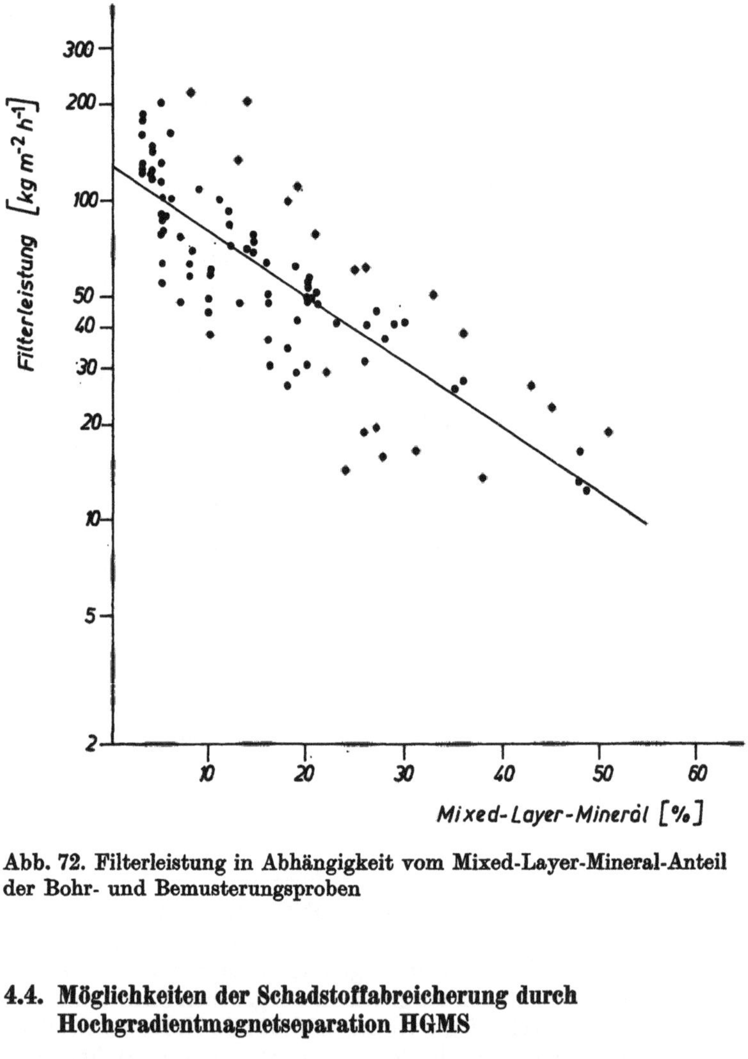

Abb. 72. Filterleistung in Abhängigkeit vom Mixed-Layer-Mineral-Anteil der Bohr- und Bemusterungsproben

4.4. Möglichkeiten der Schadstoffabreicherung durch Hochgradientmagnetseparation HGMS

4.4.1. Allgemeines zur HGMS

In den letzten Jahren gelang es, mittels Hochgradientmagnetseparation (HGMS) feindispers verteilte magnetische und paramagnetische Phasen aus Kaolinen und Tonen abzutrennen und dadurch Qualitätsverbesserungen, vor allem Weißgraderhöhungen bei Füllstoff- und Papierstreichkaolinen zu erzielen.

Auch zur Schadstoffsenkung (Fe- und Ti-Verbindungen) in keramischen Kaolinen liegen positive Resultate vor (Arvidson u. a. 1978; Babůrek 1973; Babůrek & Stepanek 1979; Iannicelli 1969, 1975, 1979; Kolm & Marston 1975; Mills 1975; Murray 1976a, 1976b). Erste Untersuchungen an DDR-Kaolinen wurden von Zwahr, Störr & Schwerdtner 1979 sowie Störr & Schwerdtner 1979 vorgenommen.[1])

[1]) Die Separationen wurden mit einem SALA-Separator Typ 10-15-20 vorgenommen. Herrn Direktor Dr. J. Babůrek, Výzkumny Ústav Keramiký Hornús Bříza, Außenstelle Karlovy Vary, ČSSR, sei für die Möglichkeit der Durchführung der Separation herzlich gedankt.

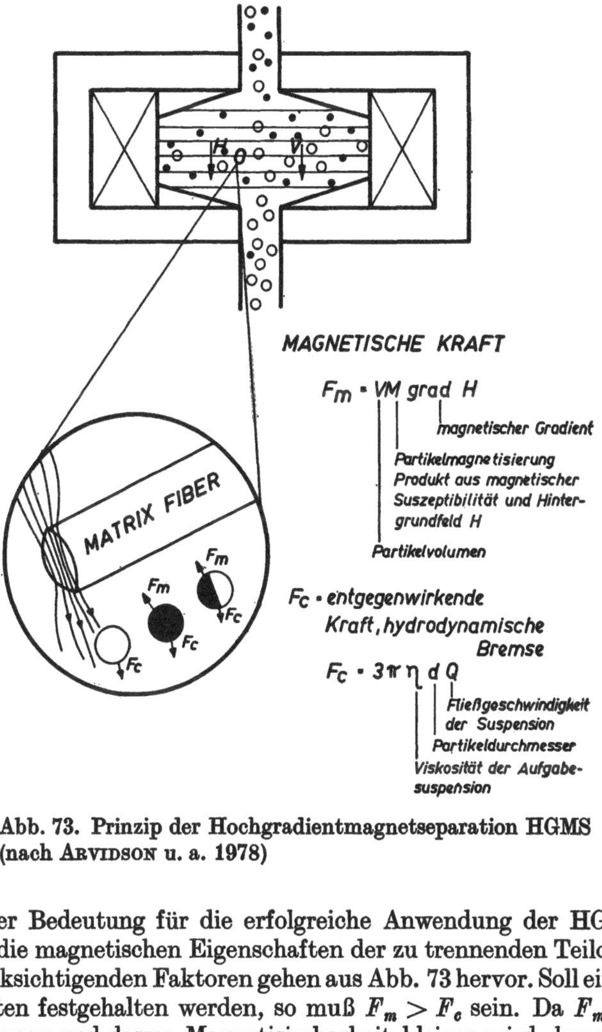

Abb. 73. Prinzip der Hochgradientmagnetseparation HGMS (nach ARVIDSON u. a. 1978)

Von großer Bedeutung für die erfolgreiche Anwendung der HGMS sind die Korngrößen und die magnetischen Eigenschaften der zu trennenden Teilchen. Die grundsätzlich zu berücksichtigenden Faktoren gehen aus Abb. 73 hervor. Soll ein Schadstoffteilchen vom Magneten festgehalten werden, so muß $F_m > F_c$ sein. Da F_m mit abnehmendem Teilchenvolumen und dessen Magnetisierbarkeit kleiner wird, kann eine entsprechend hohe magnetische Kraft nur durch Erhöhung der Feldstärke H erfolgen. Diese Erhöhung hat gerätetechnische Grenzen und kann daher nicht beliebig gesteigert werden. Eine Lösung ergibt sich dadurch, daß in das homogene Feld dünne Stahlfasern gebracht werden, wodurch sehr hohe Feldgradienten auftreten, so daß F_m genügend groß wird und demzufolge auch kleine Teilchen festgehalten werden können. Günstige Abreicherungseffekte bei Kaolinen sind dann möglich, wenn die Schadstoffe als isolierte Teilchen vorliegen und wenn sie eine relativ hohe magnetische Suszeptibilität besitzen.

4.4.2. Zur Ausbildung der Schadstoffe

Die in den DDR-Kaolinen identifizierten Schadstoffe sind in Tab. 51 und 52 zusammengestellt. Das TiO_2 liegt fast immer als Anatas und nur untergeordnet als Rutil vor, das Eisen dagegen ist sehr differenziert fixiert. Bei den Kaolinen Seilitz und Eka-S ist die Hauptmenge des Fe_2O_3 im Mixed-Layer-Mineral gebunden, das selbst ca. 2,5% Fe_2O_3 im Kristallgitter enthält. Weiterhin treten Goethit und manchmal Lepidokrokit auf.

Tab. 51. In DDR-Kaolinen enthaltene Schadstoffe und schadhaltige Phasen

Phasen	magnetische Suszeptibilität	isolierte Kristalle	z. T. isolierte Kristalle z. T. feinstdispers und verklebt	feinstdispers verteilt
Rutil		+		
Anatas		+		
Siderit		+		
Pyrit		+		
Biotit		+		
Hämatit			+	
Goethit			+	
Fe-haltige Sulfate			+	
Mixed-Layer-Mineral			+	+
Nontronit			+	+
Illit			+	+
Lepidokrokit			+	+
organische Substanz				+
Kaolinit mit Fe-Aufwachsungen			+	

Tab. 52. Schadstoffgehalte, langjährige Mittelwerte der DDR-Handelssorten und Weißgrade der bei 1380 °C gebrannten Kaoline

Kaolin	Fe_2O_3	TiO_2	Weißgrad
Wolfka	0,35	0,25	81,6
BZ	0,4	0,20	81,8
Meka	0,55	0,20	79,5
Oka	0,55	0,20	78,2
Eka-S	1,00	0,20	61,0
Salzmünde	0,70	0,25	67,2
Seilitz	1,20	0,20	55,0
Spergau	0,70	0,50	73,0
Röblingen	0,75	0,80	65,0
Caminau	1,20	0,60	n. b.

In den Kaolinen Wolfka, BZ, Meka und Oka ist außer Mixed-Layer-Mineral noch Goethit, Hämatit und organische Substanz enthalten, die zum Teil als Fe-Humat vorliegt. Beim Kaolin Salzmünde sind zusätzlich vereinzelt Pyrit und zuweilen sekundäre eisenhaltige Sulfate (Sideronatrit, Metasideronatrit, Parabutlerit, Jarosit, Copiatit, Schmöllnitzit, vgl. Abschn. 3.5.) enthalten. Bei den Kaolinen Spergau und Röblingen sind neben Goethit und Hämatit Glimmer und organische Substanz Eisenträger. Im Caminauer Kaolin ist die Eisenfixierung am kompliziertesten. Ein wesentlicher Teil liegt als Siderit oder in den teilweise zersetzten Biotiten vor, untergeordnet sind Goethit oder Hämatit vorhanden. Beachtliche Teile des Eisens sind in den Aufwachsungen auf dem Kaolinit gebunden, und möglicherweise ist auch Eisen im Kaolinitgitter eingebaut oder im Glimmer der Glimmer-Kaolinit-Verwachsungen fixiert.

Aus elektronenmikroskopischen Untersuchungen konnten folgende morphologische Merkmale der einzelnen Schadstoffe festgestellt werden: Anatas bildet meist isolierte Kristallite, besonders tetragonale Bipyramiden und deren Verwachsungen (Abb. 74, Abb. 75), manchmal treten tonnenförmige Kriställchen (Abb. 76) oder auch kugelige

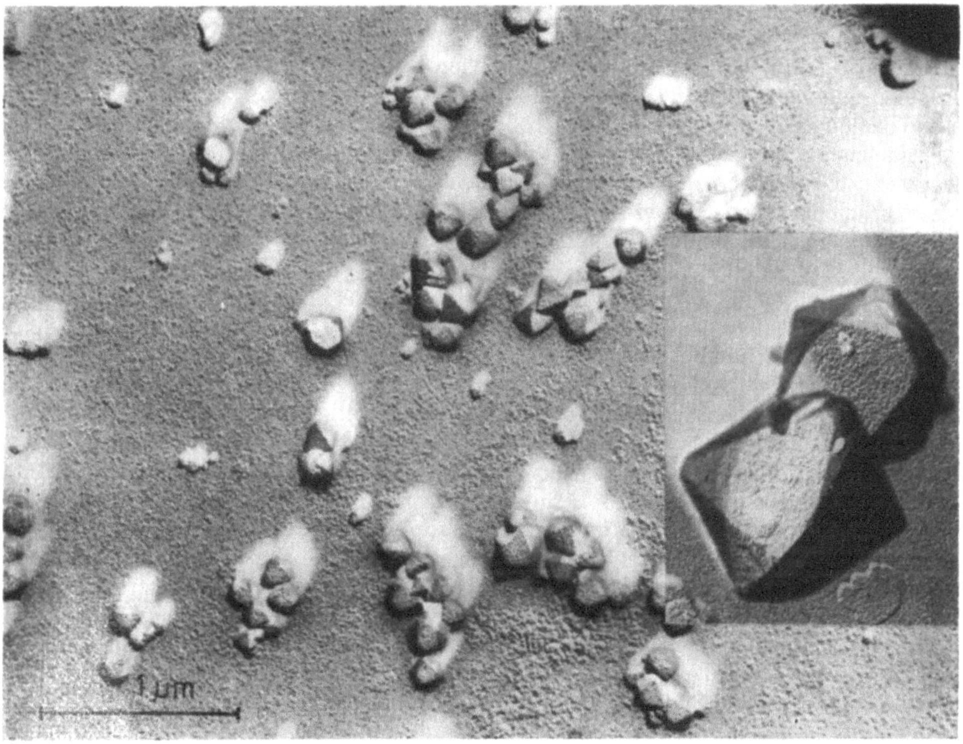

Abb. 74. Elektronenmikroskopische Aufnahme von Anatas (tetragonale Bipyramiden)

Abb. 75. Elektronenmikroskopische Aufnahme von Anatas

Formen auf (Abb. 77). Rutil bildet die üblichen Nädelchen, auf denen oftmals kleinere Anatase aufsitzen (Abb. 78). Siderit kommt als kugelige Aggregate oder idiomorphe steile Skalenoeder vor, meist in Korngrößen von 20 μm bis 0,3 mm. Pyrit bildet Würfel oder kugelige Aggregate. Goethit stellt meist nadelförmige, gelegentlich sternförmig verwachsene Kriställchen dar (Abb. 79). Hämatit ist seltener als sechsseitige Blättchen, meist in uncharakteristischen Aggregationen ausgebildet. Lepidokrokit konnte als sehr feinkörnige Partikelchen festgestellt werden, die oft mit anderen Mineralen verklebt sind (Abb. 80).

4.4.3. Resultate der HGMS

Wie aus Tab. 52 ersichtlich, sind bei den Kaolinen Wolfka, BZ, Meka, Oka die Schadstoffgehalte sehr niedrig und die Weißgrade nach dem Brennen entsprechend hoch. Eine Schadstoffsenkung ist daher nicht erforderlich. Die hochplastischen Kaoline Seilitz und Eka-S werden den Massen nur in kleinen Mengen zugesetzt, und das Eisen ist im Wertstoff, dem Mixed-Layer-Mineral, fixiert, so daß eine Schadstoffminderung wenig sinnvoll ist. Eine Schadstoffsenkung wäre höchstens für die keramischen Kaoline Röblingen und eventuell für Spergau und Salzmünde zweckmäßig. Von größerer Bedeutung ist die Erhöhung des Weißgrades des Caminauer Kaolins auf Werte von > 80%. Entsprechend dieser günstigen Situation wurden die Versuche zur Schadstoffabreicherung am Caminauer Kaolin und an speziellen relativ schadstoffreichen Proben der Lagerstätten Röblingen und Spergau sowie an je einer lepidokrokitreichen bzw. Mixed-Layerreichen Probe aus Kemmlitz vorgenommen, um die erreichbaren Effekte prüfen zu können.

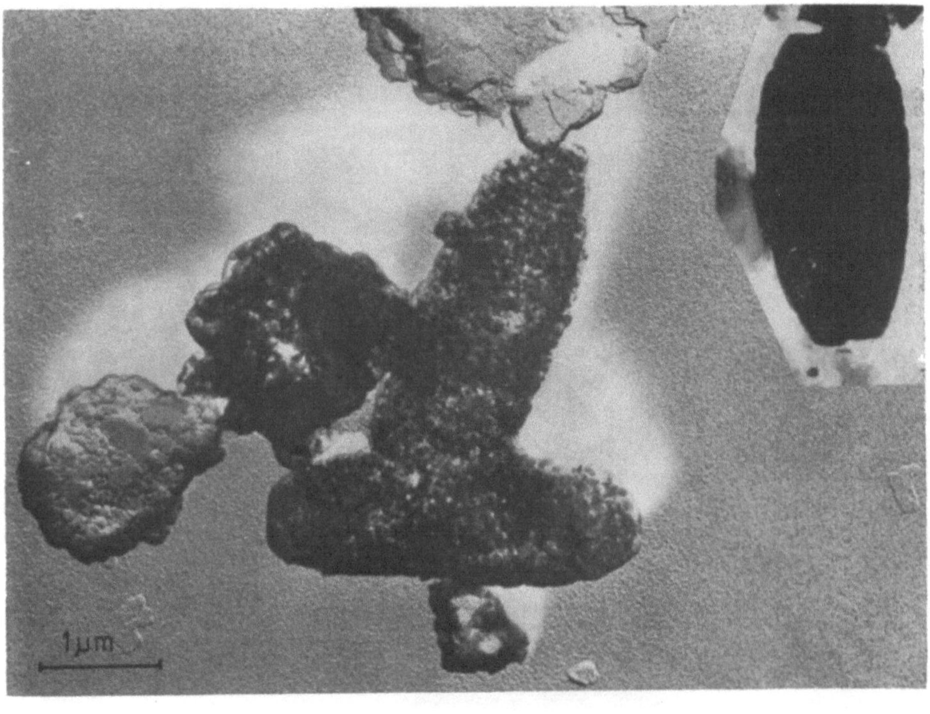

Abb. 76. Elektronenmikroskopische Aufnahme von Anatas

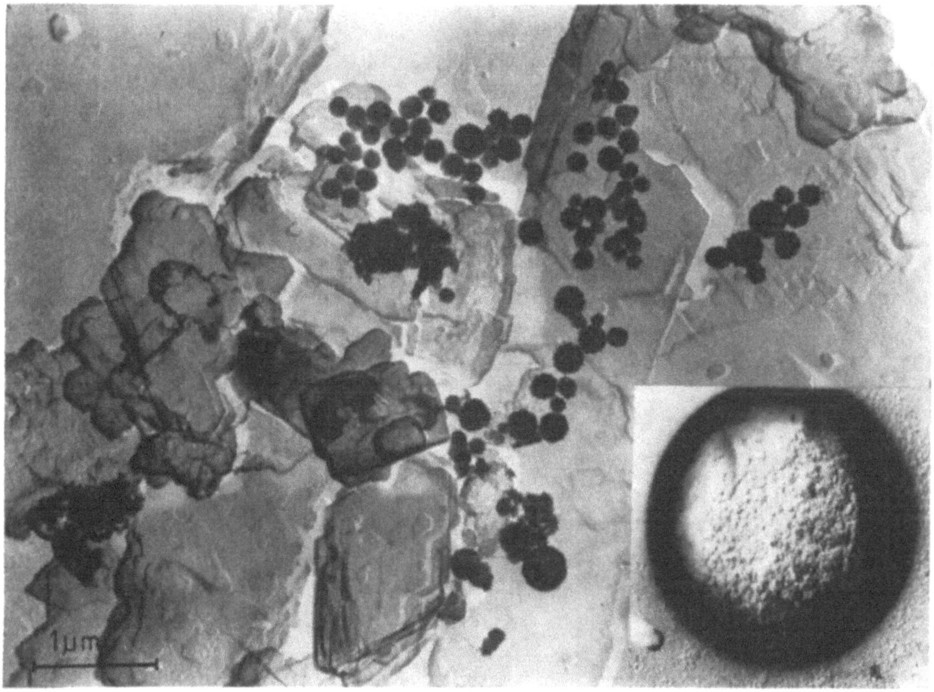

Abb. 77. Elektronenmikroskopische Aufnahme von Anatas

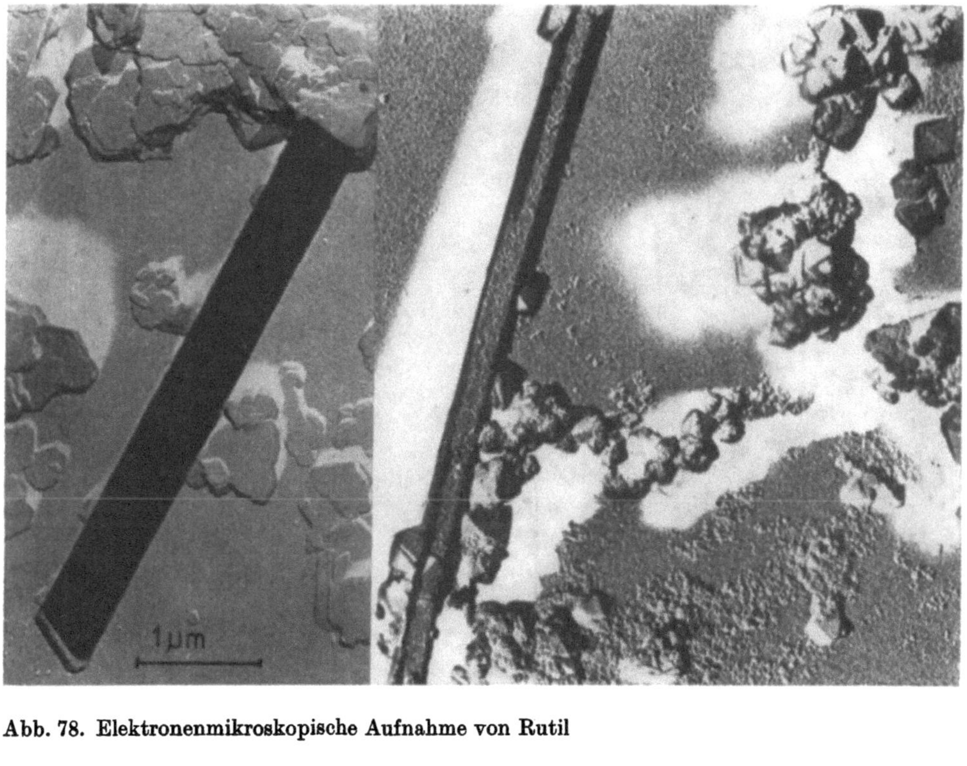

Abb. 78. Elektronenmikroskopische Aufnahme von Rutil

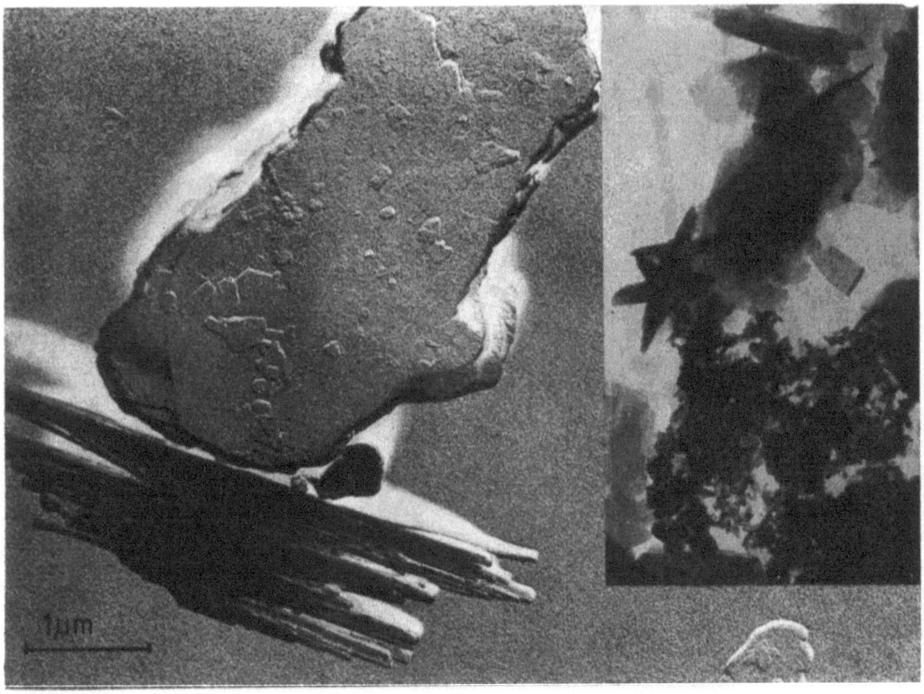

Abb. 79. Elektronenmikroskopische Aufnahme von Goethit

Abb. 80. Elektronenmikroskopische Aufnahme von Lepidokrokit

Die Kaolinproben wurden 24 Stunden eingesumpft und mit Hexametaphosphat dispergiert, die Feststoffgehalte lagen zwischen 20 und 30%. Als Bedingungen wurden gewählt: Matrixkanister 3,5″; Düse 0,05″; Feldstärke 0,1; 0,3; 0,5; 0,7; 1,1; 1,4 und 1,9 Tesla. Für jede Feldstärke wurden 5 l Suspension eingesetzt.

In Abhängigkeit von der Ausbildung der verschiedenen Fe- bzw. Ti-Phasen ist der Abreicherungseffekt bei den einzelnen Kaolinproben unterschiedlich (Tab. 53, 54, 55). Beim Caminauer Kaolin wird eine Weißgraderhöhung von fast 4% erreicht, wobei die Schadstoffabreicherung noch nicht optimal ist. Das TiO_2 wurde um ca. 2/3 vermindert, das Eisen jedoch ist nur unwesentlich ausgetragen worden (Tab. 53). Bemerkenswert ist,

Tab. 53. Fe_2O_3-, TiO_2-Gehalte und Weißgrade von Kaolin Caminau (110 °C getrocknet) nach Separation bei verschiedenen Feldstärken

Feldstärke (Tesla)	Fe_2O_3 (%)	TiO_2 (%)	Weißgrad (%) Blaufilter
Ausgangsmaterial	1,3	0,7	78,8
0,3	1,2	0,3	80,0
0,5	1,2	0,3	80,6
0,7	1,2	0,4	80,8
1,1	1,2	0,3	80,3
1,4	1,1	$0,2_{(5)}$	81,5
1,9	1,1	0,3	83,5

daß in der Magnetfraktion sehr hohe Anteile vom Kaolinit und Glimmer enthalten sind die offenbar die Verwachsungen von Kaolinit und Muskovit darstellen, in denen die Eisenmineralaufwachsungen angereichert sind. Ein Teil der Schadstoffe ist mit diesen Hauptbestandteilen verknüpft und beeinflußt den Weißgrad. Der in der Magnetfraktion enthaltene Schadstoffanteil nimmt mit zunehmender Feldstärke ab, was für die relative Grobkörnigkeit der Teilchen spricht.

Die Buntsandsteinkaoline (Proben 407 und 457) zeigen beide wieder eine vollständigere Abreicherung des vor allem als Anatas vorliegenden TiO_2, während das teils in den Glimmermineralen, teils im Goethit bzw. Pyrit gebundene Eisen nur unvollkommen entfernt wird. Die erreichte Schadstoffminderung bedingt eine beachtliche Weißgraderhöhung des bei 1380 °C gebrannten Kaolins, was für keramische Kaoline besondere Bedeutung besitzt. In den magnetischen Fraktionen sind gegenüber dem Ausgangskaolin Quarz und Glimmer angereichert, die wahrscheinlich Fe und Ti im Gitter bzw. als Einschlüsse enthalten. Wie aus Tab. 55 ersichtlich, wird der als in isolierten, relativ groben Kriställchen vorliegende Pyrit schon bei niedrigen Feldstärken ausgetragen, der offenbar feinkörnigere Anatas dagegen erst bei mittleren Feldstärken.

Die Lepidokrokit enthaltende Probe aus Kemmlitz zeigt recht gute Fe_2O_3-Abreicherung von 55% (Tab. 54). Bemerkenswert ist wieder die Quarzanreicherung in der Magnetfraktion (Tab. 55). Das sehr feinkörnige Mixed-Layer-Mineral wird durch die HGMS nur unwesentlich abgereichert (Probe 465). Auch hier ist wiederum die auffällige Quarzanreicherung zu beobachten.

Die HGMS ist, wie die Resultate belegen, wirksames Verfahren zur Schadstoffabreicherung, wodurch bei Füllstoff- und Streichkaolinen eine bedeutende Weißgraderhöhung möglich ist und bei keramischen Kaolinen auch verhältnismäßig schadstoffreiche Varietäten zu hochwertigen Schlämmkaolinen der üblichen schadstoffarmen Handelssorten veredelt werden können.

Tab. 54. Fe_2O_3- und TiO_2-Gehalte der nichtmagnetischen Fraktionen nach Separation bei verschiedenen Feldstärken sowie Weißgrade der Proben nach Brennen bei 1380 °C

Feldstärke	Fe_2O_3	TiO_2	Weißgrade (%)		
(Tesla)	(%)	(%)	Weiß-	Blau-	Grünfilter
Probe 407					
Ausgangsprobe	0,9	0,5	70,1	89,8	93,4
0,1	0,8	0,4			
0,3	0,7	0,4			
0,7	0,7	0,3			
1,1	0,7	0,2			
1,4	0,7	0,2			
1,9	0,6	0,1	72,1	92,9	95,5
1,9 (2× separiert)	0,5	0,05	72,7	93,5	97,0
Probe 457					
Ausgangsprobe	0,9	1,2	69,1	86,6	91,5
0,1	0,8	1,0			
0,5	0,7	0,8			
0,7	0,7	0,6			
1,9	0,7	0,6	70,8	90,3	94,7
Probe 449					
Ausgangsprobe	2,0	0,3			
0,1	1,5	0,1			
0,3	1,3	0,1			
0,5	1,1	0,1			
0,7	1,0	0,1			
1,1	0,9	0,1			
1,9	0,9	0,1			
Probe 465	0,8	0,2			
0,1	0,8	0,1			
1,9	0,7	0,1			

Probe 407 eisenreiche Varietät aus der Lagerstätte Spergau
Probe 457 eisen- und titanreiche Varietät aus der Lagerstätte Röblingen
Probe 449 lepidokrokitreiche Varietät aus Kemmlitz
Probe 465 Mixed-Layer-reiche Varietät aus Kemmlitz

4.5. Zur Weißgradverbesserung des Caminauer Kaolins mittels chemischer Bleichung

Die Weißgradsteigerung mittels chemischer Bleichung ist seit Jahren eine weitverbreitete Methode, und es werden insbesondere für Streichkaoline Werte von 85—90% (Blaufilter), in einzelnen Fällen auch > 90% erreicht. Die Weißgrade des Caminauer Kaolins liegen im natürlichen, unbehandelten Zustand bei 78—80%. Für einen Teil der Füllstoffe (Papier, Farben usw.) wird ein Weißgrad von 82—84% und für Streichkaoline von 85—87% angestrebt, was durch chemische Bleichung verhältnismäßig leicht erreicht werden kann. Als weißgradmindernde Bestandteile sind im Caminauer Kaolin enthalten: Siderit, Goethit, Hämatit, Anatas, Rutil, Glimmer und organische Substanz. Von der Art und Menge der Schadstoffe und ihrer Verteilung im Kaolin hängen die

Tab. 55. Mineralbestand der magnetischen Fraktionen bei verschiedenen Feldstärken separiert

Probe	Feldstärke (Tesla)	K (Masse-%)	Q	Gl	M–L	An	Sid	Goe	Hä	Lep	Py
386	Ausgangsprobe										
	0,3	79	2	8	–	4	2	5	–	–	–
	0,5	67	1	22	–	4	2	4	+	–	–
	0,7	65	1	25	–	3	2	4	+	–	–
	1,1	73	1	19	–	3	2	2	+	–	–
	1,4	73	1	20	–	3	1	2	+	–	–
	1,9	72	1	22	–	2	1	2	+	–	–
407	Ausgangsprobe										
	0,1	35	30	30	–	2	–	2	1	–	–
	0,5	30	22	43	–	3	–	2	–	–	–
	0,7	32	20	43	–	3	–	2	–	–	–
	1,1	36	25	35	–	3	–	1	–	–	–
	1,4	36	15	45	–	4	–	< 1	–	–	–
	1,9	20	20	42	–	3	–	1	–	–	–
	1,9 (2×)	42	10	44	–	2	–	< 1	–	–	–
457	Ausgangsprobe										
	0,1	48	25	20	–	3	–	–	–	–	4
	0,3	40	25	29	–	3	–	–	–	–	3
	0,5	39	25	30	–	3	–	–	–	–	3
	0,7	48	15	31	–	4	–	–	–	–	2
	1,1	64	10	20	–	4	–	–	–	–	2
	1,4	56	15	24	–	3	–	–	–	–	2
	1,9	59	12	26	–	2	–	–	–	–	1
449	Ausgangsprobe										
	0,1	40	56	–	–	+	–	–	1	3	–
	0,3	36	58	–	–	+	–	–	1	6	–
	0,5	45	50	–	–	+	–	–	1	4	–
	0,7	45	47	–	–	+	–	–	1	7	–
	1,1	53	41	–	–	+	–	–	1	5	–
	1,4	52	41	–	–	+	–	–	1	6	–
	1,9	54	41	–	–	+	–	–	1	4	–
465	Ausgangsprobe										
	0,1	14	50	–	37	+	–	–	–	–	–
	0,3	11	50	–	40	+	–	–	–	–	–
	0,5	12	35	–	53	+	–	–	–	–	–
	0,7	24	20	–	56	+	–	–	–	–	–
	1,1	11	35	–	54	+	–	–	–	–	–
	1,4	12	30	–	58	+	–	–	–	–	–
	1,9	14	25	–	61	+	–	–	–	–	–

Probe 386 Caminau Streichkaolin
Probe 407 eisenreiche Varietät aus der Lagerstätte Spergau
Probe 457 eisen- und titanreiche Varietät, Lagerstätte Röblingen
Probe 449 lepidokrokitreiche Varietät, Kemmlitz
Probe 465 Mixed-Layer-reiche Varietät, Kemmlitz

K – Kaolinit; Q – Quarz; Gl – Glimmer; M-L – Mixed-Layer-Mineral; An – Anatas; Ru – Rutil; Sid – Siderit; Goe – Goethit; Hä – Hämatit; Lep – Lepidokrokit; Py – Pyrit

Bleichmittel sowie die Technologie der Bleichung ab. Während Anatas und Rutil mit den üblichen Bleichmitteln nicht oder nur sehr wenig beeinflußt werden können, sind Siderit, Goethit und Hämatit mehr oder weniger leicht im reduzierenden, sauren Milieu löslich. Organische Substanz kann durch Oxydation oder mittels Laugen entfernt werden. Auch die Glimmer lassen sich durch Säuren bleichen.

Für den Caminauer Kaolin hat sich die Bleichung mit Phosphorsäure und Dithionit (Bautze & Mengler 1970) und Oxydation der organischen Substanz bewährt, so daß die genannten Weißgrade erzielt werden können.

Interessant ist beim Caminauer Kaolin, daß durch die Bleichung mit konzentrierten Mineralsäuren der Fe_2O_3-Gehalt nur um 20—40% vermindert wird und trotzdem eine beachtliche Weißgradsteigerung erzielt wird (Störr 1967). Untersuchungen der Bleichbarkeit von Kornfraktionen von Rohkaolinen (Tab. 56) ergaben, daß die Fraktionen

Tab. 56. Weißgrad (%), Fe_2O_3-, TiO_2-Gehalt (Masse-%) von Fraktionen des Caminauer Kaolins

	Ausgangskaolin				mit 10%iger HCl, 10 min bei 80 °C behandelter Kaolin			
	Fraktion (μm)	Weißgrad	Fe_2O_3	TiO_2	gelöstes Fe_2O_3	% gel. Fe_2O_3	Weißgrad nach Lösung	Weißgrad-erhöhung %
Ca 1	< 2	79,9	0,94	0,79	0,19	21	82,7	2,8
	2—6,3	76,8	0,96	0,77	0,25	26	82,0	5,2
	6,3—20	69,5	1,29	0,85	0,41	32	76,6	7,1
	20—63	61,3	1,94	0,75	n. b.	n. b.	n. b.	n. b.
Ca 2	< 2	81,9	0,89	0,73	0,17	19	84,1	2,2
	2—6,3	79,1	0,80	0,64	0,13	16	83,1	4,0
	6,3—20	70,4	0,94	0,65	0,35	37	79,4	9,0
	20—63	55,3	1,95	0,92	n. b.	n. b.	n. b.	n. b.
Ca 3	< 2	77,2	0,94	0,59	0,25	27	81,8	4,6
	2—6,3	74,6	1,24	0,85	0,87	70	81,3	6,7
	6,3—20	67,4	1,57	0,87	0,85	54	79,1	11,7
	20—63	61,4	1,74	0,74	n. b.	n. b.	n. b.	n. b.

Probe Ca 1 — Hochschnitt
Probe Ca 2 — Tiefschnitt
Probe Ca 3 — Schlämmkaolin aus Kaolin der Probe Ca 1

< 2 μm die höchsten Weißgrade von 80—82% besitzen und durch Säurebehandlung auf 83—84% gebracht werden können. Der Fe_2O_3-Gehalt wird dabei nur um 20% vermindert. Mit steigender Korngröße nehmen der Fe_2O_3-Gehalt und der lösliche Fe_2O_3-Anteil zu. Parallel dazu erhöht sich der Weißgrad (Tab. 56). Daß durch die HCl-Behandlung nur ein geringer Teil des enthaltenen Fe_2O_3 gelöst wird, hängt sehr wahrscheinlich damit zusammen, daß ein Großteil des Fe_2O_3 im Innern der Kaolinitkristalle als Einschlüsse enthalten ist oder im Gitter des Glimmers der Kaolinit-Muskovit-Verwachsungen bzw. im Kaolinitgitter selbst vorkommt (vgl. Abschn. 3.2.).

4.6. Effekte der Desaggregation von Kaolinen

Eigenschaftsveränderungen durch Desaggregation, Delamination oder Mahlung sind in der Literatur vielfach beschrieben worden (Babůrek 1973; Gunn & Morris 1965; Lyons 1959, 1966).

Als Effekte treten dabei einerseits die Zerteilung solcher Aggregate in Erscheinung, die im schonenden Aufschlämmprozeß noch nicht in die Einzelkristallite zerlegt wurden, und andererseits die Zerscherung von Kaolinitverwachsungen parallel zur Basis, die oft relativ große Stapel bilden. Dadurch werden natürlich alle die von der Kornverteilung, Morphologie und Oberflächenausbildung des Kaolinits abhängigen Eigenschaften mehr oder weniger stark beeinflußt.

An DDR-Kaolinen wurden mehrere Desaggregationsversuche vorgenommen, die zum Teil sehr starke Eigenschaftsänderungen ergaben. Bei den keramischen Kaolinen Wolfka, Eka, Seilitz und Spergau kann die TBF wesentlich erhöht werden (vgl. Tab. 57). Ebenso ist es möglich, die Viskosität bedeutend zu senken (vgl. Abschn. 5.1.7. und 5.2.2.).

Tab. 57. Effekte der Desaggregation an verschiedenen Kaolinen

Wolfka	TBF	von	3,8	auf max.	19,7
Eka	TBF	von	26	auf max.	78,2
Seilitz	TBF	von	61	auf max.	90,8
Spergau	TBF	von	14,2	auf max.	42,4
Caminau	VK	von min	56	auf max.	6,76

TBF – Trockenbiegefestigkeit (kp cm^{-2})
VK – Viskositätskonzentration (%)

Tab. 58. Kornverteilung (Korn-% nach elektronenmikroskopischer Auszählung)

Kornfraktion (µm)	Cam 1		Cam D	
	Korn-%	Summe Korn-%	Korn-%	Summe Korn-%
< 0,2	4,23	4,23	14,30	14,30
0,2–0,4	12,83	17,06	35,29	49,60
0,4–0,8	24,09	41,15	26,62	76,20
0,8–1,2	15,99	57,14	10,07	86,30
1,2–1,6	14,31	71,45	5,78	92,10
1,6–2,0	7,90	79,35	2,99	95,10
2,0–2,4	7,90	87,25	1,69	96,80
2,4–2,8	4,94	92,19	0,90	97,70
2,8–3,2	2,86	95,05	0,70	98,40
3,2–3,6	2,67	98,61	0,70	99,60
3,6–4,0	0,89	98,61	0,50	99,60
4,0–4,4	0,79	99,40	0,20	99,80
4,4–4,8	0,30	99,70	0,10	99,90
4,8–5,2	0,10	99,80	0,10	100,00
5,2–5,6	0,20	100,00	–	–

Tab. 59. Veränderung der Eigenschaften von Caminauer Streichkaolin durch Scherbehandlung

		unbehandelt	Scherbehandlungen			
			1×	3×	5×	10×
Streichkaolin	Viskositätskonzentration (%)	56,0	60,3	63,6	64,2	67,5
Caminau vordispergiert	Anteil < 2 µm (Masse-%)	59,1	70,5	n. b.	72,2	71,6
	KUK (mval/100 g)	3,5	3,8			3,8
Streichkaolin	Viskositätskonzentration (%)	56,0	57,1	57,9	62,3	64,9
Caminau nicht vordispergiert	KUK (mval/100 g)	3,5			3,5	3,5

Der am Caminauer Kaolin erreichbare Kornzerkleinerungseffekt wird aus Tab. 58, 59 und Abb. 81 sichtbar. Auffällig ist vor allem die Korngrößenanreicherung im Bereich < 0,4 μm, die insbesondere aus der Ablösung der Aufwachsungen resultiert.

Die Versuche erbrachten, daß mittels Desaggregation wesentliche Eigenschaftsbeeinflussungen möglich sind. Von Bedeutung ist dies vor allem für solche Kaoline, die als Suspensionen verarbeitet werden, wie Gieß- oder Streichkaoline (Viskositätsverminderung, kurze Lösezeit, hohe TBF). Bei keramischen Kaolinen, die in plastischen Massen verarbeitet werden, ist zu berücksichtigen, daß durch das Vakuumstrangpressen prinzipiell ein Desaggregationseffekt unterschiedlicher Stärke eintritt.

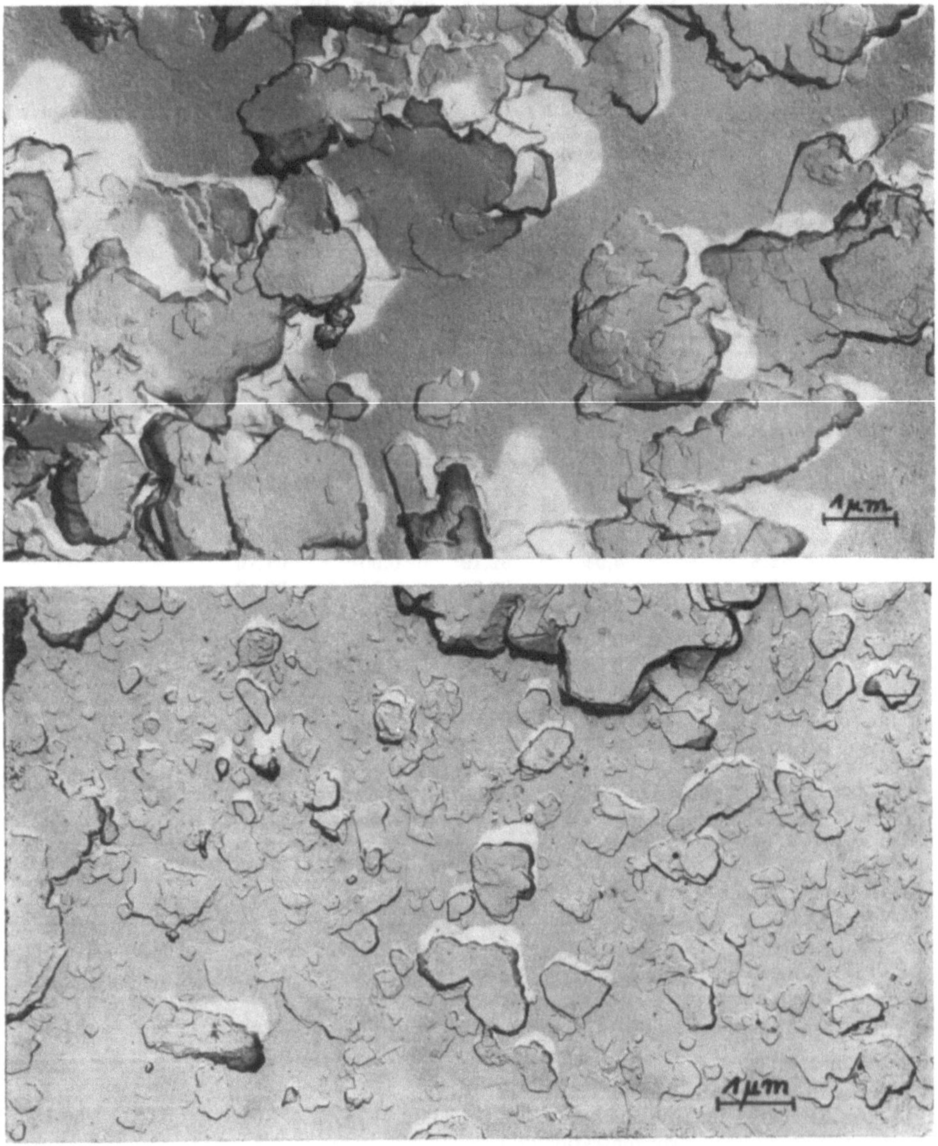

Abb. 81. Elektronenmikroskopische Aufnahmen von Caminauer Kaolin. Bild A unbehandelt; Bild B nach Desaggregation (Probe Cam D)

5. ZUR NUTZUNG DER SCHLÄMMKAOLINE DER DDR

Von den 1980 gewonnenen ca. 400000 t Schlämmkaolinen werden etwa 50% für die Herstellung von Porzellan und rund 50% als Füllstoffe für verschiedene Einsatzgebiete verwendet. Dementsprechend werden im folgenden Kapitel die substantiellen Charakteristika für diese Verbrauchsgruppen behandelt. Alle Schlämmkaolinsorten werden vom VEB Silikatrohstoff-Kombinat Kemmlitz hergestellt. Es sind die keramischen Kaoline: Wolfka, Oka, BZ, Meka, Eka-S, Seilitz, Salzmünde normal, Salzmünde spezial, Spergau und Röblingen. Als Füllstoffe werden produziert: Caminau normal (F 75), Caminau spezial (F 78, F 80, F 82) und die Streichkaoline (S 80, S 82 und S 84). Für einige Zwecke werden auch die Kaoline Wolfka, Meka und Röblingen als Füllstoffe eingesetzt.

Weiterhin werden etliche hunderttausend Tonnen Rohkaoline für Fliesen, Baukeramik und ff-Keramik verwendet. Auf diese Einsatzgebiete wird nicht eingegangen.

5.1. Mineralogische und technologische Charakteristik der keramischen Kaoline der DDR

5.1.1. Allgemeines

In der keramischen Industrie ist Kaolin Hauptbestandteil der Massen. Von seinen Eigenschaften hängt daher die Verarbeitbarkeit der Massen in entscheidendem Maße ab. Weiterhin wird die Brennfarbe des keramischen Scherbens vom Gehalt an Schadstoffen (Fe_2O_3, TiO_2) beeinträchtigt, die im Kaolin durchweg in größeren Anteilen als in den übrigen Versatzkomponenten enthalten sind. Die generellen Anforderungen an die keramischen Kaoline können, wie folgt, zusammengefaßt werden:

- Der Tonsubstanzgehalt soll möglichst hoch sein (> 75%). Je nach Bestimmungsmethode werden unter dem Begriff Tonsubstanz die Summe aller Tonminerale oder nur das Mineral Kaolinit bzw. die aus der chemischen Analyse berechneten Größen (z. B. nach TGL 14931) verstanden. Maßzahlen für den Kaolinit-Gehalt sind der Al_2O_3-Anteil bzw. der Glühverlust.
- Die Schadstoffgehalte sollen möglichst klein sein, so daß in den Massen ihre Summe 0,6% nicht überschreitet.
- Quarz und Feldspat vermindern den Wertstoffanteil.
- Dreischichttonminerale sind Wertstoffe, ihr Anteil kann bei hochplastischen Kaolinen relativ hoch sein, bei Gießkaolinen beeinträchtigen insbesondere quellfähige Dreischichtsilikate die Verflüssigung.
- Der Kornanteil < 2 µm soll möglichst hoch sein, weil dadurch günstige Verarbeitungseigenschaften bedingt werden. Der Siebrückstand > 63 µm soll weniger als 0,5% betragen.
- Die Trockenbiegefestigkeit sollte möglichst hoch sein, um die Bruchanfälligkeit der Formlinge zu senken.
- Gießkaoline sollen eine niedrige Viskosität, geringe Thixotropie und günstigen Scherbenansatz besitzen. Hier wirken sich organische Substanz als Schutzkolloid positiv aus und lösliche Salze, insbesondere Sulfationen, negativ.
- Die Schwindung (Trocken-, Brenn- und Gesamtschwindung) sollte nicht zu groß sein, um Rißbildungen zu vermeiden.
- Unter dem Aspekt des Umweltschutzes sollten die Kaoline nur geringste Mengen Fluor enthalten.

Die angeführten Qualitätskriterien können je nach den konkreten Bedingungen der Verwendung spezifische Werte besitzen, von besonderer Bedeutung ist allerdings, daß Zusammensetzung und Eigenschaften über lange Zeit konstant bleiben.

5.1.2. Korngrößenverteilung, Mineralbestand und chemische Zusammensetzung

In Tab. 60 sind die Daten zur Kornverteilung, der mineralogischen und chemischen Zusammensetzung der handelsüblichen keramischen Kaoline zusammengestellt.

Tab. 60. Zusammensetzung, Korngrößenverteilung, KUK und Spezifische Oberfläche der Schlämmkaoline der DDR

		Kemmlitzer Kaoline					Kaolin	Kaolin	Kaolin	Kaolin
		Wolfka	BZ	Meka	Oka	Eka-S	Seilitz	Salzmünde	Spergau	Röblingen
Kaolinit		79	77	70	75	45	38	68	80	80
Glimmer		—	—	—	—	—	—	22	14	15
Mixed-Layer-Mineral		≈ 3	11	13	15	35	43			
Quarz		18	12	17	10	20	19	10	6	5
org. Substanz		0,37	0,43	0,30	0,26	0,09	0,15	0,50	0,60	0,60
SiO_2	%	55,8	53,5	56,7	52,0	58,0	62,4	54,0	50,3	47,6
Al_2O_3		31,0	32,5	30,0	33,5	27,0	22,8	31,0	34,0	35,5
Fe_2O_3		0,35	0,4	0,55	0,55	1,0	1,20	0,70	0,5	0,75
TiO_2		0,25	0,2	0,2	0,2	0,2	0,20	0,25	0,5	0,8
CaO		0,3	0,3	0,3	0,35	0,6	0,80	0,40	0,3	0,4
MgO		0,2	0,25	0,3	0,3	0,35	1,30	0,40	0,3	0,3
K_2O		0,2	0,5	0,4	0,5	1,8	3,50	1,30	0,7	1,2
Na_2O		0,01	0,02	0,02	0,2	< 0,1	0,03	0,02	0,05	0,08
Glühverlust		11,7	11,8	10,8	12,3	9,8	7,3	11,2	12,7	12,8
Fluor (ppm)		180	200	170	220	550	n. b.	490	370	390
< 2 µm		45,0	48,0	42,0	52,5	50,0	52	52,2	76,0	64,2
2–6,3		31,8	33,8	30,1	34,5	28,1	18	27,5	10,3	23,7
6,3–11,2	%	10,5	8,9	10,7	9,0	9,8	11	7,3	4,0	6,3
11,2–20		5,6	4,7	8,8	2,2	8,0	8	6,3	3,7	2,3
20–63		6,8	4,3	8,1	1,8	3,8	11	6,3	4,8	3,2
> 63		0,3	0,3	0,3	0,02	0,3	0,5	0,4	1,2	0,3
KUK (mval/100 g)		4,1	4,5	5,2	6,0	8,2	12,0	5,4	6,0	6,9
BET-Oberfläche ($m^2\,g^{-1}$)		14	15	20	22	25	45	21	21	23

Die Korngrößenverteilung der aufbereiteten Kaoline ist generell so, daß die Fraktion < 2 µm den höchsten Anteil umfaßt und die gröberen Fraktionen mengenmäßig abnehmen. Oberhalb der Trennkorngröße der eingesetzten Hydrozyklone bei ca. 20 µm ist der Kornanteil nur noch sehr gering. Die Differenzierungen der Kaoline hinsichtlich der Kornverteilung sind in erster Linie durch die primäre Ausbildung der Minerale bedingt. Vor allem mit mengenmäßiger Zunahme von Verwachsungen parallel zur Basis und schwer zerlegbarer Aggregate erhöht sich der Kornanteil 2–6,3 µm und dementsprechend vermindert sich das Korn < 2 µm. Letzteres betrifft insbesondere die Kaoline von Kemmlitz (Wolfka, BZ, Meka, Eka-S). Am feinkörnigsten sind die Arkosekaoline von Spergau (> 75% < 2 µm) und Röblingen.

Eine signifikante Differenzierung der Schlämmkaoline wird durch den Mineralbestand bedingt (Tab. 60). Die Porphyrkaoline sind kaolinitreich und Mixed-Layer-Mineral-arm (Wolfka, BZ, Meka, Oka, Salzmünde), dagegen sind die Ignimbrit- und Pechsteinkaoline Mixed-Layer-Mineral-reich (Eka-S, Seilitz). Die Arkosekaoline enthalten dominierend Kaolinit und nur einen geringen Anteil an Dreischichtsilikaten.

Die Mineralverteilung in den Fraktionen ist in Tab. 61 zusammengestellt. Es ergaben sich für jede Sorte spezifische Werte, und Gemeinsamkeiten sind erst dann erkennbar, wenn die Kornverteilung der einzelnen Minerale berechnet wird (Tab. 61, Tab. 62). Der Anteil des betreffenden Minerals in der Gesamtprobe ist 100%. Folgende Merkmale sind feststellbar.

Tab. 61. Mineralverteilung in den Kornfraktionen (Masse-%)

Wolfka

Fraktion (µm)	Korn-anteil	Kaolinit			Mixed-Layer-Mineral			Quarz		
		a	b	c	a	b	c	a	b	c
< 2	40,5	95	38,5	47,7	5	2	100	+	–	–
2–6,3	35,9	92	33,0	40,9	–	–	–	8	2,9	16,8
6,3–20	18,8	47	8,8	10,9	–	–	–	53	10,0	57,8
20–63	4,5	10	0,4	0,5	–	–	–	90	4,1	23,7
> 63	0,3	+	–	–	–	–	–	100	0,3	1,7
	100,0		80,7	100,0		2	100		17,3	100,0

BZ

Fraktion (µm)	Korn-anteil	Kaolinit			Mixed-Layer-Mineral			Quarz		
		a	b	c	a	b	c	a	b	c
< 2	46,7	79	36,7	48,5	20	9,5	77,9	1	0,5	4,1
2–6,3	33,5	84	28,1	37,2	6	2,0	16,4	10	3,4	27,8
6,3–20	17,4	59	10,3	13,6	5	0,7	5,7	37	6,4	52,5
20–63	2,4	22	0,5	0,7	–	–	–	78	1,9	15,6
> 63	(0,02)	n. b.	n. b.	n. b.	n. b.	n. b.	n. b.	n. b.	n. b.	n. b.
	100,0		75,6	100,0		12,2	100,0		12,2	100,0

Meka

Fraktion (µm)	Korn-anteil	Kaolinit			Mixed-Layer-Mineral			Quarz		
		a	b	c	a	b	c	a	b	c
< 2	44,8	68	30,4	47,6	30	13,4	69,4	1	0,4	2,4
2–6,3	33,6	72	24,2	37,8	15	5,0	25,9	13	4,4	26,8
6,3–20	17,9	49	8,8	13,8	5	0,9	4,7	47	8,4	51,3
20–63	3,5	14	0,5	0,8	n. n.	–	–	86	3,0	18,3
> 63	0,2	+	–	–	n. n.	–	–	100	0,2	1,2
	100,0		63,9	100,0		19,3	100,0		16,4	100,0

Oka

Fraktion (µm)	Korn-anteil	Kaolinit			Mixed-Layer-Mineral			Quarz		
		a	b	c	a	b	c	a	b	c
< 2	53,1	69	36,6	53,8	30	16	73	1,5	0,8	7,4
2–6,3	36,5	72	26,3	38,7	15	6	27	13	4,7	43,5
6,3–20	8,1	57	4,6	6,8	?	–	–	43	3,5	32,4
20–63	2,3	20	0,5	0,7	?	–	–	80	1,8	16,7
> 63	(0,02)	n. b.	–	–	n. b.	–	–	n. b.	–	–
	100,0		68,0	100,0		22	100,0		10,8	100,0

Fortsetzung Tab. 61

Eka

Fraktion (µm)	Korn-anteil	Kaolinit			Mixed-Layer-Mineral			Quarz		
		a	b	c	a	b	c	a	b	c
< 2	49,1	48	23,5	47,8	50	24,6	82,3	2	1,0	4,8
2–6,3	26,4	57	15,0	30,5	20	5,3	17,7	23	6,2	29,4
6,3–20	17,6	52	9,2	18,7	+	–	–	48	8,4	40,4
20–63	6,8	22	1,5	3,0	n. n.	–	–	78	5,3	25,4
> 63	(0,05)	n.b.	–	–	n. b.	–	–	n. b.	–	–
	99,95		49,2	100,0		29,9	100,0		20,8	100,0

Seilitz

Fraktion (µm)	Korn-anteil	Kaolinit			Mixed-Layer-Mineral			Quarz			Feld-spat
		a	b	c	a	b	c	a	b	c	
< 2	59,0	43	25,3	70,5	53	32,4	75,0	2	1,2	6,0	+
2–6,3	14,3	40	5,8	16,2	45	6,4	14,8	11	1,6	8,1	+
6,3–20	17,6	23	4,1	11,4	25	4,4	10,2	49	8,6	43,5	+
20–63	8,6	8	0,7	1,9	sp	–	–	85	7,9	39,9	+
> 63	0,5	sp	–	–	–	–	–	95	0,5	2,5	+
			35,9	100,00		43,2	100,0		19,8	100,0	

Salzmünde

Fraktion (µm)	Korn-anteil	Kaolinit			Mixed-Layer-Mineral			Quarz		
		a	b	c	a	b	c	a	b	c
< 2	59,5	80	47,6	65,0	20	11,9	80,4	n. n.	–	–
2–6,3	23,0	85	19,6	26,8	10	2,3	15,5	3	0,7	6,0
6,3–20	12,5	40	5,0	6,8	5	0,6	4,1	55	6,9	59,5
20–63	4,8	20	1,0	1,4	n. n.	–	–	80	3,8	32,8
> 63	0,2	5	(0,1)	–	n. n.	–	–	95	0,2	1,7
	100,0		73,2	100,0		14,8	100,0		11,6	100,0

Spergau

Fraktion (µm)	Korn-anteil	Kaolinit			Dreischichtsilikat			Quarz		
		a	b	c	a	b	c	a	b	c
< 2	79,0	85	66,4	85,0	15	11,7	83,5	–	–	–
2–6,3	8,8	90	7,9	10,1	5	0,4	2,9	4	0,4	6,0
6,3–20	6,9	48	3,3	4,2	20	1,4	10,0	32	2,2	32,8
20–63	2,5	20	0,5	0,6	15	0,4	2,9	65	1,6	23,9
> 63	2,8	5	0,1	0,1	5	0,1	0,7	90	2,5	37,3
	100,0		78,2	100,0		14,0	100,0		6,7	100,0

Spalte a – Anteil des Minerals in der Fraktion
Spalte b – Anteil des Minerals der Fraktion zur Gesamtprobe
Spalte c – Korngrößenverteilung des Minerals

Tab. 62. Berechnete Korngrößenverteilung der Minerale der geschlämmten Kaoline (in %)

Sorte	Kaolinit (Kornfraktionen μm)				Dreischichtsilikate Mixed-Layer-Mineral bzw. Glimmer-Minerale (Kornfraktionen μm)				Quarz (Kornfraktionen μm)			
	< 2	2–6,3	6,3–20	> 20	< 2	2–6,3	6,3–20	> 20	< 2	2–6,3	6,3–20	> 20
Wolfka	48	41	11	1	100	—	—	—	—	17	58	26
BZ	49	37	14	1	78	16	6	—	4	28	52	16
Meka	48	38	14	1	69	26	5	—	2	27	51	20
Eka	48	30	19	3	82	18	—	—	5	29	40	25
Oka	54	39	7	1	73	27	—	—	7	44	32	17
Salzmünde	65	27	7	1	80	16	4	—	—	6	59	35
Seilitz	71	16	11	2	75	15	10	—	6	8	44	42
Spergau	85	10	4	1	83	3	10	4	—	6	33	61
Caminau	31	28	31	10	30	28	31	10	—	—	—	100

- Der Anteil von Kaolinit und Dreischichtsilikaten nimmt in den einzelnen Fraktionen von den feineren zu den gröberen ab, wobei der Kaolinitanteil bei den Sorten BZ, Oka, Meka, Eka-S, Salzmünde und Spergau in der Fraktion 2–6,3 μm am höchsten liegt. Dies ist einerseits durch die gröberen Kaolinitverwachsungen und andererseits durch die Mixed-Layer-Mineral-Anreicherung in Fraktion < 2 μm bedingt.
- Der Quarzanteil nimmt von den feinen zu den groben Fraktionen schnell zu. Bemerkenswert sind geringe Quarzgehalte in den Fraktionen < 2 μm der Sorten BZ, Meka, Eka-S, Oka und Seilitz.
- Die Dispersität der Tonminerale ist in den einzelnen Kaolinen verschieden, wie aus der Kornverteilung der Minerale hervorgeht (Tab. 62). Das Mixed-Layer-Mineral ist in der Kornfraktion < 2 μm stärker angereichert als der Kaolinit. Bemerkenswert sind die Unterschiede in der Kornverteilung des Kaolinits. Die Kemmlitzer Sorten Wolfka, BZ, Meka und Eka zeigen dabei sehr gute Übereinstimmung.

In der chemischen Zusammensetzung spiegelt sich im wesentlichen der Mineralbestand wider. Dieser Zusammenhang wird im Abschn. 5.1.5.2. näher behandelt, insbesondere werden die Differenzierungen beim SiO_2, Al_2O_3, Fe_2O_3, K_2O und Glühverlust interpretiert. Generell kann festgestellt werden, daß die kaolinitischen Kaoline (Wolfka, BZ, Meka, Oka, Salzmünde, Spergau, Röblingen) hohe Al_2O_3-Gehalte sowie Glühverluste und geringe Fe_2O_3- CaO-, MgO- und K_2O-Gehalte aufweisen. Die Mixed-Layer-Mineral-reichen Kaoline Eka-S und Seilitz führen mehr Fe_2O_3-, K_2O-, MgO- und geringere Al_2O_3-Gehalte. Bemerkenswert ist der niedrige TiO_2-Anteil aller Porphyr- und Pechsteinkaoline.

Hinsichtlich der Umweltbelastung sind die sehr niedrigen Fluor-Gehalte der Kaoline von Bedeutung (Tab. 60), die bei den wichtigsten keramischen Kaolinen < 500 ppm, in einigen Fällen sogar < 200 ppm liegen.

5.1.3. Organische Substanz der geschlämmten Kaoline

In allen Kaolinen ist organische Substanz enthalten (Tab. 63). Die Bestimmung des Gesamtgehalts der organischen Substanz erfolgte durch nasse Oxydation und durch Ermittlung des Gehalts an $C_{org.}$ (Verbrennungsanalyse). Die organische Substanz liegt in kolloidaler Verteilung vor und bewirkt infolge ihrer dunkelbraunen Eigenfarbe eine Braunfärbung des Kaolins, die je nach Anteil mehr oder weniger in Erscheinung tritt. Bei den Handelssorten bewegen sich die Gehalte an organischer Substanz zwischen ca. 0,1% bis ca. 0,6% (Tab. 63).

Tab. 63. Organische Substanz der geschlämmten Kaoline (in %)

Sorte	Gesamtgehalt (nasse Oxydation)	$C_{org.}$	org. Substanz aus $C_{org.}$ berechnet
BZ	0,43	0,19	0,35
Meka	0,29	0,13	0,24
Oka	0,26	0,11	0,20
Eka	0,09	0,06	0,11
Wolfka	0,37	0,19	0,35
Seilitz	0,16	0,10	0,18
Salzmünde	0,50	0,26	0,47
Spergau	0,52	0,33	0,60
Röblingen	0,57	0,33	0,60
Caminau	0,12	0,09	0,16

Tab. 64. Elementaranalysen der geschlämmten organischen Substanzen. Die C-, H- und N-Werte beziehen sich auf wasser- und aschefreie Substanz (in Masse-%)

Probe	C	H	N	Asche
MW-26-28[1])	51,6	5,3	0,76	20,25
Spergau[1])	55,8	5,5	0,74	11,8
Spergau[2])	48,2	5,0	n. b.	18,9
Spergau[3])	59,0	5,5	0,86	11,0
Spergau[4])	56,0	5,6	0,67	16,5

[1]) Extraktion mit NaOH, Fällung HCl; die Werte sind Mittel aus zwei Ansätzen mit je zwei Fällungen (Huminsäuren)

[2]) Extraktion mit NaOH, eingeengter, mit HCl nicht fällbarer Anteil (Fulvosäure)

[3]) Extraktion mit NaOH, 1. Fällung mit HCl (Huminsäure)

[4]) Extraktion mit NaOH, 2. Fällung mit HCl (Huminsäure)

Zur genaueren Identifizierung wurden von einigen Proben die Elementarzusammensetzung und das Löslichkeitsverhalten der organischen Substanz untersucht (Tab. 64). Nach der Elementarzusammensetzung entspricht die Huminsäure der Kaoline dem Torf- bis frühen Weichbraunkohlenstadium (Fuchs 1931).

Löslichkeitsuntersuchungen nach Fuchs (1931), Souci (1938), Kononowa (1958), Schlingbaum (1966) ergaben, daß die organische Substanz zusammengesetzt ist aus:

Fulvosäuren
Hymatomelansäuren } Huminsäuren
Humussäuren }
Huminen.

Die Huminsäuren bestehen aus 65% Hymatomelansäuren und 35% Humussäuren, wie die Acetylbromidbehandlung ergab. (Hierbei wurden die alkali-unlöslichen Huminsäuren nicht mit erfaßt.) Da die Extraktion der löslichen Anteile der organischen Substanz nicht quantitativ gelang, wurde von der mengenmäßigen Bestimmung der einzelnen Bestandteile Abstand genommen. Es kann jedoch abgeschätzt werden, daß der Anteil niedermolekularer, leichtlöslicher Verbindungen (Fulvosäuren, Hymatomelansäuren) höher ist als der Gehalt schwerlöslicher Humussäuren und unlöslicher Humine.

Dies ist insofern von Bedeutung, weil angenommen werden muß, daß besonders die leichtlöslichen Verbindungen die Verflüssigungseigenschaften der Kaoline günstig beeinflussen. Die relativ leichte Löslichkeit der Hauptmenge der organischen Substanz der

Kaoline macht sich in den Lagerstätten bemerkbar, indem (je nach Grundwasserzirkulation und der Art hangender Gesteine, die während der Entwicklung der Lagerstätten vorherrschten) zum Teil sehr starke Differenzierungen im Gesamtgehalt der organischen Substanz im Profil auftreten können (z. B. Lagerstätte Frieden). Bereits kurzzeitige Einwirkungen von Oberflächenwässern (z. B. Regen auf Tagebau-Anschnitte) führen zum Abtransport der organischen Substanz aus dem obersten Bereich der anstehenden Kaoline.

Im Kaolin liegen die organischen Substanzen in kolloidaler Verteilung vor und bilden im trockenen Zustand mehr oder weniger vollkommene kugelförmige Teilchen der Größenordnung 100—200 Å (Abb. 82). Sie entsprechen in ihrer Ausbildung den von Beutelspacher (1955) untersuchten Humusstoffen aus Böden. Oftmals ordnen sich die kolloiden Teilchen der organischen Substanz an die Prismenflächen der Minerale an (Abb. 83).

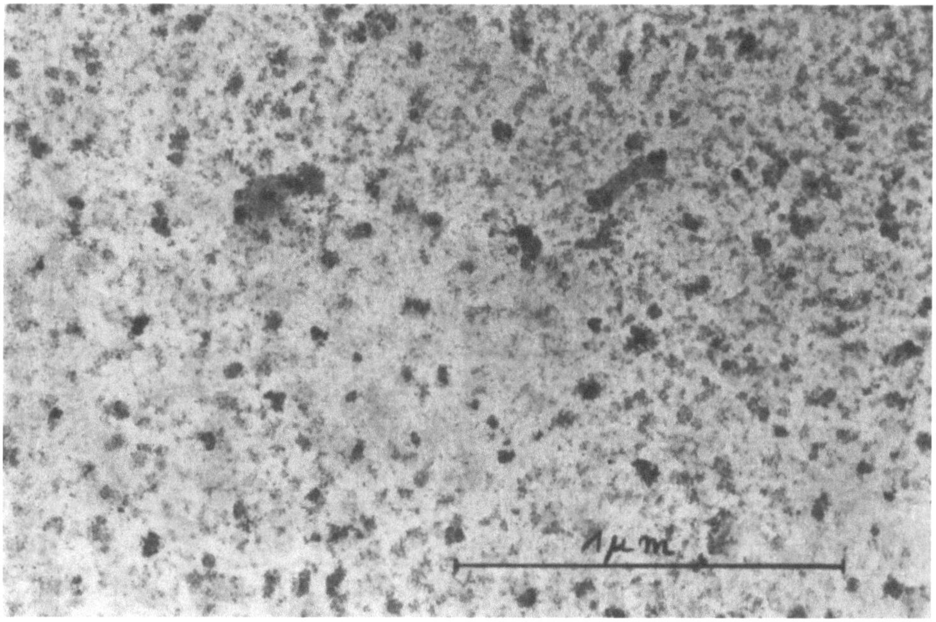

Abb. 82. Elektronenmikroskopische Aufnahme von disperser organischer Substanz aus Kemmlitzer Kaolin (Probe MW 26—28)

Die hohen Aschegehalte (Tab. 64) sind in erster Linie durch nicht vollständig entfernbare Tonminerale bedingt.

Es soll noch erwähnt werden, daß der Glühverlust der Kaoline neben den Hydroxylwassergehalten der Tonminerale die verbrennbare Menge organischer Substanz mit einschließt. Da von der organischen Substanz der größte Teil verbrennt, tritt besonders bei solchen Proben, die größere Anteile organischer Substanz enthalten, eine Erhöhung des Glühverlustes ein.

5.1.4. Kationenumtauschkapazität und spezifische Oberfläche der geschlämmten Kaoline

Die Kationenumtauschkapazität (KUK) und die spezifische Oberfläche sind in erster Linie vom Tonmineralgehalt der Kaoline abhängig. Wie schon die morphologische Ausbildung der in den Kaolinen enthaltenen Tonminerale erwarten läßt, besitzt das Mixed-

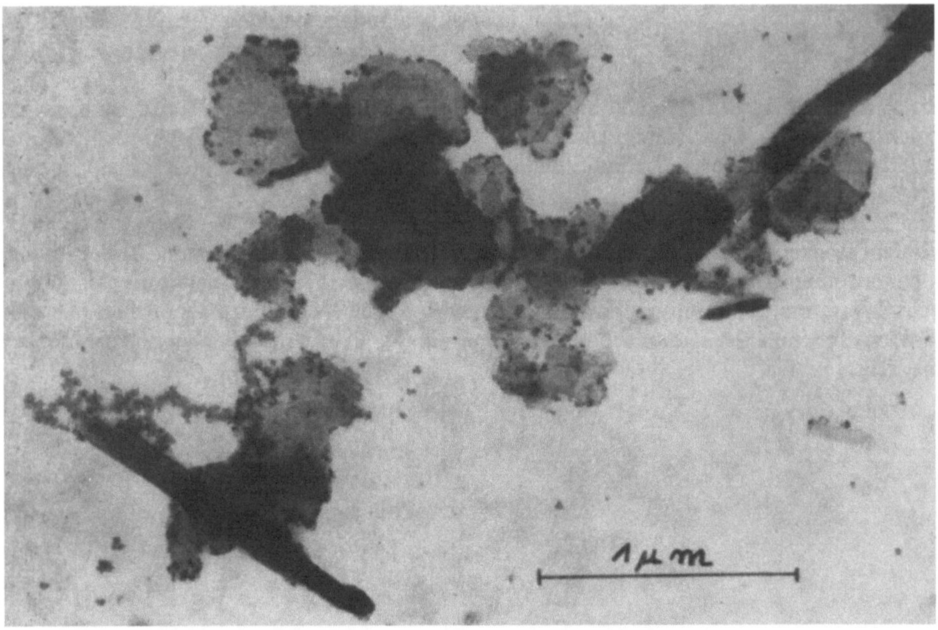

Abb. 83. Elektronenmikroskopische Aufnahme von Kaolinit mit adsorbierter organischer Substanz aus Kemmlitzer Kaolin (Probe Fr. 138)

Layer-Mineral gegenüber dem Kaolinit eine viel größere äußere Oberfläche und KUK. Die Messungen ergaben die in Tab. 65 angeführten Werte.

Tab. 65. Kationenaustauschkapazität nach Welk (1976) und spezifische Oberfläche der Kaoline

Probe	KUK Cu(en)$^{++}$ mval/100 g	BET-Oberfläche $m^2 g^{-1}$
Wolfka	4,1	14
BZ	4,5	15
Meka	5,2	20
Oka	6,0	22
Eka	8,2	25
Seilitz	12,0	45
Spergau	6,0	21
Mixed-Layer-Mineral (rein) (Typ Seilitz)	24,0	93
Kaolinit (Typ Wolfka)	3,5	13

Aus den Abb. 84 und 85 geht hervor, daß sowohl die KUK als auch die spezifische Oberfläche oberhalb ca. 15% Mixed-Layer-Mineral mit dem Anteil dieses Minerals im Kaolin korrelieren. Bei geringeren Gehalten als 15% Mixed-Layer-Mineral prägt dann der Kaolinit diese Größe. Damit wird verständlich, daß alle Eigenschaften, die in irgendeiner Form von der Oberfläche abhängen, überwiegend vom Anteil des Mixed-Layer-Minerals bestimmt werden.

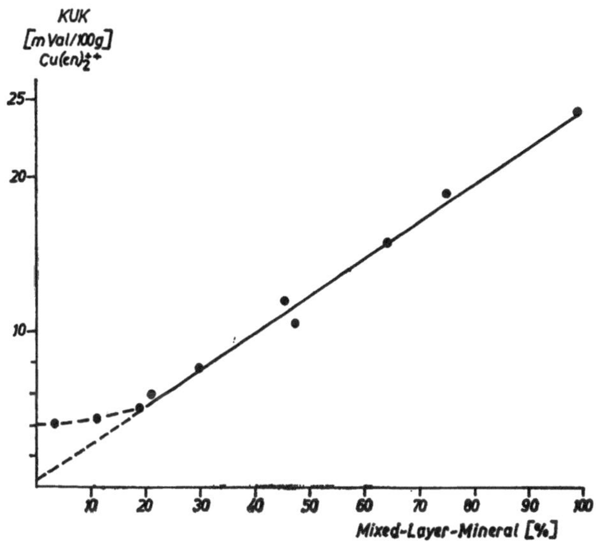

Abb. 84. Beziehung zwischen Kationenumtauschkapazität und Mixed-Layer-Mineral-Anteil

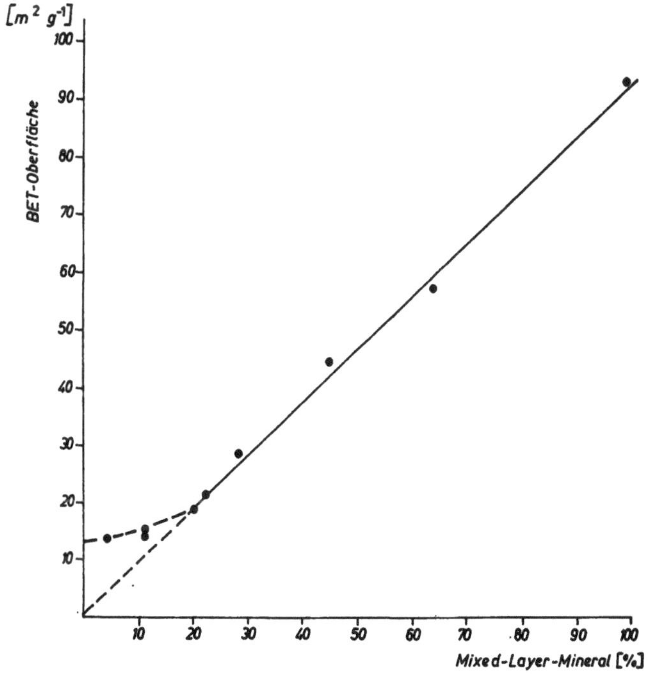

Abb. 85. Beziehung zwischen spezifischer Oberfläche und Mixed-Layer-Mineral-Anteil

5.1.5. Gesetzmäßige Beziehungen zwischen den substantiellen Parametern

Die den Kaolin charakterisierenden stofflichen Parameter können in folgende Gruppen zusammengefaßt werden:

Mineralbestand
Chemismus
Korngrößenverteilung
Gehalt an organischer Substanz.

Die Gesamtheit der stofflichen Parameter prägt die Qualität des Kaolins und bedingt seine Verarbeitbarkeit. Für die Kaolinproduktion, die darauf ausgerichtet ist, dem Kaolin optimale Zusammensetzung und Eigenschaften zu verleihen, ist von Bedeutung zu wissen, in welchem Zusammenhang die einzelnen stofflichen Parameter zueinander stehen.

5.1.5.1. Beziehungen im Mineralbestand

Die Schlämmkaoline sind Gemische von Haupt- und Nebengemengteilen, deren Dimensionen kleiner als der Korngrößentrennschnitt der Hydrozyklone sind. Hauptbestandteile sind Kaolinit, Dreischichtsilikate und Quarz. Nebengemengteile sind insbesondere Feldspat, Eisenminerale, Titanminerale und organische Substanz.

Die geschlämmten Porphyr- und Pechsteinkaoline stellen hinsichtlich ihrer Hauptbestandteile Dreiphasengemische dar. Die Mengenverhältnisse der drei Phasen stehen in einem genetisch bedingten gesetzmäßigen Zusammenhang, indem mit steigendem Mixed-Layer-Mineral-Anteil der Kaolinitgehalt ab- und der Quarzgehalt zunimmt (Abb. 86). Diese Beziehung wurde deutlich durch die Untersuchung der Bohr- und Bemusterungsproben und hat besondere Bedeutung für die Qualitätskonstanz der Kaoline. Die Tonmineralanteile sind gegenläufig, d. h. die Kaolinit- und Mixed-Layer-Mineral-Gehalte ergänzen sich (Abb. 87). Durch die Aufbereitung wird dieses Tonmineralverhältnis nicht wesentlich beeinflußt, es spiegelt demnach den primären Bestand der Rohkaoline wider. Der Quarzgehalt der Schlämmkaoline ist abhängig von der Kornverteilung des Quarzes und der Trennschärfe der Klassierung. Die Mixed-Layer-Mineral-reichen Kaoline (Ignimbrit- und Pechsteinkaoline) enthalten höhere Anteile an Feinstquarz ($< 6{,}3\ \mu m$), der nicht ausgetragen wird, und gleichzeitig besitzen diese Rohkaoline ein weniger ausgeprägtes Korngrößenminimum im Bereich 6,3—63 µm, wodurch die Trennschärfe der Hydrozyklone herabgesetzt wird und der Anteil des vornehmlich aus Quarz bestehenden Korns $> 6{,}3\ \mu m$ erhöht ist.

Die Mineralverhältnisse der industriell geschlämmten Granodiorit- und Buntsandsteinkaoline sind gegenüber den Porphyr- und Pechsteinkaolinen relativ konstant.

Die Buntsandsteinkaoline sind Dreiphasengemische, deren Mengenverhältnis in erster Linie vom Anteil der Kaolintypen ;„Sandstein, Schluffstein, Ton" bestimmt wird. Da die übereinanderlagernden Schichten verschiedener Kaolintypen gleichzeitig abgebaut werden, ist eine Homogenisierung vorhanden, die die Mineralvariationen ausgleicht.

5.1.5.2. Beziehungen zwischen Mineralbestand und Chemismus

Die chemische Zusammensetzung der Kaoline ist ein Spiegelbild des Mineralbestands. Aus Tab. 66 geht hervor, aus welchen Komponenten die in den Kaolinen enthaltenen Minerale bestehen. Die Anzahl der im Gitter gebundenen Komponenten kann zwischen einer (Quarz, Anatas) und sechs (Mixed-Layer-Mineral) betragen.

Die Komponenten SiO_2, Al_2O_3, K_2O, Glühverlust, MgO und zum Teil Fe_2O_3 werden von den mineralischen Hauptbestandteilen (Kaolinit, Dreischichtsilikat und Quarz)

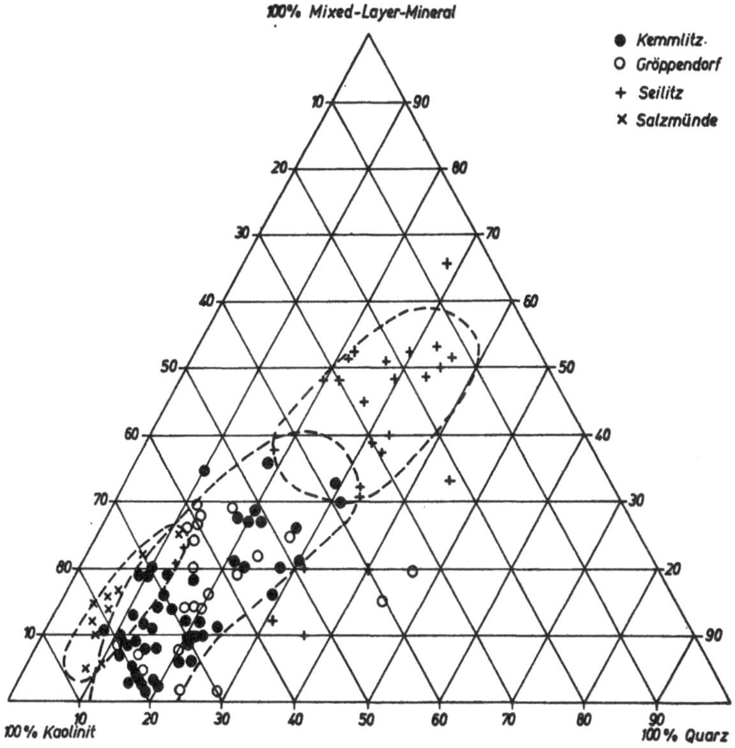

Abb. 86. Verteilung der mineralischen Hauptbestandteile der Kaoline

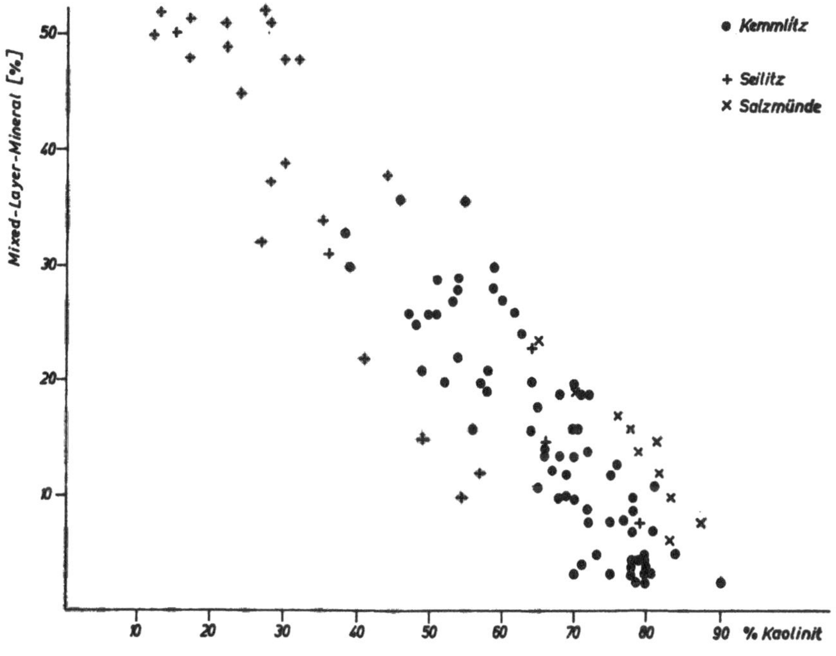

Abb. 87. Beziehungen zwischen den Tonmineralen der Kaoline

Tab. 66. Chemische Zusammensetzung der wichtigsten in den Kaolinen enthaltenen Minerale (in Masse-%)

	SiO_2	TiO_2	Al_2O_3	Fe_2O_3	MgO	CaO	K_2O	GV
Kaolinit	46,5	–	39,6	–	–	×[1])	–	13,9
Mixed-Layer-Mineral	50–55	?	24	2–3,5	2–3	–1[1])	3–9	5
Illit	45–55	–	23–33	×	×	×[1])	5–10	5
Muskovit	45,2	–	38,5	–	–	–	11,8	4,5
Orthoklas	64,7	–	18,4	–	–	–	16,9	–
Siderit	–	–	–	62,1[2])	–	–	–	37,9[3])
Quarz	100	×[4])	–	–	–	–	–	–
Anatas	–	100	–	–	–	–	–	–
Organische Substanz	–	–	–	+	–	–	–	90[5])

[1]) besonders auf den Oberflächen absorbiert
[2]) als FeO
[3]) als CO_2
[4]) als Einschlüsse von Rutil
[5]) durch Verbrennung bedingte Gewichtsabnahme

regiert. Das CaO ist in erster Linie adsorptiv auf den Tonmineraloberflächen gebunden. TiO_2 und zum Teil Fe_2O_3 liegen als selbständige Phasen vor.

Mit der Identifizierung des Mixed-Layer-Minerals in den Porphyr- und Pechsteinkaolinen konnten zugleich die Ursachen der variierenden chemischen Zusammensetzung dieser Kaoline erkannt werden. Mit zunehmendem Mixed-Layer-Mineral-Anteil im Kaolin verringern sich Al_2O_3-Gehalt und Glühverlust und erhöhen sich SiO_2, Fe_2O_3, MgO, K_2O und CaO entsprechend der Zusammensetzung dieses Minerals. In den Buntsandsteinkaolinen tritt außerdem noch Illit/Muskovit hinzu, wobei letzterer den Al_2O_3-Gehalt nur geringfügig beeinflußt, aber den Glühverlust senkt. In Kaolinen, die größere Anteile organischer Substanz enthalten (Spergau, Röblingen, Salzmünde), erhöht sich der Glühverlust.

Das Eisen ist in den Schlämmkaolinen in verschiedener Form gebunden (vgl. Abschn. 4.4.): Das Mixed-Layer-Mineral enthält 2–3,5% Fe_2O_3 und stellt die Hauptmenge des in den Mixed-Layer-Mineral-reichen Kaolinen vorkommenden Eisens. Aus Abb. 88 geht die gute Korrelation des Fe_2O_3-Gehalts der Kaoline mit Mixed-Layer-Mineral-Anteil hervor. Die Anwesenheit selbständiger Eisenphasen ist in allen Kaolinen nachgewiesen, und in den Schlämmkaolinen konnten Lepidokrokit, Hämatit, Siderit, Pyrit sowie Fe-Sulfate nachgewiesen werden. Diese Proben liegen oberhalb der gestrichelten Linie in Abb. 88. Siderit und Pyrit werden durch die Aufbereitung nahezu vollständig entfernt, so daß sie in den geschlämmten Kaolinen nur in sehr geringer Menge enthalten sind. Neben den eisenhaltigen Mineralen tritt als weiterer Fe-Träger die organische Substanz auf. Die Huminsäuren liegen als schwer lösliche Ca- und Fe-Humate vor. Die separierte organische Substanz zeigt nach dem Glühen dunkelrote Farbe und deutliche Hämatitreflexe, die im ungeglühten Zustand nicht vorhanden waren.

TiO_2 ist in den Schlämmkaolinen in Mengen $< 1\%$ enthalten. Die Verteilung des Titans ist unabhängig von den mineralischen Hauptbestandteilen. Das Ti_2O liegt fast immer als Anatas vor, seltener als Rutil (Abschn. 4.4.). In den Porphyr- und Pechstein-Kaolinen ist der TiO_2-Gehalt sehr gering und übersteigt nur selten 0,3%. Demgegenüber besitzen die Buntsandsteinkaoline wesentlich höhere TiO_2-Gehalte, bis 1,2%.

Das K_2O der Kaoline ist in der Hauptsache an die Dreischichtsilikate gebunden. Nur vereinzelt konnte in den Kaolinen Feldspat identifiziert werden. Folglich nimmt mit steigendem Dreischichtsilikatgehalt der K_2O-Anteil im Kaolin zu. Da die K_2O-Gehalte der Dreischichtsilikate sehr variabel sein können, ist eine allgemeingültige Beziehung zwischen K_2O- und Dreischichtsilikat-Anteil nicht existent. Besonders im Mixed-Layer-Mineral ist das Verhältnis von Illit zu Montmorillonit verschiedenartig, so daß die Kaoline des Kemmlitzer Gebiets generell niedrigere K_2O-Gehalte aufweisen als die von Seilitz und Salzmünde (Abb. 89).

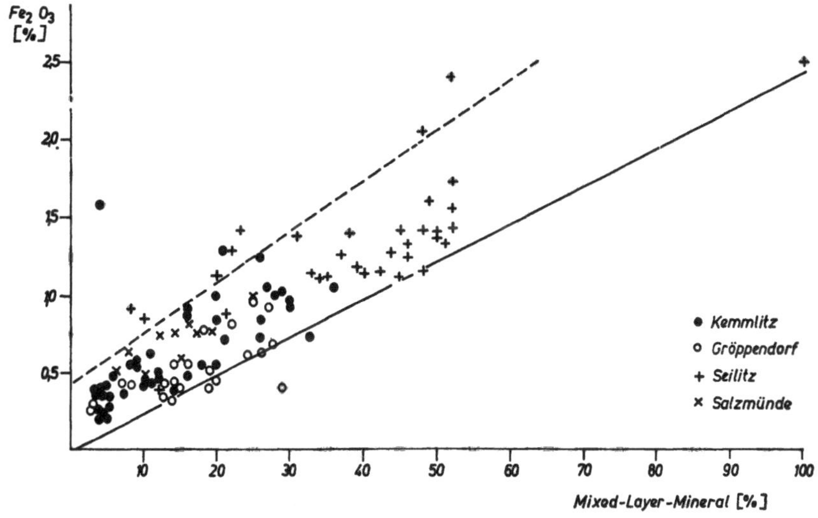

Abb. 88. Abhängigkeit des Fe_2O_3-Gehalts vom Mixed-Layer-Mineral-Anteil

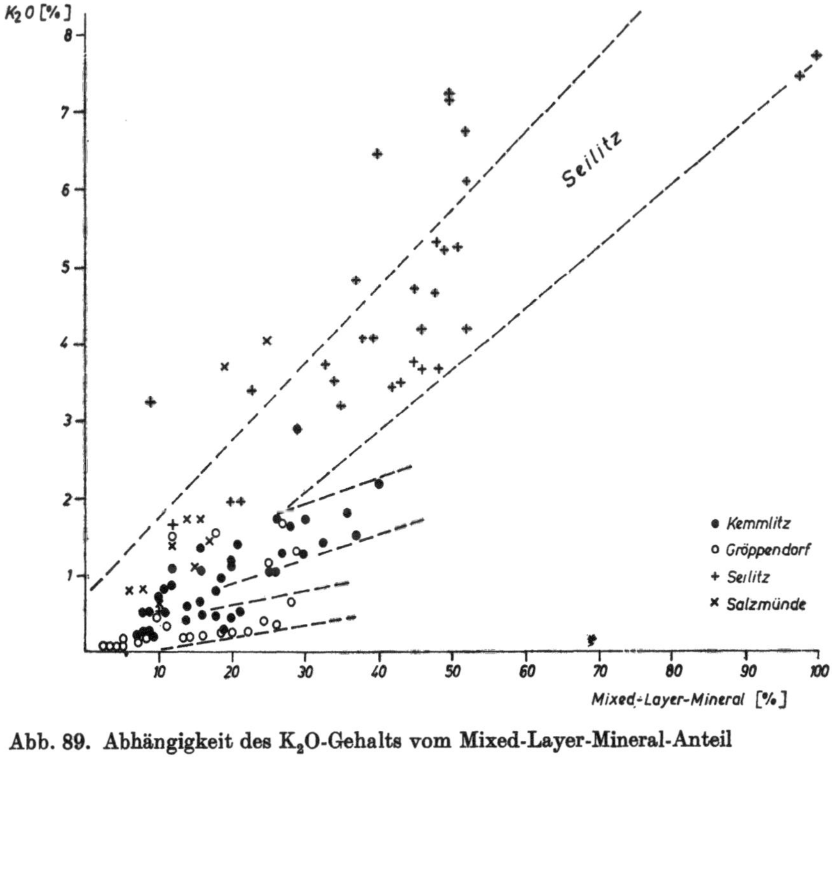

Abb. 89. Abhängigkeit des K_2O-Gehalts vom Mixed-Layer-Mineral-Anteil

Das MgO ist hauptsächlich im Gitter der Dreischichtsilikate eingebaut. Aus der Darstellung des MgO-Gehalts gegen den Mixed-Layer-Mineral-Anteil der Schlämmkaoline wird eine ähnliche Differenzierung zwischen Kemmlitzer und Seilitzer Kaolin sichtbar, wie sie sich beim K_2O-Gehalt zeigt (Abb. 90). Offenbar ist im Gitter des Mixed-Layer-Minerals der Kemmlitzer Kaoline weniger MgO fixiert als in dem des Seilitzer Kaolins.

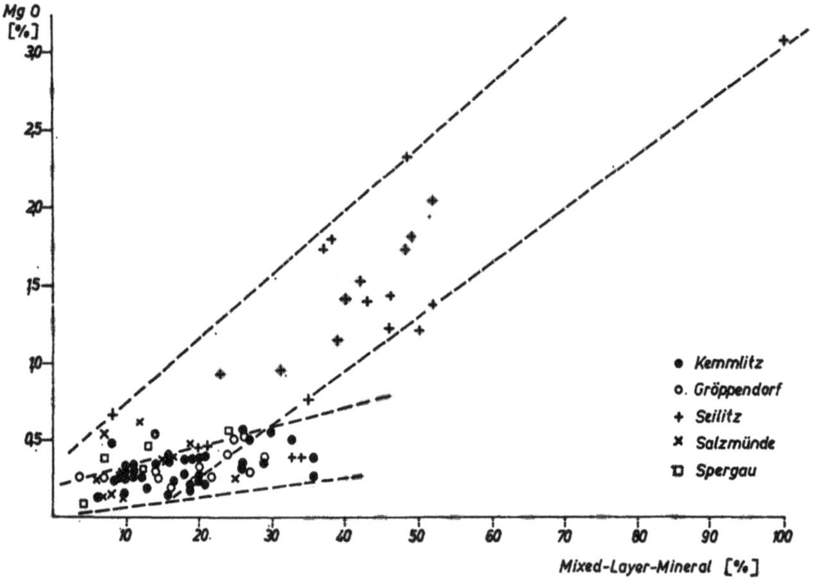

Abb. 90. Abhängigkeit des MgO-Gehalts vom Mixed-Layer-Mineral-Anteil

Die in der DDR übliche Umrechnung der chemischen Analyse in die rationelle Analyse nach TGL 14931 spiegelt besonders dann, wenn Dreischichtsilikate enthalten sind, nicht den tatsächlichen Stoffbestand wider. Der wesentliche Fehler entsteht dadurch, daß aus dem K_2O der Feldspat berechnet wird. Die errechneten Werte für die Tonsubstanz sind dann höher als der Kaolinit-, aber kleiner als der Tonmineralgehalt der Kaoline.

5.1.5.3. Kornverteilung und Mineralbestand

In der Korngrößenverteilung spiegeln sich die Dimensionen der einzelnen Mineralkörner oder Aggregate wider. Für viele Verwendungszwecke wird der Kornanteil $< 2\ \mu m$ als eine wichtige, die Kaoline charakterisierende Größe herangezogen, da in dieser Kornklasse die eigenschaftsprägenden Wertstoffe (Tonminerale) angereichert sind. Die Korngrößenanalysen und Bestimmungen des Mineralbestands in den Fraktionen ergaben, daß in den verschiedenen Kaolinen besonders die Kornverteilung des Kaolinits variiert (Tab. 62). Während das Mixed-Layer-Mineral bzw. Illit stets zu $> 70\%$ in der Kornklasse $< 2\ \mu m$ angereichert sind, ist der Kaolinit in den Kemmlitzer Kaolinen nur zu $\approx 50\%$, in Salzmünde $\approx 65\%$, in Seilitz $\approx 70\%$ und in Spergau $\approx 85\%$ im Kornanteil $< 2\ \mu m$ enthalten. Der Dispersitätsgrad des Kaolinits ist lagerstättengenetisch bedingt. Als Ursache kann gegenwärtig nur angegeben werden, daß in den relativ groben Kaolinen große Anteile an schwer zerlegbaren Aggregaten und Verwachsungen vorkommen.

Auf Grund der Tatsache, daß in den Porphyr-Kaolinen stets ein hoher Teil des Mixed-Layer-Minerals und ein geringerer Teil Kaolinit in der Kornfraktion $< 2\ \mu m$ auftritt, nimmt mit steigendem Mixed-Layer-Mineral-Anteil auch der Anteil $< 2\ \mu m$ dieser Kaoline zu (Abb. 91). Dementsprechend korrelieren dann auch solche Größen, die primär vom Mixed-Layer-Mineral bedingt werden, mit dem Kornanteil $< 2\ \mu m$.

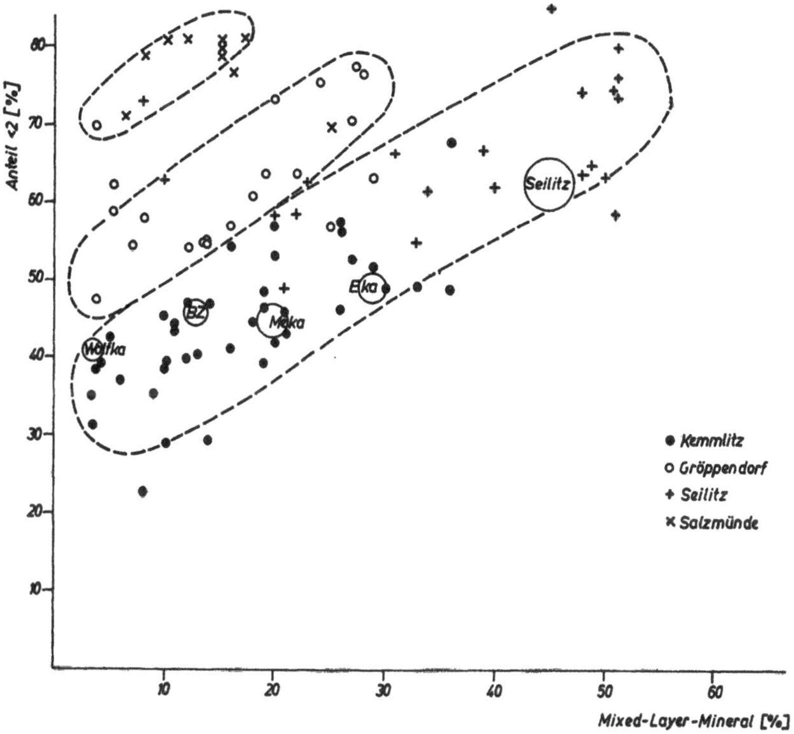

Abb. 91. Abhängigkeit des Kornanteils < 2 μm vom Mixed-Layer-Mineral-Gehalt

5.1.6. Trockenbiegefestigkeit

Unter Trockenbiegefestigkeit (TBF) versteht man die Biegefestigkeit getrockneter Formlinge keramischer Stoffe. Sie gibt Auskunft über das Festigkeitsverhalten und wird seit Jahren zur Prüfung keramischer Rohstoffe herangezogen. Da die Trockenbiegefestigkeit der Rohstoffe mit verschiedenen anderen Eigenschaften korrespondiert (z. B. Bildsamkeit), wird sie in der Praxis zur Einschätzung des verarbeitungstechnischen Verhaltens der Rohstoffe allgemein berücksichtigt (Kohl 1930).

Von Hofmann, Czerch & Scharrer (1958) wurden die Ursachen der TBF untersucht und festgestellt, daß die TBF umso höher ist, je größer die Berührungsflächen sind, mit denen sich die Kristalle des Kaolins oder Tons berühren. Die TBF ist demnach vom Grad der Raumerfüllung des Körpers abhängig, d. h., je dichter die Teilchen gepackt sind, um so größer sind die Berührungsflächen. Die Packungsdichte ist abhängig von der Korngrößenverteilung der Kaoline und dem Grad ihrer Regelung im Prüfkörper. Mit zunehmender Feinkörnigkeit steigen der Feststoffgehalt und damit die TBF an. Die Regelung der Teilchen wird insbesondere durch die umtauschbaren Kationen gesteuert. Na^+-belegte Kaoline besitzen gegenüber Ca^{++}-Kaolin eine vollkommenere Regelung der Kristalle und damit eine höhere TBF (vor allem bei stranggepreßten Prüflingen). Die Feststellung Hofmanns, daß die Größe der Berührungsflächen für die TBF ausschlaggebend ist, hat sich allgemein durchgesetzt und bestätigt (Richter 1965; Wiegmann 1970; Grim 1962).

Da die Größe der Berührungsflächen von der Oberflächenausbildung der sich berührenden Tonminerale regiert wird, korreliert die TBF stets mit allen Daten, die die Größe der äußeren Oberfläche der Tonminerale repräsentieren (Klinefelter, Meyer

& Vachuska 1933; Currie & Grimshaw 1958; Richter 1965; Wiegmann 1970). Dabei wird davon ausgegangen, daß der Zusammenhalt zwischen den Kristallblättchen im getrockneten Kaolin analog der Bindung der Silikatschichten im Glimmer erklärt wird (Endell & Hofmann 1948). Folglich ergibt sich, daß bereits geringere Beimengen von Tonmineralen mit sehr großer Oberfläche (z. B. Montmorillonit) zu Kaolinen mit relativ kleiner Oberfläche eine Vervielfachung der TBF bewirken.

In den untersuchten keramischen Kaolinen besitzt das Mixed-Layer-Mineral mit fast 100 $m^2 g^{-1}$ die ca. 10fache äußere Oberfläche des Kaolinits. Deshalb korreliert die TBF sehr gut mit dem Mixed-Layer-Mineral-Gehalt x (Masse-%), vgl. Abb. 92.

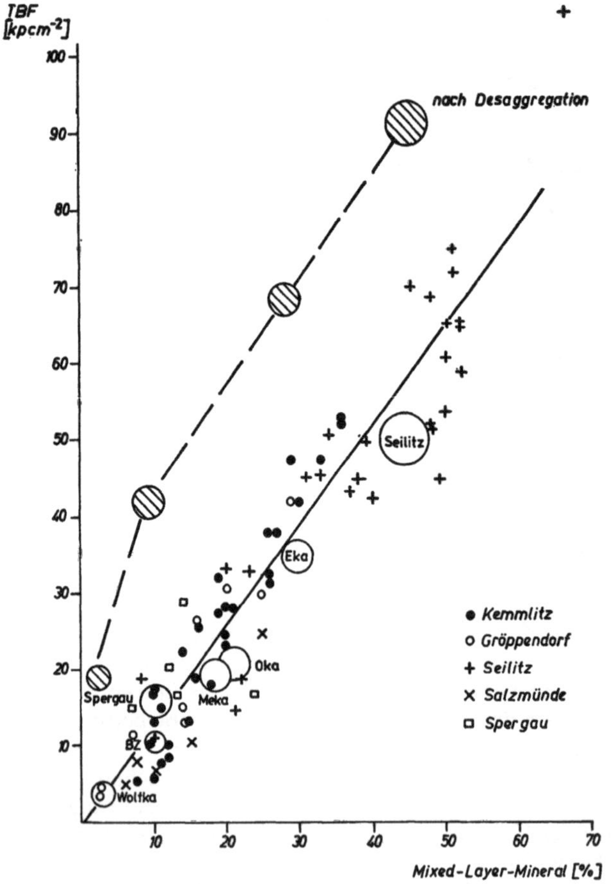

Abb. 92. Beziehung zwischen TBF und Mixed-Layer-Mineral-Gehalt der Bemusterungsproben

Die Regressionsgerade ist:

$$\mathrm{TBF} = 1{,}317x - 0{,}22736$$

Anzahl der Wertepaare	$n = 112$
Streuung der Regressionsgeraden	$sr = 0{,}8116$
Fehler des absoluten Glieds	$sa = 0{,}1393$
Fehler des Regressionskoeffizienten	$sb = 0{,}0539$
Bestimmtheitsmaß	$b = 85{,}17\%$
Korrelationskoeffizient	$r = 0{,}9229$
Prüfgröße	$t = 24{,}44$

Der Einfluß des Mixed-Layer-Minerals auf die TBF wird bedingt durch:

— seine große Oberfläche gegenüber Kaolinit und
— seinen Habitus (sehr dünne, leicht verbiegbare Leistchen).

Durch letztere Eigenschaft können sich beim Trocknen und Schrumpfen der Massen die Mixed-Layer-Mineral-Leistchen infolge ihrer Verbiegbarkeit besonders gut an die Nachbarkristalle anschmiegen, so daß eine starke Vergrößerung der Berührungsfläche eintritt. Demgegenüber stellen die Kaoline wesentlich größere, dickere und damit starre Kristalle dar, die, wenn nicht durch ausgezeichnete Regelungen sogenannte Fläche-Fläche-Stellungen (Strangpressen) erreicht werden, nur ein relativ lockeres Gerüst und damit kleine Berührungsflächen (Anzahl und Dimension der einzelnen Berührungsflächen) ausbilden. Demzufolge ist bei allen Mixed-Layer-Mineral-armen Kaolinen die TBF relativ klein (< 20 kp cm^{-2}). Bei diesen Kaolinen wird die TBF von der Korngrößenausbildung, insbesondere der Dicke der Kristalle des Kaolinits, regiert (Abb. 93). Da die Kaolinite in den Porphyrkaolinen relativ grobkörnige Aggregate und Verwachsungen bilden, sollte die Möglichkeit der TBF-Beeinflussung durch Desaggregation geprüft werden.

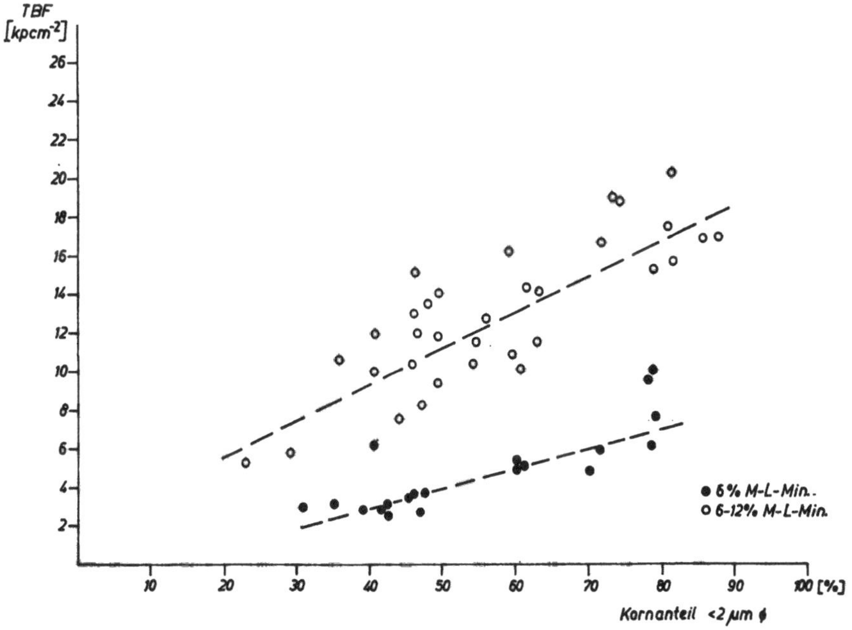

Abb. 93. Einfluß des Kornanteils < 2 µm auf die Trockenbiegefestigkeit von Bemusterungsproben

Hierzu wurden die Proben mehrmals durch eine Laborvakuumstrangpresse verzogen. In der Strangpresse treten beim Kneten der Massen und beim Durchtritt durch die Lochplatten größere Scherkräfte auf, die eine Zerkleinerung der Aggregate und Verwachsungen bewirken. Die Bestimmung der Trockenbiegefestigkeit erfolgte nicht an den stranggezogenen Stäben, sondern die Proben wurden gemörsert und nach TGL gegossene Prüfstäbe hergestellt. Auf diese Weise ist es möglich, den Effekt der Steigerung der TBF durch die Scherbeanspruchung zu erfassen.

Interessant ist die Erscheinung, daß bei den Kaolinen Wolfka, Eka und Spergau, die im unbehandelten Zustand kleine und mittlere Trockenbiegefestigkeiten besitzen, bereits nach zweimaligem Durchgang wesentliche TBF-Steigerungen festzustellen sind.

Da bei der Verarbeitung der Kaoline in Drehmassen die Massen einer gleichartigen, möglicherweise noch intensiveren Scherbehandlung unterzogen werden, bewirken die Kaoline grundsätzlich eine höhere TBF, als im unbehandelten Zustand gemessen wird. Deshalb bringt eine TBF-Steigerung der Kaoline z. B. durch Schwingmahlung (Hiller 1970) für die Verarbeitung nur Teilerfolge. Die desaggregierende Wirkung der Scherbehandlung wird auch in der Veränderung des Kornanteils < 2 µm sichtbar (Tab. 67).

Tab. 67. Trockenbiegefestigkeit und Kornanteil < 2 µm verschiedener Kaoline, die einer mechanischen Behandlung unterworfen wurden (TBF in kg cm^{-2})

Wolfka Standard Anzahl der Behandlungen	unbehandelt	2×	5×	9×
TBF (Mittelwert)	3,8	10,3	13,3	19,4
TBF (Maximalwert)		10,4	15,1	19,7
2 µm (Masse-%)	38,9	46,3	51,6	58,2
Eka Standard **Anzahl der Behandlungen**	**unbehandelt**	**2×**	**4×**	**7×**
TBF (Mittelwert)	26	57,7	62,4	74,8
TBF (Maximalwert)		61,3	66,4	78,2
2 µm (Masse-%)	45,6	53,2	n. b.	55,5
Seilitz Standard **Anzahl der Behandlungen**	**unbehandelt**	**2×**	**7×**	**8×**
TBF (Mittelwert)	61,0	68,0	78,0	87,5
TBF (Maximalwert)		75,4	86,4	90,8
2 µm (Masse-%)	59,1	63,4	n. b.	70,0
Spergau Standard **Anzahl der Behandlungen**	**unbehandelt**	**2×**	**5×**	**7×**
TBF (Mittelwert)	14,2	31,9	34,3	39,6
TBF (Maximalwert)		33,6	35,8	42,4
2 µm (Masse-%)		74,6	n. b.	76,0

5.1.7. Verflüssigungseigenschaften der Kaoline

5.1.7.1. Allgemeines

Seit alters her unterscheidet der Keramiker Kaoline mit guten und solche mit schlechten Verflüssigungs- oder Fließeigenschaften. Gut verflüssigbare Kaoline werden für die Herstellung von Gießschlickern eingesetzt. Zur Einschätzung des Verflüssigungsverhaltens wird in erster Linie die Viskosität herangezogen. Für praktische Zwecke wird sie oft mit dem Auslaufviskosimeter ermittelt und als Auslaufzeit angegeben. Vollständiger können die Fließeigenschaften mit dem Rotationsviskosimeter erfaßt werden, indem man die Fließkurven aufnimmt (z. B. Lehmann & Marx 1958) oder die sogenannte Gießkonzentration bestimmt.

Die im Rahmen der vorliegenden Arbeit durchgeführten Untersuchungen zur Viskosität befassen sich nicht mit den Problemen der Gießtechnologie in der Keramik, sondern sind darauf ausgerichtet, die Wirkungen der in den Kaolinen enthaltenen mineralischen Phasen sowie der organischen Substanz auf die Fließeigenschaften zu erfassen.

Definitionsgemäß ist

Viskosität $\eta = \tau D^{-1}$
wobei τ = Schubspannung dyn · cm^{-2}
D = Schergeschwindigkeit s^{-1}

Kaolinsuspensionen verhalten sich im allgemeinen wie Nicht-NEWTONsche Flüssigkeiten, d. h. der Zusammenhang von η und D ist nicht proportional. In solchen Systemen bezeichnet η die sogenannte scheinbare Viskosität (im folgenden mit Viskosität bezeichnet), die für jeden Wert von D einen anderen Betrag annimmt. In der Rheologie ist es allgemein üblich, Fließkurven als D-τ-Diagramme darzustellen, wonach folgende Typen von NEWTONschen und Nicht-NEWTONschen Flüssigkeiten unterscheidbar sind (Abb. 94).

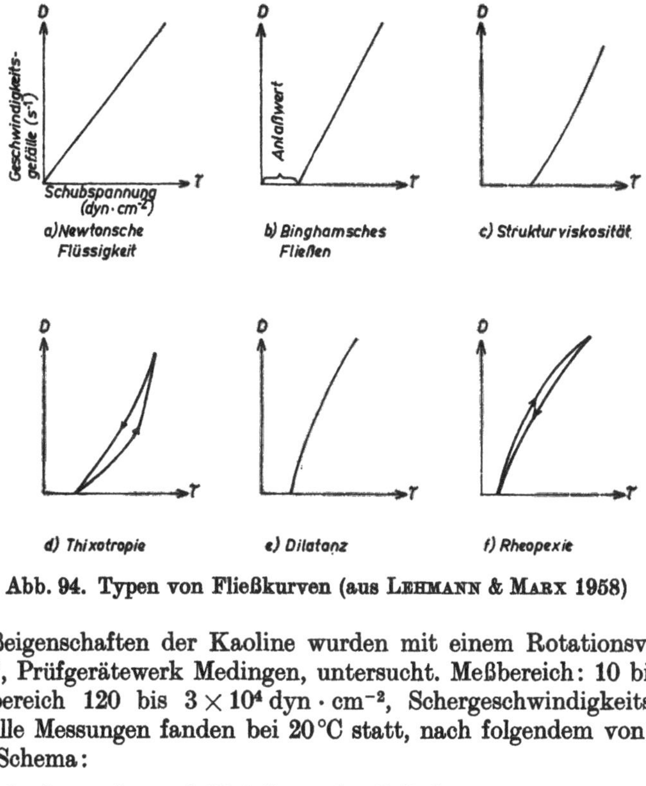

Abb. 94. Typen von Fließkurven (aus LEHMANN & MARX 1958)

Die Fließeigenschaften der Kaoline wurden mit einem Rotationsviskosimeter Typ „Rheotest", Prüfgerätewerk Medingen, untersucht. Meßbereich: 10 bis 10^7 cp, Schubspannungsbereich 120 bis 3×10^4 dyn · cm^{-2}, Schergeschwindigkeitsbereich 0,2 bis 1300 s^{-1}. Alle Messungen fanden bei 20 °C statt, nach folgendem von SCHULZE (1965) erprobtem Schema:

- Ruhezeit der Suspension nach Einfüllen in den Zylinder 10 min
- Meßzeit je Stufe 30 s (Steigerung von D)
- Rotationszeit bei der höchsten Schergeschwindigkeit 5 min
- Meßzeit je Stufe 30 s (Verminderung von D).

Zur Untersuchung gelangten die Kaolin-Handelssorten und die Standard-Kaoline mit verschiedenen Wassergehalten, Elektrolytzusätzen (Soda, Wasserglas) sowie organischer Substanz + NaOH.

Neben den Untersuchungen mittels Rotationsviskosimeter erfolgten die Messungen der Auslaufzeiten nach TGL 14932 der Handelssorten und aller Bohr- und Bemusterungsproben. An den Standard-Kaolinen wurden die Auslaufzeiten bei speziellen Bedingungen untersucht (monoionisch belegte Kaoline, verschiedene Wassergehalte, verschiedene Verflüssigungsmittel).

Die Viskosität von Kaolin-Wasser-Systemen wird grundsätzlich von folgenden substantiellen Faktoren beeinflußt.

— Mineralbestand und Ausbildung der Minerale (Dimensionen, Morphologie)
— Wassergehalt der Suspensionen
— Elektrolytanteil (Art und Menge)
— Schutzkolloide (z. B. organische Substanz).

Um den Einfluß der in den Kaolinen enthaltenen Phasen, einschließlich der organischen Substanz, demonstrieren zu können, wurden die Versuchsreihen so angelegt, daß möglichst nur eine Faktorengruppe variabel war.

5.1.7.2. Zum Einfluß des Mineralbestands auf die Viskosität

Bei Proben mit gleichen Wassergehalten, sehr geringen Anteilen organischer Substanz und Soda als Elektrolyt nimmt die Viskosität mit zunehmendem Mixed-Layer-Mineral-Anteil bzw. mit zunehmender spezifischer Oberfläche des Kaolins zu (Abb. 95, Abb. 96). Die Beziehungen zwischen Viskosität und Schergefälle sind dann in empirischen Gleichungen ausdrückbar:

Kaolin Seilitz	$\eta = A \times D^{-0,68}$
Kaolin Eka	$\eta = A \times D^{-0,75}$
Kaolin Wolfka	$\eta = A \times D^{-0,89}$
Kaolin Oka	$\eta = A \times D^{-0,92}$ (Schulze 1965).

Auf die Größe der Viskosität wirkt sich die Konstante A besonders stark aus, weil $A = f(S, r)$ ist, wobei S die spezifische Oberfläche und r der Abstand zwischen den Teilchen in der Suspension während der Scherbeanspruchung bedeuten. Bei gleichen Kaolinen, also $S =$ const., ist $r \sim V_w$ ($V_w =$ Volumen des Wassers in der Suspension), wenn alles Wasser in den die Tonteilchen umgebenden Wasserhüllen gebunden ist. Der

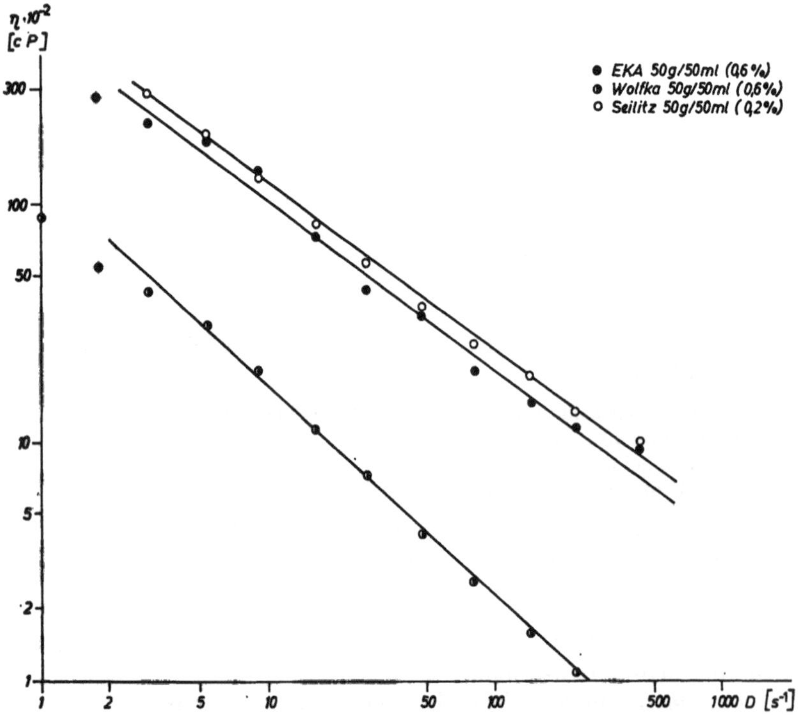

Abb. 95. Viskosität in Abhängigkeit vom Schergefälle von Suspensionen aus jeweils 50 g Kaolin (Eka, Wolfka und Seilitz Standard), 50 ml Wasser und Soda

Zusammenhang des Wassergehalts mit dem Faktor A für die verschiedenen Kaoline geht aus Tab. 68 und Abb. 97 hervor. Man erkennt, daß bei den drei untersuchten Kaolinen, die sich besonders im Mixed-Layer-Mineral-Anteil unterscheiden, der Wert für A bei gleichen Wassergehalten der Suspensionen recht unterschiedlich ist.

Es ergibt sich die mit dem Mixed-Layer-Mineral-Anteil korrespondierende Reihe:

$$A_{(\text{Seil.})} > A_{(\text{Eka})} > A_{(\text{Wolfka})}$$

In gleicher Weise verhalten sich die Viskositäten. Der Exponent in den angegebenen empirischen Gleichungen hängt sicherlich mit der Morphologie der Teilchen zusammen, wie aus den Untersuchungen von NÜTZENADEL (1970) an plastischen Massen geschlossen werden kann.

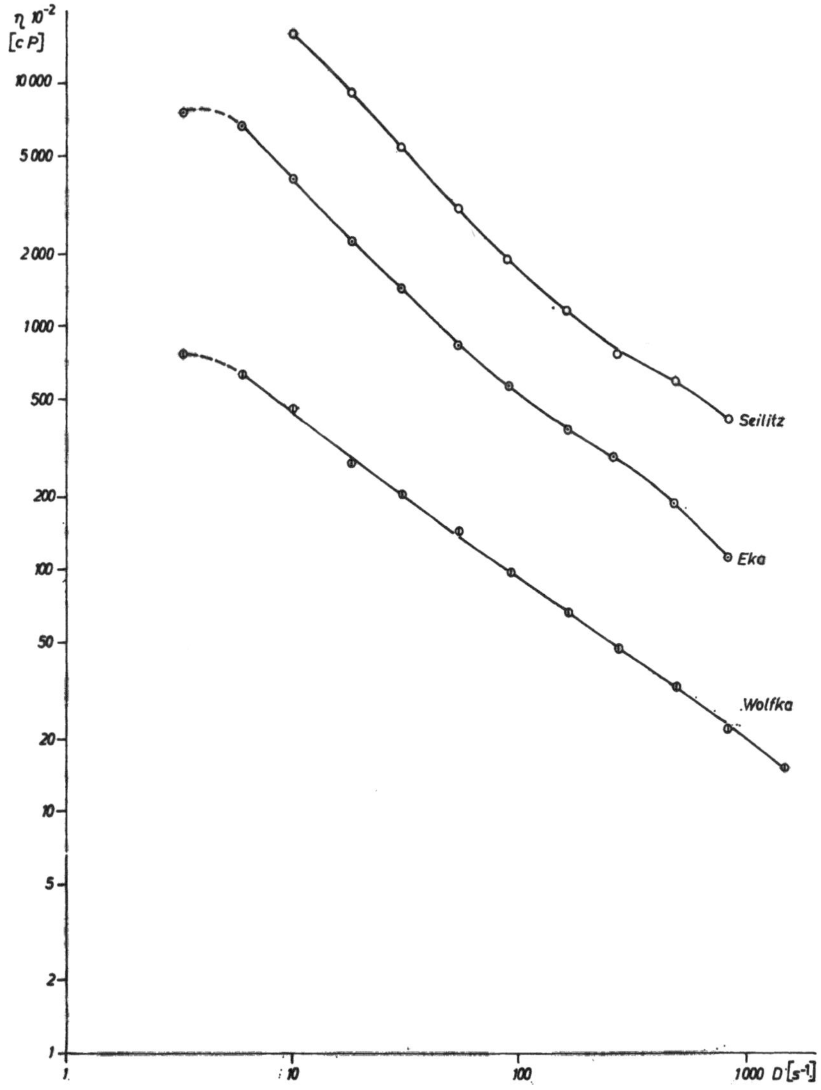

Abb. 96. Viskosität in Abhängigkeit vom Schergefälle von Suspensionen mit 50 g Kaolin, 50 ml Wasser und 0,6% Soda der H_2O_2-behandelten Standardkaoline Seilitz, Spergau, Eka und Wolfka

Tab. 68. A-Werte der Kaoline Seilitz, Eka und Wolfka bei verschiedenen Wasser- und Elektrolytgehalten für $D = 48{,}6\ s^{-1}$

Kaolin	ml Wassergehalt je 50 g Kaolin	Soda (Masse-%)	$A \left(\frac{dyn}{cm^2} \times 10^2\right)$
Seilitz	47,5	0,6	1151
	50	0,6	799
	50	0,2	548
	55	0,6	409
	60	0,6	225
Eka	50	0,4	697
	50	0,6	611
	52,5	0,6	304
	55	0,4	232
	55	0,6	259
	60	0,4	161
	60	0,6	177
Wolfka	40	0,4	427
	45	0,4	226
	50	0,4	167
	50	0,6	137

Wird als Ausdruck für die Viskosität die Ausflußzeit gemessen, so ergibt sich die in Abb. 98 dargestellte Abhängigkeit vom Mixed-Layer-Mineral-Gehalt der Proben.

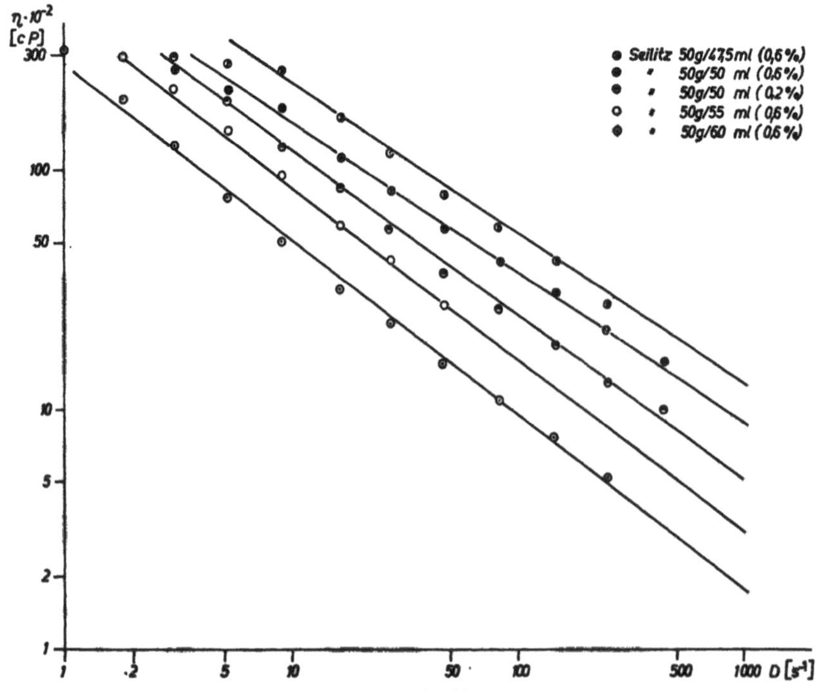

Abb. 97. Viskosität in Abhängigkeit vom Schergefälle von Suspensionen des Kaolins Seilitz Standard mit 50 g Kaolin, verschiedenen Wassergehalten und Soda

Der Einfluß des Mineralbestands auf die Viskosität wirkt sich also dergestalt aus, daß mit zunehmender spezifischer Oberfläche der Tonminerale eine größere Wassermenge erforderlich ist, um entsprechende Abstände zwischen den Teilchen herzustellen (LEHMANN & MARX 1958; GAUGLITZ 1958). Da bei den Porphyr- und Pechsteinkaolinen die Oberfläche in starkem Maße vom Mixed-Layer-Mineral-Gehalt bestimmt wird, korrelieren die Viskositäten bzw. die Auslaufzeiten mit dem Mineralbestand. Bei Mixed-Layer-Mineral-armen Kaolinen dagegen wird die Viskosität von den Dimensionen des Kaolinits, insbesondere der Dicke der Teilchen, bestimmt.

Die früher vorgenommenen Versuche zur Berechnung der Viskosität auf der Basis der spezifischen Oberfläche, des Wassergehalts bei optimalem Elektrolytgehalt (STÖRR 1968c) führten zu der Feststellung, daß bei den Kaolinen mit hohem Gehalt an Kaolinit-Verwachsungen ein großer Teil des Wassers als „unwirksames Wasser“ in den einspringenden Winkeln gebunden ist (Wolfka 39—40%, Eka 27—28%). Durch Zerteilung dieser Kaolinit-Verwachsungen gelang es, die Viskosität solcher Kaoline wesentlich zu verbessern. Als Beispiel soll der Kaolin Wolfka angegeben werden. Eine Suspension von 50 g Kaolin Wolfka, 40 ml Wasser, 0,6% Soda besitzt bei $D = 48{,}6\ s^{-1}$ eine Viskosität $\eta = 1416$ cP. Nach Zerscherung ist $\eta = 557$ cP, d. h. nahezu dreimal geringer. Der berechnete „unwirksame“ Wasseranteil verminderte sich dabei um 8%. Daraus geht hervor, daß selbst bei den guten Gießkaolinen (z. B. Wolfka) die Viskosität noch wesentlich verbessert werden kann.

5.1.7.3. Der Einfluß der organischen Substanz auf die Viskosität

Daß organische Substanzen die Verflüssigungseigenschaften von Kaolinen günstig beeinflussen, ist seit langem bekannt. In den Kaolinen sind die Anteile der organischen Substanzen auf Grund geologischer Bedingungen in den Lagerstätten zum Teil recht variabel. Da auch in den geschlämmten Kaolinen, je nachdem aus welchen Bereichen der Lagerstätten gefördert wird, unterschiedliche Mengen organischer Substanz enthalten sein können, soll untersucht werden, welchen Einfluß diese Änderungen auf die Viskosität besitzen.

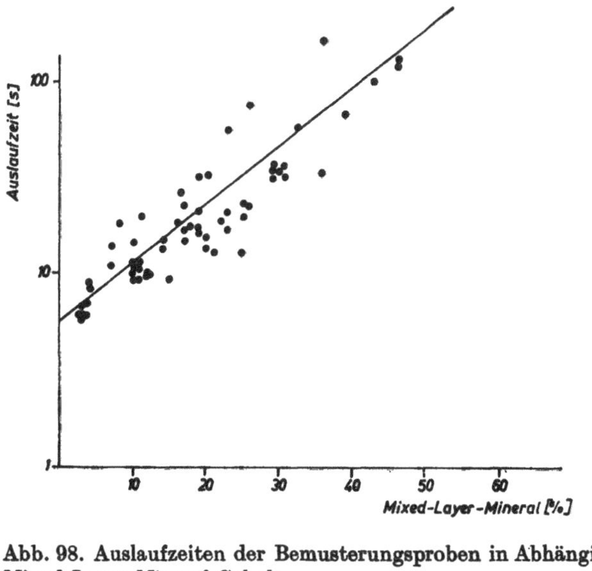

Abb. 98. Auslaufzeiten der Bemusterungsproben in Abhängigkeit vom Mixed-Layer-Mineral-Gehalt

Aus Abb. 99 geht hervor, daß mit zunehmendem Anteil Na-Humat die Viskositäten der Suspensionen generell kleiner werden. Bemerkenswert ist die Erscheinung, daß sich die Richtung der Kurven ändert. Während bei Kaolinen mit geringen Gehalten organischer Substanz die Viskosität mit steigendem Schergefälle abnimmt, also das übliche strukturviskose thixotrope Fließen zeigt, weisen die Kurven für Kaoline, die reich an organischer Substanz sind, Minima und Maxima auf. Bei sehr hohen Schergeschwindigkeiten vereinigen sich die Kurven wieder. Die Schutzkolloid-Wirkung der organischen Substanz auf die Viskosität ist daher besonders im Bereich kleiner Schergeschwindigkeiten spürbar, also in dem Bereich, der in der keramischen Praxis Bedeutung besitzt.

Weiterhin belegen die Fließkurven (Abb. 100), daß bei höheren Gehalten organischer Substanz $\Delta\tau$ überwiegend negativ ist ($\Delta\tau = \tau$ steigend $- \tau$ fallend). Lehmann & Marx (1958) deuten diese Erscheinung so, daß durch die peptisierende Wirkung der organischen Substanz die Menge des gebundenen Wassers abnimmt und daß durch die Anlagerung der organischen Komplexe an die Tonminerale der Potentialverlauf dahingehend verändert wird, daß sich größere Potentialminima ausbilden, wodurch zwischen den Teilchen Abstoßung überwiegt. Praktisch ist dies für die Stabilität der Suspensionen von Bedeutung. Schlicker mit negativem $\Delta\tau$ sind stabil und weniger thixotrop. Dagegen neigen solche mit positivem $\Delta\tau$ zur Koagulation und sind stärker thixotrop.

Die Wirkungsweise der organischen Substanz kann nach Grodde (1969), Moore (1967), Dietz, Gauglitz & Schwiete (1957), Lehmann & Marx (1954, 1958), wie folgt umrissen werden:

— Die organischen Komplexe verhalten sich wie Anionen und werden deshalb gegen andere Anionen der Tonmineraloberfläche ausgetauscht, wodurch sich das Kationen-Anlagerungsvermögen herabsetzt.

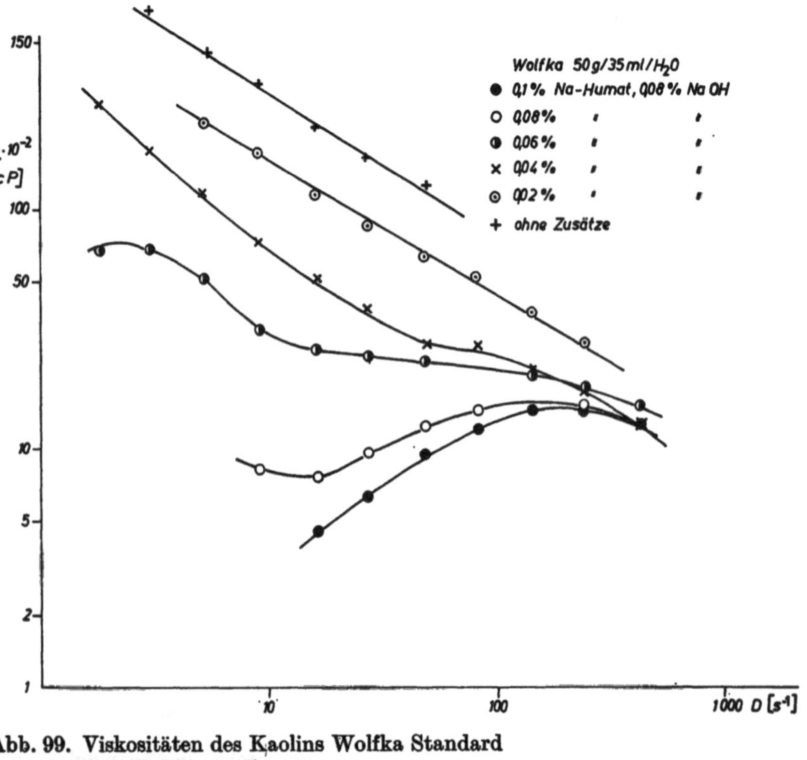

Abb. 99. Viskositäten des Kaolins Wolfka Standard mit variablen Na-Humat-Zusätzen

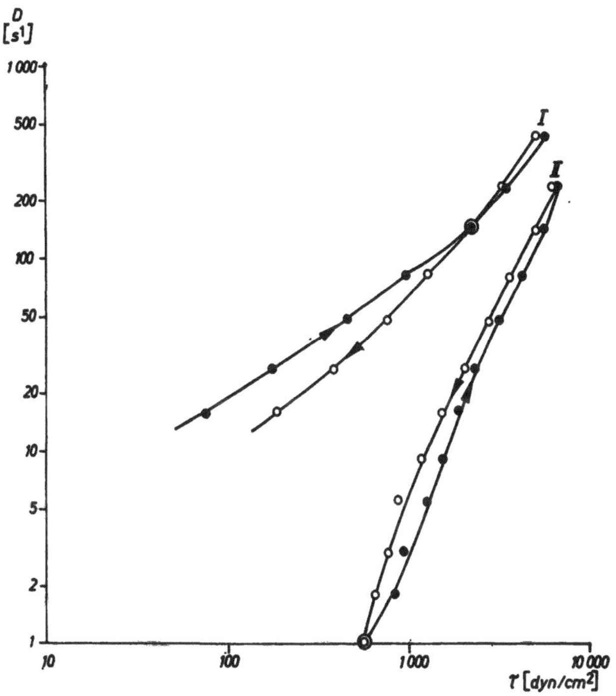

Abb. 100. Fließkurven des Kaolins Wolfka Standard
I – 50 g Kaolin, 35 ml Wasser, 0,1% Na-Humat, 0,08% NaOH;
II – 50 g Kaolin, 35 ml Wasser, 0,02% Na-Humat, 0,08% NaOH

- In der adsorbierten Wasserhülle ersetzen die überschüssigen organischen Anionen Wasserdipole, und die Menge an freiem Wasser wird dadurch größer.
- Huminsäuren usw. bilden mit mehrwertigen Kationen schwerlösliche Verbindungen, so daß die als Flockungsmittel wirkenden mehrwertigen Ionen gebunden werden.
- Organische Substanzen besitzen generell eine große Kationenumtauschkapazität und sind imstande, überschüssige Kationen zu fixieren.

Bei den geschlämmten Kaolinen überlagern sich die durch den Mineralbestand und durch die organische Substanz bedingten Effekte, deshalb zeigen Kaoline mit gleichem Mineralbestand je nach Anteil organischer Substanz unterschiedliches Fließverhalten. Diese Erscheinung ist für die Einschätzung der Qualitätskonstanz der Kaoline von Bedeutung (Abb. 101). In Abb. 102 ist am Beispiel des Kaolins Eka-Standard dargestellt, daß durch Entfernung der organischen Substanz die Viskosität um das Mehrfache ansteigt. In vorliegender Arbeit wird der Einfluß der Elektrolyte auf die Fließeigenschaften nicht näher betrachtet. Es soll jedoch darauf hingewiesen werden, daß sich der optimale Elektrolytgehalt für einen Kaolin bestimmter Zusammensetzung mit dem Anteil an organischer Substanz ändert. Wird dies nicht berücksichtigt, so geben die Viskositätsmessungen, z. B. die der Auslaufzeit, keine aussagekräftigen Werte.

5.1.8. Zur Flußmittelwirkung des Mixed-Layer-Minerals

Glimmerähnliche Tonminerale treten im Sinterprozeß als Flußmittel in Erscheinung. So wurden z. B. von Izigneri & Peco (1956) die Illite verschiedener Kaoline und von Kacalova (1966) der Illit von Füzérradvány (Ungar. VR) auf ihre Brenneigenschaften

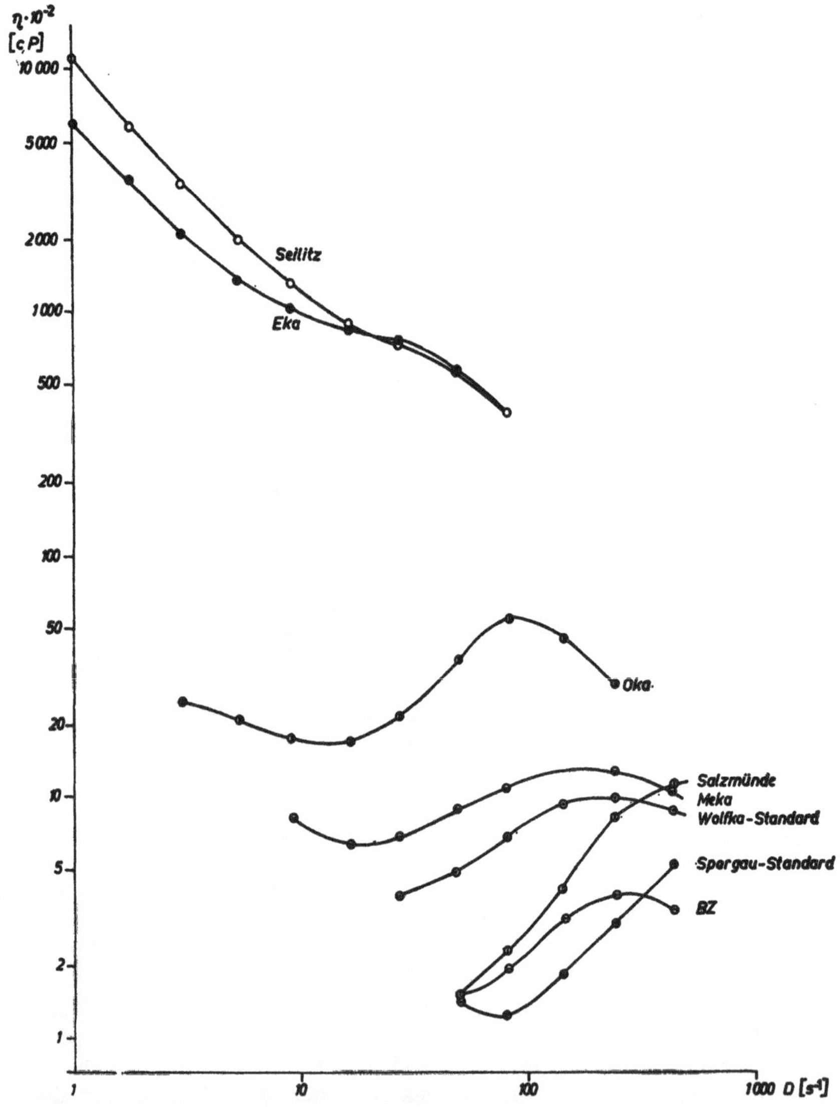

Abb. 101. Viskositäten der Kaolin-Handelssorten. Die Suspensionen enthalten: 50 g Kaolin, 35 ml Wasser, 0,4% Soda, 0,14% Wasserglas

untersucht. Die Wirkung besteht darin, daß die Sinterungstemperatur je nach Anteil in den Massen bis zu 100 °C herabgesetzt und das Sinterungsintervall bedeutend verschmälert wird. Weiterhin neigen die Massen zum Aufblähen.

Zur Flußmittelwirkung des in den DDR-Kaolinen enthaltenen Mixed-Layer-Minerals wurden bisher nur wenige Angaben von Ortman (1967) und Störr (1978) gegeben.

Hier sollen Untersuchungsresultate zu zwei Schwerpunkten mitgeteilt werden:

- Phasenumwandlungen während der Aufheizung bis 1350 °C und zweistündiger Temperaturhaltezeit von Mischungen aus Quarz und Mixed-Layer-Mineral. Diese Untersuchungen wurden sowohl mit der Röntgenhochtemperaturkamera als auch an im Stufenbrand hergestellten Probenkörpern vorgenommen.

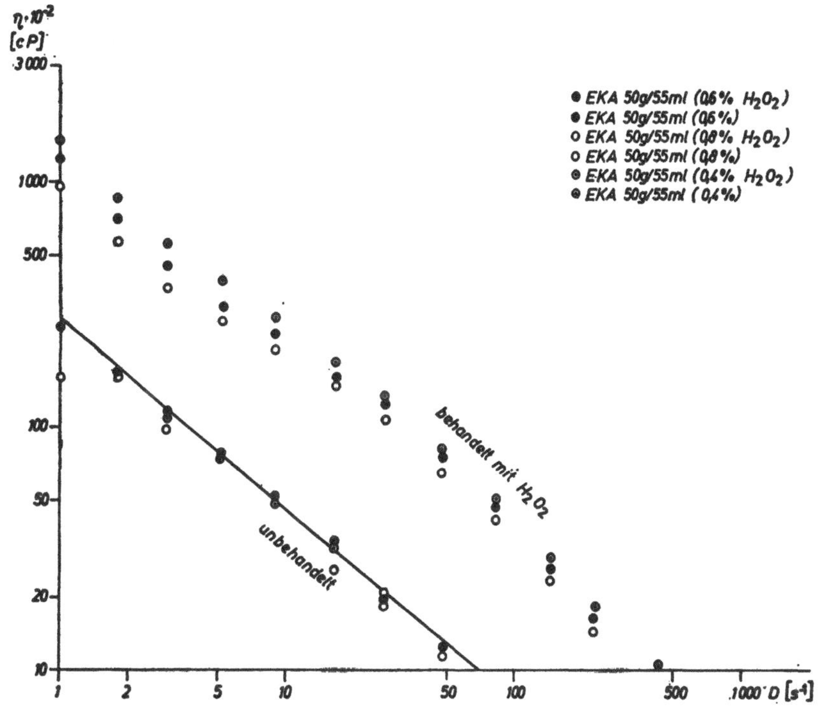

Abb. 102. Viskositäten des Kaolins Eka Standard ohne und mit H_2O_2-Behandlung und variablen Sodagehalten

— Gefügeuntersuchungen während der Aufheizung zwischen 1100 und 1350 °C und zweistündiger Haltezeit, insbesondere im Vergleich von Mixed-Layer-Mineral-haltigen und feldspathaltigen Massen. Zur Untersuchung gelangten im Stufenbrand hergestellte Prüfkörper.

Die Röntgenhochtemperaturuntersuchungen wurden bei folgenden Bedingungen ausgeführt: Aufheizgeschwindigkeit 10 °C/min, Haltezeit 2 h bei 1350 °C ± 10 °C, unkontrollierte Atmosphäre. Während der Aufheizung wurde ständig der Bereich zwischen 9,8—11,5 °ϑ und 24,5—25,5 °ϑ abgefahren, um die SiO_2-Phasen (Quarz und Cristobalit) erfassen zu können.

Der Stufenbrand (1100—1350 °C) wurde an Prüfkörpern 6 mm × 6 mm × 6 mm im Labormuffelofen ausgeführt; die Temperaturhaltezeit betrug zwischen 1 min und 2 h, die Aufheizgeschwindigkeit 10 °C/min. Von den Prüfkörpern wurde der Mineralbestand röntgenographisch ermittelt, und für die Gefügeuntersuchungen wurden elektronenmikroskopische, insbesondere REM-Aufnahmen angefertigt.

Als Quarz wurde die Fraktion 11,2—20 μm ⌀ des sich relativ träge umwandelnden Lieskauer Schluffs verwendet. Das Mixed-Layer-Mineral, aus speziellen Partien der Lagerstätte Seilitz gewonnen, enthielt keine röntgenographisch bzw. elektronenmikroskopisch erkennbaren Beimengungen (Tab. 69). Der Feldspat war ein Naturorthoklas mit etwas Quarz und wurde entsprechend seinem Alkali-Gehalt auf 10% Feldspat umgerechnet eingesetzt. Alle Probekörper wurden plastisch verformt.

Die Phasenumwandlungen im System Quarz-Mixed-Layer-Mineral gehen aus den Abb. 103 und 104 hervor. Es können folgende Feststellungen getroffen werden.

— Mit zunehmendem Mixed-Layer-Mineral-Anteil verringert sich der Beginn der Quarzlösung von 1210 °C (5% M-L-Min.) auf 1150 °C (30% M-L-Min.). Bei feinerer Quarzkorngröße (6,3 bis 11,2 μm ⌀) beginnt die Quarzlösung um ca. 50 °C früher.

Tab. 69. Chemische Zusammensetzung des Mixed-Layer-Minerals von Seilitz und des Na-Orthoklases (Masse-%, berechnet auf geglühte Substanz)

	Mixed-Layer	Feldspat
SiO_2	58,44	66,8
Al_2O_3	26,75	18,4
Fe_2O_3	2,56	0,1
TiO_2	0,23	0,02
CaO	0,82	0,1
MgO	3,32	0,1
K_2O	7,86	10,2
Na_2O	0,03	4,4

— Die Quarzlösung erfolgt bei Temperaturzunahme kontinuierlich. Während der Haltezeit verläuft die Reaktion zunächst in der während der Aufheizung eingeschlagenen Richtung weiter, um nach 10—20 min einen stationären Zustand zu erreichen.
— Die Menge des von der Schmelze aufgenommenen SiO_2 steigt mit zunehmendem Mixed-Layer-Mineral-Gehalt stark, aber nicht linear an, ebenso wird vom feinkörnigen Quarz mehr gelöst.
— Während der Temperaturhaltezeit tritt insbesondere eine Umwandlung von Quarz in Cristobalit ein. Bei feinkörnigerem Quarz setzt die Cristobalitbildung bereits früher ein, die gebildete Menge ist jedoch etwa gleich. Die Cristobalitbildung erfolgt, wie die Aufnahmen zeigen, zu einem geringen Teil auf Kosten der Glasphase, der größere Teil entsteht aus dem Quarz.
— Bei den feldspathaltigen Massen beginnt die merkliche Quarzlösung bei ca. 50 °C höheren Temperaturen und ist erst bei einer wesentlich längeren Haltezeit abgeschlossen. Die Menge der gebildeten Glasphase ist etwas höher, Cristobalit wird nur sehr wenig gebildet.

Die Gefügeentwicklung des Mixed-Layer-Mineral- bzw. Feldspat-haltigen Scherbens (jeweils 90% Quarz und 10% Mixed-Layer-Mineral bzw. Feldspat) wird mit REM-Aufnahmen deutlich (Abb. 105; Beilage). Infolge der hohen Dispersität des Mixed-Layer-Minerals werden die Quarzkörner mit einer fast gleichmäßigen Mixed-Layer-Mineral-Hülle umgeben. Bei 1100 °C ist das Mixed-Layer-Mineral bereits in Glasphase umgewandelt, und es kristallisiert vereinzelt nadelförmiger Mullit aus. Die Quarzkörner sind von der Glasphase überzogen, ohne daß eine merkliche Quarzlösung erfolgt. Zwischen den Quarzkörnern bilden sich schmale Glasphasenbrücken aus, die von den ursprünglichen Berührungsstellen der Mixed-Layer-Mineral-Hüllen herrühren. Bei 1200 °C setzt eine merkliche Lösung des Quarzes ein, und der Verschmelzungsprozeß ist bereits deutlich sichtbar. Weitere Temperaturerhöhungen vervollkommnen die Kornbildung. Während der Temperaturhaltezeit bei 1350 °C ändert sich das Gefügebild der Mixed-Layer-Mineral-Massen nur wenig, jedoch wandelt sich der Quarz teilweise in Cristobalit um, so daß die Restquarze vollständig mit in Glasphase eingebetteten Cristobalithüllen umgeben sind (Abb. 106), und in der Glasphase kristallisiert Mullit (Abb. 107). Bei Erhöhung des Mixed-Layer-Mineral-Anteils wird der Scherben zunächst dicht (20%), und bei 30% (1350 °C, 2 h Haltezeit) zeigen sich neben partiellen Bläherscheinungen in der dominierenden Glasphase Cristobalit, Mullit und vereinzelt Korund (Abb. 108, 109).

Die Feldspatmassen haben deutliche Abweichungen hinsichtlich der Gefügeausbildung. Bei 1200 °C liegen die Körner isoliert vor (Abb. 105). Erst bei 1300 °C finden sich Verglasungsbereiche, die sich mit zunehmender Temperatur sowie Haltezeit vergrößern. Nach zweistündiger Haltezeit bei 1350 °C ist die Homogenisierung genügend fortgeschritten und ein Gefüge entstanden, das nach seiner Erscheinungsform mit dem der Mixed-Layer-Mineral-Masse von 1300 °C ohne Haltezeit vergleichbar ist.

Aus den Untersuchungen geht hervor, daß das Mixed-Layer-Mineral einen wesentlichen Einfluß auf den Sinterungsprozeß ausübt und infolge seiner Dispersität sowohl bei Anwesenheit bereits kleiner Mengen als auch relativ niedrigen Temperaturen

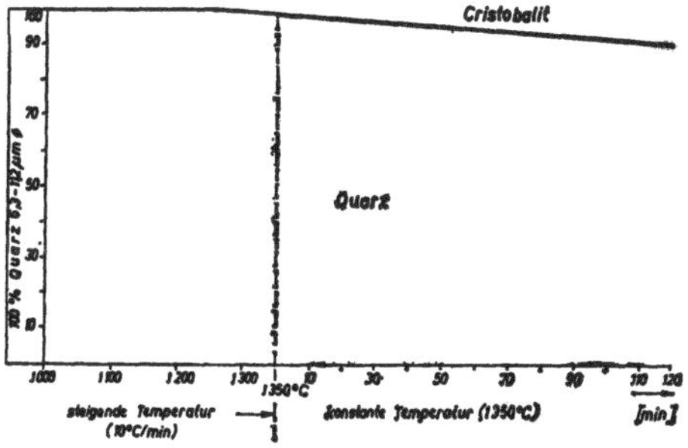

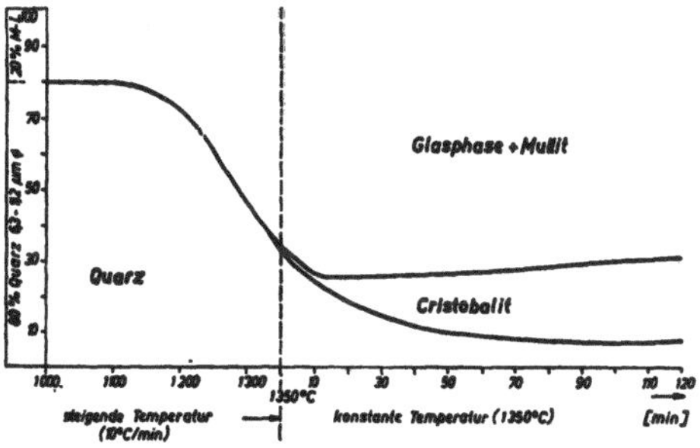

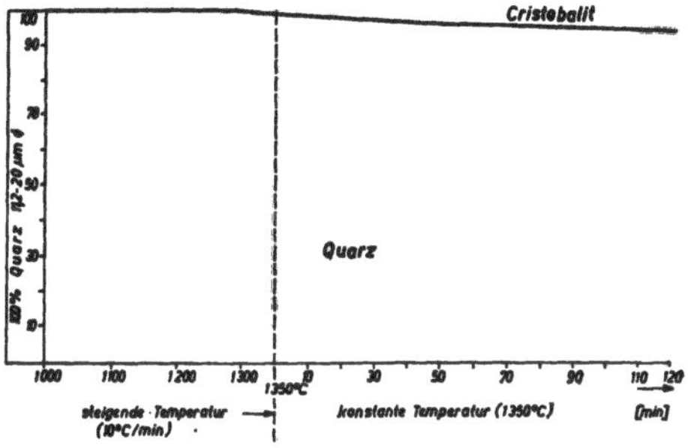

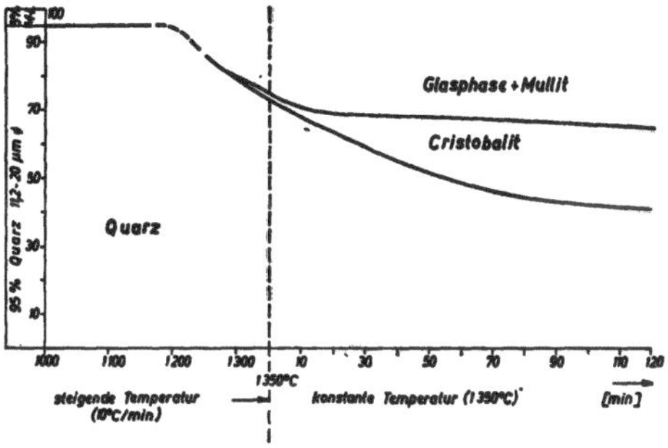

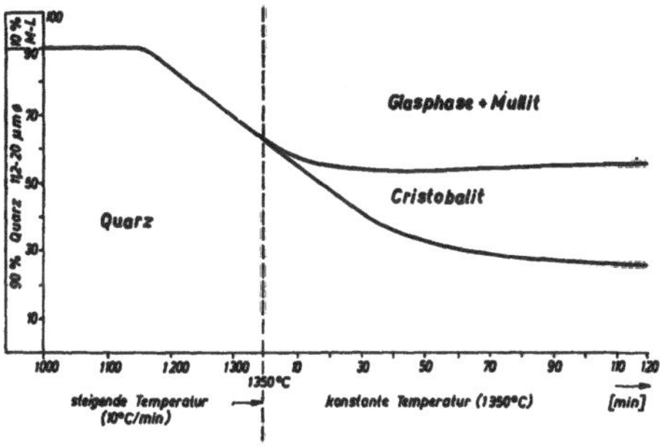

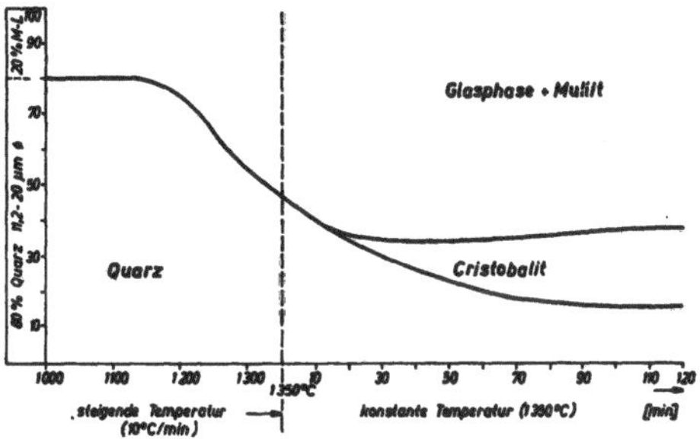

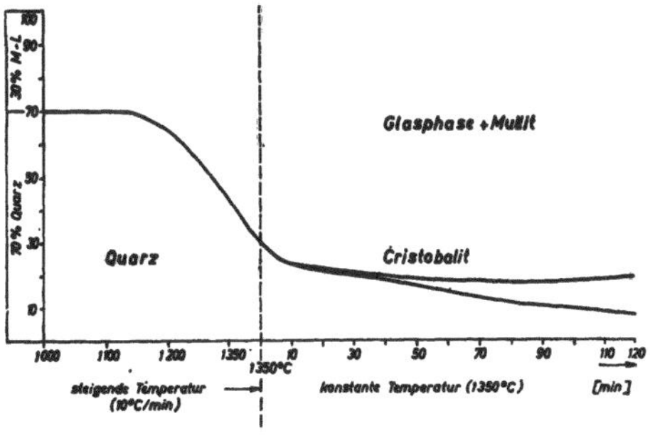

Abb. 103. Phasenumwandlung während der Sinterung von Mischungen aus Quarz, Mixed-Layer-Mineral und Feldspat in der Röntgen-Hochtemperaturkammer

obere Reihe: Quarz 6,3–11,2 µm ⌀, Mixed-Layer-Mineral; mittlere drei Reihen: Quarz 11,2–20 µm ⌀, Mixed-Layer-Mineral; untere Reihe: Quarz 11,2–20 µm ⌀, Mixed-Layer-Mineral, Feldspat

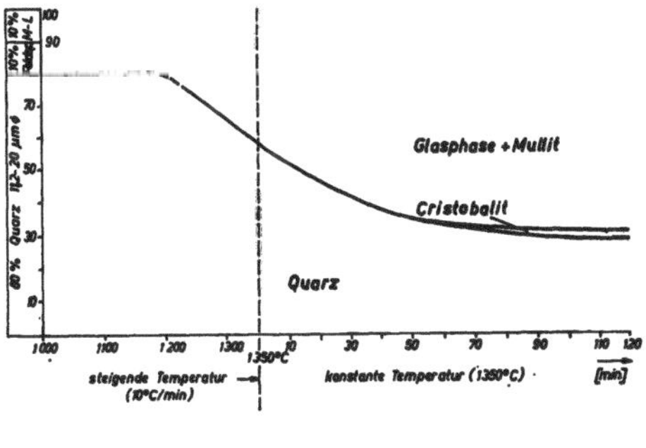

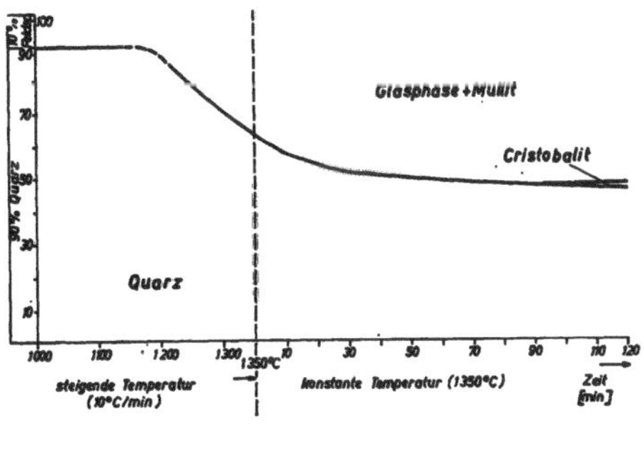

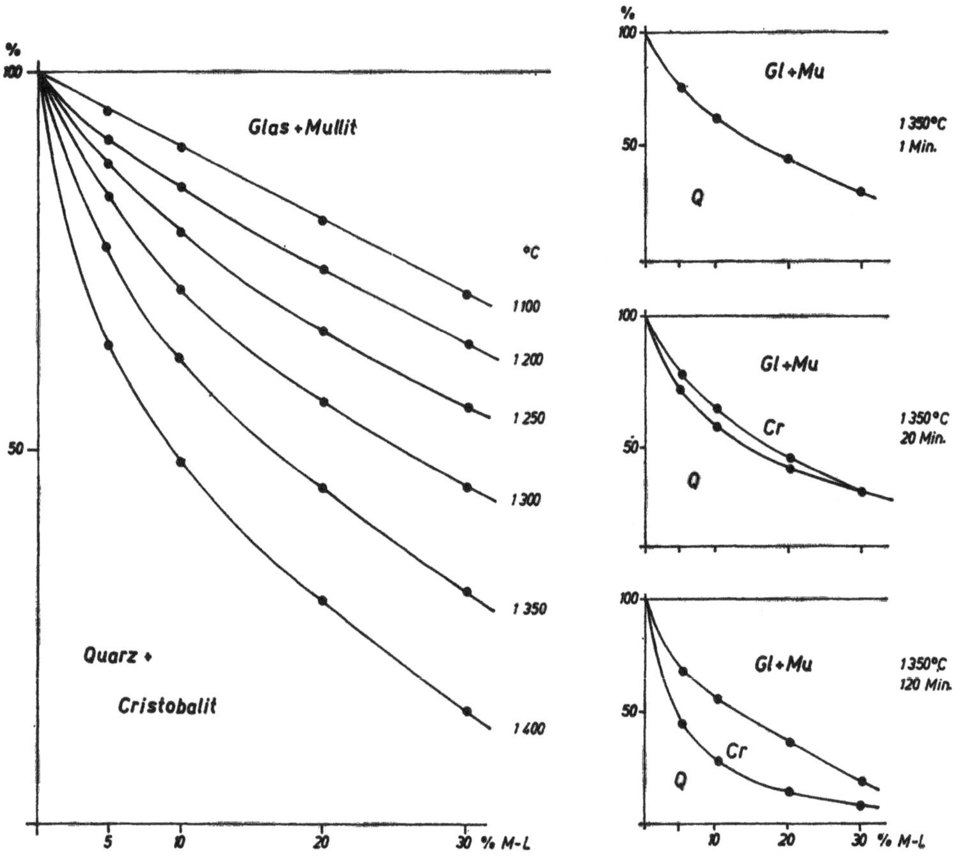

Abb. 104. Phasenumsetzung gesinterter Massen aus Quarz und Mixed-Layer-Mineral

merkliche Glasphasenanteile bildet. Von Kromer & Schüller (1974, 1975) wird festgestellt, daß schon kleine Mengen von Dreischichtsilikaten wesentliche Veränderungen im Sinterungsverhalten der Tone, Kaoline und keramischer Massen bewirken. In vorliegendem Falle kann nachgewiesen werden, daß nur 5% Mixed-Layer-Mineral in Reaktion mit relativ grobkörnigem Quarz (11—20 μm ∅) unter den Bedingungen des Porzellanbrands fast 40% Glasphase hervorbringt. Die Reaktionen von Mixed-Layer-Mineral mit Kaolinit zeigen ganz ähnliche Resultate, insbesondere in der Glasphasenbildung bei Temperaturen ab 1000°C und der Mullitkristallisation. Eine quantitative Bestimmung der Mixed-Layer-Mineral-Anteile von $< 5\%$ ist jedoch außerordentlich schwierig, so daß Kaoline mit derartigen Mixed-Layer-Gehalten meist als „rein" angesehen werden.

Für die keramische Praxis ist von Bedeutung, daß bezüglich der Bildung von Glasphase und Lösung von Quarz das Mixed-Layer-Mineral mengenmäßig etwa dem Feldspat (Orthoklas) entspricht. Diese Tatsache (ungeachtet der Nebenwirkungen wie Sinterungsbeginn, Sinterintervall, Cristobalitbildung und anderes) hat Bedeutung für die Masseversatzberechnung. Aus Tab. 69 ist ersichtlich, daß bei Umrechnung der chemischen Analyse des Mixed-Layer-Minerals z. B. nach TGL 14931, wie es allgemein üblich ist, aus dem K_2O-Anteil nur 43,2% „Feldspat" errechnet werden. Nach den vorliegenden Resultaten zu urteilen, müßten jedoch ca. 100% für eine Masseversatzberechnung eingesetzt werden.

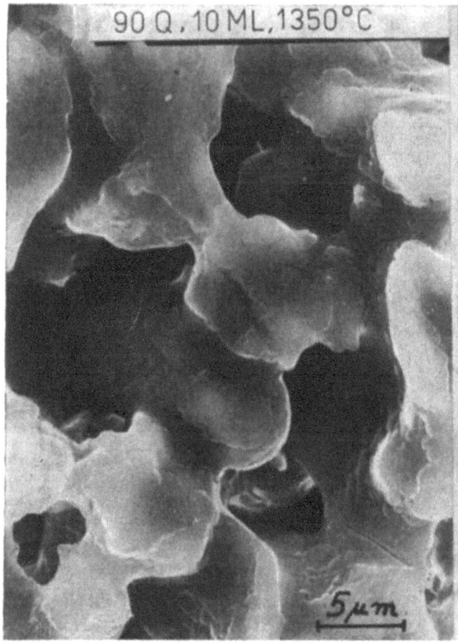

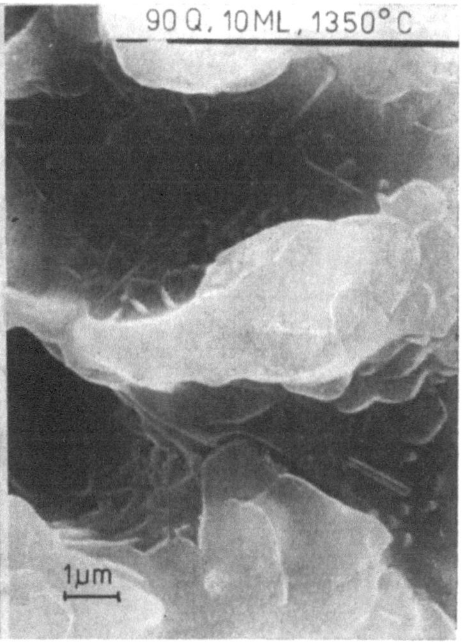

Abb. 106. REM-Aufnahme einer gesinterten Masse (90% Quarz, 10% Mixed-Layer-Mineral, 1350 °C, 2 h Haltezeit) mit Cristobalitausscheidungen

Abb. 107. REM-Aufnahme einer gesinterten Masse (90% Quarz, 10% Mixed-Layer-Mineral, 1350 °C, 2 h Haltezeit) mit Christobalit und Mullit

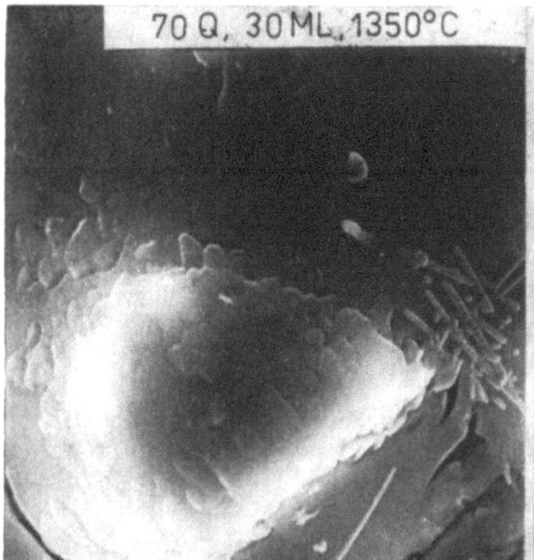

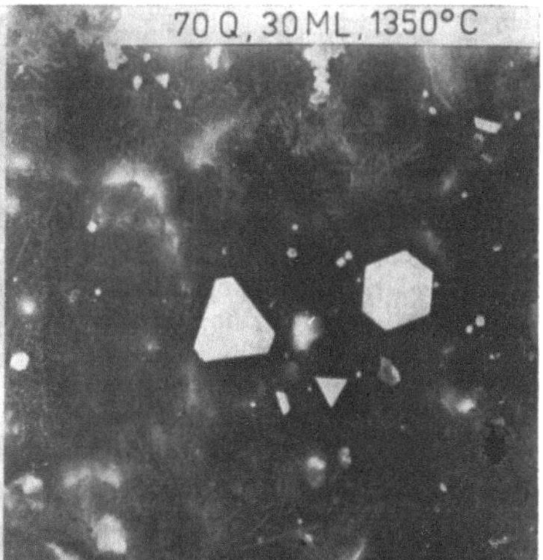

Abb. 108. REM-Aufnahme einer gesinterten Masse (70% Quarz, 30% Mixed-Layer-Mineral, 1350 °C, 2 h Haltezeit). In Glasphase eingebettetes Quarz-Cristobalitaggregat sowie Mullit

Abb. 109. REM-Aufnahme einer gesinterten Masse (70% Quarz, 30% Mixed-Layer-Mineral, 1350 °C, 2 h Haltezeit). Die Quarze sind fast völlig gelöst. In der Glasphase sind Mullit und Korund ausgeschieden.

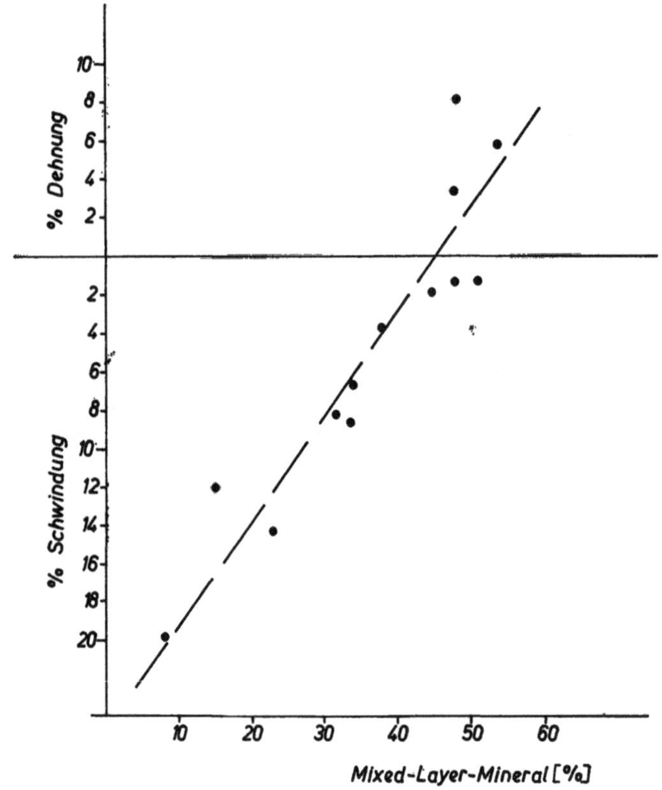

Abb. 110. Lineare Längenänderungen in Abhängigkeit vom Mixed-Layer-Mineral-Gehalt von Kaolinen aus der Lagerstätte Seilitz. Brenntemperatur 1380 °C, 2 h Haltezeit

Weiterhin ist die Blähneigung der Mixed-Layer-Mineral-Glasphase von Bedeutung. Untersuchungen der linearen Brennschwindung einer größeren Serie von Proben aus Kemmlitz und Seilitz ergaben, daß mit zunehmenden Gehalten von Mixed-Layer-Mineral die Brennschwindung kleiner wird und bei höheren Mixed-Layer-Mineral-Anteilen starke Bläherscheinungen auftreten (Abb. 110).

5.2. Mineralogische und technologische Charakteristik der Füllstoffkaoline

5.2.1. Allgemeines

Füllstoffe inclusive Extender sind Substanzen, die zahlreichen Werkstoffen in unterschiedlicher Menge zugesetzt werden, um den Anteil der preislich teureren, an der Zusammensetzung beteiligten Substanzen mengenmäßig verringern zu können. Aus dieser Funktion ergeben sich die prinzipiellen Anforderungen an Füllstoffe:

— Der Preis soll niedrig sein, um einen ökonomischen Anreiz zu erzeugen, einen möglichst hohen Anteil der Wertstoffe durch Füller zu ersetzen.
— Die verarbeitungstechnischen Eigenschaften sollen dem Verwendungszweck optimal angepaßt sein, wie Rheologie, Dispergierbarkeit, hydrophob oder hydrophil usw.
— Die Eigenschaften der Finalprodukte sollen möglichst positiv beeinflußt werden.

In neuerer Zeit ändert sich die ursprünglich nahezu ausschließliche „Füllerfunktion“ mehr und mehr, und die Kaoline übernehmen spezielle Funktionen zur Erzielung bestimmter Gebrauchswerteigenschaften der Finalprodukte. Dadurch bedingt, steigen die Anforderungen an die Füllerkaoline, und es werden für die einzelnen Einsatzgebiete speziell dafür entwickelte Füller angeboten. In der DDR werden Füllerkaoline in einer Vielzahl von Produkten verwendet, die wichtigsten sind in Tab. 70 angegeben.

Tab. 70. Verwendung von Kaolin als Füllstoff in der DDR

Papier und Pappe	71,6%
Gummi	10,4%
Insektizide	8,1%
Lacke, Farben	3,0%
Kabel	2,2%
Klebstoffe	1,0%
Schweißelektroden	0,5%
Pharmazie	0,4%
Waschmittel	0,4%
Schleifkörper	0,3%
Sonstiges	2,1%

5.2.2. Papierstreichkaoline

Papierstreichkaoline dienen zur Veredelung von Papieroberflächen. Hierzu wird eine dünne Schicht der Streichmasse (insbesondere Kaolin und Bindemittel) auf das Papier aufgetragen. Diese Schicht soll die Eigenschaften des Papiers verbessern (Weiße, Glätte, Glanz, Bedruckbarkeit und anderes). Die optimale Verarbeitbarkeit der Pigmentsuspension erfordert eine günstige Dispergierbarkeit des Kaolins, geringen Bindemittelbedarf, Stabilität der Suspensionen, geringe Viskosität, Orientierbarkeit der Teilchen und Haftfestigkeit des Films auf dem Papier usw. Diese Anforderungen an den Kaolin werden nur recht selten von natürlichen Rohstoffen erfüllt, meist machen sich umfangreiche, spezielle Veredelungen erforderlich. Die verschiedenartigen Eigenschaften können auch nur schwerlich mit wenigen substantiellen Parametern charakterisiert werden, so daß die Eignung als Streichpigment letztlich nur durch großtechnische Versuche, einschließlich der Bedruckung des gestrichenen Papiers, ermittelt werden kann. Als grundsätzliche Qualitätsparameter werden von Streichkaolinen gefordert:

- Kornanteil $< 2\ \mu m$ $> 80\%$, bei Spitzensorten $> 90\%$
  Kornanteil $> 10\ \mu m$ $< 1\%$, möglichst $< 0{,}1\%$
- Weißgrad $> 85\%$, bei Spitzenqualitäten bis 91%
- Viskositätskonzentration $> 65\%$, bei Spitzenqualitäten bis 72%
- Quarzfreiheit

Die Beurteilbarkeit und die Eigenschaftsursachen sind in der Literatur umfangreich diskutiert, und es werden außer den genannten eine Vielzahl von Beurteilungsgrößen herangezogen (Reinhardt 1976). Es kann festgestellt werden, daß solche Kaoline, die die oben angegebenen Parameter besitzen, als hochwertige Streichkaoline verwendbar sind. Von Murray (1976c) werden als die wichtigsten Eigenschaften der Kaoline und Streichfilme Dispergierbarkeit, Rheologie, Weiße und Helligkeit, Opazität, Glanz und Glätte, Haftfähigkeit, Filmfestigkeit und Druckfarbenaufnahmefähigkeit hervorgehoben und Beziehungen zu den mineralogischen Charakteristika hergestellt.

Die Dispergierbarkeit der Kaoline ist von Bedeutung für die Herstellung verarbeitungsfähiger Suspensionen. In natürlichem Zustand reagiert Kaolin sauer und ist geflockt, wodurch mehr oder weniger schwer zerlegbare Aggregate gebildet werden. Die Deflockulation mit dem Ziel, Suspensionen geringster Viskosität zu erhalten, erfolgt einerseits mit chemischen Entflockungsmitteln, meist polymeren Anionen (Na-Polysilikate, Na-Polyacrylate, Na-Polyphosphate) und andererseits durch mechanische Dispergierung bzw. Desaggregation, um die aneinanderhaftenden Teilchen zu trennen. Stark geflockte Kaoline erfordern viel Aufwand für die Dispergierung und zur Erreichung geringviskoser Suspensionen.

Als eine charakteristische rheologische Größe wird die Viskositätskonzentration bestimmt, die die Feststoffkonzentration einer Kaolinsuspension bei einer Brookfield-Viskosität von 500 cP angibt. Hohe Viskositätskonzentrationen sind nur erreichbar, wenn die Kaoline optimale Kornverteilungen besitzen, keinerlei die Viskosität erhöhende Beimengungen wie Illit oder Montmorillonit enthalten und wenn der Kaolinit günstige Oberflächeneigenschaften besitzt. Kornverteilung und Ausbildung der Kaolinitoberflächen und damit die Viskosität können durch Desaggregation (Abschn. 4.6.) oder Delamination positiv beeinflußt werden (Baburek 1973; Morris u. a. 1965, 1966). Der Zusammenhang der Morphometrie des Kaolinits und der Viskosität sowie anderer Eigenschaften verschiedener Streichkaoline wurde von Henning & Reinhardt (1979) untersucht und unter anderem festgestellt, daß die Viskositätskonzentration mit sinkendem Flächen/Höhenverhalten, mit Flächenverkleinerung und geringer werdender Anzahl der Kaolinitteilchen je Volumen zunimmt. Beim Caminauer Kaolin kann die Viskositätskonzentration durch Desaggregation auf ≈ 66% gebracht werden, wobei eine merkliche Kornverfeinerung eintritt (Tab. 59).

Der Weißgrad des Kaolins ist eine wichtige, sich direkt auf die Papierqualität beziehende Eigenschaft. In den Abschn. 4.4. und 4.5. wurde gezeigt, daß verschiedene färbende Substanzen (Fe-, Ti-Verbindungen, organische Substanz) den Weißgrad wesentlich herabsetzen. Für den Weißgrad des gestrichenen Papiers sind weiterhin die wasser- oder säurelöslichen Fe-Verbindungen von Bedeutung, die bereits in Mengen von > 0 1% weißgradmindernd wirken.

Die Opazität oder Deckkraft des Strichs ist stark abhängig von der Kornverteilung und Kornpackung. Nach Bundy, Johns & Murray (1965) wirken sich Teilchen < 0,1 µm ungünstig auf die Opazität aus und die günstigste Korngröße wird im Bereich 0,3 bis 1,5 µm gesehen.

Auch die weiteren Eigenschaften (Glanz, Glätte usw.) sind vornehmlich von der Kornverteilung und Oberflächenausbildung des Kaolinits abhängig, wobei glatte Oberflächen, günstige Formfaktoren (Henning & Reinhardt 1979) und optimales Kornband mit $d_m = 0{,}4-0{,}6$ µm (Murray 1976c) im Vordergrund stehen. Als Maßzahlen für diese Eigenschaften lassen sich auch andere Daten wie spezifische Oberfläche, Kationenumtauschkapazität, Enslin-Wert, Sorptionsverhalten und anderes heranziehen.

Insgesamt ist festzustellen, daß die optimalen Eigenschaften für Streichkaoline sehr komplexe Ursachen besitzen und besonders hohe Anforderungen an die Rohstoffe, insbesondere deren Reinheit und Klassierung gestellt werden. In der DDR sind Streichkaoline entwickelt worden, deren Weißgrade bis zu 87% (Leukometer, Blaufilter) betragen, bei Gelbgehalten von ca. 3%. Der Kornanteil < 2 µm liegt bei 85—90% und der Kornanteil > 10 µm < 1%. Die Viskositätskonzentration zwischen 65 und 67% entspricht den Mindestanforderungen.

5.2.3. Papierfüllstoffkaoline

Für die Papierherstellung werden Faser-, Füll- und Leimstoffe verwendet. Jeder dieser Bestandteile hat spezifische Aufgaben zu erfüllen. Die Füllstoffe wirken sich aus auf die

— Technologie der Papierherstellung (Retention, Leimung);
— Qualität des Papiers (Weißgrad, Opazität, Festigkeit, drucktechnische Eigenschaften) und
— Ökonomie.

Die ökonomischen Aspekte gehen davon aus, daß die Füllstoffe (neben Kaolinit werden noch Schlämmkreide, gemahlene Kalke, Pyrophyllit, Talk, Zeolithe und andere eingesetzt) wesentlich billiger sind als die gebleichten Faserstoffe. Die Papierhersteller werden daher bestrebt sein, hohe Mülleranteile in das Papier zu bringen. Der maximale Mülleranteil des Papiers ist von der Kaolinqualität abhängig, durch die Eigenschaften und Herstellungstechnologie des Papiers beeinflußt werden.

Eine wichtige von den Eigenschaften des Kaolins, der Fasersuspension und der gelösten Chemikalien abhängige technologische Größe ist die Füllstoffretention. Die Retention, d. h. die bei der Blattbildung im Papier zurückgehaltene Füllermenge, soll so hoch wie möglich sein. In der Praxis bewegt sie sich zwischen 30—90% und wird hervorgerufen:

- durch einfache Filtervorgänge im sich bildenden Papierblatt, wobei vorzugsweise die Teilchen $> 2\ \mu m$ zurückgehalten werden, und
- durch elektrokinetische Kräfte. Hierbei werden vor allem die Teilchen $< 2\ \mu m$ an der Faseroberfläche absorbiert (wahrscheinlich auch über H-Brückenbildung).

Die Adsorption der Kaolinitteilchen an der Faser kann durch Retentionsmittel erhöht werden. Weiterhin bewirkt das saure Milieu, in dem Kaolinit-gefüllte Papiere vorzugsweise hergestellt werden, eine starke Aggregation der feinen Kaolinitteilchen, wodurch die Filtereffekte erhöht werden. Die Retention ist also in starkem Maße von den Dimensionen der Kaolinitkristalle abhängig. Hieraus leitet sich die Kornverteilung der Papierfüllstoffkaoline ab, die etwa 50% Kornanteil $< 2\ \mu m$ und 50% Kornanteil 2—20 µm ($<$ 0,1% $<$ 50 µm) betragen sollte.

Für den Leimbedarf, der so gering wie möglich sein sollte, wird eine optimale Raumfüllung angestrebt, die von der Korngrößenverteilung abhängt und für die eine Normalverteilung mit dem Maximum bei 2 µm am günstigsten ist.

Die Festigkeit des Papiers wird durch die Reißfestigkeit und den Berstdruck ausgedrückt. Im allgemeinen nimmt die Festigkeit mit der Füllermenge ab. Die Ursache dafür ist, daß die Anzahl der zwischen den Fasern vorhandenen H-Bindungen durch die eingelagerten Füllerteilchen vermindert wird und daß die durch die Füllerteilchenadsorption erzeugte Festigkeit gegenüber der H-Bindung wesentlich kleiner ist. Die Untersuchungen von Beazley & Petereit (1975) zeigten, daß die Papierfestigkeit direkt proportional der in das Papier eingebrachten Oberfläche des Füllstoffs ist, d. h. Kaoline mit großer spezifischer Oberfläche vermindern die Festigkeit weniger als solche mit kleiner. Unter diesem Gesichtspunkt ist der Caminauer Kaolin mit einer spezifischen Oberfläche von $> 10\ m^2\ g^{-1}$ sehr günstig als Papierfüller geeignet gegenüber anderen Füllstoffkaolinen, die meist zwischen 5 und $10\ m^2\ g^{-1}$ besitzen.

Die optischen Eigenschaften (Weißgrad und Opazität) werden sehr stark von der Kaolinqualität beeinflußt. Der Weißgrad des Papiers ist bei gegebenem Weißgrad des Zellstoffs linear vom Füllerweißgrad abhängig. Im allgemeinen wird daher angestrebt, daß die Füllstoffe möglichst hohe Weißgrade ($>$ 80%) besitzen, damit durch den Füller der Weißgrad des Papiers erhöht, zumindest aber nicht weiter vermindert wird. Dies hat vor allem dann Bedeutung, wenn der Altpapieranteil relativ hoch ist.

Die Opazität ist bei ligninfreien Papieren vom Gehalt und der Lichtabsorption des Füllers abhängig. Da mineralische Füllstoffe das Licht generell stärker streuen als Zellulose, wird mit zunehmendem Füllstoffgehalt die Opazität größer.

Eine weitere für die Papierherstellung und -verarbeitung bedeutsame Eigenschaft ist die Abrasion, die möglichst klein sein soll. Diese Forderung ist besonders dann erfüllt, wenn der Kaolin quarzfrei ist. Bereits Mengen von 1—2% Quarz erhöhen die Abrasion ganz wesentlich. Die Kaolinitkorngröße beeinflußt die Abrasion dahingehend, daß mit Kornverfeinerung die Abrasion sinkt.

Die genannten Qualitätsforderungen werden aus dem Sortiment der DDR-Kaoline am besten vom Caminauer Kaolin erfüllt, wobei als Papierfüller die Sorten F 75, F 78, F 80, F 82 und F 84 entwickelt wurden, die sich im Weißgrad unterscheiden, sonst aber prinzipiell gleichartig ausgebildet sind (Tab. 71, Tab. 72). Besonders günstig ist, daß der Quarzgehalt stets < 2% ist, meist sogar < 0,5%, was sich sehr positiv auf die Abrasion auswirkt. Die chemische Zusammensetzung widerspiegelt den Mineralbestand, das K_2O ist im Glimmer fixiert. Durch das chemische Bleichen (F 82, F 84) werden Fe_2O_3 und organische Substanz verringert und damit der Weißgrad erhöht.

Die Kationenumtauschkapazität und spezifische Oberfläche sind infolge der besonderen morphologischen Ausbildung des Kaolinits relativ hoch (vgl. Abschn. 3.2.2.).

Tab. 71. Charakteristische Werte der aus der Lagerstätte Caminau hergestellten Füll- und Streichkaoline

	F 70	F 75	F 78	F 80/82/84	S 80/84/86	Ex 82 (CaE)
Kaolinit	77	79	81	81	87	79
Glimmer	22	20	19	19	13	20
Quarz	< 3	< 2	< 1	< 1	Sp	< 3
< 2 µm	40,0	41,0	45,0	45,0	85,0	20,0
2–6,3	29,5	29,5	32,0	32,0	12,0	30,0
6,3–11,2	15,0	14,0	12,0	12,0	3,0	22,0
11,2–20	10,0	10,0	8,0	8,0	< 1,0	22,0
20–36	3,3	3,3	2,0	2,0	–	6,0
36–63	2,0	2,0	2,0	2,0	–	0,5
> 63	0,2	0,2	0,01	0,01	–	< 0,01
SiO_2	46,8	46,7	46,1	46,1	45,7	46,7
Al_2O_3	36,0	36,0	36,0	36,5	36,7	36,0
Fe_2O_3	1,4	1,2	1,2	1,2	1,2	1,0
TiO_2	0,8	0,8	0,7	0,7	0,62	0,8
CaO	0,7	0,9	0,9	0,9	0,38	0,9
MgO	0,3	0,2	0,2	0,2	0,12	0,2
K_2O	1,6	1,3	1,3	1,3	1,30	1,3
Na_2O	< 0,1	< 0,1	< 0,1	< 0,1	< 0,1	< 0,1
Glühverlust	12,9	12,7	12,9	12,9	13,1	12,7
organische Substanz	< 0,2	< 0,2	< 0,1	< 0,05		< 0,05
HCl-lösliches Fe_2O_3	0,35	0,17	0,17	0,17	0,10	0,17
wasserlösliche Salze			0,1			
Cu^{2+}	< 0,001				20 ppm	
Mn^{2+}	< 0,002				120 ppm	
F^- (ppm)			330			
Weißgrad Leukom.	70	77	78	80/82/84	80/84/86	82
Weißgrad Elrepho	72	77	80			
KUK (mg val/100 g)			3,8		3,9	3,4
spez. Oberfläche (m^2/g)			9,0		10,0	8,5
pH	6–7	6–7	6–7	6–7	6–7	6–7
Ölzahl	n. b.	38–40	38–40	38–40	45–48	35–38
Abrasivität (G. Valley)			28,0			
Viskositätskonzentration	n. b.	n. b.	n. b.	n. b.	bis 66	n. b.

5.2.4. Extenderkaoline für Anstrichstoffe

In Anstrichstoffen wird Kaolin traditionell neben anderen Füllern und Pigmenten wie Lithopone, Blanc fixe, Talkum, Kalkspat, Schwerspat, Titanweiß, Schiefermehl und anderes verwendet. Dabei hat Kaolin wegen seiner ähnlichen Lichtbrechung wie

Tab. 72. Mineralverteilung in den Kornfraktionen (Masse-%) des Kaolins von Caminau

Fraktion (µm)	Kornanteil	Kaolinit			Glimmer			Quarz		Siderit	
		a	b	c	a	b	c	a	b	a	b
< 2	39,7	88	34,9	39,8	12	4,8	41,0	–	–	–	–
2–6,3	28,9	90	26,0	29,6	10	2,9	24,8	–	–	–	–
6,3–20	25,5	87	22,2	25,3	13	3,3	28,2	–	–	–	–
20–63	5,4	80	4,3	4,9	12	0,6	5,1	5	0,3	3	0,2
> 63	0,5	77	0,4	0,4	12	0,1	0,9	7	+	4	+
			87,8	100,9		11,7	100,0		0,3		0,2

Spalte a – Anteil des Minerals in der Fraktion
Spalte b – Anteil des Minerals der Fraktion an der Gesamtprobe
Spalte c – Korngrößenverteilung des Minerals

die Bindemittel keine Pigmentfunktion. Von Bedeutung für die Verwendbarkeit von Kaolin sind die generellen Eigenschaften: Chemische Inertität, geringste Anteile wasserlöslicher Salze und daher neutrale oder schwach saure Reaktion, Quarzfreiheit, hoher Weißgrad und, je nach Verwendung, optimale Kornverteilung. Dementsprechend werden Anstrichstoffextender durch folgende Qualitätsparameter charakterisiert (ZWAHR, SCHROEDER & STÖRR 1981):

– Weißgrad	82% (Leukometer, Blaufilter)
– Ölzahl	um 40 g/100 g
– wasserlösliche Anteile	0,5%
– pH-Wert	5,5–7,0
– Siebrückstand	63 µm < 0,1%
	40 µm < 1%
– Kornklassenmaximum	5–20 µm
– Quarzgehalt	< 1%

Diese Anforderungen erfüllen am besten die Caminauer Kaoline mit entsprechendem Weißgrad. Sehr gut erfüllt das grobkörnige Produkt (Probe Ca E in Tab. 71) die Anforderungen von Farbextendern, insbesondere wegen der geringen Ölzahl und der günstigen Kornverteilung.

5.2.5. Kaoline für Gummi und Plaste

In der Gummiindustrie wird Kaolin traditionell als inaktiver Füllstoff verwendet. Die Verarbeitung von Kaolin ist ökonomisch günstig, und er verbessert bestimmte Eigenschaften des Gummis wie die Strukturfestigkeit und Härte der Vulkanisate, die Formbeständigkeit und das Standvermögen, die chemische Widerstandsfähigkeit des Gummis, seine Kalandrierbarkeit (wenn der Anteil < 2 µm nicht zu hoch ist). Kaolin ist chemisch inert, und er besitzt eine geringe Aktivität, bei hellen Gummis wirkt er als Farbpigment.

Der Kaolinanteil im Vulkanisat kann, bezogen auf den Kautschuk, bis zu 90% betragen. Bei hochelastischen Gummis ist Kaolin wegen der Versteifungseffekte nicht gut einsetzbar.

Gummifüllstoffkaoline werden durch folgende Qualitätskriterien gekennzeichnet:

- Siebrückstand > 0,63 je nach Einsatz < 0,01 bis > 5%
- Mn^{2+}, Cu^{2+}, Fe^{2+} < 0,02%
- wasserlösliche Salze < 0,5%
- Quarzarmut (Silikosegefahr!)
- Kornanteil < 2 µm allgemein 30—40%, für spezielle Fälle feinkörniger
- Feuchtegehalt < 0,5%

Als Gummifüllstoffe eignen sich von den DDR-Kaolinen besonders die Sorten F 70, F 75, Wolfka und Meka. Bei den Kaolinen Wolfka und Meka sind die geringen Eisengehalte und beim Kaolin Caminau die geringen Quarzgehalte hervorzuheben. Die Gummigifte liegen generell unter dem Schwellenwert. Es ist zu bemerken, daß das Fe^{3+} stets in schwerstlöslichen Verbindungen fixiert ist und daher nicht schädlich wirkt.

Für Plaste sind Kaoline im natürlichen Zustand nur teilweise geeignet. In diesen Fällen gelten dieselben Qualitätskriterien wie für Gummifüllstoffkaoline, bzw. es wird ein höherer Weißgrad gewünscht. Für viele Plasten sind oberflächenbehandelte Kaoline (hydrophobisierte Kaoline) besser geeignet als natürliche, insbesondere weil dadurch sowohl ihre Verwertbarkeit als auch die Eigenschaften der Produkte verbessert werden. Dies ist unter anderem für elektrisches Isolationsmaterial von großer Bedeutung; so wird der Volumen-Widerstand von 10^6 Ohm cm bei feuchtem natürlichem Kaolin auf 10^{12} Ohm cm bei feuchtem hydrophobem, calciniertem Kaolin erhöht. Oberflächenbehandelte Plastefüller werden gegenwärtig in der DDR entwickelt.

5.2.6. Trägerstoffe für Schädlingsbekämpfungsmittel

An Kaoline, die als Trägerstoffe für Schädlingsbekämpfungsmittel Verwendung finden, werden folgende generelle Anforderungen gestellt: Hohes Schüttgewicht (0,2—0,25 kg/l), pH-Wert 6—7, gute Schwebfähigkeit, gute Haftfestigkeit auf Pflanzen usw., gute Adsorption der Wirkstoffe, auch schmieriger Substanzen, hohes Quellvermögen und großes Sedimentvolumen zur Erzeugung stabiler Dispersionen, Quarzfreiheit, insbesondere wegen der Abrasivität des Quarzes, z. B. der Düsen der Streuaggregate. Der Siebrückstand > 63 µm sollte mit < 0,5% niedrig sein und der Kornanteil < 2 µm > 70% betragen. Von Bedeutung für solche Kaoline, die zur Herstellung wäßriger Dispersionen Verwendung finden, ist insbesondere deren gute Dispergierbarkeit ohne Elektrolyte und eine entsprechende Beständigkeit der Suspensionen, d. h. gute Schwebfähigkeit der Kaolinitteilchen. Diese Anforderungen erfüllen von den DDR-Kaolinen am besten die Sorten Spergau, Caminau (feinkornangereichert) und zum Teil Röblingen.

5.2.7. Weitere Einsatzgebiete für Kaoline

Neben den bisher behandelten Einsatzgebieten werden die DDR-Kaoline noch für eine Vielzahl weiterer Produkte bzw. Technologien verwendet. Für die Glasfaserherstellung wird wegen seines niedrigen Fe_2O_3-Gehalts der Kaolin Wolfka eingesetzt. Für Kaolinschamotte wird der Al_2O_3-reiche Caminauer Kaolin benutzt. Rohkaoline werden in größerem Umfang für Feuerfestprodukte verarbeitet. Über den Einsatz von Kaolin in der Feuerfestindustrie der DDR ist eine umfangreiche Publikation von Ulbricht in Vorbereitung.

Schlämmkaoline werden noch benötigt für Klebstoffe, Waschmittel, Schleifkörper, Farbminen, Oberflächenbehandlung von Textilien, Spezialzement, Emails und anderes. Eine mögliche Perspektive ist in der Verwendung von Kaolin als Al-Rohstoff zu sehen.

6. ZUSAMMENFASSENDE DARSTELLUNG DER GENESE DER KAOLINE DER DDR

In den letzten Jahren erschienen über die Genese der Kaoline der DDR zahlreiche Publikationen: BUCHWALD (1971), LASCH (1970), SCHWERDTNER (1967), STÖRR (1975, 1976), STÖRR, SCHWERDTNER & BUCHWALD (1969), STÖRR & SCHWERDTNER (1974, 1979), STÖRR, KUŽVART & NEUŽIL (1978), STÖRR, KUŽVART, KÖSTER, SZPILA & WIEDEN (1977). Mit diesen Untersuchungen wurden die Kenntnisse über die Kaolingenese, die in den ersten Jahrzehnten unseres Jahrhunderts insbesondere von STREMME, HARRASSOWITZ, v. FREYBERG, SELLE und anderen erarbeitet wurden, wesentlich erweitert. Hierzu trugen ganz besonders der gegenwärtig sehr viel günstigere Aufschlußgrad und die in den letzten Jahren erfolgte mineralogische Bearbeitung der Kaoline einschließlich deren Umlagerungsprodukte bei. Standen früher die Fragen der Kaolingenese nahezu allein zur Diskussion, so sind heute als weitere Aspekte die Erhaltung der Kaolinlagerstätten und deren Erkundung hinzugekommen.

6.1. Geologische Aspekte der Kaolingenese

Die genutzten Kaolinlagerstätten gehören der jungmesozoisch-tertiären Verwitterungskruste an, die sich in einer vorwiegend tropisch bis subtropischen Klimaperiode bildete, einer grundsätzlichen Voraussetzung für eine tiefgreifende, intensive chemische Verwitterung. Die Kaolinisierung erfolgte prinzipiell während der gesamten Periode (Kreide —Tertiär), und in Zeiten der Peneplainisierung erreichte die Verwitterung die größten Mächtigkeiten. Durch spezielle paläogeographische und paläomorphologische Bedingungen wurde die Kaolinisierung stellen- und zeitweise unterbrochen oder die Verwitterungskruste erodiert. Die Entwicklung des südlichen Teils der DDR ist in folgendem Schema wiedergegeben:

Unterkreide:
- Festland mit mächtiger, weitverbreiteter kaolinitischer Verwitterungskruste (präcenomane Verwitterung).

Oberkreide:
- Cenoman-Transgression, starke Einengung des Festlands und Auflösung in wenige Inseln.
- Bedeckung der Verwitterungskruste insbesondere durch terrestrische Sedimente (Crednerien-Schichten) in Senkungsgebieten (Sächsisch-Böhmisches Kreidebecken).
- Erosion der Verwitterungskruste und Ablagerung feldspatarmer, zum Teil kaolinitführender Sandsteine und kaolinitischer Tone. Oberkreidesedimente werden in der VR Polen (Gebiet Bolesławiec) als Glassand oder zur Kaolingewinnung genutzt. In der ČSSR werden neben Glassanden unter anderem die Tone als Flintclays gewonnen.

Obere Oberkreide bis Unteres Eozän:
- Hebung des Gesamtgebiets, verbunden mit Bruchtektonik.
- Peneplainisierung des Festlands und tiefgründige kaolinitische Verwitterung (Peneplain F 2[2])).

Mittel- und Obereozän:
- Senkung des Gebiets vor allem westlich der Elbe und Transgression von NW nach SE.
- Entstehung kontinentaler Senken (Westsachsen, Ostthüringen, Gebiet von Halle). Bedeckung der Kaolinkruste mit kontinentalen Sedimenten (Sande, Schluffe,

[2]) Die Bezeichnung der Peneplains erfolgt nach HAUBOLD (1956).

Kaolinittone), die insbesondere Fernschüttungen aus zentraleren Teilen des Böhmischen Massivs darstellen.

- Erste Hebungen im Zentralteil des Böhmischen Massivs einschließlich Erzgebirge, Fichtelgebirge, Lausitzer Block und stärkere Erosion der gehobenen Gebiete.

Oberstes Eozän und Unteroligozän:

- Heraushebung des gesamten Gebiets
- Peneplainisierung des Festlands (Peneplain F 3).

Mitteloligozän:

- Transgression und Verlagerung der Küste bis in den Raum Nordostthüringen, Nordwestsachsen.
- Im Bereich der marinen Transgression erfolgte zumeist vollständige Erosion der Verwitterungskruste (Flechtingen-Roßlauer Scholle, Gebiet Leipzig—Bitterfeld); nur wenige Kaolinrelikte werden von Mitteloligozänsedimenten bedeckt.

Oberoligozän:

- Kurzzeitige Hebung des Gesamtgebiets und Festlandsperiode.

Oberoligozän — Miozän:

- Im oberen Oberoligozän zunächst marine Sedimentation im Gesamtgebiet.
- Starke Hebung im Zentralteil des Böhmischen Massivs mit Bruchtektonik und Schollenkippung (Erzgebirge, Lausitz) sowie starke vulkanische Aktivität (Nordböhmen, Lausitz).
- Durch die Schollenkippung erfolgt einerseits eine Erweiterung des Sedimentationsgebiets (Nordwestsächsischer Vulkanitkomplex, nördliche Oberlausitz), wo mächtige Kaolinkrusten von kontinentalen Sedimenten bedeckt werden, und andererseits verstärkt sich die Erosion im gehobenen Teil, so daß südlich der Kippachse (etwa Görlitz—Dresden—Gera) die Verwitterungskruste weitgehend erodiert wurde. Nur vereinzelt, etwa in lokalen Senken (Berzdorfer Becken, Zittauer Becken) oder in Zusammenhang mit erhaltenen Peneplainresten sind Relikte der Kaolinkruste zu finden (z. B. südlich Gera).
- Infolge der starken Erosion bilden sich mächtige Schuttfächer in Nordwestsachsen und in der Lausitz mit kaolinitischen Tonen, Schluffen und Sanden (dominierend Quarz, wechselnde Feldspatgehalte). Die ästuarinen Sedimente sind zumeist durch Fernschüttungen aus dem Zentralteil des Böhmischen Massivs, aus der Lausitz, dem Erzgebirge, und dem Fichtelgebirge gekennzeichnet, wie Schwermineralanalysen ergaben (Ahrens, Lotsch, Rohde & Steinike 1974; Steinike 1968). Lokalschüttungen, in denen sich der Stoffbestand der ehemals in unmittelbarer Umgebung anstehenden Kaoline widerspiegelt, sind in speziellen Becken besonders der Lausitz zu finden (Lasch 1973).
- Die geförderten Vulkanite, hauptsächlich die Tuffe, wurden teilweise bentonitisiert oder auch tiefgründig kaolinisiert (z. B. Berzdorfer Becken). Hiermit wird belegt, daß sich die Kaolinisierung bis in das Miozän fortsetzte.

Spätes Miozän und Pliozän:

- Hebung des Gesamtgebiets und Bildung der jungtertiären Peneplain F 5, ohne tiefgründige Kaolinisierung. Sichere Kaolinisierungserscheinungen für diesen Zeitraum sind sehr selten und beschränken sich auf die kaolinisierten bzw. lateritisierten obermiozänen bis pliozänen Vulkanite der Rhön oder des Vogelsberggebiets in der BRD. Infolge Klimaänderung wird die Kaolinisierung beendet.
- Erosion der Kaoline in den gehobenen Mittelgebirgen wird fortgesetzt, wobei in die Erosion die älteren Tertiärsedimente mit einbezogen werden.

Quartär:

- Fluviatile Erosion während des gesamten Quartärs und glaziale Erosion während der Elster-Kaltzeit führen zur weiteren Abtragung sowohl der konservierenden Tertiärschichten als auch der Kaoline selbst.
- Germanotype Bruchtektonik vor allem zwischen Elsterglazial und Holsteininterglazial und damit verbundene Schollenkippung rufen weitere Erosion der Kaoline in den gehobenen Teilen hervor (Buchwald 1971).

Die dargelegte Entwicklung führte einerseits zur Entstehung der mächtigen kaolinitischen Verwitterungskruste, andererseits zu deren Umlagerung und dadurch zur Bildung kaolinitischer Tone und Quarzsande. Entsprechend den regionalen und lokalen Bedingungen sind die Kaoline entweder flächenhaft verbreitet, oder sie stellen in den stärker erodierten Gebieten kleinere, wannenförmige, von unverwitterten Gesteinen umgebene Krustenrelikte dar. Die flächenhaft verbreiteten Kaoline sind generell an kontinentale Tertiärsedimente gebunden, während in den gehobenen, stärker erodierten Gebieten sowohl tertiäre (zumeist nur Relikte) als auch pleistozäne Deckschichten vorhanden sind.

Die Mächtigkeiten der Kaoline sind variabel und reichen bis fast 100 m. Die Tiefgründigkeit der Kaolinisierung ist abhängig von der Gesteinsausbildung, der Grundwasserzirkulation, dem tektonischen Zustand der Gesteine (Klüftung, Störungen) und anderes. Während früher von zahlreichen Autoren der Braunkohle bzw. den Braunkohlenmooren ein bedeutender Einfluß auf die Kaolinisierung beigemessen wurde, kann aus heutiger Sicht die Auffassung von Harrassowitz (1926) bestätigt werden, daß sich Kaolin und Braunkohle unter günstigen Bedingungen nebeneinander bzw. gleichzeitig bilden, die Kaolinisierung jedoch keine Folge der Kohlenbildung ist.

6.2. Mineralogische Aspekte der Kaolingenese

Der Mineralbestand der Kaoline der DDR wurde erst in den letzten 20 Jahren gründlicher untersucht und vor allem zur Aufklärung der technologischen Verhaltensweise der Kaoline herangezogen. Die genetischen Besonderheiten der Kaoline der DDR bestehen darin, daß in den Kaolinprofilen spezielle Mineralparagenesen entstanden und neben Kaolinit vor allem die Dreischichttonminerale sowie die organische Substanz den Kaolinen spezifische Eigenschaften verleihen.

Zu den Kaolinprofilen und deren Zonierung:

Von der Kaolinisierung wurden die verschiedensten Gesteine des variszischen Grundgebirges, des Tafeldeckgebirges sowie die tertiären Vulkanite erfaßt. Die aus diesen verschiedensten Muttergesteinen entstandenen Kaoline unterscheiden sich hinsichtlich der Verwitterungsreste (Quarz, Glimmer, Schwerminerale, zum Teil Feldspat), der Verwitterungsneubildungen (Dreischichtsilikate, Kaolinit, Halloysit, Eisen- und Titanphasen) von den sekundären Phasen, die nachträglich in den Kaolin eingebracht wurden, wie organische Substanz, Eisenhydroxide und andere.

Den Kaolinprofilen ist gemeinsam, daß als stabile Verwitterungsneubildung Kaolinit entsteht. Dabei bildet sich der Kaolinit entweder direkt aus den verwitternden Mineralen und stellt dann mehr oder weniger deutliche Pseudomorphosen dar, oder es entstehen zunächst Dreischichttonminerale, die im Verlauf der Kaolinisierung wieder abgebaut werden. Wann und in welchem Umfang Dreischichttonminerale (Illit, Montmorillonit, Mixed-Layer-Minerale usw.) entstehen, hängt vom Primärgestein und den Bedingungen ab (Čuchrov 1978; Harder 1978). In den Kaolinprofilen der DDR können alle Varianten der Zonierung der Profile beobachtet werden.

Auf Pechstein (Lagerstätte Seilitz) bildet sich Kaolin mit zum Teil > 70% Illit-Montmorillonit-Mixed-Layer-Mineral neben vorwiegend tiefthermalem Quarz. Das Mixed-Layer-Mineral ist relativ beständig und wird nur langsam in Kaolinit umgesetzt, weshalb die Kaolinprofile auch in den obersten Partien noch viel Mixed-Layer-Mineral enthalten.

Die Kaolinprofile auf vollständig kristallisiertem Porphyr und auf Ignimbriten (vorwiegend Kalifeldspat, untergeordnet saure Plagioklase) zeigen nur eine sehr geringmächtige Dreischichtsilikatzone, 1—3 m, in der wenig Mixed-Layer-Mineral gebildet wird und die sauren Feldspäte direkt zu Kaolinit verwittern. Die Lagerstätten (z. B Gröppendorf, Frieden bei Kemmlitz) besitzen eine mächtige Kaolinit-Zone (zum Teil > 50 m) und enthalten sehr reine Kaoline.

Eine Mittelstellung zwischen den genannten Kaolinen nehmen die auf unvollständig kristallisierten oder basischen (andesitischen) Ignimbriten entstandenen Kaoline ein, die eine ausgeprägte Dreischichtsilikatzone besitzen (20—35 m), in der viel aus reliktischem Gesteinsglas bzw. aus Plagioklasen gebildetes Mixed-Layer-Mineral vorkommt (Lagerstätte Glückauf, Kemmlitz). Die Mächtigkeit der Kaolinitzone ist variabel, und die Kaoline enthalten sehr wechselnde Mengen Kaolinit und Mixed-Layer-Mineral.

Die Kaolinlagerstätten auf Granodiorit zeigen eine ausgeprägte Zonierung. Im untersten Teil des Profils wird aus Plagioklas Fe-reicher Montmorillonit gebildet, der jedoch schnell zu Kaolinit umgesetzt wird. Der Biotit wird grün und geht fast gleichzeitig mit dem Orthoklas in Kaolinit über. Die grüngefärbte Dreischichtsilikatzone kann in einzelnen Gebieten bis zu 100 m mächtig werden. Die Kaoline der Kaolinitzone können weiß (hier ist der Hauptteil des Eisens als Siderit ausgefällt) oder rot gefärbt sein, dann liegt Hämatit vor.

Die Lagerstätten auf triassischen Sedimenten (Spergau, Röblingen) bestehen aus einer Wechsellagerung von kaolinisierten Ton-, Schluff- und Sandsteinen mit variabler Mächtigkeit der einzelnen Horizonte. Der Mineralbestand der Muttergesteine ist Quarz, Feldspat (vorzugsweise K-Feldspat), Glimmer und Illit-Montmorillonit-Mixed-Layer-Mineral (4:1). Die Anteile von Quarz und Glimmer sind in den Sandsteinen am größten. In den Schluffsteinen liegen die höchsten Feldspat- und Mixed-Layer-Mineral-Gehalte vor. Durch die Kaolinisierung wurde der Feldspat vollständig zu Kaolinit umgesetzt, während das Mixed-Layer-Mineral zum Teil und der Glimmer vollständig erhalten blieben.

Das für die technologischen Eigenschaften bedeutsame Illit-Montmorillonit-Mixed-Layer-Mineral ist ausführlich beschrieben bei Störr (1975), Landgraf (1978), Kranz, Machajdick & Wiegmann (1978). Das Verhältnis von Illit zu Montmorillonit beträgt etwa 4:1 bis 3:1. Im Verlauf der Kaolinisierung wird das Mineral abgebaut, wobei der K_2O-Gehalt merklich vermindert wird.

Es können drei verschiedene genetische Varietäten ausgehalten werden, die aber morphologisch und strukturell nicht voneinander zu unterscheiden sind:

1. im Kaolinisierungsprozeß in der Dreischichtsilikatzone gebildet;
2. durch Propylitisierung des Porphyrs (Gebiet von Halle) entstanden (Kelch 1963);
3. in den Ton- und Schluffsteinen des Buntsandsteins, wo es als dominierendes Tonmineral in den unkaolinisierten Muttergesteinen vorkommt.

Neben den Dreischichtsilikaten spielt die Kornverteilung der Tonminerale eine große Rolle, die sehr unterschiedlich sein kann (Tab. 61, Tab. 62). In den Kornfraktionen < 2 µm treten überwiegend isolierte Kristallindividuen auf, die beim Kaolinit zumeist Verwachsungen parallel und senkrecht zur Basis darstellen, wogegen das Mixed-Layer-Mineral isolierte Leistchen mit mittleren Dimensionen von 1 µm × 0,1 µm × 0,01 µm bildet. In den Fraktionen > 2 µm liegen Aggregate und große Verwachsungen (Bücher) von Kaolinit vor. Beim Granodiorit können drei genetische Kaolinitvarianten mit unterschiedlichen Dimensionen festgestellt werden: feinstkörniger Kaolinit (aus K-Feldspat mit hohem Weißgrad > 80%), mittelkörniger Kaolinit (aus Montmorillonit-Aggregaten) und grobkörniger Kaolinit (bis 0,5 mm, aus Biotit). Besonders bei den Kaolinen von Kemmlitz und Caminau ist der Anteil von Verwachsungen recht hoch, wodurch verschiedene Eigenschaften wesentlich beeinflußt werden. Hierdurch wird es aber auch möglich, durch Desaggregation bestimmte Eigenschaften gezielt zu verbessern.

In allen DDR-Kaolinen ist organische Substanz in variabler Menge (Tab. 63) enthalten. Nach der Elementaranalyse (Tab. 64) liegt die organische Substanz im Inkohlungsstadium des Torf- bis Weichbraunkohlenstadiums vor und entspricht der der tertiären Braunkohlen. Löslichkeitsuntersuchungen ergaben, daß die organische Substanz aus Fulvosäuren, Huminsäuren und Huminen zusammengesetzt ist und die Huminsäuren aus 65% Hymatomelansäuren und 35% Humussäuren bestehen. Der relativ hohe Gehalt leichtlöslicher Huminsäuren wirkt sich günstig auf die Verflüssigungseigenschaften der Porzellankaoline aus.

Zur Verteilung der organischen Substanz in den Lagerstätten kann festgestellt werden:

- In Lagerstätten Mixed-Layer-reicher Kaoline ist wenig organische Substanz enthalten.
- In Lagerstätten kaolinitischer Kaoline ist ein hoher Gehalt an organischer Substanz vorhanden, wobei zu unterscheiden ist zwischen Kaolinen, die von Tertiärsedimenten bedeckt sind (hier ist der Anteil oben am höchsten, oft > 1%) und Lagerstätten, die von Pleistozänsedimenten bedeckt sind (hier ist der Anteil oben sehr klein und nimmt nach unten zu).

Auf Grund der Verteilung der organischen Substanz in den Lagerstätten ist anzunehmen, daß sie nicht Voraussetzung für die Kaolinisierung ist und daß sie zumindest teilweise erst nach der Kaolinisierung aus den tertiären Braunkohlen in die Kaoline eingespült wurde. In den Lagerstätten, von denen die Tertiärsedimente erodiert wurden, ist die organische Substanz ausgelaugt und deshalb im oberen Profilteil geringer als im unteren.

7. AUSBLICK AUF DIE ENTWICKLUNG DER KAOLINNUTZUNG

Die Produktion von Schlämmkaolin in der Welt hat sich seit 1955 verdreifacht, von ca. 6 Mill. t auf etwa 18 Mill. t. An dieser Gesamtproduktion sind gegenwärtig 60 Länder beteiligt, allerdings mit sehr unterschiedlichen Produktionsvolumina (Tab. 73, Tab. 74). Drei Hauptproduzenten (USA, Großbritannien, UdSSR) erzeugen ca. 70% und die RGW-Länder reichlich 1/5 der Weltproduktion. Vergleicht man die Produktionsziffern der einzelnen Länder, so ist festzustellen, daß sich sowohl die Anzahl der kaolinproduzierenden Länder als auch deren Produktionsumfang ständig erweitert haben (Tab. 75).

Tab. 73. Entwicklung der Schlämmkaolinproduktion einzelner geographischer Einheiten

	1955		1965		1975		1977	
	kt	%	kt	%	kt	%	kt	%
Europa	3565	61,1	5768	56,8	8459	55,2	9436	54,0(5)
Nordamerika	2015	34,5	3350	33,0	4959	32,3	5957	34,1
Südamerika	33	0,6	186	1,8	487	3,2	543	3,1
Asien	160	2,7	699	6,9	1155	7,5	1222	7,0(5)
Afrika	15	0,3	94	0,9	166	1,1	198	1,1
Ozeanien	46	0,8	61	0,6	108	0,7	107	0,6
Gesamt	5834	100,0	10158	100,0	15334	100,0	17463	100,0
RGW	1464	25,1	2238	22,0	3389	22,1	3675	21,0
DDR	190	3,3	218	2,2	254	1,7	400	2,3

Tab. 74. Schlämmkaolinproduktion (kt), ohne VR China und Simbabwe

		1955	1965	1975	1977	
Europa	Belgien	40	50	100	110	0,6
	BRD	318	400	420	450	2,6
	VR Bulgarien	30	94	150	150	0,9
	ČSSR	224	322	525	550	3,2
	Dänemark	21	20	18	20	0,1
	DDR	190	218	254	400	2,3
	Frankreich	112	132	750[1])	770[1])	4,4
	Griechenland	10	56	73	65	0,4
	Großbritannien	1163	2244	3220	3850	22,0
	Italien	52[1])	73[1])	105[1])	103[1])	0,6
	SFR Jugoslawien	14	5			
	Österreich	260[2])	328[2])	75	74	0,4
	VR Polen			84	95	0,5
	Portugal	42	40	52	54	0,3
	SR Rumänien		50	87	90	0,5
	Schweden	2	42[1])	50	55	0,3
	Spanien	67	140	207	210	1,2
	UdSSR	1000	1500	2200	2300	13,2
	Ungarische VR	20	54	89	90	0,5
Amerika	Argentinien	27	73	95	89	0,5
	Brasilien			173	210	1,2
	Chile	4	30	59	50	0,3
	Ekuador				3	1
	Kolumbien	2	83	125	150	0,9
	Mexiko	50	81	120	88	0,5
	Paraguay			12	22	0,1
	Peru			5	11	
	USA	1965	3269	4839	5869	33,6
	Venezuela			15	10	
Asien	Bangladesh			3	2	
	Hongkong	6	5	2	3	
	Indien	119	512	332	309	1,8
	Indonesien			25	37	0,2
	Iran		7	100	130	0,7
	Israel			12	6	
	Japan	12	93	206	226	1,3
	Korea (Süd)	1	2	17	32	0,2
	Pakistan		1	1	1	
	Sri Lanka			4	5	
	Taiwan	4	5	21	21	0,1
	Thailand			16	25	0,1
	Türkei			35	70	0,4
	Vietnam (Süd)	4	2			
Afrika	Ägypten	3	48	33	50	0,3
	Äthiopien	1	1	50	40	0,2
	Algerien			11	12	
	Angola	—	—	5		
	Burundi	—	—	—	3	
	Kenya	1	2		1	
	Malagasy	—	—	4	2	
	Marokko	—	1			
	Moçambique			1	1	

Fortsetzung Tab. 74.

		1955	1965	1975	1977	
	Nigeria	–	–	1	1	
	Südafrika	10	41	57	89	0,5
	Swaziland	–	1	3		
	Tansania	–	–	1	1	
Australien	Australien	46	61	81	80	0,5
	New Zealand			27	27	0,2
	Gesamt	5834	10158	15334	17463	

[1]) einschließlich Kaolinitton
[2]) Rohkaolinförderung

Zusammengestellt nach HEALING & WRIGHT (1968);
Mineral Trade Notes, Vol. 75, Juli 1978, und eigenen Daten

Tab. 75. Entwicklung der Schlämmkaolinproduktion

	Anzahl der Länder mit einer Schlämmkaolinproduktion von				
	10 kt	50 kt	100 kt	200 kt	400 kt
1955	24	12	8[1])	6	3
1965	27	22	9[1])	8	5
1975	42	30	18	11	6
1977	42	31	18	12	7

[1]) ohne Österreich

Hieran sind insbesondere Indien, Iran, Südkorea, Malaysia, Türkei, Ägypten, Äthopien, Neuseeland, Brasilien und Chile beteiligt, die erst in den letzten 10 Jahren bedeutende Kapazitäten in Betrieb genommen haben und zum Teil Kaolin sogar exportieren. Diese Produktionszunahme erfolgt im wesentlichen auf Kosten Europas, wo ein relativer Rückgang um ca. 7% seit 1955 zu verzeichnen ist (Tab. 74). Wird die Produktionsentwicklung mit qualitativen Aspekten verknüpft, so ergeben sich folgende Tendenzen:

Die einzelnen Länder sind bestrebt, den Bedarf aus Eigenaufkommen zu decken. Dies gelang einigen Staaten bereits, und es ist auf Grund der bekannten Kaolinvorkommen besonders in Südamerika, Afrika und Asien damit zu rechnen, daß in weiteren Ländern hochwertige Kaoline erzeugt werden, so daß vor allem in den jungen Nationalstaaten die sich entwickelnden Industrien (Papier, Keramik, Elaste usw.) vorwiegend mit Rohstoffen der betreffenden oder benachbarten Länder versorgt werden können. Aber auch in Europa ist das Bestreben der Eigenversorgung generell bemerkbar.

In der Qualitätsentwicklung sind drei Aspekte festzustellen. Erstens: Generell werden Anstrengungen unternommen, um die lagerstättenspezifischen Einflüsse zu überwinden und die Handelsprodukte zunehmend zu standardisieren. Das betrifft vor allem die Konstanz bestimmter Qualitätsparameter. Hierfür wird im wesentlichen der Weg der Mischung verschiedener Qualitäten vor oder nach der Klassierung beschritten. Zweitens: Große Fortschritte wurden bei der Kaolinveredelung erzielt (Feinstkornanreicherung, chemische Bleichung, Hochgradientmagnetscheidung, Delaminierung, Flotation und andere), wodurch es gelang, den Gebrauchswert der Kaoline zu erhöhen, die Verwendbarkeit zu erweitern und die Qualitätsspitze zu verbreitern. Auch damit wird eine Loslösung der Produktqualität von den Lagerstättenspezifika ermöglicht, und die in der Vergangenheit dominierende Gebundenheit der Qualitätsmerkmale an bestimmte

Lagerstätten, wie es sich noch häufig in der Handelsbezeichnung ausdrückt, wird überwunden; so daß der Schlämmkaolin zum echten standardisierten Industriemineral wird. Drittens: Im engen Zusammenhang mit den bisher genannten technologischen Entwicklungen steht das Bestreben, spezifische Kaolinsorten mit entsprechenden Eigenschaften für ganz spezielle Einsatzgebiete zu entwickeln. Damit wird insbesondere die Produktivität der Kaolinverarbeitung verbessert.

Die DDR als Land mit alten Traditionen in der Gewinnung, Veredelung und Nutzung von Kaolin beschreitet zielstrebig die beschriebenen Wege der Qualitätsentwicklung, die auf einer günstigen Lagerstättensituation basiert und sowohl auf hochwertige keramische als auch auf Füllstoffkaoline ausgerichtet ist.

ZUSAMMENFASSUNG

Kaolin ist ein universell verwendetes Industriemineral. Im Weltmaßstab werden gegenwärtig ca. 16 Mill. t Schlämmkaolin erzeugt, wovon 40—45% für Papier, 20—25% für Keramik und 10—15% für Gummi und Kabel verbraucht werden. Der Rest (20—25%) wird in einer Vielzahl von Produkten verarbeitet, z. B. in Farben, Pharmazeutika, Insektiziden, Plasten, Düngemitteln, Glasfasern und anderen.

Die DDR ist reich an Kaolinlagerstätten. Die Rohkaolinförderung betrug 1980 fast 2 Mill. t und die Schlämmkaolinproduktion ca. 400000 t. Davon sind ca. 50% Porzellankaoline, 35% Papierkaoline und 15% Füller für verschiedene Verwendungszwecke.

In vorliegender Arbeit wurden folgende Komplexe behandelt:

- Verbreitung, Altersstellung und Genese der Kaoline in der DDR
- Stoffliche Charakteristik der Lagerstätten
- Mineralogie der Schlämmkaoline
- Einfluß des Mineralbestands auf ausgewählte technologische Eigenschaften der Kaoline und Fragen der Optimierung der Kaolinproduktion und Rohstoffnutzung.

Hinsichtlich der Altersstellung der Kaolinisierung lassen sich auf dem Gebiet der DDR folgende Perioden mit kaolinitischer Verwitterung unterscheiden:

- Jungmesozoisch-tertiäre Verwitterungskruste mit gut erhaltenen Verwitterungsbildungen (nutzbare Kaoline, Ni-Laterite, Farberden, montmorillonitische Gesteinszersätze) und sedimentären Bildungen (Kaolinit-Tone, Quarzsande)
- Obertriassisch-unterjurassische Verwitterung, die sich nur in den sedimentären Bildungen widerspiegelt, und
- Karbonisch-unterrotliegende Verwitterung mit kleineren Relikten von Verwitterungsbildungen und kaolinitführenden Sedimentgesteinen.

Der Kaolinisierungsprozeß begann in der Unterkreide mit dem Einsetzen eines warm-feuchten Klimas. Es bildeten sich unter oxydierenden Bedingungen vorwiegend rote Kaoline, die im Verbreitungsgebiet der sächsischen Oberkreideablagerungen im Liegenden kontinentaler Schichten erhalten geblieben sind. Im Cenoman und Turon waren die peripheren Gebiete des Böhmischen Massivs bis auf wenige Inseln überflutet und die Möglichkeit der kaolinitischen Verwitterung stark eingeschränkt. Erst ab Coniac war das Gebiet wieder Festland, auf dem die Kaolinisierung erneut großräumig erfolgen konnte. Die Kaolinisierung setzte sich bis ins jüngste Tertiär fort, wobei mächtige Kaoline in Zeiten der Peneplainisation entstanden (höhere Oberkreide bis tieferes Eozän, Wende Eozän-Oligozän, Oberoligozän bis tieferes Miozän, Jungmiozän bis Pliozän). Durch epirogene Senkung, bruchtektonische Beckenbildung oder Auslaugung des Untergrunds wurden die kaolinisierten Festlandgebiete teilweise zum Sedimentationsraum, und die Kaoline wurden von konservierenden Deckschichten überlagert. Wir finden: mittel- und obereozäne Deckschichten (Weißelsterbecken, Raum Halle), mitteloligozäne Deckschichten (nördlich Leipzig), oberoligozäne bis miozäne Deckschichten (Nordwestsachsen, Lausitz). Die kaolinisierten oberoligozänen bis tiefmiozänen Basalte und Tuffe der Oberlausitz und die lateritischen Obermiozänvulkanite der Rhön belegen, daß die kaolinitische Verwitterung bis ins jüngste Tertiär anhielt.

Für die Erhaltung bzw. Zerstörung der Kaoline hat die paläomorphologische Entwicklung große Bedeutung. Das Gebiet zeigt generell im Süden Hebungstendenz (Oberlausitz, Erzgebirge, Fichtelgebirge) und im nördlichen Teil Senkung (Thüringer Becken, Nordwestsachsen, nördliche Oberlausitz). Infolge periodischer Hebung bzw. Senkung entstand ein Schachtelrelief mit Flächeninversion. Starke Erosion zerstörte im Süden die Kaolinkruste fast vollständig. Nur dort, wo die tertiären Landoberflächen reliktisch erhalten blieben, finden sich Reste von Kaolinen (z. B. bei Steinheid im Thüringer Wald, in der Nähe von Gera und anderenorts). Nördlich der 200 m Höhenlinie befindet sich das Gebiet mit flächenhaft verbreiteten Kaolinen, dessen Nordgrenze gegenwärtig nur unvollständig bekannt ist. Innerhalb dieses Gebiets kann man bezüglich der Kaolinlagerstättenerhaltung unterscheiden:

- gering erodierte Bereiche mit zusammenhängenden Kaolinarealen von vielen km^2 und Mächtigkeiten bis 100 m (Lausitz, Nordwestsachsen) und generell großen Deckgebirgsmächtigkeiten (Tertiär);
- stärker erodierte Bereiche mit wannenartigen, von frischen Gesteinen begrenzten Kaolinlagerstätten, die in der Horizontalen oft nur einige 10 oder 100 m Durchmesser und Mächtigkeiten bis zu 60 m besitzen (z. B. Raum Kemmlitz, Colditz, Bad Lausick, Meißen). Das Deckgebirge ist meist geringmächtig und besteht aus reliktischem Tertiär und Quartär.

Für die Erhaltung der Kaolinlagerstätten haben junge bruchtektonische Bewegungen Bedeutung. In Kemmlitz und der Lausitz führten Holstein-warmzeitliche bruchtektonische Bewegungen zu Schollenkippungen, wobei im Bereich der eingesunkenen Schollen Kaolinkruste und Tertiärsedimente vor der Erosion geschützt wurden.

Die Kaolinprofile sind auf verschiedenen Muttergesteinen differenziert ausgebildet:

- Ihre Gemeinsamkeit besteht darin, daß sich die Verwitterung stets in Richtung Kaolin entwickelt (Ausbildung der Kaolinitzone, in der die Kalifeldspäte sowie andere instabile Phasen zu Kaolinit umgesetzt werden).
- Die grundsätzlichen Unterschiede in den einzelnen Typenprofilen bestehen darin, daß sich in der Dreischichtsilikatzone in Abhängigkeit vom Muttergestein verschiedenartige Dreischichtsilikate (Montmorillonit, Illit, Nontronit, Wechsellagerungsminerale) bilden, die je nach Stabilität mehr oder weniger schnell zu Kaolinit umgesetzt werden. Die beständigsten, Illit und Mixed-Layer-Mineral, bleiben daher auch in der Kaolinitzone relativ lange erhalten und prägen die Eigenschaften der Kaoline besonders markant. Die aus verschiedenen Primärgesteinen hervorgegangenen Kaolinite unterscheiden sich besonders in der Morphologie.

Die Granodioritkaoline des Lausitzer Massivs zeigen deutliche Zonierung, wobei die Dreischichtsilikatzone durch grüngefärbte degradierte Biotite, Smektite sowie Kaolinit und K(Na)-Feldspat charakterisiert ist. In der Kaolinitzone sind auch Biotite und K-Feldspat zu Kaolinit verwittert. Das Eisen tritt als Siderit gebunden oder in den Biotitpseudomorphosen als Fe-Mineral-Aufwachsungen auf dem Kaolinit auf, untergeordnet sind Hämatit und Goethit enthalten. Durch die Hydrozyklon-Separation ist es möglich, das Fe zum größten Teil zu entfernen. Der Weißgrad der Kaoline vergrößert sich in den feinen Kornfraktionen. Die Schlämmkaoline enthalten 80—90% Kaolinit und 10—20% Glimmer/Illit neben sehr wenig Quarz, Siderit, organischer Substanz und Schwermineralen. Zuweilen kommen rote Kaoline vor (z. B. Wiesa), in denen das Eisen insbesondere als dispers verteilter Hämatit auftritt. Eine Besonderheit des Granodioritkaolins ist das Vorkommen von epitaktischen Kaolinit-Glimmer-Verwachsungen.

Die aus der Lagerstätte Caminau gewonnenen Schlämmkaoline werden insbesondere als Füllstoffe und Streichkaoline verwendet. Die Weißgrade der Kaoline betragen ungebleicht bis zu 80% und können durch Bleichung weiter gesteigert werden.

Im Meißner Massiv und in der Meißner Eruptivzone sind die Kaoline von Seilitz (Primärgestein: Pechstein, Dobritzer Quarzporphyr, Felsit), Schletta (Pechstein, Felsit), Ockrilla (Biotit-Granit) und Radeburg (Syenodiorit) aufgeschlossen. Typisch für die Pechstein-Kaoline sind die aus dem Gesteinsglas entstandenen hohen Gehalte an Illit-Montmorillonit-Mixed-Layer-Mineralen.

Die Quarzporphyr-Kaoline enthalten überwiegend Kaolinit. Die Biotitgranit-Kaoline von Ockrilla enthalten neben Kaolinit, Glimmer und Smektit noch unverwitterte Feldspäte. Durch die Lausitzer Überschiebung ist der Biotitgranit auf Arkosen der Trias überschoben worden. Die Kaolinisierung erfaßt Gesteine gleichartig, so daß die Kaolinisierung jünger als die Überschiebung (subherzyne Phase) einzustufen ist. Die Syenodioritkaoline enthalten Kaolinit, Nontronit, dioktaedrischen Glimmer, K(Na)-Feldspat, Quarz und Siderit. Die obersten Partien sind ausgelaugt, wobei der Nontronit abgebaut und das Eisen im Bereich des Grundwasserspiegels ausgefällt wurde.

Im Gebiet von Kemmlitz liegen die wichtigsten Lagerstätten keramischer Kaoline der DDR. Die Lagerstätten sind durch Primärgesteinsaufragungen voneinander getrennte, wannenartige Körper mit Mächtigkeiten bis zu 50 m. Die wichtigsten Primärgesteine sind: Kemmlitzer und Rochlitzer Porphyr (Ignimbrit).

Die Kaoline auf Kemmlitzer Porphyr sind kaolinitreich und Mixed-Layer-Mineral-arm. Diese Lagerstätten (Frieden, Gröppendorf) sind hinsichtlich der Mineralverteilung im Rohstoffkörper relativ homogen. Die Kaoline auf Ignimbrit sind variabler und enthalten generell größere Mengen Mixed-Layer-Minerale und weniger Kaolinit. Die Mineralverteilung im Rohstoffkörper ist stark inhomogen. Der Quarz ist zum Teil sehr feinkörnig (Grundmasse-Quarz), so daß in den Schlämmkaolinen bis zu 20% Quarz vorkommt. Für die Produktion ist von Bedeutung, daß in allen Kemmlitzer Kaolinen derselbe qualitative Mineralbestand enthalten ist, so daß durch Mischung der Rohstoffe beliebige Qualitäten erzeugt werden können, die zwischen Maximalwerten liegen.

Die in Kemmlitz produzierten Schlämmkaolinsorten (Oka, BZ, Meka, Eka-S, Wolfka) besitzen spezifische Mineralanteile und dadurch entsprechende Zusammensetzung und Eigenschaften.

Von den zahlreichen, im Gebiet von Halle bekannten Kaolinlagerstätten wird gegenwärtig die Lagerstätte Fuchsberg-Süd für die Schlämmkaolinproduktion genutzt. Der aus Löbejüner Porphyr entstandene Kaolin enthält $\approx$ 50% Kaolinit, 5—10% Mixed-Layer-Mineral, $\approx$ 40% Quarz und bis zu 0,5% organische Substanz. Durch die Klassierung wird ein verhältnismäßig quarzarmer ($<$ 10%), kaolinitreicher Schlämmkaolin mit mittleren Mixed-Layer-Gehalten (10—20%) erzeugt. Der hohe Anteil organischer Substanz wirkt sich positiv auf die Verflüssigungseigenschaften aus.

Die Kaoline von Spergau und Röblingen sind aus Arkosen des Mittleren Buntsandsteins entstanden. Sie enthalten feinkörnigen Kaolinit, Illit-Montmorillonit-Mixed-Layer-Minerale, Muskovit und Quarz. Mit abnehmender Korngröße der Primärgesteine nimmt der Gehalt an Dreischichtsilikaten und an Schadstoffen (Fe_2O_3, TiO_2) zu.

In der Lagerstätte Spergau besteht das Kaolin-Muttergestein aus Sandstein, in dem geringmächtige Tonhorizonte eingelagert sind. Aus diesem Kaolintyp Sandstein (tonlagenarm) wird ein kaolinitreicher, schadstoff- und glimmerarmer Kaolin gewonnen. Mit Zunahme der Tonlagen (Kaolintyp Sandstein — tonlagenreich) werden die Schadstoff- und Glimmermineralgehalte höher.

In der Lagerstätte Röblingen bestehen die Kaoline aus einer Wechsellagerung von kaolinisiertem Sandstein, Schluffstein und Ton variabler Mächtigkeit, und entsprechend ihrem Anteil besteht der Schlämmkaolin aus einer Mischung, deren Schadstoff- und Mineralgehalt von den Anteilen der drei Kaolintypen bestimmt wird.

Die Grauwackenkaoline von Espenhain, Cunnersdorf und Schwepnitz zeichnen sich durch relativ hohe Gehalte an Illit/Muskovit ($>$ 25%) neben Kaolinit (35—50%) und Quarz ($\approx$ 35%) aus. Die Schadstoffgehalte sind generell hoch (Fe_2O_3 1,9—6,7%, TiO_2 $\approx$ 1%).

Von den in der DDR nur gering verbreiteten Granitkaolinen wurden die von Oberrengersdorf und Aue behandelt. Die nutzbaren Rohstoffe der Kaolinitzone (Oberrengersdorf) enthalten 35 bis 50% Kaolinit und Halloysit, $<$ 10% Dreischichtsilikate und 40—55% Quarz. Die Schadstoffe sind unregelmäßig verteilt (braune und rote Kaolinpartien). In der Dreischichtsilikatzone nimmt der Anteil an Illit-Montmorillonit-Mixed-Layer-Mineral und Feldspat zu. Der möglicherweise hydrothermale Kaolin von Aue (umgewandelter pegmatitischer Granit) enthält als Tonminerale $\approx$ 90% Kaolinit und $\approx$ 10% Illit.

Granulitkaoline sind aus verschiedenen Lokalitäten des Sächsischen Granulitgebirges bekannt. Der Kaolin von Aitzendorf enthält feinkörnigen Kaolinit (bis 40%), Illit (5—15%) und Quarz (50—75%). Die Schadstoffgehalte sind relativ niedrig (Fe_2O_3 $<$ 1%, TiO_2 $<$ 0,5%).

Die Ignimbrit-Kaoline von Ballendorf, Dürrweitzschen, Förstgen und Nerchau enthalten die typischen Mineralparagenesen Kaolinit (40—55%), Illit-Montmorillonit-Mixed-Layer-Mineral (5—22%) und Quarz (30—55%).

Charakteristisch für diese gegenwärtig in kleinen Tagebauen geförderten Kaoline ist der geringe Anteil an Grob-Quarz ($>$ 630 μm), was der Verarbeitung des Materials als Rohkaolin sehr dienlich ist. Der Kaolin von Colditz ist durch geringere Verwitterungsrate charakterisiert. Er ist reich an Dreischichtsilikaten und Feldspat und enthält Siderit (bis 6%) und in einigen Proben 14-Å-Chlorit. Die kaolinisierten paläozoischen Tonschiefer des Görlitzer Schiefergebirges enthalten generell viel primären Muskovit/Illit, aus Chlorit und Feldspat gebildeten Kaolinit sowie Quarz.

Der Glimmer ist nur in geringer Menge zu Kaolinit umgesetzt.

Das Spezifikum der meisten DDR-Schlämmkaoline ist das Vorhandensein des Illit-Montmorillonit-Mixed-Layer-Minerals neben Kaolinit und Quarz, dessen Einflüsse auf die Sedimentation und Filtration ermittelt wurden. Bei Ausgangsfeststoffgehalten der Suspensionen von 5—10% werden in Abhängigkeit vom Sedimentationsverhalten der Kaoline Feststoffgehalte zwischen 10 und 30% bei ca. 48stündiger Sedimentation ohne Zusatz von Flockungsmitteln erreicht. Die Feststoffanreicherung während der Sedimentation ist vom Mineralbestand, Flockungsgrad, Ausgangsfeststoffgehalt der Suspension und der Höhe der Suspensionssäule abhängig. Die Sedimentationsgeschwindigkeit vermindert sich mit zunehmender spezifischer Oberfläche (zunehmender Mixed-Layer-Mineral-Gehalt) des Feststoffs. Gleichermaßen werden die Sedimentvolumina größer. Durch Ca^{++}-Ionen des Aufbereitungswassers werden die Suspensionen geflockt, wobei der Flockungsgrad die Absetzgeschwindigkeit und den Feststoffgehalt am Ende der Zonen-Sedimentation beeinflußt. Die Flockengröße ist < 1 mm, wobei höherer Anteil organischer Substanz die Flockung hemmt, und es werden kleinere Flocken gebildet.

Mit zunehmendem Ausgangsfeststoffgehalt der Suspensionen nimmt die Sedimentationsgeschwindigkeit ab, es verstärkt sich jedoch die Kompression des Sediments infolge der größeren Auflast.

Bei kaolinitreichen Kaolinen ist durch Sedimentation eine hohe Feststoffanreicherung in kurzer Zeit erreichbar. Mit zunehmendem Mixed-Layer-Mineral-Anteil vermindern sich die Feststoffgehalte und verlängern sich die Sedimentationszeiten. Die Verwendung von Flockungsmitteln verkürzt die Sedimentationszeit bei etwa gleichem Feststoffgehalt der Sedimente.

Die Filtration erfolgt mit Kammerfilterpressen oder mit Vakuumdrehzellenfiltern. Die Filtration ist in erster Linie abhängig von: Mineralbestand der Kaoline, Feststoffgehalt der Suspensionen, Dispersitätsgrad des Feststoffs, Druckgefälle und Dicke des Filterkuchens.

Der Mineralbestand bestimmt die spezifische Oberfläche, von der die Permeabilität und Porosität des Filterkuchens abhängen, so daß mit zunehmendem Mixed-Layer-Gehalt die Filtrationsgeschwindigkeiten abnehmen. Es ist daher sinnvoll, die Kuchenstärken der Permeabilität anzupassen.

Die Filtrationszeiten sind abhängig vom Feststoffgehalt der Suspensionen, die wiederum vom Mixed-Layer-Mineral-Gehalt der Kaoline bedingt werden. Da sich mit zunehmendem Mixed-Layer-Mineral-Anteil die Feststoffanreicherung durch Sedimentation verringert, verlängern sich dementsprechend die Filterzeiten.

Die keramischen kaolinitischen Kaoline (Oka, BZ, Wolfka, Meka, Salzmünde) der DDR zeichnen sich durch sehr niedrige Schadstoffgehalte ($TiO_2 < 0{,}25\%$, Fe_2O_3 0,4–0,8%) und günstige Verarbeitungseigenschaften aus, und die Kaoline Seilitz und Eka-S besitzen besondere Verarbeitungseigenschaften. Zu ihrer Charakterisierung wurde vor allem der Einfluß des Mineralbestands auf die Trockenbiegefestigkeit, die Viskosität und die Sinterung untersucht.

Bei den schadstoffreicheren Kaolinen Spergau und Röblingen können durch Hochgradientmagnetscheidung wesentliche Schadstoffabsicherungen erfolgen, so daß Scheibenweißgrade von 80% realisiert werden.

Die Trockenbiegefestigkeit ist bei den Mixed-Layer-Mineral-armen Kaolinen klein (Wolfka < 5 kp cm^{-2}). Bei solchen Kaolinen wird die TBF in der Hauptsache von der Korngröße des Kaolinits bestimmt. Mit zunehmendem Mixed-Layer-Mineral-Gehalt vergrößert sich die TBF in einem linearen Zusammenhang bis auf über 100 kp cm^{-2}. Auch durch Zerscherung der Mineralaggregate und -verwachsungen nimmt die TBF wesentlich zu (z. B. Wolfka von 3,8 auf 19,4 kp cm^{-2}).

Die Viskosität der Kaoline wird vom Mixed-Layer-Mineral-Anteil, von der organischen Substanz und der Dispersität des Kaolinits bestimmt. Mit zunehmendem Mixed-Layer-Mineral-Anteil im Kaolin nimmt die Viskosität der Schlicker (mit vergleichbarem Wasser- und Elektrolytgehalt) zu, und ebenso nimmt die Neigung zum Aufbau von Gerüststrukturen zu, d. h. der Thixotropiekoeffizient verringert sich. Organische Substanz setzt die Viskosität herab, und die Thioxtropieneigung verringert sich. Durch Zerstörung der Kaolinit-Aggregate und -verwachsungen wird eine wesentliche Verringerung der Viskosität erreicht, so daß z. B. beim Caminauer Streichkaolin die Viskositätskonzentration von ca. 60% auf 66% gesteigert werden kann.

Die Flußmittelwirkung des Mixed-Layer-Minerals ist der des K-Feldspats gleichzusetzen, obwohl der K_2O-Gehalt wesentlich niedriger ist. Untersuchungen des Zweiphasensystems Quarz-Mixed-Layer-Mineral ergaben, daß das Mixed-Layer-Mineral eine verstärkte Umwandlung von Quarz in Cristobalit bewirkt. Die aus dem Mixed-Layer-Mineral gebildete Glasphase neigt zur Blähung.

Die Papierkaoline stellen hohe Anforderungen an den Weißgrad, die Viskosität und die Kornverteilung. Als Rohmaterial für die Papierkaolinherstellung bietet sich in der DDR der Caminauer Kaolin an (kein feinkörniger Quarz, wenig organische Substanz als färbendes Pigment). Durch chemische Bleichung kann der Weißgehalt auf Werte bis zu 88% (Leukometer, Blaufilter) erhöht werden (Streichkaolin und 86% Füllerkaolin). Auch durch Hochgradientmagnetscheidung läßt sich der Weißgrad wesentlich steigern.

Intensive Scherbehandlung ermöglicht eine Steigerung der Viskositätskonzentration auf Werte von > 65%, dabei tritt neben Kornverfeinerung eine Glättung der Basisflächen der Kaolinite ein.

РЕЗЮМЕ

Каолин является промышленным минералом универсального использования. В настоящее время производится в мировом масштабе около 16 миллионов тонн шламового каолина, из которых 40—45% расходуются на бумагу, 20—25% на керамику и 10—15% на резину и кабели. Остальная часть (20—25%) используется для изготовления множества продуктов, например красок, фармацевтических средств, инсектицидов, пластмасс, средств удобрения, стеклянных волокон и др.

ГДР богата каолиновыми месторождениями.

Добыча каолина в 1980ом году составляла около 2 млн. тонн, а шламового каолина около 400000 тонн. Из них 50% фарфоровый каолин, 35% бумажный каолин и 15% наполнитель различного применения.

В настоящей работе рассматриваются следующие комплексы:

— развитие, возрастное положение и генезис каолинов ГДР;
— вещественная характеристика каолиновых месторождений;
— минералогия шламовых каолинов;
— влияние минерального состава на выбранные технологические свойства каолинов и вопросы оптимирования каолинового производства и использования сырья.

Относительно возрастной датировки каолинизации на территории ГДР можно различить следующие периоды каолинитового выветривания:

— кора выветривания верхнемезозойского и третичного возрастов с продуктами выветривания хорошей сохранности (пригодные для использования каолины, никелиевые латериты, красочные земли, монтмориллонитовые продукты разложения породы) и осадочные образования (каолинитовые глины, кварцевые пески);
— верхнетриасовое и нижнеюрское выветривание характеризуется лишь наличием осадочных образований;
— результаты каменноугольного и краснолеженвского выветривания представлены небольшими реликтами образований выветривания и содержащими каолиниты осадочными породами.

Процесс каолинизации имел свое начало в нижнемеловое время с наступлением теплого и влажного климата. При окислительных условиях образовались в основном красные каолины, сохранившиеся в пределах развития верхнемеловых отложений Саксонии в подстилающих отложениях континентальных слоев. В сеномане и туроне краевые районы Богемского массива находились ниже уровня моря за исключением некоторых островов, поэтому имелись лишь сильно ограниченные возможности каолинитового выветривания. Лишь начиная с коньякского времени данная область становилась сушей и подвергалась обширной каолинизации. Каолинизация продолжалась до исхода третичного времени, причем образовались мощные каолины во время пенепленизации (от верхов врехнего мела до низов эоцена включительно, граница эоцена и олигоцена, от врехнего олигоцена до низов миоцена, от верхнего миоцена до плиоцена). В результате эпирогенного опускания, разломного бассейнообразования или выщелачивания грунта каолинизированные участки суши отчасти становились областями осадконакопления и каолины перекрывались консервирующими покровными слоями. Известны покровные слои следующих возрастов: средний и верхний эоцен (бассейн Белой Эльстер, район Галле), средний олигоцен (севернее Лейпцига), верхний олигоцен и миоцен (северо-западная часть Саксонии, Лужица). Каолинизированные верхнеолигоценовые и нижнемиоценовые базальты и туффы Верхней Лужицы и латеритные вулканиты верхнего миоцена Рёна свидетельствуют о том, что каолинитовое выветривание продолжалось еще до исхода третичного времени.

Для сохранения или разрушения каолинов большое значение придается палеоморфологическому развитию. Рассматриваемая область отличалась общей тенденцией поднятия в южной части (Врехняя Лужица, Рудные горы, фихтельские горы) и опусканием в северной части (Тюрингский бассейн, северо-западная часть Саксонии, северная часть Верхней Лужицы). В результате периодического поднятия и опускания образовался сложный рельеф с плоскостной инверсией. Сильная эрозия в южной части привела к почти полному разрушению каолиновой коры. Только в пределах реликтового сохранения третичной поверхности Земли имеются остатки каолинов (например около Штейнгейда в Тюрингском Лесе, вблизи города Геры и др.). Севернее 200 метровой высотной линии находится область плоскостного развития каолинов, северная граница которой в настоящее время еще недостаточно известна. В пределах данной области различают следующие типы сохранения каолиновых месторождений:

- связанные между собой каолиновые ареалы малой степени эрозии размером несколько квадратных километров и мощностью до 100 метров (Лужица, северо-западняя часть Саксонии), а также в среднем большими мощностями покровных (третичных) отложений;
- более сильно эродированные участки с ваннообразными и ограниченными невыветренными породами каолиновыми месторождениями; размер их составляет в горизонтальном направлении лишь несколько десятков или 100 метров, а мощность до 60 метров (например районы Кеммлитца, Кольдитца, Бад Лаузикка, Мейссена). Покровные отложения отличаются лишь небольшой мощностью и представлены реликтовыми отложениями третичного и четвертичного возрастов.

Для сохранности каолиновых месторождений большое значение имели разрывные движения. В Кеммлитце и на Лужице разрывные движения во время гольштейнского интергляциала обусловили опрокидывание глыб, причем в пределах опущенных глыб каолиновая кора и третичные осадки не подвергались эрозионным процессам.

Каолиновые разрезы различаются в зависимости от типа их материнских пород:

- Общность их состоит в том, что процесс выветривания всегда направлен на образование каолина как конечного продукта (образование каолинитовой зоны, в которой калиевые полевые шпаты и другие неустойчивые фазы превращаются в каолинит).
- Основные различия отдельных типовых разрезов состоят в том, что в трехслойной силикатной зоне в зависимости от материнских пород образуются различные трехслойные силикаты (монтмориллонит, иллит, нонтронит, минералы переслаивания), которые в зависимости от их устойчивости с различной скоростью превращаются в каолинит. Наиболее устойчивые минералы (иллит и смешаннослойные минерали) сохраняются относительно долго в каолинитовой зоне и существенно сказываются на свойствах каолинов. Происходящие от различных материнских пород каолиниты различаются в частности своей морфологией.

Гранодиоритовые каолины Лужицкого массива характеризуются отчетливой зональностью, причем трехслойная силикатная зона сложена деградированными биотитами, смектитами, а также каолинитом и K(Na)-полевым шпатом. В каолинитовой зоне в процессе выветривания в каолинит превращаются также биотит и калиевый полевой шпат. Железо связано в виде сидерита или в биотитовых псевдоморфозах нарастаниями железных минералов на каолините, в меньшем количестве содержатся гематит и гетит. Гидроциклоновой сепарацией большей частью удается удалить железо. Степень белезны каолинов усиливается в мелких фракциях. Шламовые каолины содержат 80—90% каолинита и 10—20% слюды/иллита наряду с небольшим количеством кварца, сидерита, органического вещества и тяжелых минералов. Изредко встречаются красноцветные каолины (например около Визы), в которых железо представлено в виде дисперсного гематита. Особенностью гранодиоритного каолина является наличие эпитактичных срастаний каолинита и слюды.

Добытые в месторождении Каминау шламовые каолины используются в качестве наполнителя и др. Степень белезны каолинов в необработанном виде достигает до 80% и может быть увеличена отбелкой.

В Мейссенском массиве и Мейссенской зоне изверженных пород вскрыты каолины около Зейлитца (исходная порода: пехштейн, добритцкий кварцевой порфир, фельзит), Шлетты (пехштейн, фельзит), Окриллы (биотитовый гранит) и Радебурга (сиенодиорит). Типичными для пехштейновых каолинов являются большие содержания смешанослойных минералов иллита-монтмориллонита. Кварцево-порфировые каолины содержат в основном каолинит. Биотит-гранитовые каолины Окриллы содержат наряду с каолинитом, слюдой и смектитом еще невыветренные полевые шпаты. Вдоль Лужицкого надвига биотитовый гранит перекрывает аркозы триаса. Оба типа породы во динаковой степени подвержены процессам каолинизации, что указывает на её более молодой возраст, чем заложение Лужицкого надвига (субгерцинская фаза). Сиенодиоритовые каолины содержат каолинит, нонтронит, диоктаэдрическую слюду, калиевонатриевый полевой шпат, кварц и сидерит. Верхные части подвергались процессам выщелачивания, при которых нонтронит разлагался и железо выделялось вблизи уровня грунтовых вод.

В районе Кеммлитца находятся наиважнейшие месторрждения керамических каолинов ГДР. Месторождения характеризуются разделенными друг от друга выходами материнских пород ванноподобного типа, мощность которых составляет до 50 м. Основными исходными породами являются кеммлитцский и рохлитцский порфиры (игнимбрит).

Каолины кеммлитцского порфира богаты каолинитом и бедны смешанослойными минералами. Данные месторождения (Фриден, Греппендорф) довольно гомогенные относительно распределения их минерального состава в пределах залежи. Образовавшиеся над игнимбритом каолины более разнообразны и содержат в среднем больше смешанослойных минералов и меньше каолинита. Распределение минералов в пределах залежи крайне негомогенно. Кварц отчасти очень мелкозернистый (основная масса — кварц), так что шламовые каолины содержат до 20% кварца. Для разработки залежи имеет значение то обстоятельство, что все кеммлитцские каолины в качественном отношении отличаются одинаковым минеральным составом.

Таким образом, смешиванием минерального сырья можно получать любые качества, колеблющиеся между отдельными максимальными значениями.

Добытые в Кеммлитце виды шламовых каолинов (Ока, БЦ, Мека, Эка-С, Вольфка) отличаются долями специфических минералов и тем самым соответствующим составом и свойствами.

Среди многочисленных, известных в районе Галле каолиновых месторождений для производства шламовых каолинов в настоящее время разрабатывается месторождение фуксберг-Зюд. Данный каолин образовался из лебеюнского порфира и содержит около 50% каолинита, 5—10% смешанослойнах минералов, около 40% кварца и до 0,5% органического вещества. Сортировкой получается относительно бедный кварцом (< 10%), богатый каолинитом шламовый каолин со средними содержаниями смешанослойных минералов (10—20%). Высокое содержание органического вещества сказывается положительно на свойствах к ожижению.

Каолины районов Шпергау и Рюблингена образовались из аркозов среднего пестрого песчаника. Они содержат тонкозернистый каолинит, смешанослойные иллит-монтмориллонит-минералы, мусковит и кварц. С уменьшением фракций зерен исходных пород увеличивается содержание трехслойных силикатов и вредных веществ (Fe_2O_3, TiO_2).

В месторождении раойна Шпергау исходной породой каолина являлся песчаник с маломощными прослоями глинистых горизонтов. Из данного песчаникового (бедного глинистыми прослоями) типа каолина добывается богатый каолинитом и бедный вредными веществами и слюдой каолин. С увеличеннем количества глинистых прослоев (песчаниковый тип каолина, богатый глинистыми прослоями) повышаются содержания вредных веществ и слюдистых минералов.

Каолины месторождения Реблинген состоят из переслаивания каолинизированного песчаника, алевритовых пород и глины различных мощностей. В зависимости от долей исходных пород шламовый каолин представляет смесь, минеральный состав и содержание вредных веществ которой определяется участием трех каолиновых типов.

Граувакковые каолины Эспенгайна, Куннерсдорфа и Швепнитца отличаются относительно высокими содержаниями иллита/мусковита (> 25%) наряду с каолинитом (35 до 50%) и кварцом (около 35%). Содержание вредных веществ, как правило, довольно высокое ($Fe_2O_3 = 1{,}9-6{,}7\%$, $TiO_2 \approx 1\%$).

Гранитные каолины имеют в ГДР лишь небольшое распространение. Из месторождений данного типа автор рассматривает Оберренгерсдорф и Ауе. Полезное минеральное сырье каолинитовой зоны (Оберренгерсдорф) содержат 35—50% каолинита и галлуазита, < 10% трехслойных силикатов и 40—55% кварца. Вредные вещества распределены неравномерно (бурые и красноцветные участки каолина). В зоне трехслойных силикатов увеличивается доля смешаннослойных иллита-монтмориллонита минералов и полевого шпата. Каолин района Ауе (преобразованный пегматитовый гранит) возможно гидротермальный, содержит из глинистых минералов около 90% каолинита и около 10% иллита.

Гранулитовые каолины известны из различных обнажений Саксонских Гранулитовых гор. Каолин Айтцендорфа содержит тонкозернистый каолинит (до 40%), иллит (5—15%) и кварц (50—75%). Содержание вредных веществ относительно невысокое ($Fe_2O_3 < 1\%$, $TiO_2 < 0{,}5\%$).

Игнимбритовые каолины Баллендорфа, Дюрвейчена, ферстгена и Нерхау содержат типичный подверженный минеральному парагенезису каолинит (40—55%), смешаннослойные иллит-монтмориллонит-минералы (5—22%) и кварц (30—55%).

В настоящее время данные каолины добываются в небольших открытых горных разработках. Они характеризуются относительно небольшим содержанием крупнозернистого кварца (> 630 μм), что положительно сказывается на переработку сырьевого материала в каолин. Каолин района Кольдитца отличается небольшой степенью выветривания. Он обладает трехслойными силикатами и полевым шпатом и содержит сидерит (до 6%), а в некоторых образцах 14-Å-хлорит.

Каолинизированные палеозойские глинистые сланцы Герлитцских сланцевых гор содержат, как правило, много первичного мусковита/иллита, каолинита, преобразованного из хлорита и полевого шпата, а также кварца. Слюда превращена в каолинит лишь в небольшом количестве. Особенностью большинства шламовых каолинов ГДР является наличие смешаннослойных иллит-монтмориллонит-минералов наряду с каолинитом и кварцом. Изучалось их влияние на процессы седиментации и фильтрации. При 5—10% исходного количества твердых веществ в суспензии и длительности седиментационного процесса в 48 часов без добавления флокулянта появляются от 10 до 30% твердых частиц в зависимости от седиментационных свойств каолинов. Обогащение твердыми частицами во время седиментации зависит от минерального состава, степени флокуляции, исходного содержания твердых частиц суспензии и высоты суспензионного столба. Скорость седиментации уменьшается с увеличением специфической поверхности (увеличение содержания смешаннослойных минералов) твердых частиц. В том же направлении увеличивается объем осадков. В очистительном процессе ионы Ca^{++} воды обуславливают флокуляцию суспензий, причем степень флокуляции сказывается на скорость оседания и содержание твердых частиц в конце зональной седиментации. Размер флокул меньше 1 мм, причем высокое содержание органического вещества задерживает флокуляцию и обуславливает меньший размер флокул.

С увеличением исходной доли твердых частиц суспензий скорость седиментации уменьшается, однако, вследствии нарастания нагрузки увеличивается компрессия осадка.

Богатые каолинитом каолины способствуют быстрому обогащению твердых частиц седиментации. С увеличением доли смешаннослойных минералов содержание твердых частиц уменьшается и необходимое седиментационное время увеличивается. Использование флокулянтов ускоряет процесс седиментации при одинаковом содержании твердых частиц осадков.

Фильтрация проводится с помощью камерных фильтр-прессов или вакуумных фильтров. Фильтрация зависит в первую очередь от минерального состава каолинов, доли твердых частиц суспензий, степени дисперсности твердых частиц, градиента давления и толщины фильтрационного кекса.

Минаральный состав определяет специфическую поверхность, от которой зависят проницаемость и пористость фильтрационного кекса. С повышением содержания смешаннослойных минералов уменьшаются фильтрационные скорости. Следовательно оказывается целесообразным сочетание определенных размеров фильтрационного кекса со соответствующей проницаемостью.

Время фильтрации зависит от содержания твердых частиц суспензий, которое в свою очередь определяется содержанием смешаннослойных минералов каолинов. Поскольку при увеличении доли этых минералов обогащение твердых частиц седиментации уменьшается, то фильтрационное время соответственно увеличивается.

Керамические каолинитовые каолины (Ока, БЦ, Вольфка, Мека, Зальцмюнде) ГДР характеризуются чрезвычайно низкими содержаниями вредных веществ ($TiO_2 < 0{,}25\%$, Fe_2/O_3 0,4—0,8%) и отличаются благоприятными свойствами для переработки. Каолины

Зейлитца и Эка-С имеют особые свойства переработки. Для их характеристики проводились исследования влияния минерального состава на прочность при сушке, вязкость и спекание.

Магнитной сепарацией богатых вредными веществами каолинов Шпергау и Реблингена можно получать удовлетворительные результаты. Сопротивление на изгиб при сушки небольшое для бедных смешаннослойными минералами каолинов (Вольфка < 5 кп см$^{-2}$). У таких каолинов оно определяется в основном размером зерен каолинита. С увеличением доли счешаннослойных минералов сопротивление изгибу увеличивается в линейной зависимости до значения > 100 кп см$^{-2}$. Сопротивление изгибу при сушке увеличивается также в результате скалывания минеральных агрегатов и минеральных срастаний (например Вольфка от 3,8 до 10,4 кп см$^{-2}$).

Вязкость каолинов зависит от доли смешаннослойных минералов, органического вещества и дисперсности каолинита. С увеличением доли этих минералов в каолине растет вязкость и тенденция к образованию каркасных строений, т.е. уменьшается коэффициент тиксотропии. Органическое вещество уменьшает вязкость, уменьшается также тенденция к тиксотропии. В результате разложения каолинитовых агрегатов и срастаний вязкость существенно уменьшается, например концентрация вязкостьи каолина района Каминау может повышаться от 60% до 66%.

Синтеровое действие смешаннослойных минералов сравнимо с действием калиевого полевого шпата несмотря на гораздо меньшее содержание K_2O. Результаты исследования двухфазной системы кварца и смешаннослойных минералов показали, что с смешаннослойными минераламы связано усиленное преобразование кварца в кристобалит. Образовавшаяся из смешаннослойных минералов стеклянная фаза расположена к набуханию.

Бумажные каолины требуют большой степени белезны, определенной вязкости и особого распределения фракций зерен. Сырьевым материалом для изготовления бумажного каолина в ГДР служит каолин района Каминау (без мелкозернистого кварца, мало органического вещества). Процессом химического отбелевания достигаются значения до 88% (левкометр, цветовые фильтры). Большая степень белезны достигается также магнитной сепарацией. Интенсивное расмельчение способствует повышению концентрации вязкости до значений $> 65\%$. При этом происходит уменьшение размера зерен и выравнивание базавльных плоскостей каолинитов.

SUMMARY

Kaolin is an important industrial mineral which has a great variety of uses. At present the total world production of refined kaolins amounts to about 16 million tons per year, of which 40—45% are used as a paper filler and coater, 20—25% in ceramics and 10—15% as an extender or filler in rubber products. The remaining 20—25% are used in an extremely wide range of products including paints, pharmaceuticals, insecticides, plastics, fertilizers, glass fibres and others.

The GDR has many kaolin deposits. In 1980 nearly 2 million tons of crude kaolin were mined in the GDR, and the total refined kaolin produced was around 400000 tons. Of these, 50% are used in the manufacture of whiteware and ceramics, 35% in paper products and 15% as a filler in miscellaneous products.

In the present publication the following aspects have been dealt with:

- distribution, age and genesis of the kaolins in the GDR
- geology and mineralogy of the deposits
- mineralogy of the refined kaolins
- impact of the mineral composition on selected technological properties of the kaolins and
- optimization problems in mining and using kaolins.

Kaolinitic weathering on GDR territory dates from the following periods:

- Upper Mesozoic-Tertiary weathering crust with well preserved products of weathering (workable kaolins, Ni-laterites, coloured clays, montmorillonitic weathered rocks) and sediments (kaolinitic clays, quartzose sands)
- Upper Triassic to Lower Jurassic weathering, which however is reflected only by sediments, and
- Carboniferous to Lower Rotliegende weathering with minor relics of weathering and kaolinite bearing sedimentary rocks.

The kaolinization process started in the Lower Cretaceous with the advent of a warm-humid climate. Under the prevailing oxidizing conditions red kaolins were formed. In the area of the Saxon Upper Cretaceous sediments they have been preserved under continental layers. In the Cenomanian and Turonian the peripheral areas of the Bohemian Massif were inundated except for some isles and thus the region of kaolinitic weathering was markedly reduced. Only from the Coniacian these areas became continental again, and kaolinization set in throughout the Massif. Kaolinization continued to the uppermost Tertiary, especially during peneplanation periods thick kaolin layers were formed (Late Upper Cretaceous to Lower Eocene, turn Eocene/Oligocene, Upper Oligocene to early Miocene, late Miocene to Pliocene). As a result of epirogenic subsidence and basin formation due to faulting tectonics or leaching of the basement (Zechstein salts) parts of the kaolinized continental surface became a sedimentation are again, and the kaolins were covered and thus preserved. The covering layers date from the Middle and Upper Eocene (Weißelster Basin, Halle area), from the Middle Oligocene (north of Leipzig) and from the Upper Oligocene to Miocene (north-west Saxony, Lusatia). The kaolinized Upper Oligocene to Lower Miocene basalts and tuffs of Upper Lusatia and the lateritic Upper Miocene volcanic rocks of the Rhön mountains indicate that kaolinitic weathering continued to the uppermost Tertiary.

Important for the preservation or erosion of the kaolins is the paleomorphological development. In the south the area tends to rise (Upper Lusatia, the Erzgebirge and Fichtelgebirge), whereas in the northern part (Thuringian Basin, north-west Saxony, northern part of Upper Lusatia) it is subjected to subsidence. Repeated uplift and subsidence led to a Piedmont stairway with relief inversion. In the south the kaolin crust was almost completely destroyed by erosion. Only where the Tertiary continental surface was preserved minor amounts of kaolin remained in situ (e.g. near Steinheid in the Thuringian Forest, near Gera and at some other places). The region with massive areal occurrence of kaolins lies north of the 200 m isohypse. Its northern border has not yet been fully established. With regard to the degree of kaolin preservation in this region we have to distinguish between

- slightly eroded areas with areal kaolin bodies many square kilometers in size, having thicknesses of up to 100 m (Lusatia, north-west Saxony) and usually covered by thick surface rock (Tertiary)
- moderately eroded areas with trough-like kaolin deposits bounded by fresh rocks; they have a horizontal extension of some 10 to around 100 m and thicknesses of up to 60 m (e.g. in the Kemmlitz area, and near Colditz, Bad Lausick, Meißen). The overlying strata, consisting of Tertiary and Quarternary relics, are relatively thin.

Fracture-tectonic movements have played an important part in the preservation of the kaolin deposits. In the Kemmlitz area and Lusatia fracture-tectonic movements in the Holsteinian interglacial led to block tilting, and on the sunken blocks the kaolin crust and the Tertiary sediments were protected against erosion.

The kaolin profiles vary with the type of parent rock:

- They have however in common that the weathering process ultimately leads to kaolin (formation of a kaolinite zone, in which the K-felspars and other unstable phases are altered to kaolinite).
- The principal difference between the individual profiles is that, depending on the parent rock, several varieties of three-layer silicates (montmorillonite, illite, nontronite, mixed-layer minerals) are formed in the three-layer silicate zone. According to stability they are more or less rapidly converted to kaolinite. The most stable of the three-layer silicates, illite and the mixed-layer mineral, are degraded to a far lesser extent in the kaolinite zone, and have a definite influence on the properties of the kaolins. The kaolinites differ primarily in their morphology, the differences being clearly related to the parent rock.

The granodiorite kaolins of the Lusatian Massif show distinct zoning. The three-layer silicate zone is characterized by degraded greenish biotite, smectite, kaolinite and K-(Na)- felspar. In the kaolinite zone also biotite and K-felspar are weathered to kaolinite. The iron is fixed in the siderite or in the intergrowths of Fe-minerals and kaolinite (biotite pseudomorphoses). Hematite and goethite occur only in minor amounts. By hydrocyclone separation most of the iron is removed. The whiteness of the kaolins is greatest in the fine-grained fractions. The refined kaolins contain 80–90% kaolinite, 10–20% mica/illite and very small amounts of quartz, siderite, organic matter and heavy minerals. Some kaolins have a red coloration (e.g. at Wiesa), with the iron fixed mainly in finely divided hematite. Characteristic of the granodiorite kaolin are the epitactic intergrowths of kaolinite and mica.

The refined kaolins from Caminau have found wide-spread application as paper coating and filling agents. The whiteness of these kaolins amounts to 80% and can be further enhanced by bleaching.

In the Meißen Massiv and in the Meißen Eruptive Zone kaolins are being mined at Seilitz (parent rock: pitchstone, Dobritz quartz porphyry, felsite) at Schletta (pitchstone, felsite), at Ockrilla (biotite granite) and at Radeburg (syenodiorite). Typical of the pitchstone kaolins is the high content of illite montmorillonite mixed-layer mineral derived from the volcanic glass.

The main constituent of the quartz porphyry kaolins is kaolinite, whereas the biotite granite kaolins from Ockrilla contain, in addition to kaolinite, mica, smectite and unweathered felspars. During the Lusatian overfolding the biotite granite was thrust into the Triassic arcoses. The kaolinization affected both rocks, therefore the kaolinization is definitely younger than the overfolding (Subhercynian stage). The syenodiorite kaolins consist of kaolinite, nontronite, dioctahedral mica, K-(Na-) felspar, quartz and siderite. The uppermost parts of the profile were leached with concomitant degradation of the nontronite and precipitation of the iron at ground-water level.

The most important GDR deposits of ceramic kaolins are situated in the Kemmlitz area. These deposits are troughshaped, separated from each other by eminences of unaltered parent rock, and have thicknesses of up to 50 m. The main parent rocks are Kemmlitz and Rochlitz porphyries.

The Kemmlitz porphyry kaolins (lava type) are rich in kaolinite and poor in mixed-layer mineral. The mineral distribution in the porphyric kaolin profile is largely the same in all deposits. In the Rochlitz porphyry (ignimbrite) kaolins however the distribution varies; usually they contain more mixed-layer mineral and less kaolinite than the lava type.

A good deal of the quartz is very fine-grained (matrix quartz) and thus it makes up about 20% of the washed kaolins. Since all Kemmlitz kaolins contain the same minerals, though in varying amounts, they can be blended to produce various grades (Oka, BZ, Meka, Eka-S, Wolfka), each meeting specific standards.

At present, the kaolin mined from the Fuchsberg-Süd deposit, one of the numerous kaolin deposits in the Halle area, is used for producing refined kaolins. The crude kaolin, derived from the Löbejün porphyry, consists of about 50% kaolinite, 5—10% mixed-layer mineral, about 40% quartz and up to 5% organic matter. By means of grading a refined kaolin is produced which is rich in kaolinite and contains $< 10\%$ quartz and 10—20% mixed-layer mineral. The relatively high content of organic matter improves the flow properties.

The kaolins of Spergau and Röblingen have formed from the arcoses of the middle Bunter sandstone. They consist of fine-grained kaolinite, illite montmorillonite mixed-layer mineral, muscovite and quartz. With decreasing grain size of the parent rocks the content of three-layer silicates and mineral impurities (Fe_2O_3, TiO_2) increases.

The parent rock of the kaolin mined at Spergau is sandstone in which thin clay lenses are embedded. If the sandstone has only few clay lenses, the kaolinite rich refined kaolin contains only small amounts of mica and other mineral impurities. But with growing number and size of the clay lenses the content of mica and impurities increases.

In the deposit at Röblingen the kaolin profile consists of interbedded kaolinized sandstone, siltstone and clay with varying thicknesses. The refined kaolin is a blend of the three kaolinized rocks and its mineral composition and impurity content is determined by the varying proportions of the three types of crude kaolin.

The greywacke kaolins of Espenhain, Cunnersdorf and Schwepnitz are characterized by a rather high content of illite/muscovite ($> 25\%$), kaolinite (35—40%) and quartz ($\approx 35\%$). The content of mineral impurities is also high ($Fe_2O_3 = 1{,}9$—$6{,}7\%$; $TiO_2 = 1\%$).

Of the granitic kaolins, which have a limited occurrence in the GDR, only those of Oberrengersdorf and Aue have been dealt with. The kaolinite zone at Oberrengersdorf contains 35—50% kaolinite and halloysite, $< 10\%$ three-layer silicates and 40—55% quartz. The mineral impurities occur in local concentrations (brown and red patches). In the three-layer silicate zone there is a definite increase in the content of illite montmorillonite mixed-layer mineral and felspar. The main clay minerals of the Aue kaolin (altered pegmatitic granite), which may be of hydrothermal origin, are kaolinite ($\approx 90\%$) and illite ($\approx 10\%$).

Granulitic kaolins occur in the Saxon Granulite Mountains at several localities. The kaolin mined at Aitzendorf contains fine-grained kaolinite (up to 40%), illite (5—15%) and quartz (50—75%). Among the mineral impurities are $< 1\%$ Fe_2O_3 and $< 0{,}5\%$ TiO_2.

The ignimbrite kaolins at Ballendorf, Dürrweitzschen, Förstgen and Nerchau show the typical mineral paragenesis of kaolinite (40—45%), illite montmorillonite mixed-layer mineral (5—22%) and quartz (30—55%).

These kaolins which are mined from small open workings, have a rather low content of coarse-grained quartz (> 630 μm), which is an important advantage for their use as an unrefined material. The kaolin from Colditz, having a rather low weathering rate, is rich in three-layer silicates and felspar. It contains siderite (up to 6%) and in some samples 14-Å chlorite.

The kaolinized paleozoic clay schists of the Görlitz Slate Mountains consist of primary muscovite/illite, of kaolinite derived from chlorite and felspar, and of quartz. Only part of the mica has been converted to kaolinite.

Characteristic constituents of most refined kaolins of the GDR are the illite montmorillonite mixed-layer mineral, kaolinite and quartz, whose impact on settling and filtration has been investigated. After a settling time of 48 h, the initial solids content in the slurry of 5—10% has increased without flocculant to between 10% and 30%, depending on the sedimentation behaviour of the kaolins. The increase of the solids content during settling is dependent on mineral composition, degree of flocculation, initial solids content in the slurry and depth of the settling tank. With increasing specific surface (increasing mixed-layer content) of the solids the settling rate decreases, whereas the sediment volume increases. By the Ca^{++} ions of the water the suspended solids are flocculated. The degree of flocculation has a distinct impact on the rate of settling and the final solids content. The flake size is < 1 mm. A higher content of organic matter inhibits flocculation, with the flakes tending to become smaller. An increase of the initial solids content of the slurry causes the settling rate to decrease, however the sediment compression is enhanced.

Kaolinite-rich kaolins yield high increases of the solids content after relatively short settling times. With growing mixed-layer content the final solids content diminishes and the settling time increases. Application of flocculants reduces the settling time, the final solids content remaining largely unaffected.

Filtration is done by filter presses or by rotary vacuum filters. The main factors influencing filtration are the mineral composition of the kaolins, solids contents of the slurry, degree of dispersion of the solids, filtering pressure and thickness of the filter cake.

The mineral composition determines the specific surface, which in turn exerts a definite influence on the permeability and porosity of the filter cake, i.e. with increasing mixed-layer content the filtration rate decreases. Therefore, the thickness of the filter cake should be adjusted to permeability.

The filtering time is related to the solids content of the slurry, which depends on the mixed-layer content of the kaolins. Since with growing mixed-layer content the increase in solids diminishes, the filtering time increases correspondingly.

The kaolinitic china clays of the GDR (Oka, BZ, Wolfka, Meka, Salzmünde) have a very low content of mineral impurities (TiO_2 < 0,25%, Fe_2O_3 = 0,4—0,8%) and good workability. The kaolin grades Seilitz and Eka-S are characterized by a highly specific workability. In this context the influence of the mineral composition on modulus of rupture, viscosity and sintering has been investigated.

For the treatment of the kaolins from Spergau and Röblingen, which have a rather high content of mineral impurities, high-intensity magnetic separation has proved most effective, the whiteness of the fired body exceeding 80%.

In the kaolins which are poor in mixed-layer mineral the modulus of rupture is low (Wolfka < 5 kp cm^{-2}). In such kaolins the modulus of rupture is primarily determined by the grain size of the kaolinite. With growing mixed-layer content there is a linear increase of the modulus of rupture to more than 100 kp cm^{-2}. Similarly, disaggregation of the mineral aggregates and intergrowths results in a considerable increase of the modulus of rupture (e.g. in the Wolfka grade from 3,8—19,4 kp cm^{-2}).

The viscosity of the kaolins is determined by the content of mixed-layer mineral, of organic matter and by the dispersion of the kaolinite. With growing mixed-layer content the viscosity of the slurries (at comparable water and electrolyte content) increases, as does the tendency to form framework structures, i.e. the thixotropy coefficient diminishes. Organic matter reduces viscosity and thixotropy. Disaggregation leads to a marked decrease in viscosity, e.g. in the coating clay from Caminau the viscosity concentration can thus be increased from 60% to 66%.

The fluxing effect of the mixed-layer mineral is largely the same as that of the K-felspar, though the K_2O-content of the former is considerably lower. Investigations on the two-phase system quartz/mixed-layer mineral have shown that the mixed-layer mineral is responsible for the enhanced conversion of quartz to cristobalite. As a glass phase the mixed-layer mineral tends to bloat.

The paper clays have to meet high standards in terms of whiteness, viscosity and grain distribution. In the GDR the best raw-material for such clays is found at Caminau (no fine-grained quartz, little organic pigments). By chemical bleaching the whiteness of the coating clay can be increased to 88% and that of the filler clay to 86% (Leucometer, blue filter). Also high-intensity magnetic separation yields high whitenesses.

Intensive disaggregation leads to viscosity concentrations of > 65%, with concomitant decrease in grain size and increasing smoothness of the basal planes of the kaolinite.

LITERATUR

Adam, Ch.: Beiträge zur Kenntnis der Kaoline und Tertiärtone in NO-Sachsen. — Abh. zentr. geol. Inst., Berlin 17 (1974), S. 1—183.

Ahrens, H.; Lotsch, D.; Rohde, G.; Steinike, K.: Zur Herkunft der Sedimentschüttungen des westelbischen Tertiärs auf der Basis von Schwermineral-Untersuchungen. — Ber., Berlin 1974.

Almeborg, J.; Bondam, J.; Heller, E.: Kaolin deposits of Danmark. — XXIIIrd Intern. Geol. Congr., Rep., Prague 14 (1968/1969), S. 75—85.

Andel, T.; Postma, H.: Recent sediments of the Golf of Paria. — Verh. Koninkl. Nederl. Akad. Wet., Afd. Natuurkde, Erste Reeks, Bull., Amsterdam 20 (1954), S. 1—245.

André, J.: Studien über die Verwitterung des Granits. — München: 1866. 43 S.

Arvidson, B. R.; Doulin, J. M.; Eddy, J. R.; Oberteuffer, J. K.; Wechsler, J.: Recent equipment and application development for high gradient magnetic separation of ceramic raw materials. — Proc. IV. Conf. Silikatrohstoffe, Karlovy Vary 1978.

Autorenkollektiv: 250 Jahre Staatliche Porzellan-Manufaktur Meißen. — Meißen: 1960. 215 S.

Autorenkollektiv: 200 Jahre Seilitzer Kaolin, 1764—1964. — Kemmlitz: 1964. 84 S.

Babůrek, J.: Zur Frage des Eisengehaltes in Kaolinen von Božicaný. — Sklár a keramik, Praha 13 (1963) 12, S. 324—327.

— A new dressing process aimed at changing the physical properties of kaolins and clays. — Silikáty, 3 (1973), S. 183—193.

Babůrek, J.; Stepanek, Z.: Verwertung von Nichtbilanzvorräten mit hohem Eisen- und Titangehalt durch Hochgradientmagnetscheidung. — Proc. Intern. Congr. Mineral Proc., Beneficiation of Clay Raw Materials, Warszawa (1979), S. 3—21.

Babůrek, J.; Vondraková, M.: Vergleich einiger in der Papierherstellung verwendeter Kaoline. — Papir a celulosa, Praha 7 (1964), S. 195—197.

Barnitzke, J. E.: Über das Vorkommen der Porzellanerde bei Meißen und Halle a. d. Saale. — Z. prakt. Geol., Halle 17 (1909), S. 457—479.

Batel, W.: Menge und Verhalten der Zwischenraumflüssigkeit in körnigen Stoffen. — Chem.-Ing.-Techn., Weinheim 33 (1961), S. 541—547.

Bautze, H.: Erzeugung von weißem Papierkaolin — Teil „Streichkaolin". — Ber., VEB Silikatrohstoff-Kombinat, Kemmlitz 1967, 50 S., 25 Anl.

Bautze, H.; Mengler, W.: Verfahren zur Verbesserung des Weißgrades von Kaolin durch Umwandlung der Eisenverunreinigungen in weißes Eisenphosphat. — DDR, WP 75265, 1970.

Bautze, H.; Möbius, E.: Teil-Abschlußbericht zum Forschungsthema „Erzeugung von weißem Papierkaolin, Teil Füllstoffkaolin". — Ber. VEB Silikatrohstoff-Kombinat, Kemmlitz 1966, 107 S., 46 Anl.

Bautze, H.; Queisser, W.: Reproduzierbarkeit der kleintechnischen Aufbereitung von Rohkaolin. — Ber., Kemmlitz, 1969.

Bautze, H.; Schwerdtner, G.: Probleme der Qualitätskonstanz von mineralischen Rohstoffen, dargestellt am Beispiel keramischer Kaoline. — Ber. deutsch. Ges. geol. Wiss., A, Berlin 17 (1972), S. 613—616.

Beazley, K. M.; Peterreit, H.: Die Einflüsse von China Clay und Calziumkarbonat auf die Papiereigenschaften. — Wochenbl. Papierfabrikation, 4 (1975), S. 143—147.

Beck, H.: Mineralogische und rheologische Untersuchungen des Kaolins der Lagerstätte Fuchsberg-Süd bei Halle. — Greifswald, Ernst-Moritz-Arndt-Univ., Sekt. Geol. Wiss., Dipl.-Arb., 1980.

BEHR, H.-J.: Die Korngefügefazies der Zweigürteltektonite im kristallinen Grundgebirge Sachsens. — Abh. deutsch. Akad. Wiss. Berlin, Kl. Bergbau, Hüttenwes. Montangeol., Berlin 1 (1964).

BELLMANN, H.-J.: Ergebnisbericht über die Untersuchungen von Grauwackenkaolin aus dem Braunkohlentagebau Espenhain. — Ber., VEB Braunkohlenkombinat Espenhain, 1973, 46 S., 5 Anl.

— Graywacke Kaolin in the Leipzig Area (Espenhain Open Cast Mine). In: M. Störr (Ed.). The Kaolin Deposits of the GDR in the Northern Region of the Bohemian Massif. — Greifswald: E.-M.-Arndt-Univ. 1975. S. 207—215.

BELLMANN, H.-J.; RÖSLER, H. J.: Erste Untersuchungsergebnisse über das Eisenerzvorkommen im Grauwackenzersatz des Tagebaues Espenhain südlich Leipzig. — Z. geol. Wiss., Berlin 2 (1974) 4, S. 525—532.

BELLMANN, H.-J.; SCHWERDTNER, G.; STÖRR, M.: Der Grauwackenkaolin des Nordsächsischen Grauwackenkomplexes südlich von Leipzig. In: Autorenkollektiv: Tonminerale — Genese, Lagerstätten, industrielle Nutzung. — Berlin: Akad.-Verl. 1976. S. 19—25, (Schriftenr. geol. Wiss., H. 5).

BERG, G.: Über die petrographische Entwicklung des Niederschlesischen Miozäns. — Z. deutsch. geol. Ges., Berlin 58 (1906), S. 56—59.

— Die Braunkohlen Schlesiens. In: Handbuch deutsch. Braunkohlenbergbau. — Halle: 1907. S. 190—199.

BEUTELSPACHER, H.: Wechselwirkung zwischen anorganischen und organischen Kolloiden des Bodens. — Z. Pflanzenernähr., Düngung, Bodenkde., Weinheim 69 (1955), S. 108.

BISCHOF, C. G.: Lehrbuch der chemischen und physikalischen Geologie. Bd. I. — Bonn: 1847. 989 S.

BLANCK, E.; MELVILLE, R.: Untersuchungen über die rezente und fossile Verwitterung der Gesteine innerhalb Deutschlands, zugleich ein Beitrag zur Kenntnis der alten Landoberflächenbildung der deutschen Mittelgebirgsländer. — Chemie Erde, Jena 13 (1940/1941), S. 99—191; S. 387—471.

BLUM, R.: Die Pseudomorphosen des Mineralreichs. — Stuttgart: 1843. 378 S.

BOASE, H.: Über Mischung und Ursprung der Porzellanerde. — J. prakt. Chemie, Leipzig 11 (1837), S. 146—151.

BREDAHL, H.: Die tektonischen Verhältnisse im Bereich der Kaolinlagerstätten Kemmlitz/Sachsen. — Greifswald, Ernst-Moritz-Arndt-Univ., Sekt. Geol. Wiss., Dipl.-Arb., 1957, 57 S.

BRONGNIART, A.: Über den Kaolin oder die Porzellanerden. — J. prakt. Chemie, Leipzig 17 (1839), S. 118—121.

BRONGNIART, A.; MALAGUTI: Über den Ursprung und die Zusammensetzung der Kaoline oder der Porzellanerden. — J. prakt. Chemie, Leipzig 31 (1844), S. 129—160.

BUCH, L. v.: Über den Harz. — Leonard's Mineralogisches Taschenbuch f. d. Jahr 1824, Frankfurt (Main): 1824. S. 471—501.

BUCHWALD, J.: Die Bedeutung des „Bautzener Elbelaufes" für die Erkundung von feuerfesten Schamottetonen. — Z. angew. Geol., Berlin 12 (1966), S. 428—431.

— Zur Geologie der Kaolinlagerstätte Caminau. — Ber. deutsch. Ges. geol. Wiss., B, Berlin 12 (1967), S. 407—415.

— Zur Genese der Oberlausitzer Kaoline und Tone. — Geologie, Berlin 20 (1971) 1, S. 38—61.

BUNDY, W. M.; JOHNS, W. D.; MURRAY, H. H.: Physico-chemical properties of kaolinite and relationship to paper coating quality. — J. Tappi, 48 (1965), S. 688—696.

BURKHARDT, J.: Zum Einfluß des Mixed-Layer-Minerals auf die Transparenz von Porzellan. — Freiberg, Bergakad., Dipl.-Arb., 1967.

CARMAN, P. C.: Flow of gases through porous media. — London: 1956.

CEPEK, A. G.: Quartär: In: Autorenkollektiv: Grundriß der Geologie der DDR. Bd. I. — Berlin: Akad.-Verl. 1968. S. 385—420.

COHEN, E.; DEECKE, W.: Über das kristalline Grundgebirge der Insel Bornholm. — Jber. geogr. Ges. Greifswald, Greifswald 4 (1889).

COLLINS, J. H.: On the nature and origin of clays. — Mineral. Mag., London 7 (1887), S. 203—237.

CURRIE, T. E.; GRIMSHAW, R. W.: The influence of some factors on the viscosity and plastic behaviour of clays. — Abh. VI. Intern. Keram. Kongr., Wiesbaden 1958.

ČUCHROV, F. V.: Zur Bildung von Lagerstätten chemogener eluvialer Tone. In: M. STÖRR (Hrsg.): V. Intern. Symposium — Genese des Kaolins. — Berlin: Akad.-Verl. 1978, S. 9—28, (Schriftenr. geol. Wiss., H. 11).

Czerch, W.; Frühauf, K.; Hofmann, U.: Über die Ursachen der Verflüssigung des Kaolins. — Ber. deutsch. keram. Ges., Bad Honnef 37 (1960), S. 255—265.

Daber, R.; Katzung, G.; Pfeiffer, H.: Siles. In: Autorenkollektiv: Grundriß der Geologie der DDR. Bd. I. — Berlin: Akad.-Verl. 1968. S. 189—198.

Dammer, B.: Das Rotliegende der Umgegend von Altenburg i. Sa. — Jb. preuß. geol. Landesanst. Berlin 24 (1903), S. 291—332, (1903a).

— Referat zur Arbeit: Rösler (1902). — Z. prakt. Geol., Berlin 11 (1903), S. 114—115, (1903b).

— Beiträge zur Kenntnis einiger Kaolinlagerstätten. — Z. prakt. Geol., Berlin 11 (1903), S. 357 bis 358, (1903c).

— Zur Altersfrage des Kaolins. — Z. prakt. Geol., Berlin 18 (1910), S. 457—458.

Daubree, A.: Beobachtungen über den Metamorphismus der Gesteine und Versuche mit einigen Agentien, welche ihn veranlassen könnten. — Soc. Geol. Fr., C. R., Paris 45 (1857), S. 468—813.

— Synthetische Studien zur Experimental-Geologie. — Braunschweig: 1880. 596 S.

Davies, D. C.: A treatise on earthy and other minerals and mining. 3. Ed. — London: 1892.

de Launay: Note sur les gîsements de kaolin de la foret des Colettes (Allier). — Bull. geol. Soc. Fr. Paris 16 (1888), S. 1058—1094.

Dennison, S. R.; Toms, G. L.: Die Oberflächeneigenschaften von China Clay im Hinblick auf ihre Verwendung als Streichpigment. — Streicherei-Inform. China Clay Handelsges. Bassermann & Grolman, Düsseldorf/Mannheim 3/4 (1967).

Diener, I.: Kreide. In: Autorenkollektiv: Grundriß der Geologie der DDR. Bd. I. — Berlin: Akad.-Verl. 1968, S. 320—342.

Diener, I.; Rusitzka, D.: Mesozoikum. In: Autorenkollektiv: Grundriß der Geologie der DDR. Bd. I. — Berlin: Akad.-Verl. 1968. S. 264—267.

Dietz, K.; Gauglitz, R.; Schwiete, H.-E.: Über die Verflüssigung von Schlämmen silikatischer Tonminerale und anderer mineralischer Schlämme. — Ziegelindustrie, Wiesbaden 10 (1957), S. 353—359.

Echie, W.: Mineralogische Untersuchungen an Sedimenten des Steinmergelkeupers und der Roten Wand aus der Umgebung von Göttingen. — Heidelberger Beitr. Mineral. Petrol., Heidelberg 8 (1961), S. 28—59.

Eckardt, F. J.: Über Chlorite in Sedimenten. — Geol. Jb., Hannover 75 (1968), S. 437—474.

Eichstädt, F.: Bidrag till kännedomen om kaolinlerorna i Skane. — Geol. Fören. Förh., Stockholm 10 (1888) 2.

Eissmann, L.: Geologie des Bezirkes Leipzig. H. 1 und 2. — Leipzig: 1970, (Natura regionis Lipsiensis).

Endell, K.: Über die chemische und mineralogische Veränderung basischer Eruptivgesteine bei der Zersetzung unter Mooren. — N. Jb. Mineral., B, Stuttgart 31 (1911), S. 1—54.

Endell, K.; Hofmann, U.: Über das Kleben anorganischer Bindemittel und die Plastizität und Thixotropie des Tones. — Angew. Chemie, Leipzig 60 (1948), S. 237—242.

Engelhardt, W. v.: Der Porenraum der Sedimente. — Berlin-Göttingen-Heidelberg: Springer-Verl. 1960.

Engelhardt, W. v.; Schindewolf, E.: Zur Filtration von Tonsuspensionen. — Kolloid-Z., Darmstadt 127 (1952), S. 150—164.

Engelhardt, W. v.; Tunn, W.: Über das Strömen von Flüssigkeiten durch Sandsteine. — Heidelberger Beitr. Mineral. Petrogr., Heidelberg 4 (1954), S. 12—25.

Etzold, F.: Die Braunkohlenformation Nordwest-Sachsens. In: Erl. geol. Specialkarte Kgr. Sachsen. — Leipzig: Sächs. Geol. Landesamt 1912.

Fehrendt, H.: Untersuchungen zur Rheologie des Caminauer Kaolins. — Greifswald, Ernst-Moritz-Arndt-Univ., Sekt. Geol. Wiss., Dipl.-Arb., 1974, 51 S.

Franke, D.: Kambrium, Ordovizium und Silur, In: Autorenkollektiv: Grundriß der Geologie der DDR. Bd. I. — Berlin: Akad.-Verl. 1968. S. 102—152.

Franke, D.; Katzung, G.: Paläozoikum. In: Autorenkollektiv: Grundriß der Geologie der DDR. Bd. I. — Berlin: Akad.-Verl. 1968. S. 97—101.

Franke, D.; Schröder, E.: Das variszische Orogen nördlich des Böhmischen Massivs. Ein Überblick. — Geologie, Berlin 17 (1968), S. 647—660.

Franz, E.: Die Kaolinlagerstätte Fuchsberg-Süd. In: Exkursionsführer 21. Jahrestagg Ges. Geol. Wiss. DDR. — Berlin: Ges. Geol. Wiss. DDR 1974. S. 25—29.

Freundlich, H.: Thixotropie. — Paris: 1935.

FREYBERG, B. v.: Der Aluminit von Halle, eine an das Tertiär gebundene Mineralneubildung. — Der Steinbruch, **16** (1921) 6.
— Die tertiären Landoberflächen in Thüringen. — Fortschr. Geol. Paläont., Berlin **6** (1923), S. 1—77.
— Diskussionsbeitrag zum Vortrag Gäbert: „Das Alter der Kaolinisierung". — Jb. hall. Verb., N. F., Halle **5** (1926), S. 70—72, (1926a).
— Die Kaolingrube der „Kaolin- und Sandwerke" nördlich vom Galgenberg bei Halle (Saale). — Jb. hall. Verb., N. F., Halle **5** (1926), S. 72—75, (1926b).
— Die Tertiärquarzite Mitteldeutschlands. — Stuttgart: 1926, (1926c).
— Die nutzbaren Begleitschichten der Braunkohle in Thüringen und ihre Muttergesteine. — Beitr. Geol. Thür., Jena **1** (1927/28), S. 1—20.
FUCHS, W.: Die Chemie der Kohle. — Berlin: Springer-Verl., 1931. 510 S.
GAUGLITZ, R.: Verflüssigung wässriger Mineralschlämme, insbesonders von Tonmineralschlämmen. — Aachen, Techn. Hochsch., Diss., 1958.
GELLERT, J. F.: Grundzüge der physischen Geographie von Deutschland. Bd. 1: Geologische Strukturen und Oberflächengestaltung. — Berlin: 1958, 492 S.
GESSNER, H.: Die Schlämmanalyse. Kolloidforschungen in Einzeldarstellungen. Bd. 10. — Leipzig: 1931. 244 S.
GINSBURG, J.: Über den Kaolin und seine Entstehung. — Ann. Inst. polytechn., St. Petersburg **17** (1911), S. 245—342; S. 711—817; **18** (1912), S. 255—353, (russ.).
GOTTE, W.; HIRSCHMANN, G.: Erläuterungen zur geologischen Übersichtskarte der Bezirke Dresden, Karl-Marx-Stadt und Leipzig i. M. 1:400000. — Freiberg: VEB Geol. Forsch. Erkdg. 1973. 78 S.
GREENE, E. W.; DUKE, J. B.: Selective Froth Flotation of Ultrafine Minerals or Slimes. — Trans. SME/AJME, **223** (1962), S. 289—395.
GRIM, R. E.: Applied Clay Mineralogy. — New York: McGraw Hill Book Comp. 1962. 422 S.
GRIM, R. E.; JOHNS, W. D.: Clay mineral investigation of sediments in the Northern Gulf of Mexico. — Proc. 2. Nat. Conf. Clays and Clay Minerals, Washington 1954, S. 81—103.
GRIM, R. E.; WAHL, F. M.: The Kaolin Deposits of Georgia and South Carolina, U.S.A. — Intern. Geol. Congr., Rep. XXIIIrd Sess., Prague 14 (1969), S. 9—29.
GRODDE, K. G.: Bohrspülungen und Zementschlämme in der Tiefbohrtechnik. — Hamburg: 1963.
GROHNKE, CH.: Untersuchungen zur Tonmineralverteilung im Zechstein von Rügen. — Greifswald, Ernst-Moritz-Arndt-Univ., Sekt. Geol. Wiss., Oberseminararb., 1973.
GUNN, F. A.; MORRIS, H. H.: Delaminated domestic sedimentary clay products and method of preparation thereof. — U.S. Patent 3.171.718, März 1965.
HA, NG. TH.: Untersuchungen zu den Verwitterungsvorgängen des Meißener Pechsteins. — Greifswald, Ernst-Moritz-Arndt-Univ., Sekt. Geol. Wiss., Dipl.-Arb., 1975.
HAASE, E.: Die Halleschen Porphyre. — Jb. hall. Verb., N. F., Halle **16** (1938).
HÄHNEL, O.: Beitrag zur Kenntnis der Kaolinbildung. — J. prakt. Chemie, N. F., Leipzig **78** (1908), S. 281ff.
HAK, J.; JOHAN, Z.; KVAČEK, M.; LIEBSCHER, W.: Kemmlitzite, a new mineral of the woodhouseite group. — N. Jb. Mineral., Mh., Stuttgart (1969), S. 201—212.
HARDER, H.: Synthesen von Tonmineralen unter spezieller Berücksichtigung festländischer Bedingungen. In: M. STÖRR (Hrsg.): V. Internationales Symposium — Genese des Kaolins. — Berlin: Akad.-Verl. 1978. S. 51—78, (Schriftenr. geol. Wiss., H. 11).
HARRASSOWITZ, H.: Über den Zechstein im Spessart und Odenwald. — N. Jb. Mineral. etc., Stuttgart (1913), S. 742—751.
— Verwitterungslagerstätten. — Z. prakt. Geol., Berlin **24** (1916), S. 127—136.
— Landschaftsaufbau am Ostrande der Rheinischen Masse. — Cbl. Mineral. etc., Stuttgart (1922), S. 233—242, S. 615—618.
— Laterit. — Fortschr. Geol. Paläont., Berlin 4 (1926), S. 253—566.
HEALING, R. A.; WRIGHT, P. C.: International aspects of kaolin. — Intern. Geol. Congr., Rep. XXIIIrd sess., Prague 14 (1969), S. 125—135.
HENDRICKS, S. B.; TELLER, E.: Interference by disordered lattices. — J. Chemie Physik, Nürnberg **10** (1942), S. 147—167.
HENNING, K.-H.: Papierstreichkaolin. In: Jahresbericht Themenkomplex „Tonminerale — Genese — Lagerstätten — industrielle Nutzung". — Ber. Ernst-Moritz-Arndt-Univ., Sekt. Geol. Wiss., Greifswald, 1974.

Henning, K.-H.: Elektronenmikroskopische Teilchenanalyse von Kaoliniten. In: Autorenkollektiv: Tonminerale — Genese, Lagerstätten, industrielle Bedeutung und Nutzung. — Berlin: Akad.-Verl. 1976. S. 75—82, (Schriftenr. geol. Wiss., H. 5).
— Elektronenmikroskopische Teilchengrößenanalyse von Kaoliniten aus kaolinisierten Feldspäten verschiedener Primärgesteine. In: M. Störr (Hrsg.): V. Internationales Symposium — Genese des Kaolins. — Berlin: Akad.-Verl. 1978. S. 79—87, (Schriftenr. geol. Wiss., H. 11).
— Der Einfluß der Mineralogie der Kaoline auf ihre Eignung als Pigmente oberflächenveredelter Druckpapiere. — Greifswald, Ernst-Moritz-Arndt-Univ., Sekt. Geol. Wiss., Diss. B, 1979, 223 S.
Henning, K.-H.; Reinhardt, B.: Zur Morphometrie von Streichkaolinen. — Zellstoff und Papier, 5 (1979), S. 210—215.
Herre, R.: Ergebnisbericht über die im Jahre 1957 durchgeführten geologischen Erkundungsarbeiten auf Kaolin bei Oberrengersdorf (Krs. Niesky). — Ber. VEB Geol. Forsch. Erkdg., Halle, 1959.
Herrmann, O.: (Section Kloster St. Marienstern). Erl. geol. Specialkarte Königreich Sachsen, Bl. 37. — Leipzig: Sächs. Geol. Landesamt 1892.
— (Section Welka-Lippitsch). Erl. geol. Specialkarte Königreich Sachsen. — Leipzig: Sächs. Geol. Landesamt 1893.
Hiller, W.: Technologische Aspekte bei der Schwingmahlung von Kaolinen. — Silikattechnik, Berlin **21** (1970), S. 89—92.
Hofmann, U.: Neues aus der Chemie des Tones. — Angew. Chemie, Leipzig **55** (1942), S. 283—287.
— Halloysit im Börtewitzer Kaolin. — Sprechsaal, Coburg **93** (1951), S. 413—414.
Hofmann, U.; Czerch, W.; Scharrer, E.: Über die Ursachen der Trockenbiegefestigkeit. — Ber. deutsch. keram. Ges., Bad Honnef **35** (1958), S. 219—225.
Hofmann, U.; Fahn, R.; Weiss, A.: Thixotropie bei Kaolinit und innerkristalline Quellung bei Montmorillonit, Wirkung der austauschfähigen Kationen, der Flüssigkeit und der Elektrolyse einer wässrigen Lösung. — Kolloid-Z., Darmstadt **151** (1957), S. 97—115.
Hoppe, G.: O sovremennom sostojanii issledovanija glin v Germanii. — Lvov: izd. Lvov. Univ., 1958.
— Nachweis der pyroklastischen Entstehung der Kohlentonsteine von Oelsnitz (Sachsen). — Ber. deutsch. Ges. geol. Wiss., B, Berlin **11** (1966), S. 215—222.
Hoppe, M.: Die Schwermineralien der Halleschen Quarzporphyrkaoline. — Wiss. Z. Univ. Halle, **11** (1952) (1953), S. 253—265.
Huber, O.; Penzkofer, A.: Rheologisches Verhalten wässriger Dispersionen von Streichkaolinen, Bindemitteln und kaolinhaltigen Streichpasten. — Das Papier, **19** (1965), S. 847—856.
Iannicelli, J.: Process for improving the brightness of clays. — U.S. Patent 3. 471. 011, October 1969.
— High extraction magnetic filtration of kaolin clay. — Vortr. Intern. Clay Conf. Mexico, Juli 1975, S. 16—23.
— New developments in the high extraction magnetic filtration of kaolin clay. — Proc. Intern. Congr. Mineral Proc.; Beneficiation of Clay Raw Materials, Warszawa 1979, S. 103—130.
Inzigneri, M.; Peco, G.: Influenza del contenuto di mica nei caolino sulla greificazione dei prodorri ceramici. — Abh. IX. Intern. Keram. Kongr., Brüssel (1964), S. 237—247.
Jouenne, Ch. A.: Propriétés rhéologiques des barbotines de coulage. — Ind. Céram., Paris (1966), S. 843—854.
Jung, W.: Zechstein. In: Autorenkollektiv: Grundriß der Geologie der DDR. Bd. I. — Berlin: Akad.-Verl. 1968. S. 219—237.
Kacalova, L.: Rol' illita v obrazovanii farfora. — Sborn. 10, Porzellankonferenz, Karlovy Vary 1966, S. 37—53.
Kaemmel, Th.: Zur präoberstefanischen Verwitterungsrinde im Thüringer Wald im Rahmen der permosilesischen Verwitterungserscheinungen. — Geol. Jb., Berlin 4 (1968) (1972), S. 81—96.
Kasai, S.: Die wasserhaltigen Aluminiumsilikate. — München, Ludwig-Maximilians-Univ., Diss., 1896, 35 S.
Katzung, G.: Rotliegendes. In: Autorenkollektiv: Grundriß der Geologie der DDR. Bd. I. — Berlin: Akad.-Verl. 1968. S. 201—218.
Kelch, H.: Mineralogisch-petrographische Untersuchungen am Rhyolith vom Typ Hohnsdorf, nördlich Halle (Saale). — Geologie, Berlin 12 (1963), S. 401—438.

KELLER, W. D.: Scan electron micrographs of the kaolinization process including examples from the Bohemian Massif. In: M. STÖRR (Hrsg.): V. Internationales Symposium — Genese des Kaolins — Berlin: Akad.-Verl. 1978, S. 89—108, (Schriftenr. geol. Wiss., H. 11).
— Genesis of the Kaolin. — Proc. IGCP-Proj. Nr. 23, Paris (1980), S. 1—38.
KIRSCH, H.: Ergänzende Untersuchungen an der Porzellanerde von Aue in Sachsen. — Silikattechnik, Berlin 6 (1955), S. 207—208.
KLINEFELTER, T. A.: Hard and soft kaolins of Georgia. — Rep. Investigation 3682, U.S. Bureau of Mines (1943), S. 1—20.
KLINEFELTER, T. A.; MEYER, W. W.; VACHUSKA, E. J.: Some properties of english china clays. — J. Amer. Ceram. Soc., 16 (1933), S. 269—276.
KOHL, H.: Trockenbiegefestigkeit der Tone. — Ber. deutsch. keram. Ges., Bad Honnef 11 (1930), S. 325—333.
KÖLBEL, H.: Regionalgeologische Stellung der DDR im Rahmen Mitteleuropas. In: Autorenkollektiv: Grundriß der Geologie der DDR. Bd. I. — Berlin: Akad.-Verl. 1968, S. 18—66, (1968a).
— Jura. In: Autorenkollektiv: Grundriß der Geologie der DDR. Bd. I. — Berlin: Akad.-Verl. 1968. S. 290—315, (1968b).
KOLM, H. H.; MARSTON, P. G.: HGMS: Hochgradient-Magnet-Scheidung. Ein neues Prinzip. — Aufbereitungstechnik, 16 (1975), S. 296—300.
KONONOWA, M. M.: Die Humusstoffe des Bodens. — Berlin: 1958. 341 S.
KONUPEK, J.; SLEMR, J.: Zpusob mkrého toideni jemného kaolinu a jiných polydispersnich materiálu. — ČSSR-Patent 137 465 (1967), PV 8917—67.
KOSSMAT, F.: Die Gliederung des variszischen Gebirgsbaues. — Abh. sächs. geol. Landesanst., Leipzig 1 (1927), 39 S.
KÖSTER, M. H.: Mineralogische und technologische Untersuchungen an Industriekaolinen. — Ber. deutsch. keram. Ges., Bad Honnef 41 (1964), S. 1—7, S. 185—196, S. 227—235.
KOZENY, J.: Über kapillare Leitung des Wassers im Boden (Aufstieg, Versickerung und Anwendung auf die Bewässerung). — Sitzungsber. Akad. Wiss. Wien, math.-nat. Kl., Abt. IIa, Wien 136 (1927), S. 271—306.
KRANZ, G. J.; WIEGMANN, J.; HORTE, C.-H.: Zur Methodik mineral-analytischer Untersuchungen bei Serienbestimmungen, zum Beispiel bei der geologischen Erkundung von Kaolinlagerstätten. — Silikattechnik, Berlin 17 (1966), S. 291—293.
KRUMM, H.: Mineralbestand und Genese fränkischer Keuper- und Lias-Tone. — Heidelberger Beitr. Mineral. Petrogr., Heidelberg 11 (1965), S. 91—137.
KÜLLMANN, H.: Morphometrische Messungen an Streichkaolinen. — Greifswald, Ernst-Moritz-Arndt-Univ., Sekt. Geol. Wiss., Dipl.-Arb., 1974.
KUŽVART, M.; KONTA, J.: Kaolin und laterite weathering crusts in Europe. — Acta Univ. Carolinae, Ser. Geol., Praha (1968) 1/2, S. 1—19.
LANDGRAF, K.-F.: Petrographische Untersuchungen der Grauwacke von Kamenz (Sachsen). — Halle—Wittenberg, Martin-Luther-Univ., mineral.-petrogr. Inst., Dipl.-Arb., 1958, 96 S.
— Lichtbrechungsmessungen an Organo-Tonkomplexen. In: Autorenkollektiv: Tonminerale—Genese, Lagerstätten, industrielle Bedeutung und Nutzung. — Berlin: Akad.-Verl. 1976. S. 99—108, (Schriftenr. geol. Wiss., H. 5).
— Bestimmung des Montmorillonitschichtanteils im Wechsellagerungsmineral des Kaolins von Kemmlitz. In: M. STÖRR (Hrsg.): V. Internationales Symposium — Genese des Kaolins. — Berlin: Akad.-Verl. 1978. S. 141—147, (Schriftenr. geol. Wiss., H. 11).
LANG, R.: Über Kaolinit in Sandsteinen des schwäbischen mittleren Keupers. — N. Jb. Mineral. etc., Stuttgart (1909), S. 596—599.
— Die Entstehung von Braunkohle und Kaolin im Tertiär Mitteldeutschlands. Ein geologisch-bodenkundliches Problem. — Jb. hall. Verb., N. F., Halle 2 (1920), S. 65—91.
— Bleicherde und Braunkohlebildung. — Braunkohle, Halle 20 (1922), S. 753—759.
— Diskussionsbeitrag zum Vortrag GÄBERT. — Jb. hall. Verb., N. F., Halle 5 (1926), S. 63—70.
LANGE, P.: Rasterelektronenmikroskopische Untersuchungen an verwitterten Gesteinen und Kaolinen. In: M. STÖRR (Hrsg.): V. Internationales Symposium — Genese des Kaolins. — Berlin: Akad.-Verl. 1978. S. 149—164, (Schriftenr. geol. Wiss., H. 11).
LANGBEIN, R.: Zur Petrologie des Thüringer Buntsandsteins. — Berlin: Akad.-Verl. 1970. S. 1 bis 131, (Geologie, Beih. 68).

Langbein, R.: Petrographie: In: W. Hoppe & R. Langbein: Buntsandstein. In: W. Hoppe; G. Seidel (Hrsg.): Geologie von Thüringen. — Gotha/Leipzig: VEB H. Haack 1974. S. 85—95.

Lasch, G.: Mineralogisch-geochemische Untersuchungen an Lausitzer Kaolinen und Gesteinszersätzen. — Leipzig: VEB Deutsch. Verl. Grundstoffind. 1970. 87 S., (Freiberger Forsch.-H., C 258).

— Geochemisch-mineralogische Untersuchungen an tertiären Tonen der Lausitz. — Leipzig: VEB Deutsch. Verl. Grundstoffind. 1973. 76 S., (Freiberger Forsch.-H., C 290).

Laube, G. C.: Geologische Excursionen im böhmischen Thermalgebiet. — Leipzig: 1884.

Laves, D.: Untersuchungen über die Ursachen unterschiedlicher Weißgrade der Kaoline. — Silikattechnik, Berlin 17 (1966), S. 149—151.

Lehmann, H.; Marx, G.: Die Beeinflussung der Gießbarkeit von Tonsuspensionen bei Zusatz von Soda und Quebracho-Extrakt und die Auswirkungen des Zusatzes von Quebracho-Extrakt auf die Trockenbiegefestigkeit gegossener Körper. — Tonind.-Ztg., Goslar 78 (1954), S. 323—325.

Lehmann, H.; Marx, G.: Untersuchungen über das Fließverhalten tonmineralhaltiger Rohstoffe. — Tonind.-Ztg., Goslar 82 (1958), S. 354—363.

Liebmann, H.: Qualitätsbeurteilung der Kaoline der DDR. — Ber., WTK Meißen, Meißen, 1964.

— Einheitsversatz Sk 13 und Glasur. — Ber., Meißen, 1967.

Liebscher, W.: Über das Vorkommen eines neuen Minerals der Bendantitreihe im Kaolin von Kemmlitz. — Z. angew. Geol., Berlin 7 (1961) 4, S. 209.

Linstow, O. v.: Die geologischen Verhältnisse von Bitterfeld und Umgegend (Carbon, Porphyr, Kaolinisierungsprozeß, Tertiär, Quartär). — N. Jb. Mineral. etc., Beil.-Bd., Stuttgart 33 (1912), S. 754—830.

Lippmann, F.: Über einen Keuperton im Zaiserweiher bei Maulbronn. — Heidelberger Beitr. Mineral. Petrogr., Heidelberg 4 (1954), S. 130—134.

Lofthouse, C. H.; Scobie, C. W.: The beneficiation of kaolin using a comercial high intensity magnetic separator. — Proc. Internat. Congr. Mineral. Proc., Beneficiation of Clay Raw Materials, Warszawa 1979, S. 161—194.

Lotsch, D.: Stratigraphisches Schema für das Tertiär der Deutschen Demokratischen Republik. — Bericht, Zentr. Geol. Inst., Berlin, 1966.

— Tertiär (Paläogen und Neogen). In: Autorenkollektiv: Grundriß der Geologie der DDR. Bd. I. — Berlin: Akad.-Verl. 1968. S. 356—379.

Luckert, J.: Untersuchung der Verwitterungserscheinungen im Liegenden des Westfal D von Zwickau und eines Verwitterungsprofiles im Kohlenkalk des Wildenfelser Schiefergebirges. — Greifswald, Ernst-Moritz-Arndt-Univ., Sekt. Geol. Wiss., Dipl.-Arb., 1977.

Lyons, S. C.: Method of Treating Kaolinitic Clay. — U.S. Patent 2. 904 267, Sept. 1959.

— Verfahren zur Herstellung eines Kaolins hoher Weiße und geringer Zähigkeit. — U.S. Patent 2. 904. 267 (1966). BRD Offenlegungsschrift 15 71 514 (1970), (engl.).

Machalett, J.; Krone, B.: Methodische Untersuchungen zur komplexen Rayonierung geowissenschaftlicher Karten. — Greifswald, Ernst-Moritz-Arndt-Univ., Sekt. Geol. Wiss., Dipl.-Arb., 1975.

MacKenzie, R. C.: Hydratationseigenschaften von Montmorillonit. — Ber. deutsch. keram. Ges., Bad Honnef 41 (1964), S. 696—708.

Mai, H. D.; Majewski, J.; Unger, K. P.: Pliozän und Altpleistozän von Rippersroda in Thüringen. — Geologie, Berlin 12 (1963), S. 765—815.

Michaelis, A. S.; Bolger, J. C.: Settling and sediment volumes of flocculated kaolin suspensions. — Ind. Eng. Chem. Fundamentals, 1 (1962), S. 24—33.

Miliman, N.: Coating clays. — Ind. Carta, 2 (1964), S. 355—372.

Mills, C.: High gradient magnets and the kaolin industry. — Ind. Minerals, London 119 (1977), S. 41—45.

Mitscherlich, E.: Lehrbuch der Chemie. 1. Aufl. — Berlin: 1835.

Möbus, G.: Petrographisch-tektonische Untersuchungen im Lausitzer Granitmassiv. — Abh. deutsch. Akad. Wiss., Kl. Chemie, Biol., Berlin 2 (1956), 40 S.

— Characteristiques de la zone Saxo-Thuringienne de l'orogenèse varisque d'Europe moyenne. — Publ. Colloque Intern. du CNRS, Rennes 1974.

Moore, F.: Rheologie in der Keramik. — Goslar: 1967, 86 S.

Morris, H. H.; Sennett, P.; Drexel, Jr. R. J.: Caolini a struttura delaminata. Proprietà fisiche e proprietà di patinatura della carta. — Ind. Carta, 6 (1966), S. 199—208.

MÜLLER, L.: Das Kaolin und seine deckenförmigen Lagerstätten in Mitteldeutschland. — Der Steinbruch, Halle 5 (1910), S. 79—80.
— Die sächsische Porzellanerde. — Aus der Natur, VI (1910/1911), S. 573—575.
MURRAY, H. H.: Beneficiation of selected industrial minerals and coal by high intensity magnetic separation. — IEEE, Trans. on Magnetics, 12 (1976), S. 498—502, (1976a).
— Beneficiation of industrial minerals using high intensity magnetic separation. — Proc. 3rd. Ind. Mineral. Congr. München 1976, London 1976, (1976b).
— Clay. — Tappi Monograph Ser. 38, Chapter 5: Clay, 1976, S. 69—109, (1976c).
NEBE, W.: Über präcenomane Böden auf osterzgebirgischen Gneisen. — Wiss. Z. techn. Univ. Dresden 10 (1961), S. 559—563.
NEUMANN, R.: Zur Entstehung der Halleschen Kaolinlagerstätten. — Silikattechnik, Berlin 5 (1954), S. 252—259, (1954a).
— Über die bodenphysikalischen Eigenschaften der mitteldeutschen Kaoline und ihre Beziehungen zu den Ursprungsgesteinen. — Ber. deutsch. keram. Ges., Bad Honnef 31 (1954), S. 156—167, (1954b).
— Der Einfluß der Kornfraktion > 2 µm auf die Plastizität der Tone und Kaoline und ihre Beziehungen zum Enslin-Wert. — Ber. deutsch. keram. Ges., Bad Honnef 34 (1957), S. 274—281.
— Zur Genesis des roten Kaolins in den mitteldeutschen Kaolinlagerstätten. — Silikattechnik, Berlin 11 (1960), S. 56—57.
NEUMANN, W.: Über fossile und metamorphe Verwitterungsbildungen auf dem sächsischen Granulitmassiv und an seinem Rande. — Z. geol. Wiss., Berlin 2 (1974), S. 705—715.
NIKOVOROVA, N. S.; BIVŠEVA, L. L.: Veredelung von Kaolin in Suspensionen zum Streichen von Papieren. — Bum. Prom., Moskva 12 (1960), S. 21—23, (russ.).
NÜTZENADEL, P.: Zum Fließverhalten plastischer keramischer Massen. — Silikattechnik, Berlin 21 (1970), S. 86—89.
ORLICEK, A. F.: Die physikalischen Grundlagen der Filtration. — Dechema-Monographie, Weinheim 26 (1956) Nr. 311—331, S. 199—218.
— Theoretische und experimentelle Untersuchungen zur Filtration. — Dechema-Monographie, Weinheim 32 (1959), S. 294—304.
ORLICEK, A. F.; HACKL, A. E.; KINDERMANN, P. E.: Filtration. — Frankfurt (Main): 1964.
ORTMANN, E.: Erfahrungen beim Aufbau von Betriebsversätzen für Geschirrporzellan und dessen Beurteilung. — Sborn. 11. Konf. Porcelanu, Karlovy Vary (1967), S. 17—36.
PATTERSON, S. H.; MURRAY, H. H.: Clays. In: Industrial Minerals, 4. Ed. — Amer. Inst. Mineral. Metallurg. Petrol. Eng., New York (1975), S. 519—585.
PETERS, T.: Tonmineralogische Untersuchungen an einem Keuper-Lias-Profil im Schweizer Jura. — Schweizer. mineral.-petrogr. Mitt., Zürich 44 (1964), S. 559—588.
PETROV, V. P.: Grundlagen der Lehre über die alten Verwitterungskrusten. — Moskva: 1967, 343 S., (russ.).
— Kaolinlagerstätten der UdSSR. — Moskva: 1968, S. 7—12, (russ.).
PETROV, V. P.; SERGEJEV, I.: Über Pechsteinvorkommen in der Umgebung von Meißen. — Z. angew. Geol., Berlin 16 (1970), S. 356—359.
PFEIFFER, H.: Devon. In: Autorenkollektiv: Grundriß der Geologie der DDR. Bd. I. — Berlin: Akad.-Verl. 1968, S. 159—174, 188, (1968a).
— Dinant. In: Autorenkollektiv: Grundriß der Geologie der DDR. Bd. I. — Berlin: Akad.-Verl. 1968. S. 177—188, (1968b).
PIETZSCH, K.: Verwitterungserscheinungen der Auflagerungsfläche des sächsischen Cenomans. — Z. deutsch. geol. Ges., Berlin 65 (1913) (1914), S. 594—602.
— Geologie von Sachsen. — Berlin: VEB Deutsch. Verl. Wiss. 1962. 870 S.
POWERS, M. C.: Clay diagenesis in the Chesapeake Bay area. Proc. 2. Nat. Conf. Clays and Clay Minerals, Washington 1954, S. 68—80.
— Adjustment of land derived clays to the marine environment. — J. Sediment. Petrol., Tulsa (Okla.) 27 (1957), S. 355—372.
RADCZEWSKI, O. E.; BALDEN, H. J.: Röntgenographische und elektronenmikroskopische Untersuchungen an Schlettaer Erde. Interferenzbilder hoher Auflösung von einzelnen Kristallen. — Fortschr. Mineral., Stuttgart 37 (1959), S. 74—78.
RADCZEWSKI, O. E.; BALDEN, J. H.: Der Nachweis von Mixed-Layer-Tonmineral in der Schlettaer Erde. — Silic. Industr., Brüssel 25 (1960), S. 61—64.

Radzinski, K.-H.: Gliederung und Paläogeographie des unteren und mittleren Buntsandsteins im südöstlichen Harzvorland. — Geologie, Berlin 16 (1967), S. 637—659.

Ramann, E.: Bodenkunde. 2. Aufl. — Berlin: Springer-Verl. 1905. 431 S.

— Bodenkunde. 3. Aufl. — Berlin: Springer-Verl. 1911. 619 S.

Rauhe, D.: Der Einsatz von Flockungsmitteln bei der Sedimentation von Kaolin-Suspensionen. — Ber., Kemmlitz, 1963.

Reinhardt, B.: Weißpigmente zur Oberflächenveredelung von Papier und Karton. — Silikattechnik, Berlin 27 (1976), S. 16—23.

Reinisch, R.: Erläuterung zur geologischen Karte von Meißen. 3. Aufl. — Leipzig: Sächs. Geol. Landesamt 1928. 136 S.

Richter, C.: Der Einfluß aufbereitungstechnischer Verfahren auf physikalische Eigenschaften feinkeramischer Massen. — Vortr. 8. Silikatkonf., Budapester Konferenzbd., Budapest 1965, S. 116—127.

Rieke, R.: Beitrag zur Kenntnis des Kaolins. — Sprechsaal, Coburg 40 (1907), S. 33—36.

Rieke, H. H.; Chilingarian, G. V.: Compaction of argillaceous sediments. — Developm. Sedimentology, Amsterdam 16 (1974), S. 424.

Röllig, G.: Beiträge zur Petrogenese und Vulkanotektonik der Pyroxenquarzporphyre Nordwest-Sachsens. — Halle, Martin-Luther-Univ., Diss., 1969.

— Zur Petrogenese und Vulkanotektonik der Pyroxenquarzporphyre (Ignimbrite) des Nordsächsischen Vulkanitkomplexes. — Jb. Geol., Berlin 5/6 (1969/1970) (1976), S. 175—268.

Röllig, G.; Eigenfeld, F.; Fischer, J.; Kuhn, B.: Die Ignimbrite des Nordsächsischen Vulkanitkomplexes. — Wiss. Z. Univ. Halle, math.-nat. R. Halle XIX (1970) 4, S. 67—68.

Rosenthal, G.: Über die Problematik der Korngrößenanalyse. Einfluß der Polydispersität der Korngrößensysteme auf die Sedimentationsanalyse. — Ber. deutsch. keram. Ges., Bad Honnef 41 (1964), S. 709—714.

Rösler, H.: Beiträge zur Kenntnis einiger Kaolinlagerstätten. — N. Jb. Mineral etc., Beil.-Bd., A, Stuttgart 15 (1902), S. 231—293.

— Über Kaolinbildung. — Z. prakt. Geol., Berlin 16 (1908), S. 510—511, (1908a).

— Über Kaolinbildung. Einige Worte zur neuesten Literatur. — Z. prakt. Geol., Berlin 16 (1908), S. 251—254, (1908b).

Rösler, H. J.; Pälchen, W.; Ossenkopf, W.; Taubert, P.: Die Kohlentonsteine aus dem Steinkohlenbecken von Zwickau-Oelsnitz, Freital-Döhlen (bei Dresden) und Doberlug. — Leipzig: VEB Deutsch. Verl. Grundstoffind. 1967, (Freiberger Forsch.-H., C 211).

Rösler, H. J.; Pilot, J.; Starke, R.: Neue Untersuchungsergebnisse zur Altersstellung des Kaolinisierungsvorganges. — Z. angew. Geol., Berlin 22 (1976) 9, S. 393—398.

Ross, C. S.; Hendricks, S. B.: Minerals of the montmorillonite group, their origin and relation to soils and clays. U.S. Geol. Survey, Prof. Pap., Washington 205-B (1945), S. 23—73.

Roth, J.: Allgemeine und chemische Geologie. Bd. III. — Berlin: 1893. 530 S.

Rother, K.: Gesteins- und paläomagnetische Untersuchungen an Gesteinsproben vom Territorium der DDR aus dem Präkambrium bis zum Tertiär und Folgerungen für die Veränderungen des geomagnetischen Hauptfeldes sowie für geologisch-geotektonische Interpretationsmöglichkeiten. — Veröff. Zentralinst. Physik Erde, Potsdam 5 (1971), 93 S.

Ruchholz, M.: Die präcenomanen Verwitterungskrusten im Südosten der DDR. — Greifswald, Ernst-Moritz-Arndt-Univ., Sekt. Geol. Wiss., Dipl.-Arb., 1975.

Rumpf, H.; Gupte, A. R.: Einflüsse der Porosität und Korngrößenverteilung im Widerstandsgesetz der Porenströmung. — Chem. Ing. Techn., Weinheim 43 (1971), S. 367—375.

Särchinger, H.: Ballendorf (petromagnetisch-geologische Kartierungsbohrungen). — Ergebnisber., VEB Geophysik Leipzig, 1966.

Sauer, A.: Erläuterungen zur geologischen Specialkarte des Königreiches Sachsen. Bl. 48. — Leipzig: Sächs. Geol. Landesamt 1889.

Schirmer, B.; Schwab, M.: Die Rhyolithoide des Halleschen Vulkanitgebietes. Petrographische und geochemische Übersicht unter besonderer Berücksichtigung der Eigenschaften der Gesteine als Ausgangsmaterial für Kaoline. — Manuskript, Halle 1973, 25 S.

Schlingbaum, G.: Methodische Untersuchungen zur organischen Stoffgruppenanalyse der Torfe. — Rostock, Univ., Diss., 1966.

Schmitz, H. H.: Über die mineralogische Zusammensetzung des unteren Gipskeupers nach einem Bohrprofil. — Geol. Jb., Hannover 77 (1959), S. 9—94.

SCHUBERT, H.: Sedimentationstypen und deren Bedeutung für die Dimensionierung von Schwerkrafteindickern. — Bergakademie, Leipzig 22 (1970), S. 603—606.
— Aufbereitung fester mineralischer Rohstoffe. Bd. III. — VEB. Deutsch. Verl. Grundstoffind. 1972. 383 S.
SCHÜLLER, A.: Genetische Studien zur Erforschung der Tone. — Geologie, Berlin 5 (1956), S. 568 bis 597.
SCHULZ, H.: Zur Petrographie und Geochemie des Lederschiefers im Geraer Vorsprung (Ostthüringen). — Leipzig: VEB Deutsch. Verl. Grundstoffind. 1968. 91 S., (Freiberger Forsch.-H., C 236).
SCHULZE, H. J.: Einige rheologische Untersuchungen an Tonsuspensionen. — Bergakademie, Berlin 17 (1965), S. 226—233.
SCHWAB, M.: Die Beziehungen der subsequenten Vulkanite des Permosiles zum variszischen Orogen, dargestellt unter besonderer Berücksichtigung des Halleschen Vulkanitkomplexes. — Geologie, Berlin 19 (1970), S. 249—280.
SCHWARZBACH, M.: Das Klima der Vorzeit. — Stuttgart: F. Enke-Verl. 1961. 277 S.
SCHWERDTNER, G.: Zur Geologie der nordwest- und mittelsächsischen Kaolinlagerstätten. — Ber. deutsch. Ges. geol. Wiss., B, Berlin 12 (1967), S. 389—406.
SCHWERDTNER, G.; ASSMUS, G.: Geologischer Bericht und Vorratsberechnung zur Kaolinlagerstätte Seilitz. — Ber., VEB Silikatrohstoff-Kombinat, Kemmlitz, 1966, 57 S., 16. Anl.
SCHWERDTNER, G.; STÖRR, M.: Mitteilung über Zusammensetzung und Eigenschaften des Kaolins von Röblingen. — Silikattechnik, Berlin 22 (1971), S. 123—124.
SEEMANN, B.: Über die Ton- und Kaolingrubenindustrie westlich und südwestlich von Meißen. — Jb. Berg- und Hüttenw. Kgr. Sachsen, Freiberg (1902), S. 3—24.
SEHM, K.: Lithofazielle und minerogenetische Untersuchungen an der Grauwacke-Pelit-Folge des Nordsächsischen Sattels. — N. Bergbautechn., Leipzig 4 (1974), S. 72.
SELLE, V.: Über Verwitterung und Kaolinbildung Hallescher Quarzporphyre. — Z. Naturwiss., Leipzig 79 (1907), S. 321—421.
SIGOV, A. P.: Geomorphologische Verhältnisse und die Epochen der Bildung von Kaolinen des Urals. — Kaolin. mestor. i jich genesis, Moskva (1968), S. 27—33, (russ.).
SOUCI, S. W.: Die Chemie des Moores. — Stuttgart: 1938.
STAHL, A.: Zur Altersfrage des Kaolins. — Z. prakt. Geol., Berlin 19 (1911), S. 163—164.
— Die Verbreitung der Kaolinlagerstätten in Deutschland. — Arch. Lagerstättenforsch., Berlin 12 (1912), S. 1—135.
STARKE, H.; HENSELEIT, R.; CLAUS, C.: Qualitative Sicherung der Streichkaolinproduktion. — Zwischenber., VEB Silikatrohstoff-Kombinat Kemmlitz, Kemmlitz 1974, 28 S., 23 Anl.
STARKE, R.: Verteilung und Faziesabhängigkeit der Tonminerale in den geologischen Systemen. — Leipzig: VEB Deutsch. Verl. Grundstoffind. 1970. S. 1—185, (Freiberger Forsch.-H., C 254).
STEINIKE, K.: Lithogenetische Untersuchungen tonig-sandiger Sedimente des Oberoligozäns und tieferen Miozäns im Raume der Niederlausitz. — Geol. Jb., Berlin 2 (1966) (1968), S. 301—350.
STEINMÜLLER, A.: Tertiär. In: W. HOPPE; G. SEIDEL (Hrsg.): Geologie von Thüringen. — Gotha/Leipzig: VEB H. Haack 1974. S. 717—742.
STILLE, H.: Das mitteleuropäische variszische Grundgebirge im Bilde des gesamteuropäischen. — Geol. Jb., Beih., Hannover 2 (1951), 138 S.
STÖRR, M.: Mineralbestand von Thüringer Feldspatsanden. — Ber., Ernst-Moritz-Arndt-Univ., Sekt. Geol. Wiss., Greifswald, 1966, 12 S., (1966a).
— Zur Mineralogie der geschlämmten Industrie-Kaoline der DDR. — Sprechsaal, Coburg 89 (1966), S. 1035—1043, (1966b).
— Bericht über die bisherigen mineralogischen Untersuchungen an einheimischen Kaolinen. — Ber., Ernst-Moritz-Arndt-Univ., Sekt. Geol. Wiss., Greifswald 1966, 148 S., (1966c).
— Lithologisch-petrographische Untersuchungen am nichtkarbonatischen Anteil der Gesteine des Ober-Alb und der Oberkreide in NE-Mecklenburg (Bohrung Usedom 1/60 und Bohrung Gingst 1/60) unter besonderer Berücksichtigung der Tonminerale. — Greifswald, Ernst-Moritz-Arndt-Univ., Diss. A, 1967, 172 S., (1967a).
— Untersuchungen am Kaolinit aus dem Granodiorit-Kaolin von Caminau bei Königswartha/Lausitz. — Geologie, Berlin 16 (1967), S. 676—678, (1967b).
— Über die Bindung des Eisens in feinkeramischen Kaolinen. — Keram. Z., Freiburg 19 (1967), S. 302—303, (1967c).

Störr, M.: Tonmineralverteilung in mesozoischen Sedimenten E-Mecklenburgs. — Ber., Ernst-Moritz-Arndt-Univ., Sekt. Geol. Wiss., Greifswald 1968, 32 S., (1968a).

— Mineralbestand von Buntsandsteinkaolinen der Umgebung von Merseburg. — Ber., Ernst-Moritz-Arndt-Univ., Sekt. Geol. Wiss., Greifswald 1968, 53 S., (1968b).

— Mineralogische Untersuchungen an Kaolinen. Zwischenbericht für 1967. — Ber., Ernst-Moritz-Arndt-Univ., Sekt. Geol. Wiss., Greifswald 1968, 132 S., (1968c).

— Mineralogische Untersuchungen an Kaolinen als Grundlage für die Erkundung, Veredlung und Verarbeitung von Tonmineralrohstoffen. — Ber., Ernst-Moritz-Arndt-Univ., Sekt. Geol. Wiss., Greifswald 1971, 175 S.

— Distribution, age and genesis of the formations of the weathering crust in the GDR. In: M. Störr (Ed.): Kaolin Deposits of the GDR in the Northern Region of the Bohemian Massif. — Greifswald: Ernst-Moritz-Arndt-Univ. 1975. S. 23—91, (1975a).

— Survey on the kaolin deposits of the Upper Cretaceous-Tertiary weathering crust in the GDR. In: M. Störr (Ed.): Kaolin Deposits of the GDR in the Northern Region of the Bohemian Massif. — Greifswald: Ernst-Moritz-Arndt-Univ. 1975. S. 93—103, (1975b).

— Zur Kenntnis der jungmesozoisch-tertiären Formation der Verwitterungskruste in der DDR. In: Autorenkollektiv: Tonminerale — Genese, Lagerstätten, industrielle Bedeutung und Nutzung. — Berlin: Akad.-Verl. 1976. S. 231—241, (Schriftenr. geol. Wiss., H. 5).

— Zur Flußmittelwirkung des Illit-Montmorillonit-Mixed-Layer-Minerals (4:1) der keramischen Kaoline der DDR. — Silikattechnik, Berlin **29** (1978), S. 327—328.

Störr, M.; Buchwald, J.: The kaolin deposits „Caminau" and „Wiesa" of the Lusatian Granodiorite Massif. In: M. Störr (Ed.): Kaolin Deposits of the GDR in the Northern Region of the Bohemian Massif. — Greifswald: Ernst-Moritz-Arndt-Univ. 1975. S. 104—127.

Störr, M.; Ruchholz, M.: The Pre-Cenomanian weathering crust in the GDR. Exposures at Dohna and the Götzenbüschel hill. In: M. Störr (Ed.): Kaolin Deposits of the GDR in the Northern Region of the Bohemian Massif. — Greifswald: Ernst-Moritz-Arndt-Univ. 1975. S. 172—188.

Störr, M.; Schwerdtner, G.: Mineralogische und technologische Untersuchungen an Kaolin aus Kemmlitz/Sachsen. — Ber. deutsch. keram. Ges., Bad Honnef **43** (1966), S. 539—546.

Störr, M.; Schwerdtner, G.: Zu Fragen der Erkundung und Produktion von Kaolinen in der Deutschen Demokratischen Republik. — Z. geol. Wiss., Berlin **1** (1973), S. 293—300.

Störr, M.; Schwerdtner, G.: Kaolinlagerstätten der DDR und ihre Nutzung. Exkursionsführer. — Berlin: Ges. Geol. Wiss. DDR 1974. 44 S.

Störr, M.; Schwerdtner, G.: The kaolin deposits „Seilitz", „Ockrilla" and „Radeburg" in the Meissen area. In: M. Störr (Ed.): Kaolin Deposits of the GDR in the Northern Region of the Bohemian Massif. — Greifswald: Ernst-Moritz-Arndt-Univ. 1975. S. 150—171, (1975a).

Störr, M.; Schwerdtner, G.: The kaolin deposits of the „Kemmlitz" area, NW-Saxony. In: M. Störr (Ed.): Kaolin Deposits of the GDR in the Northern Region of the Bohemian Massif. — Greifswald: Ernst-Moritz-Arndt-Univ. 1975. S. 216—243, (1975b).

Störr, M.; Schwerdtner, G.: Geologie, Mineralogie und Technologie der Kaoline der DDR. — Z. angew. Geol., Berlin **25** (1979), S. 505—514.

Störr, M.; Starke, H.: Zum Einfluß der Dreischichtsilikate auf die Entwässerungseigenschaften der Kaoline der DDR. — Silikattechnik, Berlin **32** (1981).

Störr, M.; Ha, N. T.; Zwahr, H.: Vorkommen von Zeolithen (Klinoptilolith und Mordenit) in natürlichen Umwandlungsprodukten des Pechsteins von Garsebach bei Meißen. — Z. geol. Wiss., Berlin **7** (1979) 12, S. 1455—1456.

Störr, M.; Kužvart, M.; Neužil, J.: Age and genesis of the weathering crust of the Bohemian Massif. In: M. Störr (Hrsg.): V. Internationales Symposium — Genese des Kaolins. — Berlin: Akad.-Verl. 1978. S. 265—281, (Schriftenr. geol. Wiss., H. 11).

Störr, M.; Schwerdtner, G.; Bautze, H.: Die Beziehungen zwischen dem Stoffbestand der Kaoline der DDR und deren technologischen Eigenschaften. — Intern. Geol. Congr., Rep. XXIIIrd sess., Prague 14 (1969), S. 107—140.

Störr, M.; Schwerdtner, G.; Helmchen, H.; Babůrek, J.: Mineralogische und technologische Untersuchungen des Kaolins von Seilitz bei Meißen. — Silikattechnik, Berlin **18** (1967), S. 150—156.

Störr, M.; Köster, H. M.; Kužvart, M.; Szpila, K.; Wieden, P.: Kaolin Deposits of Central Europe. — Proc. 8th Intern. Kaolin-Symp. and Meeting on Alunite, Madrid-Rome, Madrid (1977), S. 1—24.

STREMME, H.: Über Kaolinbildung. — Z. prakt. Geol., Berlin 16 (1908), S. 122—128, (1908a).
— Über Kaolinbildung. — Z. prakt. Geol., Berlin 16 (1908), S. 443—445; S. 510—511, (1908b).
— Über Kaolinbildung im allgemeinen und die Entstehung der Lausitzer Kaolinlagerstätte im besonderen. — Sprechsaal, Coburg 42 (1909), S. 669—671, (1909a).
— Über die Beziehungen einiger Kaolinlager zur Braunkohle. — N. Jb. Mineral. etc., II, Stuttgart (1909), S. 91—120, (1909b).
— Überreste tertiärer Verwitterungsrinden in Deutschland. — Geol. Rdsch., Leipzig 1 (1910), S. 337—344, (1910a).
— Zu Barnitzke's Arbeit über das Vorkommen der Porzellanerde bei Meissen und Halle a. d. Saale. — Z. prakt. Geol., Berlin 18 (1910), S. 161, (1910b).
— Über Feldspatresttone und Allophantone. — Z. deutsch. geol. Ges., Berlin 62 (1910), S. 122 bis 124, (1910c).
— Über Kaolinbildung. — Sprechsaal, Coburg 43 (1910), S. 89—93, (1910d).
— Die Chemie des Kaolins. — Fortschr. Mineral., Jena 2 (1912), S. 87—128.
— Laterit und Terra rossa als alluviale Horizonte humoser Waldböden. — Geol. Rdsch., Leipzig 5 (1914), S. 480—499.
STREMME, H.; GUPTE, O.: Über die Basalte des Sollings und ihre Zersetzungsprodukte. — Z. deutsch. geol. Ges., Berlin 62 (1910), S. 174—191.
STREMME, H.; ENDELL, K.: Über den Kalkgehalt einiger brauner Porzellanerden aus der Gegend von Halle. — Sprechsaal, Coburg 43 (1910), S. 153—155.
STUTZER, O.: Die „Weiße-Erden-Zeche St. Andreas" bei Aue. Ein Beitrag zur Genesis der Kaolinlagerstätten. — Z. prakt. Geol., Berlin 13 (1905), S. 333—337.
TESSIER, F.; TURCO, G.: Sur une sidérose authigène dans une argillite kaolinique du Crétacé du Sénégal. — Bull. Soc. Fr. Mineral. Cristallogr., Paris 88 (1965), S. 456—462.
TOURILLA, P.: Über orthokinetische und perikinetische Koagulation. — Kolloidchem. Beih., Dresden—Leipzig 24 (1927), S. 1—122.
TRAWINSKI, H.: Zentrifugen, Hydrozyklone, Kläreindicker. — Chem. Ing. Techn., Weinheim 42 (1970), S. 1445—1453, (1970a).
— Filter für Naßprozesse. — Chem. Ing. Techn., Weinheim 42 (1970), S. 1453—1456, (1970b).
URBAN, H.: Genetische Deutung der Kaolin- und Tonlagerstätten bei Kamenz in Sachsen auf Grund geologischer und sediment-petrographischer Untersuchungen. — Berlin: Akad.-Verl. 1953. 28 S., (Geologie, Beih. 3).
VERWEY, E. J. W.; OVERBEEK, J. TH. G.: Theory of the stability of lyophobic colloids. — New York—Amsterdam—London—Brüssel: 1948.
VIETE, G.: Über postmiozäne und pleistozäne Tektonik in der Lausitz. — Bergakademie, Berlin 12 (1960), S. 429—434.
VONDRAKOVÁ, M.; BABŮREK, J.: Vliv mineralogického slození na technologické vlastnosti papirenských náterových kaolinu. — Papir a Celulosa, Praha 2 (1964), S. 45—48.
WAGENBRETH, O.: Beziehungen zwischen dem Tertiär und dem prätertiären Untergrund im Weißelsterbecken. — Berlin: Akad.-Verl. 1958. 131 S., (Freiberger Forsch.-H., C 53).
— Zur Geologie des Kaolins von Aue (Erzgebirge). In: M. STÖRR (Hrsg.): V. Intern. Symposium Genese des Kaolins. — Berlin: Akad.-Verl. 1978. S. 305—334, (Schriftenr. geol. Wiss., H. 11).
WALTHER, J.: Geologie von Deutschland. 3. Aufl. — Leipzig: Verl. Quelle & Niemeyer 1921. 510 S.
WEINSCHENK, E.: Die Graphitlagerstätten des bayrisch-böhmischen Grenzgebirges. — Abh. kgl. bayr. Akad. Wiss., 2. Kl., München 1897, (1897a).
— Die Passauer Graphitlagerstätten. — Z. prakt. Geol., Berlin 1897, S. 286, (1897b).
— Der bayrische Wald zwischen Bodenmais und dem Passauer Graphitgebiet. — Geol. Führer, deutsch. geol. Ges., München, 1899.
— Bemerkungen zu: RÖSLER, H.: Beiträge zur Kenntnis einiger Kaolinlagerstätten in: N. Jb. Mineral. etc., Beil.-Bd., Stuttgart 15 (1902). — Z. prakt. Geol., Berlin 11 (1903), S. 210—212.
— Grundzüge der Gesteinskunde, Teil II. 2. Aufl. — Freiburg i. Br.: Herdersche Verlagsbuchhdlg. 1907.
WEISS, F.: Vorkommen und Entstehung der Kaolinerden des ostthüringischen Buntsandsteinbeckens. — Z. prakt. Geol., Berlin 18 (1910), S. 353—367.
WERNER, G. A.: Neue Theorie der Entstehung der Erzgänge. — Freiberg: 1791.
WIEGMANN, J.: Bearbeitungseigenschaften keramischer Rohstoffe. — Ber., Berlin 1970.

Wiegmann, J.; Kranz, G.; Horte, C. H.: Mineralogische Untersuchungen an den Feinstanteilen des Neuhäuser Sandes. – Silikattechnik, Berlin **11** (1960), S. 460–462.
Wolf, L.; Hirschmann, G.: Postume pleistozäne Bruchtektonik in der östlichen Oberlausitz. – Geologie, Berlin **13** (1964), S. 1229–1234.
Wünsche, M.; Nebe, W.: Zur Kenntnis präcenomaner Böden auf osterzgebirgischen Graugneisen. – Geologie, Berlin **14** (1965), S. 851–864.
Wüst, E.: Die Entstehung der Kaolinerden der Gegend von Halle a. d. Saale. – Z. prakt. Geol., Berlin **15** (1907), S. 19–23.
– Die erdgeschichtliche Entwicklung und der geologische Bau des östlichen Harzvorlandes. – Heimatkunde d. Saalekreises, Halle (1908), S. 71–131.
Wutschka, Ch.: Untersuchungen zur Trockenfähigkeit verschiedener Kaoline. – Abschluß-Hausarb. zur Abschlußprüfung als Meister der volkseigenen Industrie, Kemmlitz 1967.
Yoder, J. S.; Eugster, H. P.: Synthetic and natural muscovites. – Geochim. Cosmochim. Acta, Oxford **8** (1955), S. 225–280.
Zwahr, H.: Die Verwitterung des Meißener Pechsteins und seine experimentelle hydrothermale Umwandlung. – Greifswald, Ernst-Moritz-Arndt-Univ., Diss., 1977.
Zwahr, H.; Schroeder, H.; Störr, M.: Caminauer Kaolin als Extender für Farben. – Silikattechnik, Berlin **32** (1981), S. 48.
Zwahr, H.; Störr, M.: Mineralogische Untersuchungen an Hochgradientmagnetfraktionen aus Kaolinen der DDR. – Silikattechnik, Berlin **32** (1981), S. 262–265.

Manuskripteingang: 25. November 1980

Anschrift des Autors:

Prof. Dr. sc. nat. M. Störr, Ernst-Moritz-Arndt-Universität, Sektion Geologische Wissenschaften,
DDR-2200 Greifswald, Friedrich-Ludwig-Jahn-Straße 17a

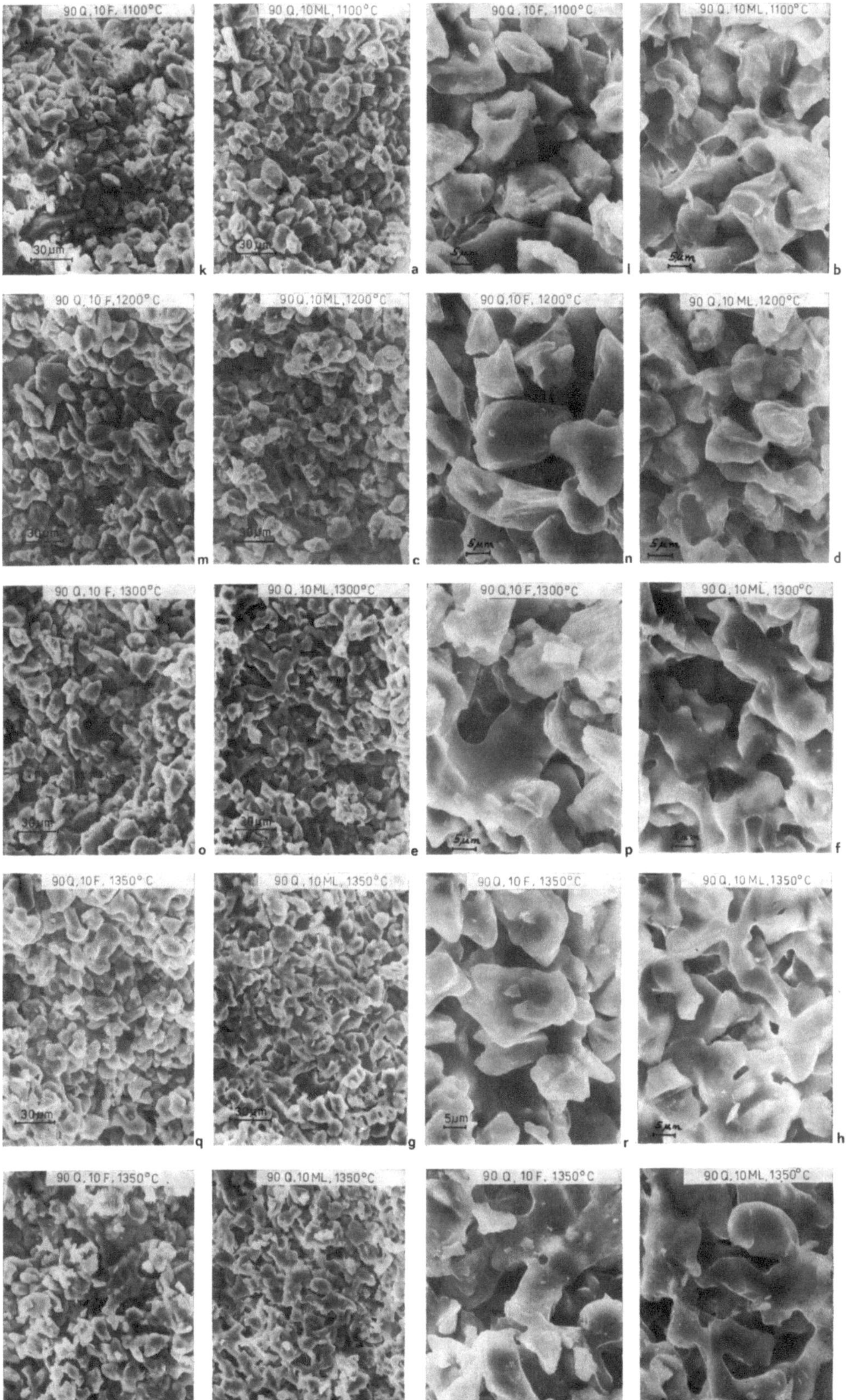

Abb. 105. REM-Aufnahmen von gesinterten Massen [1 h]   a—j 90% Quarz und 10% Mixed-Layer-Mineral;   k—t 90% Quarz und 10% Feldspat

Bei Fragen zur Produktsicherheit wenden Sie sich bitte an:
If you have any questions regarding product safety,
please contact:

Walter de Gruyter GmbH
Genthiner Straße 13
10785 Berlin
productsafety@degruyterbrill.com